混凝土结构耐久性丛书

钢筋混凝土的全寿命过程与预计

姬永生 著

中国铁道出版社

2011年·北京

内 容 简 介

本书根据作者十余年来从事混凝土结构耐久性、尤其是混凝土内钢筋锈蚀行为的研究成果,并参阅国内外文献写成,试图对钢筋混凝土全寿命过程及预计的研究现状及其有待深入探讨的问题作一个全面阐述。书中重点论述了硅酸盐水泥基混凝土的材料特征、混凝土碳化、氯离子在混凝土内的传输、混凝土内钢筋的锈胀发展、混凝土内钢筋锈蚀速率的时变预计模型、加速试验方法对钢筋混凝土退化过程的影响等内容。

本书可供土木工程专业领域的科学研究人员、工程技术人员以及研究生、本科生参考使用。

图书在版编目(CIP)数据

钢筋混凝土的全寿命过程与预计 / 姬永生著 . —北京:中国铁道出版社, 2011.2

(混凝土结构耐久性丛书)

ISBN 978-7-113-12183-9

Ⅰ.①钢… Ⅱ.①姬… Ⅲ.①钢筋混凝土-耐用性-研究 Ⅳ.①TU528.571

中国版本图书馆 CIP 数据核字(2010)第 224796 号

书　　名:混凝土结构耐久性丛书
钢筋混凝土的全寿命过程与预计

作　　者:姬永生　著

责任编辑:洪学英　　电话:010-51873656

封面设计:冯龙彬

责任校对:孙　玫

责任印制:郭向伟

出版发行:中国铁道出版社(100054,北京市宣武区右安门西街 8 号)

网　　址:http://www.tdpress.com

印　　刷:三河市华丰印刷厂

版　　次:2011 年 2 月第 1 版　　2011 年 2 月第 1 次印刷

开　　本:720 mm × 1 000 mm　1/16　印张:18.25　字数:344 千

书　　号:ISBN 978-7-113-12183-9

定　　价:40.00 元

《混凝土结构耐久性丛书》序

我国正处于土木工程基础设施大规模建设阶段，钢筋混凝土材料仍是土木工程基础设施中最重要的建筑材料，水泥基混凝土用量已达到了人均世界第一的水平。但是，我们必须清醒地看到，土木工程基础设施的百年大计问题，特别是混凝土结构耐久性方面，尚有很多问题需要去解决。值得庆幸的是，混凝土结构的耐久性问题不仅得到了学术界的重视，而且也得到了工程界的关注。在混凝土结构耐久性设计方法、使用寿命预测，以及既有结构耐久性加固修复等方面，学术界已开展了广泛的研究，同时在工程实践过程中，特别是重大工程，其耐久性问题也得到了高度重视。

中国矿业大学混凝土结构耐久性课题组在国家自然科学基金的多次资助下，经过十余年的不懈努力，在混凝土结构耐久性方面获得了较系统的研究成果，在国内外重要学术刊物和重要学术会议上发表了近百篇论文。为进一步推动混凝土结构耐久性研究的深入开展，现将本课题组所得到的研究成果汇总成这套丛书。

本丛书所论述的混凝土结构耐久性问题主要包括两个方面：一是大气环境氯盐侵蚀引起的地面混凝土结构钢筋锈蚀耐久性问题，二是岩土环境硫酸盐侵蚀引起的地下结构混凝土腐蚀耐久性问题。

丛书由以下五本著作组成：

(1)钢筋混凝土的全寿命过程与预计

(2)混凝土构件的钢筋锈蚀与退化速率

(3)锈蚀混凝土构件的承载性能评估与设计

(4)锈蚀混凝土结构的耐久性修复与保护

(5)地下结构混凝土硫酸盐腐蚀机理及性能退化

前四部著作以论述大气环境氯盐侵蚀引起混凝土内钢筋锈蚀所产生的一系列耐久性问题为主线，分别从不同角度、途径对此进行深入论述，相互之间又存在着衔接、递进的关系。著作(1)将钢筋起始锈蚀条件、钢筋锈胀力分布和发展、钢筋锈胀开裂预计和锈胀开裂后的锈蚀演进联系起来，考察混凝土结构的全寿命过程，提出了钢筋锈蚀速率变化的时变模型，可以预计全寿命过程的各个时段长度。著作(2)通过混凝土内钢筋锈蚀速率的研究，将混凝土结构的服役时间、锈蚀程度联系起来；在基本电化学预测模型基础上，综合了构件受荷载作用引起横向裂缝的影响，以及构件钢筋骨架配筋的影响；钢筋锈蚀速率模型可以预测与时间相关的钢筋锈蚀量。著作(3)基于人工气候和自然气候氯盐侵蚀环境的试验研究，论述了普通混凝土结构和预应力混凝土结构内钢筋的力学性能及粘结性能以及构件结构性能的退化规律，建立了与锈蚀程度相关的钢筋强度与构件承载能力预计概率模型，提出了锈蚀混凝土构件承载性能评估与设计的体系与方法。著作(4)论述混凝土结构的耐久性修复问题，其中重点考虑了本体混凝土与修复材料之间存在的早期物理、力学性能与电化学性能相容性问题；如不很好解决加固修复中的不相容问题，将不能达到恢复结构耐久性的目的。

著作(5)以地下混凝土结构为对象，考虑岩土环境硫酸盐侵蚀作用，介绍了混凝土受硫酸盐腐蚀的试验和检测方法，论述了侵蚀物类型、浓度、地下水压力以及荷载应力等因素对混凝土腐蚀速率的影响，建立了混凝土腐蚀速率预计模型；论述了混凝土强度及粘结性能，以及构件结构性能的退化规律，提出了受硫酸盐腐蚀构件结构性能评估方法及抗硫酸盐腐蚀的设计建议。

《混凝土结构耐久性丛书》的作者均是本课题组主要研究人员。每部著作均以作者本人研究成果为主，同时还综合历届研究生相应成果撰写而成；另外，为达到论述系统、便于阅读的目的，每部著作还兼顾介绍了有关的背景和基础知识。

感谢国家自然科学基金会对《混凝土结构耐久性丛书》相关研究工作的资助，感谢中国矿业大学深部岩土力学与地下工程国家重点实验室和煤矿深井建设技术国家工程实验室对本丛书出版的资助。

中国矿业大学教授

2010 年 8 月

前　言

随着我国经济建设规模和建设领域的不断扩张，大量土木工程结构已经和即将建造在海洋环境、盐湖环境、盐碱环境、除冰盐环境、腐蚀工业环境、高湿大气环境等各种侵蚀环境中，侵蚀环境作用引起的耐久性问题相当突出，体现在土木工程科学研究领域，目前已逐渐将其重心由结构初期强度与变形问题转到结构耐久性问题。

中国矿业大学混凝土结构耐久性课题组在袁迎曙教授的带领下，经过十余年的不懈努力，在侵蚀环境作用及其响应的规律与定量模型、结构抗力衰变规律与定量模型、结构性能评估与全寿命周期设计理论、侵蚀环境作用与地震作用耦合下的结构性能退化规律等方面开展了较为系统的研究工作。作者近年来有幸参与其中，在袁迎曙教授的指导下，重点对钢筋混凝土的全寿命过程及预计问题进行了研究。本书即为作者十余年来主要研究成果的总结和概括，主要内容包括硅酸盐水泥基混凝土的材料特征、混凝土碳化、氯离子在混凝土中的传输、混凝土内钢筋的锈胀发展、混凝土内钢筋锈蚀速率的时变预计模型以及加速试验方法对钢筋混凝土退化过程的影响等。希望藉此抛砖引玉，与同行携手共同促进混凝土结构耐久性的深入研究。

由于目前我国大量既有混凝土结构采用的多为硅酸盐水泥基普通混凝土，特别是有10～20年使用期的混凝土结构，所以本专著主要论述硅酸盐水泥基普通混凝土。至于在普通混凝土基础上改性的其他混凝土（如粉煤灰混凝土），其矿物掺和料对混凝土全过程性能影响尚未进行论述。

本书写作得到了恩师袁迎曙教授的细心指导、帮助和审阅；得到了课题组吴庆博士、牟艳君硕士、冯瑞硕士、彭涛硕士提供的数据和资料支持；得到了课题组李果老师、李富民老师、耿欧老师、杜健民老师的细心审阅；另外，本书写作中还参阅、引用了大量本课题组其他研究生及国内外专家的有关文献资料。作者对上述各方面的帮助表示衷心感谢！

本书写作虽然倾注了作者艰苦的努力，但鉴于混凝土耐久性的复杂性和作者的学术水平所限，本书对所阐述问题的理解，对所引用资料的认识，以及对某些观点的讨论可能有不当之处，片面之处更是在所难免，请各位读者批评指正。

姬永生
2010 年 9 月

符号与注释

a_i——离子加速度；

B——Stern-Geary 常数；

c——混凝土保护层厚度；

c'——水泥中 CaO

C_t——总氯离子含量；

C_f——自由氯离子含量；

C——水泥用量；

C_s——混凝土表面的 CO_2 浓度；混凝土表面的氯离子浓度；

C_i——混凝土中的 CO_2 浓度；混凝土中的氯离子浓度；

C_t——总的氯离子浓度；

C_b——结合氯离子的浓度；

C_{bc}——化学结合氯离子浓度；

C_{bp}——物理吸附氯离子浓度；

$C_{s,max}$——混凝土表面氯离子浓度可达到的最大值；

C_{sa}——理论上的表面氯离子浓度；

C_{s0}——对流区的表面氯离子浓度；

$C_{x,t}$——为 t 时刻 x 深度处的氯离子浓度；

C_0——混凝土中氯离子的初始浓度；

$\frac{\partial C_b}{\partial C_f}$——混凝土中氯离子结合能力；

D——扩散系数；

$D^e_{Cl^-}$——氯离子在混凝土中的有效扩散系数；

$D^e_{CO_2}$——为 CO_2 气体在混凝土中的扩散系数；

$D(\theta_s)$——溶液的水力渗透系数；

$D(\theta)$——水的水力渗透系数；

d_a——钢筋表面距离混凝土保护层最近的一点的半径损失；

d_b——背向保护层一侧的钢筋半径损失的平均值；

d_θ——钢筋表面极角为 θ 处的半径损失；

d——钢筋直径；混凝土孔隙直径；

d_a——最大半径损失值；

d_w——水分子直径；

d_k——开尔文直径；

e——电子电量；

$erf(\ )$——误差函数；

E——电极体系的相对电极电位；活化能；

E_e——平衡电极电位；

E_e^0——标准平衡电极电位；

$E_{e,c}$、$E_{e,a}$——阴、阳极电极反应的平衡电位；

E_c、E_a——阴、阳极电极反应电位；

E_c^0、E_a^0——阴、阳极电极反应的标准电位；

E_{corr}——腐蚀电池的混合电位，即腐蚀电位；

E_{corr2}——钢筋活化区的锈蚀电位；

E_{corr1}——钢筋钝化区的锈蚀电位；

ΔE——腐蚀电池的电动势；

$E_{s,c}^A$——人工气候环境下锈蚀钢筋名义弹性模量；

E_{s0}——未锈变形钢筋弹性模量。

$E_{s,c}^G$——通电加速锈蚀钢筋名义弹性模量；

E_c——混凝土的弹性模量；

E_s——钢筋的弹性模量；

f_c——混凝土轴心抗压强度设计值；

$f_{cu,k}$——混凝土立方体抗压强度标准值；

f_{cu}——混凝土立方体抗压强度；

f_d——孔隙密度函数；

f_b——离子在连续介质中所受到的黏滞阻力；

F——法拉第常数；

F_c——毛细力；

f_e——离子在电场中受到的电场力；

$f_{y,c}^A$、$f_{u,c}^A$——人工气候环境下锈蚀变形钢筋名义屈服强度和极限抗拉强度；

f_{y0}、f_{u0}——未锈变形钢筋的屈服强度和极限抗拉强度；

$f_{y,c}^G$、$f_{u,c}^G$——通电加速下锈蚀变形钢筋名义屈服强度和极限抗拉强度；

G——吉布斯自由能；

h_c——毛细管上升高度或毛细压力水头；

I——腐蚀电流；

I_a——阳极反应的腐蚀电流；

I_c——阴极反应的腐蚀电流；

I_{corr}——腐蚀电池的混合电位对应的腐蚀电流；

I_{corr1}——钢筋钝化区的腐蚀电流；

I_{corr2}——钢筋活化区的腐蚀电流；

I_{total}——钢筋的总腐蚀电流；

i_a——阳极腐蚀电流密度；

i_c——阴极腐蚀电流密度；

J_i——电迁移所产生的离子通量；

J_{CO_2}——CO_2 气体在混凝土孔隙中的扩散通量；

K_i——离子的黏滞性系数(N·s/m)；摩擦系数；

K——水力渗透系数；氯离子的固化速率系数；

k——化学反应速率常数；混凝土表面的氯离子浓度累积率；

K_g——气膜传质系数；

K_{sp}——溶度积；

L——试样厚度；湿传输影响深度；

m_i——离子质量；

M——物质的摩尔质量；

m_0——单位体积混凝土中可碳化物质的量；

n——金属的价数；电极反应中传递的电子数；一昼夜的干湿循环次数；

N——金属的相对原子质量/价数；

n_c——阴极反应单位氧的电子数；

n_a——阳极反应的电子数；

N_A——传质速率；

$[OII^-]_{eq}$——混凝土毛细孔水中的$[OH^-]$浓度；

p——湿空气的压力；大气压力；

p_c——毛管的压强；

p_v——湿空气的水蒸气分压；

p_a——湿空气的干空气分压；

p_s——湿空气的饱和蒸汽压；

p_{s0}——平液面湿空气的饱和蒸汽压；

p_{s1}——凹液面湿空气的饱和蒸汽压；

p_{s2}——凸液面湿空气的饱和蒸汽压；

PS——混凝土孔隙水饱和度；

p_w——水的压强；

p_c、p_a——阴、阳极电极反应的极化电阻；

Q——腐蚀时阳极通过的电量；

q——单位面积上水的渗流速率；

Q_i——循环吸水量；

$\frac{\partial q}{\partial t}$——流体（水）流速；

R_{con}——腐蚀电池阴阳极间溶液（或混凝土）电阻；

R——腐蚀（锈蚀）电路总电阻；钢筋初始半径；

r——混凝土孔隙半径；

r_1——混凝土孔隙水弯月面的曲率半径；

R_p——腐蚀体系的极化电阻，又称极化阻力；

R——气体常数；钢筋半径；

RH——相对湿度；

S——面积；

S_h——活化区域面积；

S_d——钝化区域的面积；

S_{ha}——活化区域微电池的阳极面积；

S_{hc}——活化区域微电池的阴极面积；

S_i——循环失水量；

t——锈蚀时间；摄氏温度；

t_{wi}——单次湿润时间；

t_d——露点温度；

t_{di}——单次干燥时间；

T——绝对温度；

υ——比容；

v_p——压力渗透引起的孔隙液流速；

v_c——毛细作用引起的孔隙液流速；

v_0——非饱和渗流引起的孔隙液流速；

v_i——离子的迁移速度；

w——顺筋裂缝宽度；水膜厚度；

ΔW——金属试件失重量；

W——水用量；

W_T——混凝土中钢筋的锈蚀量；

W_P——需要填充到孔隙区域的锈蚀量；

W_{crit}——引起保护层胀裂临界锈蚀量；

W_i——残余吸水量；

x——垂直于混凝土表面的深度；

x_a——完全碳化区的长度；

x_b——pH 值变化区长度；

x_c——pH 值稳定范围的碳化反应区长度；

Δx——对流区深度；

Z——频率因子；

z_i——离子电价；

α——表面张力；

α_{Cl^-}——氯离子活度；

β_a、β_c——阳极和阴极过程的 Tafel 斜率；

$\delta_{s,c}^{A}$——人工气候环境下锈蚀变形钢筋相对伸长率；

δ_{s0}——未锈变形钢筋的相对伸长率；

$\delta_{s,c}^{G}$——通电加速锈蚀变形钢筋相对伸长率；

ε_c——混凝土的总孔隙率；

ε_k——小于开尔文直径被水充满的孔隙率；

ε_p——为水泥浆体的孔隙率；

θ——混凝土湿含量；湿润边角；

θ_s——混凝土饱和湿含量；

θ_r——环境大气湿度为 100% 时混凝土的湿含量；

θ_0——混凝土平衡湿含量；

θ_d——混凝土气干状态下的湿含量；

θ_0——稳定湿含量；

θ_e——平衡湿含量；

$\Delta\theta$——湿润过程结束时与风干过程结束时的湿含量差；

φ——电极系统的电极电位；湿空气的相对湿度；

λ——钢筋锈蚀损伤率；

ρ——密度；

ρ_v——湿空气的绝对湿度；

ρ_v''——湿空气的饱和绝对湿度；

ρ_{con}——混凝土的电阻率；

ρ_c、ρ_w、ρ_a——水泥、水和骨料的密度；

η——过电位；钢筋锈蚀率；

Ψ——毛细势能(浸润)；

σ——干湿时间比。

目　录

Contents

第1章　绪　论

1.1　钢筋混凝土全寿命过程与预计的重要性

1.1.1　混凝土中钢筋锈蚀问题的严重性

自1824年英国工匠Aspidin发明波特兰(Portland)水泥、1830年前后混凝土问世以来,以水泥为胶结材料的混凝土和钢筋混凝土的应用与日俱增,已经成为当今世界上使用最多的建筑材料,它不仅广泛应用于楼房建筑、公路、水利设施、隧道等基础设施,而且广泛应用于海洋开发、地热工程、原子能工程以及宇宙开发等特殊工程中。水泥和混凝土已成为世界上使用量最大的人工材料。1997年我国水泥产量达到4.8亿t,而全球混凝土的消耗量大约为50亿t。据预测,在今后的一两个世纪,钢筋混凝土作为一种价廉物美的建筑材料还将获得更大的应用,尤其是在发展中国家。

钢筋混凝土的广泛应用并不是说它是一种十全十美的建筑材料。事实上,随着时间的推移,大量的钢筋混凝土结构经过多年服役,已经相继进入老化阶段;与此同时,越来越多的新结构建造于严酷的环境和介质中,由于结构的耐久性不足而提前失效,达不到预定的服役年限,特别是沿海及近海地区的混凝土结构,由于海洋环境对混凝土的锈蚀,导致钢筋锈蚀而使结构发生早期损坏。早期损坏的结构需要花费很大的财力进行维修补强,甚至造成停工、停产的巨大损失。

钢筋混凝土的耐久性性能劣化按其原因可以分为两大类:一类是由于混凝土材料自身的腐蚀、劣化所引起;另一类是由于混凝土内钢筋的锈蚀所引起。混凝土材料自身的腐蚀按其机理的不同又可以分为以下几种类型:碱骨料反应、结晶腐蚀、冻融循环、冲击磨损、浸析腐蚀、化学腐蚀等(如图1—1所示)。

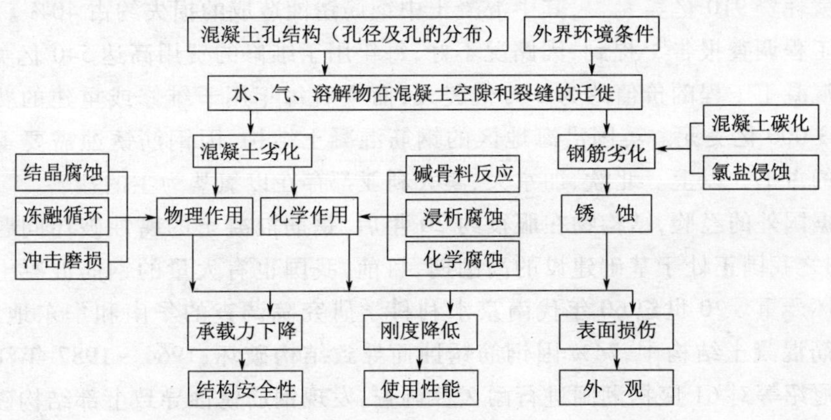

图1—1　影响钢筋混凝土结构耐久性的因素[1]

在1991年召开的第二届混凝土耐久性国际学术会议上，Mehta教授在题为《混凝土耐久性——五十年进展》主旨报告中指出："当今世界，混凝土破坏原因按重要性递降顺序排列是：钢筋锈蚀、寒冷气候下的冻害、侵蚀环境的物理化学作用。"由此可见钢筋锈蚀在混凝土耐久性研究中的重要地位。钢筋的锈蚀会导致钢筋混凝土构件承载力下降和延性的降低，从而影响整个结构的安全性和耐久性，严重的锈蚀甚至会导致结构的破坏。这是因为钢筋的锈蚀，生成的锈蚀产物体积膨胀2~4倍且为疏松片状结构，这使得一方面钢筋的截面积减小，强度和延性降低；另一方面混凝土保护层被胀裂、脱落，混凝土的有效截面面积减小；同时钢筋与混凝土的粘结性能降低或丧失（如图1—2所示）。

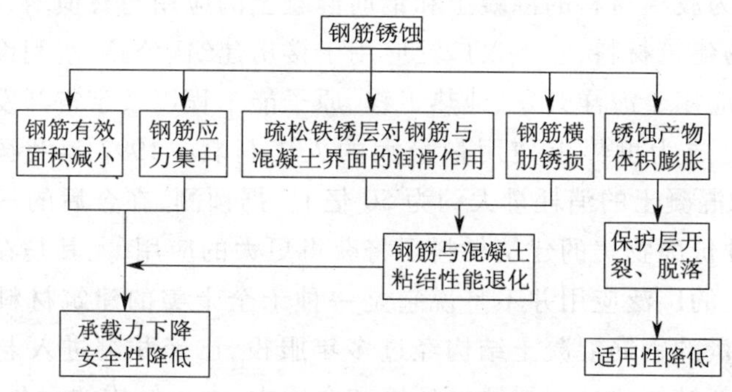

图1—2　钢筋锈蚀引起的结构性能退化[78]

国内外统计资料表明，由于混凝土内钢筋的锈蚀而导致的经济损失是巨大的，并且这一问题将越来越严重。

据国外资料显示[2]，美国标准局1975年的调查表明，美国全年因各种建筑物腐蚀造成的经济损失为700多亿美元[3]，1985年则达1 680亿美元。美国材料咨询委员会（NMAB）1987年的年度报告中指出，有253 000座混凝土桥梁处于不同程度的损伤，且以每年35 000座的速度在增加[4]；1991年用于修复由于耐久性不足而损坏的桥梁就耗资910亿美元[5]，其中混凝土中钢筋锈蚀造成的损失约占40%。2005美国基建工程调查报告[6]提到，因路况不好，每年用于维修的费用高达540亿美元。目前整个混凝土工程的价值约为6万亿美元，而今后每年用于维修或重建的费用预计将高达3 000亿美元。英国沿海地区的钢筋混凝土结构，因钢筋锈蚀需要重建或更换钢筋的占1/3以上。北欧、加拿大、澳大利亚都存在以氯盐为主的盐害。

根据国外的经验，结构物在服役约20年后，钢筋混凝土的腐蚀破坏问题将日益显现，加之我国正处于基础建设的高潮期，目前，我国也有大量的钢筋混凝土结构物腐蚀破坏严重。20世纪60年代南京水利科学研究院调查的华南和华东地区27座海港钢筋混凝土结构中，74%因钢筋锈蚀而导致结构破坏；1964~1987年江苏省水科所许冠绍等对61座挡潮闸进行耐久性调查，发现钢筋锈蚀导致上部结构破坏的占87%，其中严重破坏的占54%，主筋截面损失率达40%[7]。王德志等[8]对秦皇岛地区沿海公路上投入使用10年左右的钢筋混凝土桥梁进行了调查和检测，结果表明由于氯盐侵蚀，这些混凝土桥梁普遍存在混凝土开裂、钢筋锈蚀、保护层剥落等现象，影响桥梁的耐久性和正常使用。一些公共和民用建筑也由于在建造时掺加了氯盐防冻剂或者使用海砂，建成不久就出现钢筋锈蚀破坏问题[9]。根据中国工程院2001～2003年完成的咨询项目《中国工业和自然环境腐蚀调查与对策》，1998年我国建筑部门（包括公路、桥梁、建筑）的腐蚀损失为1 000亿元人民币[8]。

总之，无论是在国内还是国外，混凝土中钢筋的锈蚀破坏是严重威胁钢筋混凝土结构耐久性的最主要、最普遍的病害。它造成的直接、间接损失之大，远远超出人们的意料。目前我国正处于建设的高潮，如果不吸取教训，重视提高混凝土的护筋性，延长工程使用寿命，那么若干年后，势必会像美、英等发达国家一样，不堪维修和重建的严重负担，这是现在我们面临的严峻挑战！[10]

1.1.2 钢筋混凝土的全寿命过程与预计的重要性

事实表明，各国在设计规范和实际工程中均偏重结构的安全性，相当程度上对结构的耐久性重视不足，从而导致如今大量钢筋混凝土结构的老化及其带来的耐久性问题，致使各国不得不为钢筋混凝土结构的维修加固而投入巨额资金。与发达国家相比，我国虽然大规模使用钢筋混凝土结构相对较晚，但是现在已经出现了大量严重的钢筋混凝土结构耐久性不足问题，并有明显的加剧趋势。特别是我国目前正处在大规模的基本建设阶段，如果忽视了钢筋混凝土结构的耐久性问题，必将重蹈发达国家的覆辙，所以对钢筋混凝土的全寿命过程与预计研究具有极大的理论意义和现实意义。

钢筋混凝土结构耐久性研究主要包括两部分。其一，对未建混凝土结构进行耐久性设计；其二，对服役钢筋混凝土结构进行科学的耐久性评定和剩余寿命预测。对于我国这样一个发展中国家而言，正在从事着为世界瞩目的大规模的基本建设，特别是以钢筋混凝土为主的道路、桥梁、海港等基础设施建设是国家投资的重点。这些设施投资巨大，对国民经济有着重要的影响，与民用建筑相比，要求它们有更长的使用寿命。然而，这些设施大多处于恶劣的工作环境下，有的甚至需要拆除重建，更有甚者引起重大的工程事故，造成极大的损失和不良影响。因此，考虑如何对这些设施进行耐久性设计，保证建筑物的使用寿命，减少因耐久性不足引起的损失是摆在广大工程界面前的一个具有现实意义的研究课题。钢筋混凝土全寿命过程与预计的研究可以揭示影响结构寿命的内部和外部因素，有助于完善结构耐久性设计理论和方法，使新建结构具有足够的耐久性，从而做到防患于未然，避免结构过早出现耐久性破坏。

我国钢筋锈蚀引起混凝土结构的耐久性失效问题日趋严重，已有大量服役数年乃至数十年的结构物，均在一定程度上存在耐久性不足现象，其中许多已面临大修、加固甚至拆除。也有很多旧混凝土建筑物由于没有进行耐久性设计，现今面临着维修、加固，耐久性评估工作刻不容缓。因此，对在役结构物的耐久性进行科学的评定和剩余使用寿命的预测,可揭示潜在危险,为这些在役建筑物维修、加固或拆除提供依据和决策,避免重大事故的发生,而且研究成果可直接用于结构设计。

另外,重视钢筋混凝土全寿命过程与预计的研究也是社会经济可持续发展的需要。生产混凝土所需要的水泥、砂、石等原材料均需大量消耗国土资源并破坏植被与河床,水泥生产排放的二氧化碳已占人类活动排放总量的1/5~1/6,而我国排放的二氧化碳量已居世界第二。我国现在每年生产5亿多吨水泥,与之相伴的是年耗20多亿 m^3 的砂石,长此以往实难以为继。延长结构使用寿命意味着节约材料,而耐久的混凝土一般又是水泥用量较低和矿物掺和料(工业废料)用量较高的混凝土,所以混凝土耐久性的研究是适应节能减排、环境保护的需要。

由此可见,从耐久性方面对钢筋混凝土结构进行全寿命过程的研究和使用寿命预测,可以揭示其潜在危险,在结构性能退化的初期进行加固、修复,可以延长结构的使用寿命并降低经济损失、避免不必要的人员伤亡同时还可以完善新结构耐久性设计理论和方法,使新结构具有足够的耐久性,从而做到防患于未然,降低结构的全寿命周期成本,既可以减少巨额维修费用,也避免了结构因过早失效导致拆除时大量建筑垃圾的产生,减轻因耐久性失效造成的严重的能源和环境问题,从而实现节能减排、环境保护、节约资源的目的。为我国建设以人为本的资源节约型、环境友好型社会,为我国建设可持续发展的和谐社会提供技术保障。因此,钢筋混凝土结构全寿命过程的研究具有巨大的经济效益和社会效益。

1.2 钢筋混凝土全寿命过程研究的主要科学问题

开展钢筋混凝土全寿命过程与预计的研究,有助于揭示混凝土结构耐久性退化的原理与规律,一方面能对已有的钢筋混凝土结构物进行科学的耐久性评估和剩余寿命预测,以选择合理的处理方法;另一方面也可对新建工程项目进行正确的耐久性设计,以恰当的设计理论和合理的施工措施,确保钢筋混凝土结构在安全、适用、耐久的前提下,实现结构全生命周期内经济最优化。此外,对于基于性能的设计与生命周期宏观造价优化的设计思想,必须要求对结构的全寿命过程进行科学的预测,寿命预测与寿命设计将成为实际钢筋混凝土结构设计的一个至关重要的环节。

1.2.1 混凝土内钢筋锈蚀起因与发展过程

一般说来,混凝土对钢筋抵御外来侵蚀是一种天然的屏障:从物理上混凝土可以化解或减小外来侵蚀,能隔断有害物质对钢筋的直接侵蚀;从化学上来讲,由于水泥中氧化钠、氧化钾以及水泥水化反应生成的氢氧化钙的存在,水泥凝胶体结构中存在高碱性孔隙液,其pH值在12.5~13.5之间,在这样高的碱性环境中埋置的钢筋容易发生钝化作用,使得钢筋表面产生一层钝化膜,能够有效地阻止混凝土中钢筋的锈蚀。

混凝土中钢筋锈蚀过程是一个电化学腐蚀过程。外部环境中侵蚀介质的侵入，将使钢筋的钝化膜被破坏，在有水和氧气的条件下，就会发生腐蚀电池反应。造成钢筋钝化膜破坏的主要原因是混凝土保护层的中性化（主要是混凝土碳化）和氯离子的侵入。混凝土碳化和氯离子的侵入引起的钢筋锈蚀形态如图 1—3 所示。

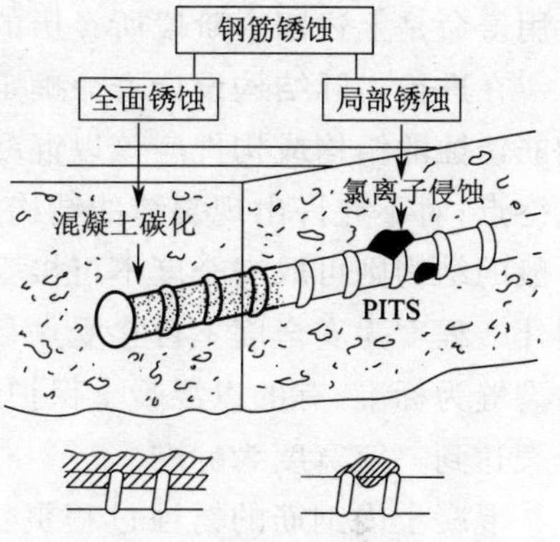

图 1—3　混凝土中钢筋锈蚀的类型：全面锈蚀（碳化），局部锈蚀（氯离子侵蚀）

混凝土中钢筋的锈蚀程度和结构耐久寿命的关系，可用图 1—4 所示的曲线近似说明[5]：

（1）钢筋锈蚀预备阶段（也可称为钢筋锈蚀育孕期或前期）——这一阶段从浇筑混凝土时到混凝土中性化层达到钢筋表面，或氯化物侵入混凝土，在钢筋表面已使钢筋去钝化，即钢筋开始锈蚀时止。这段时间以 t_0 表示。

（2）钢筋锈蚀发展阶段——从钢筋开始锈蚀到混凝土表面而显示破坏现象（如顺筋胀裂、层裂或剥落）。这段时间以 t_1 表示。

（3）钢筋锈蚀加速阶段——从混凝土表面因钢筋锈蚀肿胀开始破坏发展到混凝土普遍显示严重胀裂、剥落破坏，即已达到不可容忍程度，必须全面大修时止。这段时间以 t_2 表示。

（4）结构耐久性失效阶段——钢筋锈蚀已扩大到使结构区域性破坏，致使结构不能安全使用，这段时间以 t_3 表示。

一般的，$t_0 > t_1 > t_2 > t_3$。

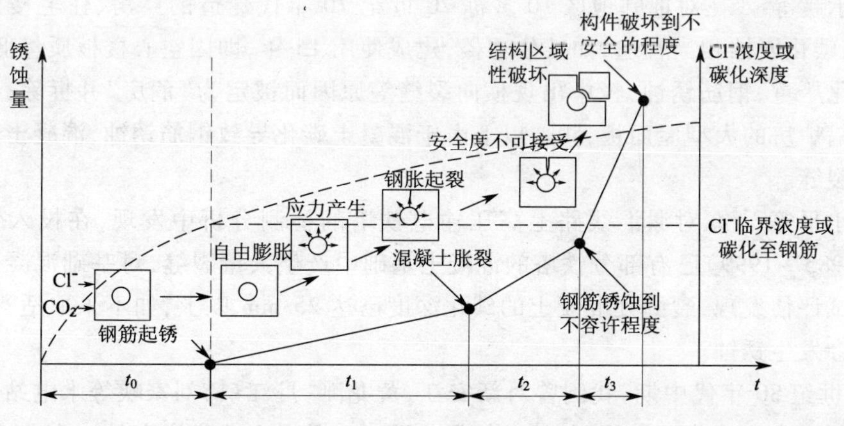

图 1—4　混凝土中钢筋锈蚀过程示意图

由图 1—4 可以看出，钢筋混凝土结构的耐久性使用寿命可以分为四个阶段，这四个阶段所形成的四个关键点对研究结构的全寿命过程至关重要。第一个关键点标志钢筋脱钝开始起锈；第二个关键点标志钢筋锈蚀发展，直至混凝土保护层开裂；第三个关键点意味着由于裂缝的扩展导致结构的安全度不能满足要求;第四个关键点意味着结构达到了安全度的临界点,标志着使用寿命的终点。所以混凝土结构的全使用寿命是上述四个阶段所经历的时间段总和,即为 $t_0+t_1+t_2+t_3$。

在进行实际结构设计寿命确定时,需根据结构的具体情况区别对待。对不允许钢筋锈蚀的结构或构件应该以混凝土碳化或氯离子临界浓度到达钢筋表面为使用寿命终点;对不允许出现裂缝的结构或构件应该以出现锈蚀裂缝为使用寿命终点;对于一般的结构则可取安全度不可接受点作为使用寿命终点,即取 $t_0+t_1+t_2$。钢筋锈蚀到什么程度为安全度不可接受点目前还存在争议,有的学者以混凝土保护层出现纵向裂缝为标准,有的以混凝土保护层开裂使钢筋的粘结力丧失为标准,还有的以纵向开裂达到一定宽度为标准。

混凝土内钢筋的锈蚀过程贯穿了钢筋混凝土的整个使用寿命的各个阶段。因此,为了进行钢筋混凝土的全寿命预计,必须对钢筋开始锈蚀时间、钢筋锈蚀速率(开裂前后)、钢筋锈胀的发展过程以及钢筋锈蚀对结构性能的影响等关键性问题进行深入细致的研究。

1.2.2 混凝土碳化过程研究

处于一般大气环境中的混凝土结构种类繁多,数量巨大。工业化的进程,导致全球大气污染日趋严重,环境中 CO_2 浓度的提高使混凝土的碳化问题越来越受关注。国内外的研究资料指出[11-16],在大气环境下,混凝土碳化是导致钢筋混凝土结构中钢筋锈蚀的一个重要原因。一般大气环境下混凝土碳化和钢筋锈蚀是混凝土结构耐久性的主要研究内容。

颜承越等[14]在对邯郸地区 10 多栋 20 世纪 70 年代建造的厂房、住宅楼的调查中发现,碳化腐蚀相当普遍,如某住宅楼,建成使用 15 年,即因空心楼板质量低劣,混凝土碳化严重,钢筋锈蚀,板中出现横向裂缝等原因而被定为“危房”并拆除;某厂木工房和锅炉房的大型屋面板,50% 以上由于混凝土碳化导致钢筋锈蚀,混凝土出现大量沿筋裂缝。

王小平等[15]在对漯淮线路上高压输电铁塔的检测分析中发现,在投入使用仅 14 年(1985 ~ 1999)已有部分铁塔的混凝土基础中产生大量裂缝,对基础混凝土进行碳化测试评估发现,裂缝处混凝土的碳化深度已达 25 mm 以上,如不采取适当措施,钢筋将会发生锈蚀。

20 世纪 80 年代中期,我国曾对新安江,黄龙滩,丹江口,刘家峡等水电站大坝和厂房进行了表层碳化深度检测,检验结果表明[16],混凝土碳化病害是一个普遍现象,有些工程混凝土碳化危害相当严重,已影响到大坝的安全运行,必须投入巨额资金进行维修加固。

通过以上事例可以看出混凝土碳化对结构危害的严重性。我国幅员辽阔,大部分建筑物都处于内陆地区,由混凝土碳化引起的耐久性损伤现象十分广泛[17]。近年来,全球气候变暖,二氧化碳浓度升高,这也导致了碳化成为城市环境中混凝土结构耐久性破坏的最主要原因之一[18]。同时混凝土碳化对沿海地区的氯离子侵蚀,寒冷地区的冻融破坏也有促进作用。因此,深入开展混凝土碳化研究,不仅对提高大气环境下结构的耐久性具有重要意义,而且也是进行碳化与其他因素(冻融、氯离子等)共同作用研究的基础。

近年来,国内外学者对混凝土的碳化机理、控制措施、碳化深度计算、部分碳化区长度等方面进行了深入研究[19-22],尤其是部分碳化区的研究使人们对混凝土碳化过程的认识前进了一大步。部分碳化现象是碳化反应速率跟不上 CO_2 的扩散速率的必然结果,这充分说明传统的以 CO_2 扩散速率控制的混凝土碳化速率模型还存在不足之处。同时混凝土部分碳化区的范围也不仅仅局限在 pH 值变化的区域。由于混凝土的 pH 值由混凝土孔隙液的碱度所决定,而混凝土中的碱性物质——氢氧化钙主要是以结晶态存在[23]。文献[24]的研究发现单方混凝土中水泥用量只需达到 20 kg,就可使混凝土达到 pH 值 12 以上。这样可以推断:混凝土碳化反应区的长度应该远大于 pH 值变化区段的长度,而混凝土碳化反应区的范围则直接决定了混凝土碳化的进程。另外目前对混凝土碳化过程的研究主要是通过实验室中高浓度 CO_2 加速碳化试验进行,由于空气中 CO_2 的体积分数很低,混凝土碳化常常是一个非常缓慢而又漫长的过程。这样在自然碳化和高浓度加速碳化两种不同的条件下,CO_2 浓度和碳化所经历的时间差别很大,两种方法形成的碳化过程的差别及其相关性是人们普遍关心的问题。

1.2.3 氯盐侵蚀过程研究

沿海及近海地区的混凝土结构,由于海洋环境对混凝土的腐蚀,导致钢筋锈蚀而使结构发生早期损坏,丧失了结构的耐久性,已成为实际工程中的重要问题。寒冷气候环境下,由于使用道路除冰盐,更增添了混凝土的破坏。另外,由于侵蚀环境的影响还使得处于盐碱地的基础设施以及一些处于氯盐环境的工业建筑也发生了严重的混凝土结构钢筋锈蚀问题。

我国存在广泛的氯盐污染环境,海岸线很长,海洋环境广阔;由于气候因素,北方地区的道路需使用除冰盐才能保证交通正常。另外,我国环境污染相当严重,工业生产过程废弃物的排放数量巨大。这些氯盐侵蚀会给国民经济带来巨大的经济损失。另外,我国是一个发展中国家,由于起步晚,目前正在从事着大规模的基础设施建设,因此必须采取科学合理的方法才能在财力有限、能源短缺的情况下保证所建工程项目的安全、适用、耐久,以避免巨额的经济损失和不良的社会影响。因此,加强混凝土结构氯盐侵蚀问题的研究具有很强的工程指导意义和经济效益。

氯离子侵入混凝土的过程是一个复杂的物理化学过程。一般认为,在混凝土处于水饱和状态下,氯离子侵入混凝土过程是一个扩散过程,但在多数情况下,混凝土并不是处于水饱和状态,干湿交替的情况普遍存在(除冰盐环境、海洋环境的潮差区和浪溅区、盐湖环境的水上区等)。虽然在氯离子传输机理的定性认识上,普遍认为氯化物在混凝土中的传输是扩散与毛细管吸收等多种机理不同组合的综合结果[34,25,26]。但国内外学者在建立氯离子侵入速率模型时,都普遍把扩散作为氯离子在混凝土中的主要传输方式,从而假定氯离子在混凝土中传输近似遵循费克定律[27-30],所以目前的试验研究大多集中在确定氯离子扩散系数 D 的方法上,且全部在饱水条件下进行。比较有影响的测定氯离子扩散系数 D 的方法主要有[34,25]:扩散槽法、库仑法、高浓度浸泡法、稳态电迁移法和非稳态电迁移法。目前的研究发现,在干湿交替的条件下在混凝土的表层存在一个对流区,氯离子在对流区的传输以毛细管吸收为主,对流区的长度随环境条件而变化,在 5 ~ 30 mm 范围[25,26]。本书作者认为在从对流区向内还存在很大范围的渗流区,再向内才是无湿度梯度的扩散区,渗流区的范围甚至超过混凝土保护层的厚度[31,32],对流区和渗流区的范围由混凝土内的湿度梯度所决定,氯离子在对流区和渗流区的传输是随水流动的迁移过程。近年来,国内外学者对干湿循环条件下混凝土内水分的传输机理、影响深度及湿分布模型进行了广泛试验研究和机理分析[33,34],但基于混凝土湿分布的氯离子传输过程的研究尚不多见。由于不同环境条件下(除冰盐环境、海洋环境的水下区、潮差区、浪溅区和大气区、盐湖环境等),氯离子在混凝土中的传输机理不同[10],所以进行氯离子传输过程的试验研究,必须首先分析结构所处的具体环境以及在该环境条件下氯离子的传输机理,采用和实际具体环境条件下氯离子传输机理相对应的试验方法。

1.2.4 混凝土内钢筋锈蚀的电化学过程

混凝土碳化和氯离子侵蚀是导致混凝土内钢筋锈蚀的主要原因,但混凝土碳化和氯离子侵蚀对结构的性能没有明显的影响,钢筋锈蚀才是造成的混凝土结构耐久性失效的首要因素。钢筋的锈蚀会导致钢筋混凝土构件承载力下降和延性的降低,从而影响整个结构的安全性和耐久性,严重的锈蚀甚至会导致结构的破坏。

在对现有钢筋混凝土结构进行使用寿命的评估和定量预测中,钢筋的锈蚀速率是个非常重要的参数。虽然国内外学者已经建立了大量的钢筋锈蚀速率模型[35-37],但这些模型都是基于氧扩散控制的假定建立的,且大都用电流密度来表示。目前已有研究发现钢筋锈蚀速率随混凝土湿含量的增大而增大,直至混凝土完全饱水,钢筋的锈蚀速率也没有出现下降[38,39],和氧在混凝土中的扩散速率随环境相对湿度的变化趋势截然相反。文献[40,41]的研究表明钢材锈蚀产物可以代替氧作为钢材腐蚀的阴极去极化剂,在饱水缺氧条件下依然可以维持钢材高速腐蚀。由此可以推测:在海工工程的水下区,钢筋之所以没有发生锈蚀,是由于氧的缺乏和可去极化锈蚀产物的耗尽而无法进行。另外,文献[42]的研究发现,混凝土中钢筋的锈蚀呈现出靠近保护层一侧锈蚀严重、背向保护层一侧几乎没锈的分布特征,这也是目前的速率模型所无法体现的。由此可见,建立和实际构件中钢筋锈蚀特征相一致的非氧扩散控制的速率模型还有很长的路要走。混凝土中钢筋的锈蚀是一个复杂的电化学过程,影响因素很多;在自然环境中,混凝土内钢筋锈蚀又是一个缓慢过程。所以要建立混凝土内钢筋锈蚀速率模型将是很艰巨的工作。为了尽快了解混凝土内钢筋锈蚀速率与相应因素的关系,可以采用人工气候环境加速混凝土内钢筋锈蚀,从而有效的研究各种因素对钢筋锈蚀速率的影响,结合微观测试手段探究混凝土内钢筋的锈蚀机理,为建立钢筋锈蚀速率模型奠定基础。

1.2.5 混凝土内钢筋的锈胀发展过程研究

钢筋锈蚀对混凝土结构破坏的根本原因就是钢筋锈蚀产物的体积大于原钢筋的体积而发生体积膨胀。根据钢筋锈蚀产物成分不同,锈蚀产物体积膨胀倍数取值也不同,一般多为 2 ~4 倍,最大可到 6 ~7 倍。钢筋锈蚀后的锈蚀产物生成而产生体积膨胀时,钢筋四周的混凝土要限制它的膨胀,这样在钢筋与混凝土交界面上就产生了钢筋锈蚀膨胀力,或简称锈胀力。通过理论和试验分析发现,钢筋锈胀力会使保护层的混凝土受拉,直至混凝土保护层锈胀开裂。混凝土保护层一旦开裂,周围环境中的锈蚀性介质及氧气、水等就更容易到达钢筋表面而加剧钢筋的锈蚀;同时钢筋锈蚀又会促进混凝土裂缝的进一步开展。如此恶性循环,则会严重危害结构的正常使用和结构寿命。因此,研究混凝土内钢筋锈胀过程的发展规律有着十分重要的意义。

近年来,钢筋锈胀力[43,44]、钢筋锈蚀的结构评估[45,46]、临界锈蚀量[47,48]、锈蚀率与裂缝扩展[49,50]等各模型被广泛研究。但是,对于钢筋在混凝土中发生锈蚀的机理及锈蚀产物在界面处的堆积及向混凝土内迁移的状态并不十分明了,所有模型在这方面都以假设为前提,提出的锈蚀状态、锈胀力形成与发展都是从理论分析而得,没有实验观测结果,都不是基于钢筋锈蚀的真实状态而建立的。对于锈蚀产物的了解也仅限于其是铁的氧化物及氢氧化物的复合体,锈蚀产物如何导致混凝土破坏及混凝土的状态又如何影响锈蚀产物形成及发展,目前仍未有较明确的结论。文献[51]认为关于这一问题的量化研究非常复杂,且在一定程度上不可能准确获得,样品制备过程及检测手段都对检测结果有不同程度的影响,造成检测结果失真。

1.2.6 加速试验方法对钢筋混凝土退化过程的影响

目前在锈蚀钢筋混凝土结构力学性能的研究中,大多通过内掺氯盐[52,53]、外通直流电[54-57]、人工气候加速环境[58,59]等加速试验方法,来研究实际环境中钢筋混凝土结构的力学退化性能。由于不同条件下混凝土中钢筋的锈蚀过程和腐蚀机理不同,钢筋的锈蚀特征也有差别,而不同的锈蚀特征必将影响锈蚀钢筋混凝土结构的力学性能和混凝土中钢筋的锈蚀速率。这样,加速试验模拟实际构件中钢筋锈蚀的可行性也一直是人们普遍关心的问题。选择恰当合理的实验方法对于获得正确合理的实验结果、降低实验成本、缩短实验周期具有重要的意义。

国内外在混凝土内钢筋加速锈蚀模拟试验中,长期以来大多采用直流电通电方法作为混凝土内钢筋锈蚀的主要技术手段[54-57]。但是,中国矿业大学通过人工气候环境、自然气候环境和直流电通电方法导致的钢筋锈蚀的比较研究[60]，验证了人工气候环境与自然气候环境下，混凝土内钢筋锈蚀的电化学过程、钢筋锈蚀特征和分布规律相同，也就是通过人工气候环境可以模拟自然气候环境下混凝土结构由于钢筋锈蚀引起的结构性能退化过程；同时也证明了直流电通电方法与气候环境下钢筋锈蚀的电化学过程具有明显区别，从而产生了结构抗力退化的显著差异。

人工气候环境模拟试验法是模拟多种大气环境（自然、工业、海洋等）对结构耐久性的劣化作用，根据不同的气候条件加速材料的腐蚀破坏，比如通过提高温度、湿度以及通入腐蚀性的气体或喷洒腐蚀性液体等把钢筋混凝土结构在实际大气环境中的较长的寿命压缩在较短的时间内老化，以达到实验室试验的要求。在此基础上研究钢筋混凝土的老化机理，测定钢筋混凝土老化过程的相关参数，建立钢筋锈蚀速率、锈蚀量及结构性能退化模型。这种模拟效果与实际情况比较接近，因此人工气候环境作为混凝土结构耐久性试验的一个重要技术手段，已逐渐被学术界认同[61,62]。很多研究者及单位（中国矿业大学、浙江大学、河海大学、深圳大学等）认识到了人工气候室在耐久性研究方面的适用性和模拟环境的优越性，都投入大量资金建立或改善了人工气候室，并在此基础上开展了广泛的试验研究，取得了丰硕的成果。

人工气候环境加速模拟试验具有试验周期短，试验条件可以严格控制，试验的重现性较好，试验的成本、复杂程度低，试验结果的可靠性较高的优点，成为目前混凝土结构耐久性研究的主要手段。但是只有将人工气候环境模拟试验同自然气候环境试验建立起关系即相关性，那么人工气候环境模拟试验才能真正发挥作用。所谓“相关性”是指通过人工气候环境强化某些气候因素进行加速老化试验所得的结果和自然气候环境试验的结果之间的相互关系，这种相关关系能反映使用某种人工气候环境方法得出的结果与实际环境或使用环境实际效果之间趋同的能力。这种相关关系一旦建立，不仅可以促进人工气候加速退化试验方法及其结果的应用的发展，而且可以通过相关性的研究即可以利用人工气候加速试验的方法去预测自然气候环境条件下钢筋混凝土结构的使用寿命。

目前在橡胶工业、兵器工业、电子产品领域对人工气候与自然气候的相关性的研究已取得了一定的成果[63-65]。但是关于钢筋混凝土人工气候耐久性退化与自然气候耐久性退化的试验研究尚处于起步阶段，国外尚未系统开展对混凝土结构耐久性试验相关性方面的研究；浙江大学、中国矿业大学在人工气候环境的相关性方面虽然取得了初步研究成功，而耐久性试验相似理论的建立需要一个长期研究的积累过程，本项目研究是上述研究的继续和深化。

1.3 本书的主要内容和结构体系

钢筋混凝土结构的耐久性是当今世界，尤其是进行大规模建设的中国土木工程界的重大课题。对这一课题的研究不仅关系到当前的国计民生，更会对社会的可持续发展产生不可估量的影响。本书以金属腐蚀电化学基本理论和混凝土材料学为基础，通过理论分析和试验研究相结合的研究方法，对作者及课题组成员在混凝土碳化、氯离子在混凝土中的传输、混凝土内钢筋的锈胀发展规律、混凝土中钢筋锈蚀的速率预计模型和加速试验方法对钢筋混凝土退化过程的影响等问题的最新研究成果进行较全面的总结和概括，为今后锈蚀钢筋混凝土结构的寿命预测和评估以及混凝土结构耐久性设计提供必要的科学依据。

本书主要章节如下：

第 1 章　概述

阐述了钢筋混凝土的全寿命过程与预计的重要意义及这一领域研究的主要方向。

第 2 章　硅酸盐水泥基混凝土的材料特征

钢筋混凝土结构耐久性能的退化是环境侵蚀介质侵入混凝土内部与混凝土和钢筋发生作用的结果。本章系统阐述了硅酸盐水泥基混凝土的物质组成、孔隙结构和传输性能，研究了环境气候条件对混凝土湿含量的影响以及混凝土孔隙水饱和度的计算方法，并进行了试验验证。

第 3 章　混凝土碳化

本章系统论述了硅酸盐水泥基混凝土碳化过程的基本原理，包括混凝土中的可碳化物质、混凝土碳化速率的影响因素和目前所建立混凝土碳化速率模型；分析了 pH 值变化区长度的变化规律和影响因素；总结了混凝土碳化深度的测定方法；并综合国内外的研究成果，指出了目前研究所存在的问题，根据碳化混凝土物质组成的变化，提出了混凝土碳化反应区远大于 pH 值变化区段长度的新观点，并基于这一认识深入研究了混凝土的碳化过程和机理，为建立合理准确的混凝土碳化速率模型奠定了基础。

第 4 章　氯离子在混凝土中的传输

本章系统介绍了氯离子引起钢筋锈蚀的机理、氯离子的来源、存在形式以及氯离子含量的测试方法，探讨了渗透、扩散、毛细吸收、非饱和渗流、电迁移、物理吸附及化学结合等与混凝土主要传输性能密切相关的基本传输机制；分析了海洋环境混凝土中水分输运过程，并在此基础上进行了海洋环境不同区位混凝土中氯离子传输机理分析和试验研究，建立了与使用环境相适应的氯离子传输速率预测模型；并对混凝土中 Cl^- 的临界值和混凝土表面的氯离子浓度等问题提出了新的认识。

第 5 章　混凝土内钢筋的锈胀发展

本章采取微观（锈蚀产物及锈蚀层结构）和宏观（锈胀力学性能）研究相结合的手段，通过钢筋锈蚀层的发展与锈胀过程的细观分析，揭示锈蚀层形成与发展过程，分析锈胀过程中钢筋与混凝土界面的微观结构变化和元素分布规律，研究钢筋表面的锈蚀层分布规律，建立钢筋表面锈蚀量分布模型；测定钢筋锈蚀产物的物相组成，研究锈蚀产物的体积膨胀倍数的计算方法。

第 6 章　混凝土内钢筋锈蚀速率的时变预计模型

本章以金属腐蚀电化学基本理论和混凝土材料学为基础,系统介绍了钢筋混凝土结构的基本腐蚀机理、主要腐蚀影响因素、钢筋锈蚀的现场电化学检测技术。深入研究了混凝土中钢筋的锈蚀形态和锈蚀机理以及混凝土内钢筋锈蚀过程控制因素,并在此基础上建立了阴阳极反应混合控制的钢筋锈蚀速率理论模型,然后通过模型中有关参数的分析,研究锈蚀层的形成和发展以及环境温湿度变化对钢筋锈蚀速率的影响规律,提出了混凝土内钢筋锈蚀速率的时变预计模型。

第 7 章　加速试验方法对钢筋混凝土退化过程的影响

本章利用人工气候环境实验室模拟自然气候环境,采取微观和宏观相结合的研究手段,研究人工气候环境与实际大气使用环境下,钢筋混凝土微观变化过程差异,研究两种环境下混凝土碳化、氯离子传输以及混凝土中钢筋腐蚀过程的相关性。尤其通过外通直流电、人工气候环境等加速试验条件和实际自然环境条件下,混凝土中钢筋表面锈蚀特征与分布规律、锈蚀层的细观结构、物相组成及体积膨胀倍数、锈蚀钢筋力学性能的对比分析,进行人工气候环境加速与实际自然环境条件下混凝土内钢筋锈胀效应的相关性研究,论证了人工气候环境加速试验方法是一种比较理想的钢筋混凝土耐久性加速试验方法。

本书的结构体系及相互关系如图 1—5 所示。第 1 章为绪论部分;第 2 章系统阐述了硅酸盐水泥基混凝土的物质组成、孔隙结构和传输性能,研究了环境气候条件对混凝土湿含量的影响为钢筋混凝土全寿命过程(第 3、4、5、6 章)的研究奠定基础;第 3 章和第 4 章研究钢筋锈蚀的预备阶段,以确定混凝土碳化和氯离子临界浓度到达钢筋表面的时间 t_0;第 5 章揭示了锈蚀力的形成与发展过程,第 6 章研究了全寿命过程混凝土内钢筋锈蚀速率的时变预计模型,这两章内容相结合可以确定混凝土内钢筋锈蚀所处的锈蚀状态,计算出钢筋锈蚀后各个发展阶段的时间;第 7 章研究了加速试验方法对混凝土碳化、氯离子传输和钢筋锈蚀过程的影响,为建立两种环境之间结构老化的相关性,从而将人工气候环境下混凝土结构的耐久性研究成果应用于自然环境下的实际结构奠定了基础。

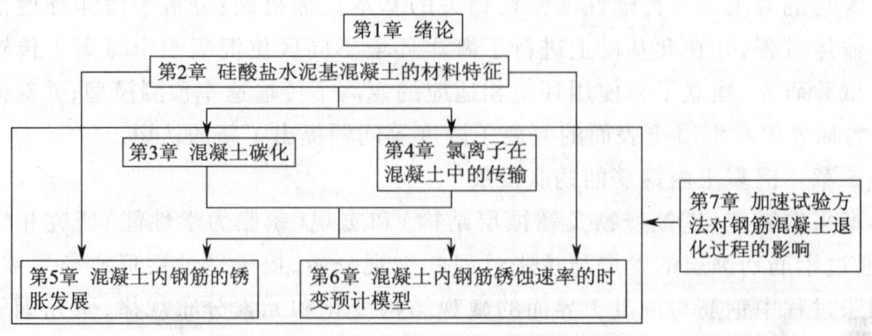

图 1—5　本书的结构布置及相互关系

第 2 章　硅酸盐水泥基混凝土的材料特征

混凝土是由水泥、水、细骨料、粗骨料及必要的矿物掺和料和外加剂为组成材料的通过搅拌、成型和养护而形成的一种多相多孔多组分复合体系。钢筋混凝土结构耐久性能的退化是环境侵蚀介质侵入混凝土内部与混凝土和钢筋发生作用的结果，混凝土及其中水泥浆体的结构和组成决定了混凝土的耐久性能和长期性能。本章系统阐述了硅酸盐水泥浆体和硅酸盐水泥基混凝土的物质组成、孔隙结构和传输性能，研究了环境气候条件对混凝土湿含量的影响以及混凝土孔隙水饱和度的计算方法，并进行了试验验证。为钢筋混凝土全寿命过程(第 3、4、5、6 章)的研究奠定基础。

2.1　硅酸盐系列水泥和硬化水泥浆体

水泥呈粉末状，属无机的水硬性胶凝材料。当它与水混合后成为可塑性浆体，经一系列物理化学作用凝结硬化变成坚硬石状体，并能将散粒状材料胶结成为整体。

为满足各种土木工程的需要，水泥的品种发展很快。按其主要水硬性物质可分为硅酸盐水泥、铝酸盐水泥、硫铝酸盐水泥、铁铝酸盐水泥、氟铝酸盐水泥等(图 2—1)。在常用的水泥中，硅酸盐水泥是最基本的。因此本章主要对硅酸盐水泥及硅酸盐水泥基混凝土进行研究。

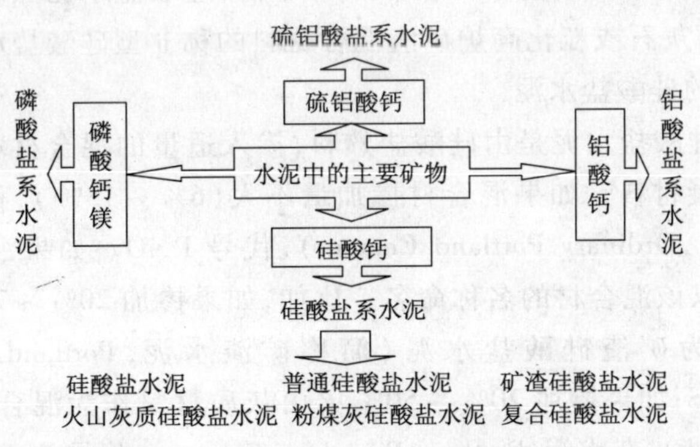

图 2—1　水泥的分类

2.1.1　硅酸盐系列水泥的分类

凡以适当成分的生料，按适当比例磨成细粉烧至熔融所得以硅酸钙为主要成分的矿物称为硅酸盐水泥熟料；由此熟料和适量的石膏、混合材料制成的水硬性胶凝材料，称为通用硅酸盐水泥。通用硅酸盐水泥包括硅酸盐水泥、普通硅酸盐水泥、矿渣硅酸盐水泥、火山灰硅酸盐水泥、粉煤灰硅酸盐水泥和复合硅酸盐水泥六大品种，各品种水泥的组分和代号应符合表2—1通用硅酸盐水泥的组分应符合的规定规定。

表2—1 通用硅酸盐水泥的组分应符合的规定(%)

名称	代号	组成				
		熟料(含石膏)	粒化高炉矿渣	火山灰质混合材料	粉煤灰	石灰石
硅酸盐水泥	P·I	100				
	P·Ⅱ	≥95	≤5			
						≤5
普通硅酸盐水泥	P·O	≥85，<95	>5，≤15			
矿渣硅酸盐水泥	P·S	≥30，<79	>20，≤70			
火山灰硅酸盐水泥	P·P	≥60，<79		>20，≤40		
粉煤灰硅酸盐水泥	P·F	≥60，<79			>20，≤40	
复合硅酸盐水泥	P·C	≥50，<79	>20，≤50			

1)硅酸盐水泥

硅酸盐水泥是硅酸盐类水泥的一个基本品种，其他品种的硅酸盐类水泥都是在它的基础上加入一定量的混合材料或适当改变熟料中矿物成分的含量而制成的。根据国家标准《硅酸盐水泥、普通硅酸盐水泥》(GB 175—1999)硅酸盐水泥的定义是：凡由硅酸盐水泥熟料、0～5%石灰石或粒化高炉矿渣、适量石膏磨细制成的水硬性胶凝材料，称为硅酸盐水泥(即国外通称的波特兰水泥)。硅酸盐水泥分两种类型，不掺加混合材料的称Ⅰ型硅酸盐水泥，代号P·Ⅰ；在硅酸盐水泥熟料粉磨时掺加不超过水泥质量5%石灰石或粒化高炉矿渣混合材料的称Ⅱ型硅酸盐水泥，代号P·Ⅱ。

2)掺混合材的硅酸盐水泥

掺混合材的硅酸盐水泥是由硅酸盐熟料，掺入适量的混合材料和石膏共同磨细制成的水硬性胶凝材料。如果混合材掺加量不大(6%～15%)，称为普通硅酸盐水泥(简称普通水泥，Ordinary Portland Cement)，代号P·O。如果混合材掺加量较大(超过15%)，则以该混合材的名称命名。比如，如果掺加20%～70%粒化高炉矿渣作为混合材，则为矿渣硅酸盐水泥(简称矿渣水泥，Portland Blast Furnace-slag Cement)，代号P·S；如果掺加20%～50%火山灰质材料作为混合材，则为火山灰质硅酸盐水泥(简称火山灰水泥，Portland Pozzolana Cement)，代号P·P；如果掺加20%～40%粉煤灰作为混合材，则为粉煤灰硅酸盐水泥(简称粉煤灰水泥，Portland Fly-ash Cement)，代号P·F。

矿渣水泥、火山灰水泥和粉煤灰水泥都是在硅酸盐水泥熟料基础上掺入较多的活性混合材料，再加上适量石膏共同磨细制成的。由于活性混合材料的掺量较多，且活性混合材料的化学成分基本相同(主要是活性SiO_2和活性Al_2O_3)，因此它们的大多数性质和应用相同或相近。但与硅酸盐水泥或普通水泥相比，有明显的不同。由于不同混合材料结构上的不同，它们相互之间又具有各自的特性，这些性质决定了它们使用上的特点和应用。

如果掺加的混合材为两种或两种以上，且其总掺加量较大（15% ~50%），则称为复合硅酸盐水泥（简称复合水泥，Composite Portland Cement），代号 P·C。复合水泥由于掺加了两种或两种以上的混合材料，混合材的作用会相互补充、取长补短，很好地改善了上述三种掺单一混合材料水泥的性能，是一种综合性能好的水泥。复合水泥的特性还与混合材料的品种与掺量有关。复合水泥的性能在以矿渣为主要混合材时，其性能与矿渣水泥接近；而当以火山灰质材料为主要混合材料时，则接近火山灰水泥的性能。

2.1.2 硅酸盐系列水泥熟料的成分

硅酸盐系列水泥熟料的原材料主要是石灰质原料和黏土质原料。石灰质原材料主要提供 CaO，黏土质原料主要提供 SiO_2 和 Al_2O_3 及少量的 Fe_2O_3。所以水泥熟料的主要化学组成见表 2—2。

表 2—2 硅酸盐水泥生料和熟料中主要化学组成

化学成分	Fe_2O_3	CaO	SiO_2	Al_2O_3
含量（%）	2.5 ~6	62 ~67	20 ~40	4 ~7

水泥材料的化学成分在高温煅烧过程中发生反应生成水泥熟料矿物成分。水泥熟料中的主要矿物组成为硅酸三钙（$3CaO \cdot SiO_2$，简写式为 C_3S）、硅酸二钙（$2CaO \cdot SiO_2$，简写式为 C_2S）、铝酸三钙（$3CaO \cdot Al_2O_3$，简写成为 C_3A）和铁铝酸四钙（$4CaO \cdot Al_2O_3 \cdot Fe_2O_3$，简写成为 C_4AF），以及少量有害的游离氧化钙（f - CaO）、氧化镁（MgO）、氧化钾（K_2O）、氧化钠（Na_2O）与三氧化硫（SO_3）等成分。硅酸盐水泥熟料中主要矿物组成见表 2—3。

表 2—3 硅酸盐水泥熟料中主要矿物组成

名　　称	矿物成分	简　　称	含量（%）	密度（g/cm^3）
硅酸三钙	$3CaO \cdot SiO_2$	C_3S	37 ~60	3.25
硅酸二钙	$2CaO \cdot SiO_2$	C_2S	15 ~37	3.28
铝酸三钙	$3CaO \cdot Al_2O_3$	C_3A	7 ~15	3.04
铁铝酸四钙	$4CaO \cdot Al_2O_3 \cdot Fe_2O_3$	C_4AF	10 ~18	3.77

2.1.3 硅酸盐水泥的水化硬化

1）硅酸盐水泥的水化

熟料矿物与水进行的化学反应简称为水化反应。当水泥颗粒与水接触后，其表面的熟料矿物成分开始发生水化反应,生成水化产物并放出一定热量。

(1)硅酸三钙

在常温下,C_3S 水化反应可大致用下列方程式表示:

$$2(3CaO \cdot SiO_2) + 6H_2O \rightarrow 3CaO \cdot 2SiO_2 \cdot 3H_2O + 3Ca(OH)_2 \quad (2—1)$$

生成的产物水化硅酸钙($3CaO \cdot 2SiO_2 \cdot 3H_2O$)中 CaO/SiO_2(称为钙硅比)的真实比例和结合水量与水化条件及水化龄期等有关。水化硅酸钙几乎不溶于水,而以胶体微粒析出,并逐渐凝聚成为凝胶,通常将这些成分不固定的水化硅酸钙称为C-S-H凝胶。

C-S-H 凝胶尺寸很小,具有巨大的内比表面积,凝胶粒子间存在范德华力和化学结合键,由它构成的网状结构具有很高的强度,所以硅酸盐水泥的强度主要是由C-S-H 凝胶提供的。

水化生成的 $Ca(OH)_2$,在溶液中的浓度很快达到过饱和,以六方晶体析出。$Ca(OH)_2$的强度、耐水性和耐久性都很差。水泥水化产物的形貌如图 2—2 所示。

(a) 水泥水化7天的水泥水化产物形貌

(b) 充分水化的水泥水化产物形貌

图 2—2 水泥水化产物的 SEM 图

(2)硅酸二钙

C_2S 水化反应速率慢,放热量小,虽然水化产物与硅酸三钙相同,但数量不同,因此硅酸二钙早期强度低,但后期强度高。其水化反应方程式为

$$2(2CaO \cdot SiO_2) + 4H_2O \rightarrow 3CaO \cdot 2SiO_2 \cdot 3H_2O + Ca(OH)_2 \quad (2—2)$$

(3)铝酸三钙

C_3A 水化反应迅速,水化放热量很大,生成水化铝酸三钙。其水化反应方程式为

$$3CaO \cdot Al_2O_3 + 6H_2O \rightarrow 3CaO \cdot Al_2O_3 \cdot 6H_2O \quad (2—3)$$

水化铝酸三钙为立方晶体。在液相中氢氧化钙浓度达到饱和时,铝酸三钙还发生如下水化反应:

$$3CaO \cdot Al_2O_3 + Ca(OH)_2 + 12H_2O \rightarrow 4CaO \cdot Al_2O_3 \cdot 13H_2O \quad (2—4)$$

水化铝酸四钙为六方片状晶体。在氢氧化钙浓度达到饱和时,其数量迅速增加,使得水泥浆体加水后迅速凝结来不及施工。因此,在硅酸盐水泥生产中,通常加入

2% ~3% 的石膏调节水泥的凝结时间。水泥中的石膏迅速溶解，与水化铝酸钙发生反应，生成针状晶体的高硫型水化硫铝酸钙($3CaO \cdot Al_2O_3 \cdot 3CaSO_4 \cdot 31H_2O$，又称钙矾石)，沉积在水泥颗粒表面，形成了保护膜，延缓了水泥的凝结时间。当石膏耗尽时，铝酸三钙还会与钙矾石反应生成单硫型水化硫铝酸钙($3CaO \cdot Al_2O_3 \cdot CaSO_4 \cdot 12H_2O$)。

(4)铁铝酸四钙

C_4AF 与水反应，生成立方晶体的水化铝酸三钙和胶体状的水化铁酸一钙。

$$4CaO \cdot Al_2O_3 \cdot Fe_2O_3 + 7H_2O \rightarrow 3CaO \cdot Al_2O_3 \cdot 6H_2O + CaO \cdot Fe_2O_3 \cdot H_2O \tag{2—5}$$

在有氢氧化钙或石膏存在时，C_4AF 将进一步水化生成水化铝酸钙和水化铁酸钙的固溶体或水化硫铝酸钙和水化硫铁酸钙的固溶体。

一般情况下硅酸盐水泥水化生成的主要水化产物是：水化硅酸钙和水化铁酸钙凝胶，氢氧化钙、水化铝酸钙和水化硫铝酸钙晶体。在完全水化的水泥石中，水化硅酸钙约占 70%，氢氧化钙约占 20% ~25%，水化铝酸钙和水化硫铝酸钙约占 7%。

2)硅酸盐水泥的凝结与硬化

硅酸盐水泥的凝结硬化过程，可分为四个阶段：初始反应期、潜伏期、凝结期和硬化期(如图 2—3 所示)。前三个阶段很短，其总和一般不超过 12 h。在硬化阶段，随着水化的不断进行，水泥颗粒之间的空隙逐渐缩小为毛细孔，由于水泥内核的水化，使水化产物的数量逐渐增多，并向外扩展填充于毛细孔中，凝胶体间的空隙越来越小，浆体进入硬化阶段而逐渐产生强度。水泥颗粒的水化和凝结硬化是从水泥颗粒表面开始的，随着水化的进行，水泥颗粒内部的水化越来越困难，经过长时间水化后(几年、甚至几十年)，多数水泥颗粒仍剩余尚未水化的内核。所以，硬化后的水泥石结构是由水泥凝胶体(胶体与晶体)、未水化的水泥内核以及孔隙组成的，它们在不同时期相对数量的变化，决定着水泥石的性质。水泥水化过程水泥石的组成变化如图 2—4 所示。

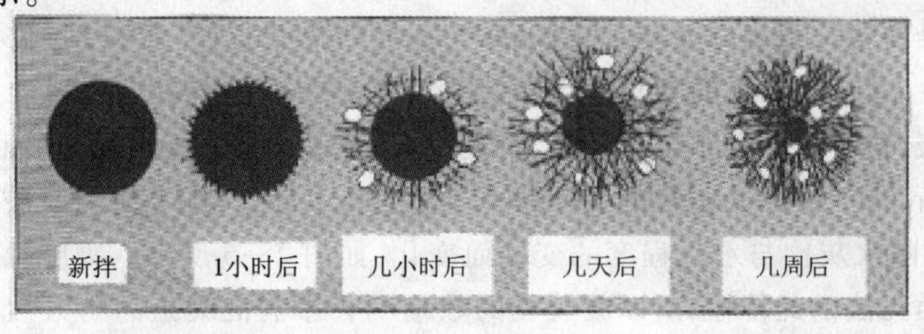

拌和水　未水化的水泥　水化产物(主要是C-S-H)　方解石晶体

图 2—3　单一水泥颗粒在大量水中的水化过程模型[66]

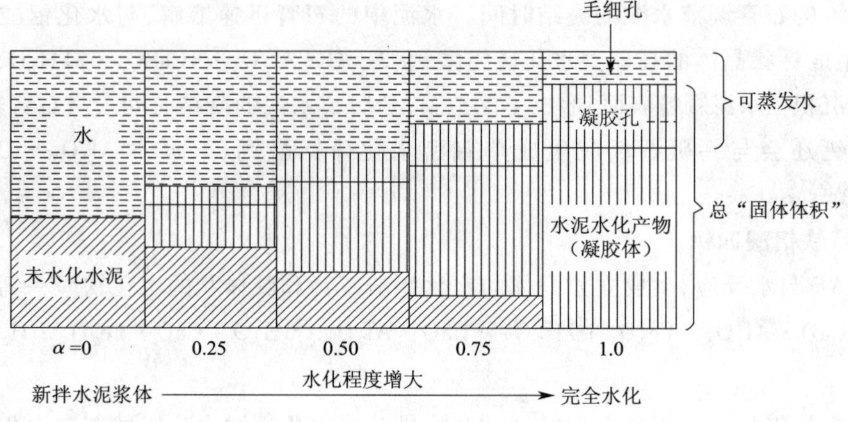

图 2—4　水泥水化过程水泥石的组成变化

2.1.4　水泥石的结构

在水泥水化过程中形成的以水化硅酸钙凝胶为主体,其中分布着氢氧化钙等晶体的结构,通常称为水泥凝胶体。在常温下硬化的水泥石,是由水泥凝胶体、未水化的水泥内核与孔隙所组成。硬化水泥浆体内部的孔隙按孔隙直径的大小分为凝胶孔、毛细孔和大孔。水泥石的组成与结构如图 2—5 所示。

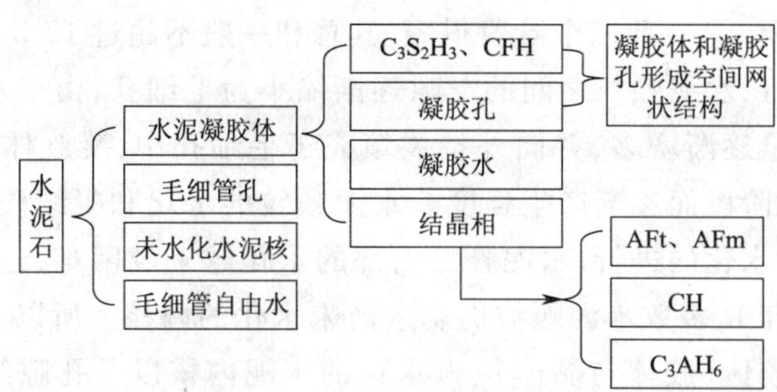

图 2—5　水泥石的组成与结构

凝胶是由尺寸很小($1\times10^{-7}\sim1\times10^{-5}$ cm)的凝胶微粒(胶粒)与位于胶粒之间($1\times10^{-7}\sim3\times10^{-7}$ cm)的凝胶孔(胶孔)所组成的。凝胶孔尺寸仅比水分子尺寸大一个数量级,这个尺寸太小以致不能在胶孔中形成晶核和长成微晶体,因而就不能为水化产物所填充,所以凝胶孔的孔隙率基本上是个常数,其体积约占凝胶体本身体积的 28%,不随水灰比与水化程度的变化而变化,如图 2—6 所示。凝胶孔尺寸太小以至侵蚀介质无法由此传输,所以凝胶孔的数量不会影响混凝土的耐久性能和对混凝土内钢筋的保护性能。

毛细孔是硬化水泥浆体的固态水化产物没有充分填充的体积。毛细孔的孔径大小不一,如果混凝土的水灰比较低且水泥水化较为充分,毛细孔的孔径范围 10 ~

50 nm,如果混凝土的水灰比较大或水泥水化不够充分,毛细孔的孔径范围可达 3～5 μm。水化水泥浆体中的水化产物和内部孔隙的尺寸范围如图 2—6 所示。

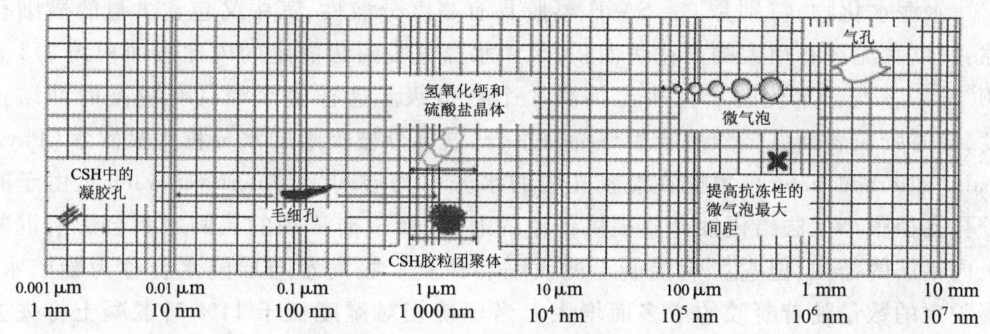

图 2—6　水化水泥浆体中的水化产物和内部孔隙的尺寸范围[67]

拌和水泥浆体时,水与水泥的质量之比称为水灰比(*W/C*)。水灰比是影响水泥石结构性质的重要因素。水灰比大时,水化生成的水泥凝胶体不足以堵塞毛细孔,这样不仅会降低水泥石的强度,而且还会降低它的抗渗性和耐久性。水灰比对水泥石结构的影响如图 2—7 所示。从图中可以看出,如水灰比为 0.4 时,完全水化时水泥石的孔隙率为 29.3%;而水灰比为 0.7 时,则为 50.3%。但对于毛细孔,前者为2.2%,后者为 31.0%。因此,水灰比的增大,使水泥凝胶体的数量略有下降,而毛细孔的数量却显著增加,从而使混凝土的强度和耐久性急剧降低。

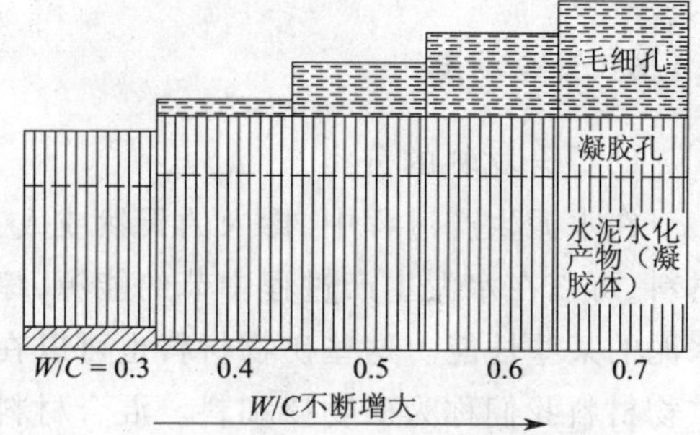

图 2—7　水灰比对水泥石结构的影响

2.1.5　水泥石中水的存在类型

硬化水泥石结构中存在的水主要有以下几种形式:游离水、毛细水、凝胶水和结晶水(如图 2—8 所示)。

游离水(物理水),也称之为自由水,提供水泥水化用水,水泥和水组成水泥浆,包裹在骨料的表面并填充在骨料的空隙中,赋予混凝土拌和物流动性,它存在于较大的孔隙中,在零度以下可以冻结。

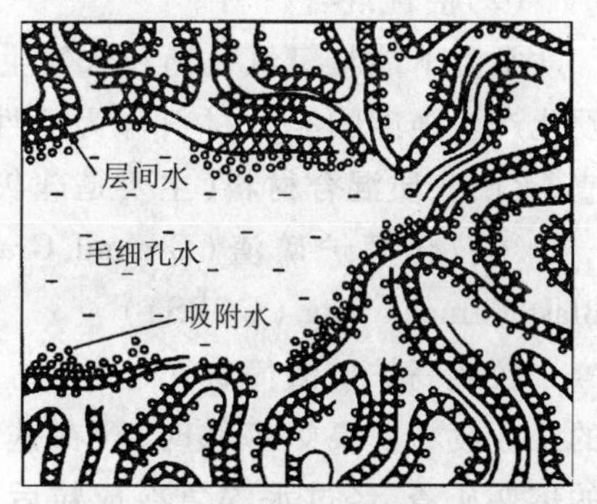

图 2—8　硬化水泥浆体孔隙中水分存在形式

毛细孔中的水分称为毛细水(Capillary Water)。毛细水的结合力较弱,脱水温度较低,脱水后形成毛细孔。毛细水的冰点比自由水要低，当自由水冻结时，可由其提供水泥水化所需水，且不容易流失，可提供水泥后期水化用水。

水泥水化物，特别是 C－S－H 凝胶具有高度分散性，其中又包含大量的微细孔隙，所以水泥石有很大的内比表面积，采用水蒸气吸附法测定的内比表面积约 $2.1\times10^5\ m^2/kg$，与未水化的水泥相比提高 3 个数量级。这样使水泥具有较高的粘结强度，同时胶粒表面可强烈地吸附一部分水分，这部分被吸附的水分称为吸附水（Physically adsorbed water），填充在凝胶孔内的水分称为层间水（Interlayer water），由于凝胶孔孔径很小无法给侵蚀介质提供传输的通道，所以非流动的层间水不会影响混凝土内钢筋的锈蚀，但它影响混凝土的收缩和徐变。吸附水与层间水合称为凝胶水。凝胶水的数量随着凝胶的增多而增大。当环境相对湿度低于 11% 时混凝土将失去凝胶水。凝胶水在自然条件下不会冻结。

结晶水主要是水泥水化产物中含有的水分，也是非冻结水。

2.1.6　混合材料

1）混合材料的分类

在水泥生产过程中，掺入的天然或人工矿物材料，称为水泥混合材料。加入混合材料，可以在水泥生产过程中节约能源，综合利用工业废料，降低成本，同时能够改善水泥的某些性能。这些矿物材料也可以在配制混凝土时直接加入混凝土中，这时的矿物材料我们称为矿物掺和料。混合材料按其性能可分为活性混合材料和非活性混合材料两大类。

（1）非活性混合材料

常温下不能与氢氧化钙和水发生水化反应或反应很弱，也不能产生凝结硬化的混合材料称为非活性混合材料。非活性混合材料在水泥中主要起填充作用，掺入硅酸盐水泥中主要起调节水泥标号、降低水化热等作用。属于这类的混合材料有磨细石英砂、石灰石、黏土、慢冷矿渣及其他与水泥矿物成分不起反应的工业废渣等。

（2）活性混合材料

常温下能与氢氧化钙和水发生水化反应，生成水硬性的水化物，并能够逐渐凝结硬化产生强度的混合材料称为活性混合材料。常用的活性混合材料有粒化高炉矿渣、火山灰质混合材料（主要是硅灰）和粉煤灰等。

①粒化高炉矿渣（Ground Granulated Blast Furnace Slag（GGBS））

粒化高炉矿渣简称矿渣，是高炉炼铁的工业废料。高炉炼铁时，浮在铁水表面的熔融矿渣，经过水淬急冷成粒后即为粒化高炉矿渣，其生产过程如图 2—9 所示。淬冷的目的在于阻止其中的 Ca、Si、Mn、Al

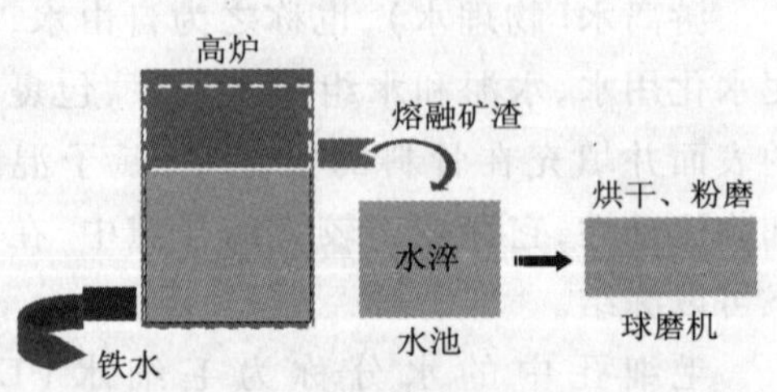

图 2—9　粒化高炉矿渣的生产

结晶，形成化学不稳定的玻璃体，磨细后具有潜在化学能，即潜在活性。在水化后的 7 d 就能对混凝土的强度有所贡献，而低钙粉煤灰则要到 28 d 后才能对强度有贡献。如果熔融的矿渣自然缓慢冷却，凝固后成为完全结晶的块状矿渣，活性很低，属于非活性混合材料。矿渣水淬越迅速，水淬前的温度越高，活性越大。粒径小于 10 μm 的矿渣颗粒参与 28 d 前龄期的混凝土强度，10 ~ 45 μm 的颗粒参与后期强度，大于 45 μm 的颗粒则很难水化。因此，要求用于高强和高性能混凝土的矿渣磨细至比表面积超过 400 m^2/g，以较充分地发挥其活性，减少泌水性。与粉煤灰类似，矿渣等量取代部分水泥，可以改善工作度，降低水化热，减少高效减水剂用量和坍落度损失，增加混凝土的强度。掺量 20% 以上的矿渣能提高混凝土抗海水及化学侵蚀的能力，矿渣也能抑制碱骨料反应。

粒化高炉矿渣主要化学成分为 CaO（38% ~46%）、SiO_2（26% ~42%）和 Al_2O_3（7% ~20%），另外还有少量的 MgO、FeO、MnO，TiO_2 等。矿渣中的 CaO 在高温冷却过程中能与 SiO_2 和 Al_2O_3 结合成具有水硬性的硅酸二钙和铝酸钙，对矿渣活性有利。但含量太高，熔体黏度低，则不利于玻璃体的形成，矿渣活性反而降低。SiO_2 属于活性成分，但含量较高时在冷却过程中形成低碱性的硅酸钙，使得矿渣活性降低。Al_2O_3 在矿渣中一般形成铝酸钙或铝硅酸钙，对矿渣活性有利。国家标准 GB/T 203—94 把矿渣按照质量系数、化学成分、表观密度和粒度分为合格品和优质品。粒化高炉矿渣活性用质量系数 K 表示，$K = (CaO + MgO + Al_2O_3)/(SiO_2 + MnO + TiO_2)$，用于水泥中的粒化高炉矿渣质量系数 K 不得小于 1.2。质量系数 K 越大，粒化高炉矿渣的活性越高。

一般认为，矿渣中主要的活性组分为玻璃体质的 SiO_2 和 Al_2O_3 以及弱水硬性的硅酸二钙等。

②火山灰质混合材料

火山喷发时，随同熔岩一起喷发的大量的碎屑沉积在地面或水中的松软物质，称为火山灰（如图 2—10 所示）。由于火山喷出物在空气中急冷，火山灰含有一定量的玻璃体，它的主要成分为 SiO_2 和 Al_2O_3。火山灰质的混合材料是泛指以活性 SiO_2 和活性 Al_2O_3 为主要成分的活性混合材料。它的应用是从火山灰开始的，故而得名，其实并不仅限于火山灰。火山灰质混合材料按照其成因，分为天然的和人工的两大类。天然的有火山灰、凝灰岩、浮石，沸石岩、硅藻土、硅藻石和蛋白石等；人工的有烧页岩、烧黏土、煤渣、煤矸石、硅灰等。火山灰质混合材料结构上的特点是疏松多孔，内比表面积大，易吸水，但由于品种多，其活性也有较大的差别。

图 2—10　火山爆发

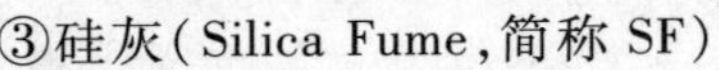

③硅灰（Silica Fume，简称 SF）

硅灰,又称硅粉,它是铁合金厂在冶炼硅铁合金或金属硅时的一种副产品,一般通过冷凝方式从烟尘中收集而得,所以又称为冷凝硅灰,其生产过程如图 2—11 所示。硅灰的平均粒径约为 0.1 μm,比表面积为 20 000 ~225 000 m^2/kg,比水泥细 2 个数量级,其非结晶硅约占总重量的 85% ~95%,这是硅灰具有高火山灰活性的主要来源。硅灰在混凝土中兼起活性粘结料和填料两种作用,活性比水泥高 1 ~3 倍,常与粉煤灰复合使用。混凝土中掺入硅灰后,随着硅灰掺量的提高,需水量增大,自干燥收缩增大,对混凝土的水化温升没有降低作用。因此,一般将硅灰的掺量控制在水泥重量的 5% ~10% 之间,并用高效减水剂来调节需水量,硅灰的掺加方法是等量取代法。

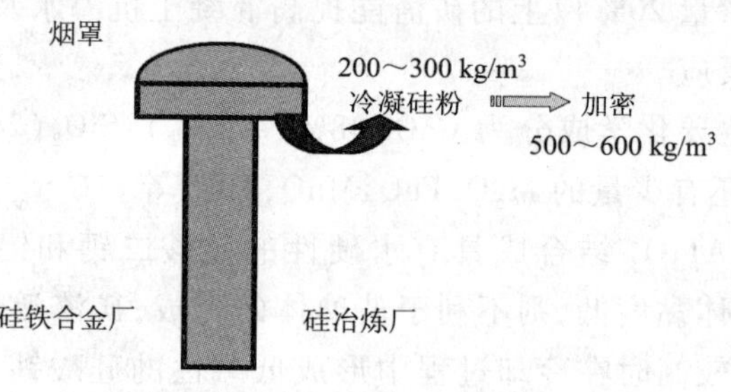

图 2—11　硅灰的生产

硅灰能减少混凝土内部的孔隙率和孔隙尺寸,改善骨料界面上的水泥浆体结构。硅灰混凝土的早期强度很高,3 d 强度可达 28 d 强度的 80% 。同强度下,硅灰混凝土所需水泥浆量可比粉煤灰混凝土少 20% 左右,故干缩较小。硅灰混凝土的抗渗、抗冻融性能、耐化学腐蚀性、耐磨性和抑制碱骨料反应的性能好,特别适合于露天或海洋工程构筑物。掺加 10% 硅灰的水泥浆体水化后 14 d的 SEM 照片如图 2—12 所示。

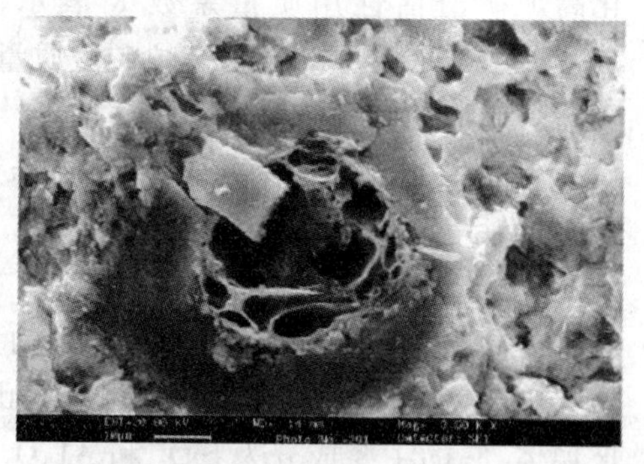

图 2—12　掺加 10% 硅灰的水泥浆体水化 14 d 后的 SEM 照片(3 500 倍)

④粉煤灰(Fly Ash,简称 FA)

粉煤灰是燃煤电厂排出的主要固体废物,扫描电镜观测到的粉煤灰颗粒呈球状(如图 2—13 所示)。从煤燃烧后的烟道气体中收集下来的粉尘(细灰),称为干排粉煤灰,简称干排灰,又称为飞灰。通过水力排灰管道输入贮灰池中堆放的粉煤灰称为湿排粉煤灰,简称湿排灰,其生产过程如图 2—14 所示。粉煤灰主要成分为 SiO_2(40% ~65%)和 Al_2O_3(15% ~40%)。从火山灰质混合材料泛指的定义讲,粉煤灰属于火山灰质混合材,但粉煤灰一般为呈玻璃态的实心或空心的球状颗粒,表面结构致密,性质与其他的火山灰质混合材有所不同,它是一种产量很大的工业废料,所以单独列出。粉煤灰的颗粒大小与形状对其活性有很大的影响,颗粒越细,密实球体形玻璃体含量越高,活性越高,标准稠度需水量越低。

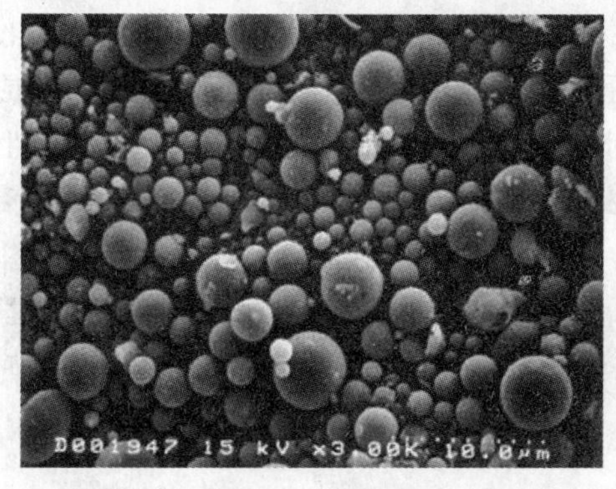

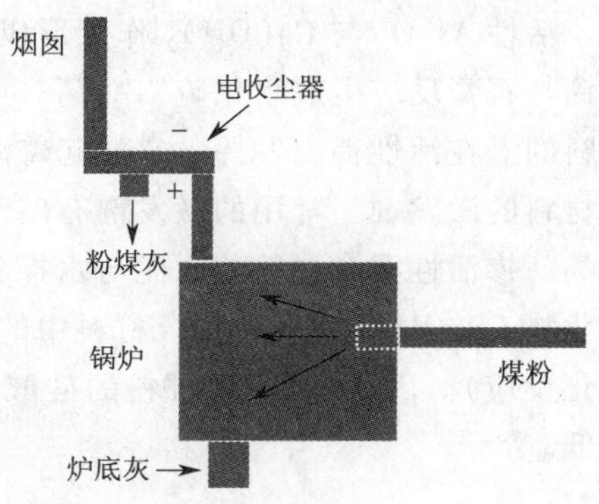

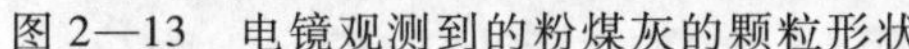

图 2—13　电镜观测到的粉煤灰的颗粒形状　　图 2—14　粉煤灰的生产

我国电厂占排放量90%以上的是炉底排放出的活性较低的低等级湿排灰(Ⅲ级灰或等外灰)。当前,国内对粉煤灰的利用主要是对价格相对较高的干排粉煤灰,提高湿排粉煤灰的活性是加大其利用的关键。国内已有一些试验研究了用排放量较大的低等级湿排粉煤灰配制中低强度混凝土,取得了良好的效果。

2)活性混合材料的水化

粒化高炉矿渣、火山灰质混合材料和粉煤灰属于活性混合材料,它们与水拌和后,不发生水化及凝结硬化(仅粒化高炉矿渣有微弱的水化反应)。但在氢氧化钙饱和溶液中,常温下却发生显著的水化反应:

$$x\mathrm{Ca(OH)_2} + \mathrm{SiO_2} + m\mathrm{H_2O} \rightarrow x\mathrm{CaO} \cdot \mathrm{SiO_2} \cdot (x+m)\mathrm{H_2O} \quad (2\text{—}6)$$

$$y\mathrm{Ca(OH)_2} + \mathrm{Al_2O_3} + n\mathrm{H_2O} \rightarrow y\mathrm{CaO} \cdot \mathrm{Al_2O_3} \cdot (y+n)\mathrm{H_2O} \quad (2\text{—}7)$$

生成的水化硅酸钙和水化铝酸钙是具有水硬性的水化物(电镜观测到的粉煤灰颗粒的水化形貌如图 2—15 所示)。式中 x、y 值取决于混合材料的种类,石灰和活性 $\mathrm{SiO_2}$ 及活性 $\mathrm{Al_2O_3}$ 之间的比例,环境温度以及作用的时间等。对于掺常用混合材料的硅酸盐水泥,x、y 值一般为 1 或稍大于 1,即生成的水化物的碱度降低(与硅酸盐水泥水化物相比),为低碱性的水化物。活性 $\mathrm{SiO_2}$ 和 $\mathrm{Ca(OH)_2}$ 相互作用形成无定形水化硅酸钙,再经过较长一段时间后,逐渐地转变为凝胶或微晶体。

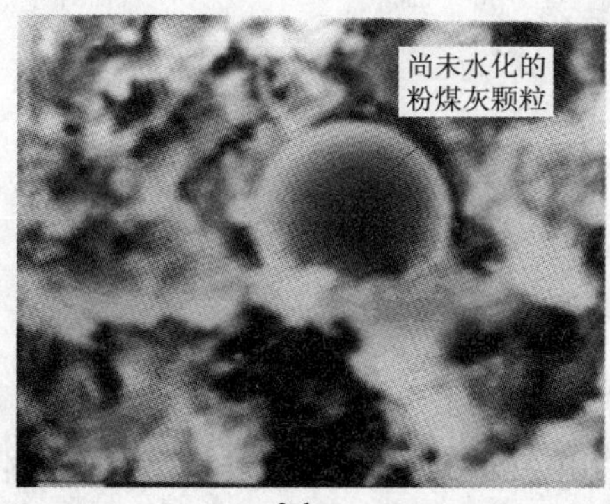

3 d

已经开始水化
的粉煤灰颗粒

28 d

图 2—15　粉煤灰颗粒的水化形貌

活性 Al_2O_3 与 $Ca(OH)_2$ 作用形成水化铝酸钙。当液相中有石膏存在时，水化铝酸钙与石膏反应生成水化硫铝酸钙。可以看出，氢氧化钙和石膏的存在使活性混合材料的潜在活性得以发挥。它们起着激发水化、促进凝结硬化的作用，故称为活性混合材料的激发剂。常用的激发剂有碱性激发剂（如石灰）和硫酸盐激发剂（如石膏）两类。掺活性混合材料的水泥与水拌和后，首先是水泥熟料水化，然后是水泥熟料的水化物 $Ca(OH)_2$ 与活性混合材料中的 SiO_2 及 Al_2O_3 进行水化反应（一般称为二次水化反应）。因此，掺混合材料的硅酸盐水泥水化速率减慢，水化热降低，早期强度降低。

2.2 硅酸盐水泥基混凝土的材料特征

普通混凝土由胶凝材料、粗骨料（石子）和细骨料（砂子）、水所组成。硅酸盐水泥基混凝土的胶凝材料包括硅酸盐系列的水泥和粉煤灰、矿粉等辅助性胶凝材料。为改善混凝土的各种性能，混凝土中还含有不同种类的外加剂。硬化后的混凝土可分为水泥基相、分散骨料粒子相和界面过渡层相，从相尺度上可以包括从纳米、微米到毫米及更大的尺度层次，水泥基相中最小层次主要由纳米级的 C－S－H 凝胶体和凝胶孔组成，而在微米层次水泥浆又由水泥水化产物、未水化水泥颗粒及毛细孔组成，在毫米及更大层次水泥浆与粗细骨料、空气泡构成了混凝土复合材料。

硬化普通混凝土中，粗、细骨料约占总体积的 70%，水泥石约占 30%。水泥石中，水泥固体成分和水约占 10% 和 15%，还有大约 5% 的气孔。

普通混凝土的组成与结构如图 2—16 所示。

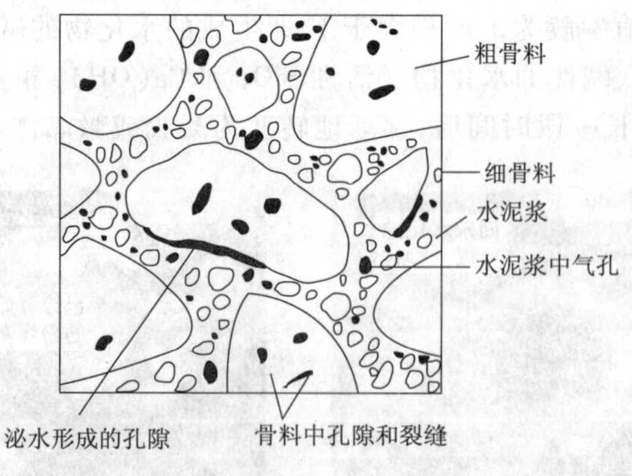

图 2—16　普通混凝土的组成与结构

普通混凝土，各组成材料发挥不同的作用。粗、细骨料起骨架作用，细骨料填充在粗骨料的空隙中。水泥和水组成水泥浆，包裹在粗、细骨料的表面并填充在骨料的空隙中。在混凝土硬化前水泥浆起润滑作用，赋予混凝土拌和物流动性；在混凝土硬化后起胶结作用，把粗细骨料粘结成一个整体。

在混凝土粗、细骨料与水泥石的胶结面上，会形成大约几十个微米的界面过渡区。它是集料界面一定范围内的区域，这一区域的结构与性能不同于硬化水泥石本体。界面过渡区具有较高的孔隙率；形成了一个 $Ca(OH)_2$ 晶体定向排列的结构疏松的界面过渡区（如图 2—17 所示）。

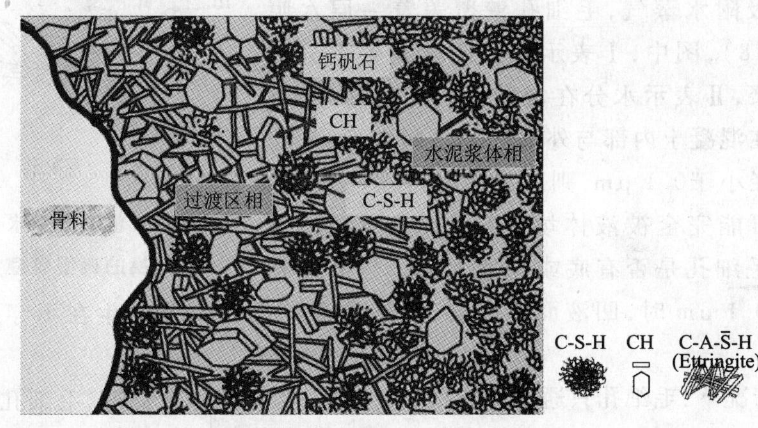

图 2—17　混凝土过渡区结构[67]

水泥石—集料的界面过渡区是混凝土中最薄弱环节。界面过渡区结构疏松，在混凝土受力过程中，破坏常常首先发生在界面过渡区；各种原因引起变形所导致的裂缝常常首先从界面过渡区开始，延伸贯通直到破坏；界面及其附近常常成为渗透路径，降低混凝土材料的抗渗性和耐久性；抗冻耐蚀等试验，也常常在界面处首先破坏，造成集料脱落现象。水泥—集料界面过渡区的性能常常决定了混凝土材料的性能。

2.2.1　混凝土的孔隙结构和传输性能

混凝土的微观结构对钢筋混凝土结构具有相当的重要性，它决定了混凝土的力学性能和耐久性，对埋置其中的钢筋的锈蚀行为也有显著的影响。混凝土中的孔隙和微裂纹是不可避免的，它们使混凝土成为固、液、气三相共存的非均相复杂体系，也是钢筋/混凝土界面和外部介质环境之间物质传递以及离子导电的通道。

混凝土硬化后，水泥水化多余的水分一部分留在混凝土内部，还有一部分会蒸发出来，而蒸发的这部分水原来在混凝土中所占的空间就形成了混凝土的孔隙和毛细管通道，从而形成了混凝土的微观孔隙结构。混凝土的孔隙结构在很大程度上取决于水泥石的孔隙结构，水泥石的孔隙主要由凝胶孔、毛细孔和非毛细孔（大孔）三部分组成。凝胶孔是凝胶颗粒间互相连通的孔隙，孔径 3～4 μm，渗透系数很小，属于无害孔，在水泥凝胶中的孔隙率约 28%，与水灰比无关；毛细孔尺度较大且孔径范围较宽，且毛细孔的微孔势能明显大于重力场势能，对渗透性的影响最大。

对于水泥石和混凝土来说，毛细孔可分为微毛细孔（$r \leqslant 0.1\ \mu m$）、大毛细孔（$0.1\ \mu m \leqslant r \leqslant 1 \sim 10\ \mu m$）与非毛细孔（$r > 10\ \mu m$）3类，其划分与孔的毛细凝结现象有关[68]。毛细孔中的液面形状由表面张力决定，并由于重力作用而略呈弯曲。在硬化水泥浆体孔隙中由于孔表面能从空气中吸附水蒸气，毛细孔壁覆盖着一层水膜（见图2—18），图中，Ⅰ表示在该区域发生水分的蒸发与凝聚，Ⅱ表示水分在混凝土内部的迁移；Ⅲ表示水分在混凝土内部与外部环境之间的迁移，若毛细孔半径小于0.1 μm，则因为吸附液态蒸汽，这类毛细孔可能完全被液体填充（也即毛细凝结现象），并与毛细孔是否有底或穿通无关。当毛细孔半径大于0.1 μm时，凹液面不闭合，毛细孔凝结现象只能发生在不穿通的毛细孔中。

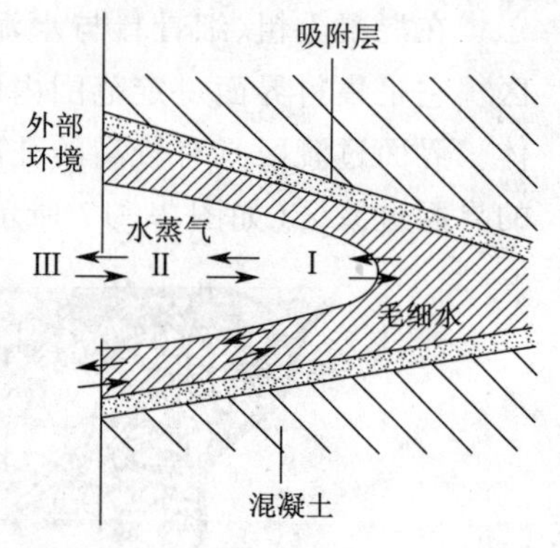

图2—18　混凝土中水分与外界交换的典型模型[69]

通常情况下，毛细孔只通过凝胶孔相互连接，当孔隙率较高时，毛细孔成为连续的、相互连接的网状结构。毛细孔的连通性与水化程度及 W/C 密切相关，水在混凝土中的渗透存在某一临界值，即在某一水化程度时，当毛细孔率低于临界值时，毛细孔连通性丧失。混凝土的渗透性急剧降低。随着 W/C 的增加而增大，需要更多的水化产物才能封闭毛细孔连通。

非毛细孔（大孔）主要指水泥浆体内部的缺陷和微裂缝，其形成原因可能是水泥浆体的收缩、外部温度变化以及成型条件等。

混凝土的结构比水泥石结构复杂得多，水泥石和骨料都含有各种大小不同的孔隙和裂缝，这些孔隙错综复杂，孔形各异，孔径尺寸跨越微观尺度与宏观尺度，导致混凝土的孔隙结构更加复杂。

骨料是构成混凝土多相复合体系的重要条件，混凝土中骨料的渗透性较低，这主要由于岩石较致密且内部具有不连通的孔结构以及骨料被水泥浆体包裹等原因，理论上骨料越多混凝土传输能力越差，其耐久性会越好，但由于混凝土材料的一个显著特征是存在界面过渡区，它是在水泥浆与骨料界面处存在的厚度10～40 μm的区域。由于界面处水泥浆体与骨料的性质有很大差异以及水化产物氢氧化钙等晶体显著的取向作用，使得这个区域的孔隙率较大，因而使混凝土过渡区的传输能力大幅度提高，也就是当骨料体积分数较大时界面过渡区很容易形成高渗透性的传输路径。因此混凝土孔隙结构的复杂性决定了混凝土传输性能的复杂性，流体及其他离子在混凝土中的传输性能既在很大程度上取决于水泥浆体孔隙率、孔径分布、孔形貌、孔连通性及孔曲折度等孔结构，又与浆体和骨料间的界面微结构密切相关，而混凝土孔结构与界面微结构反过来又依赖于所用材料的种类及其体积分数、水泥的水化程度及混凝土的制备工艺等，混凝土中含有矿物粉体如硅灰、粉煤灰、矿渣及超塑化剂等将大大改善混凝土孔结构和界面结构，从而使混凝土的传输性能发生质的改变。

在实际工程中，混凝土的孔隙结构可以用表2—4所示加以描述。

表2—4　实际工程中混凝土的孔隙结构[311]

序号	孔隙和缺陷类型		形成原因	典型尺寸	体积百分比(%)	开孔性
1	大空洞、缺陷		由于浇捣或振捣不密实	1 ~ 50cm	0 ~ 5	开放的
2	气孔	自然	搅拌、浇筑和振捣时不可避免的	0.1 ~ 5 mm	1 ~ 3	大部分闭孔
		引入	掺入专用外加剂人工引入	5 ~ 25 μm	3 ~ 10	大部分闭孔
3	微孔、毛细孔		水分蒸发形成	1 ~ 50 μm	10 ~ 15	大部分开孔
4	水平裂缝		混凝土拌和物的内离析造成	0.1 ~ 1 mm	1 ~ 2	大部分开孔
5	内泌水孔隙		位于集料和钢筋下部，由于水泥砂浆离析、泌水所造成的	0.01 ~ 0.1 mm	0.1 ~ 1	大部分开孔
6	微裂	温度	温度梯度	1 ~ 20 mm	0 ~ 1	开放的
		收缩	湿度梯度	1 ~ 5 mm	0 ~ 0.1	开放的
7	凝胶孔		水化和化学收缩	300 ~ 30 000 μm	0.5 ~ 1.0	大部分闭孔

混凝土的耐久性主要受CO_2、O_2等气体以及水分、氯离子及硫酸盐等流体及其他有害物质在混凝土中传输性能的影响，混凝土的传输性能主要取决于混凝土孔结构（孔隙率、孔尺寸分布、孔形貌、孔连通性及孔曲折度），因此可以看出混凝土的耐久性实际上在很大程度上取决于其孔结构。

一般认为，混凝土的渗透性随总孔隙率的增加而增加，但两者之间并非简单的函数关系。具有较高孔隙率的混凝土并不意味着较大渗透性和较高的传输性能，具有高曲折度和不连通孔隙孔特征的混凝土应具有较小的渗透性和较低的传输性能。因为孔隙率相同的混凝土孔径分布可能不同，而后者对混凝土渗透性的影响更重要。实际上是毛细孔和大孔在控制混凝土的传输性能，因此物质在混凝土中的传输速率主要由水泥浆体及其与骨料界面过渡层的毛细孔和大孔的孔隙率、孔形貌、孔曲折度、孔连通性等孔隙结构参数决定。

2.2.2　混凝土中的水

混凝土的湿度变化对混凝土性能如强度、水化、收缩、徐变等有重要影响[70-72]。混凝土湿含量大小是引起混凝土耐久性劣化过程发生的必要条件和许多失效机理与模型建立的基础。比如，混凝土的碱骨料反应以及寒冷冬季混凝土的冻融循环都需要一定量的湿度才能进行，另外，混凝土的湿含量也是决定混凝土中钢筋锈蚀行为的重要因素之一。一方面Cl^-在混凝土中的传输需要水分才能进行，同样混凝土碳化也需要混凝土达到临界湿度才能进行，另一方面，当混凝土中钢筋因氯盐侵蚀或混凝土碳化而活化后,水分是钢筋锈蚀电池必备的反应物之一,而且水分使混凝土成为电解质,进而影响钢筋的锈蚀行为。

1)混凝土中的水

根据混凝土与水的结合方式,硬化混凝土结构中存在的水主要有以下几种形式:自由水、大气吸附水和化学结合水[73]。

(1)自由水(Free Water)

自由水是当混凝土直接与液态水接触时所吸收的水分。这部分水存在于大毛细孔(0.1 μm≤r≤1~10 μm)与非毛细孔(r>10 μm)中。自由水是混凝土孔隙内有助于流动的那部分水分,该水分与混凝土松弛地结合,因此很容易排除。

(2)大气吸附水(Adsorbed Water)

大气吸附水是牢固存在于混凝土的微毛细孔(r≤0.1 μm)中及大毛细孔(0.1 μm≤r≤1~10 μm)与非毛细孔(r>10 μm)孔壁表面的水分。大气吸附水量决定于周围介质的温度与湿度;空气中相对湿度愈大,混凝土所含大气吸附水量愈多。

当混凝土表面的水蒸气分压等于周围大气的水蒸气分压时,混凝土内部的水分与环境湿气的蒸发与凝聚达到动态平衡,此时混凝土内部的水分相对比较固定,这一水分称为平衡水分。平衡水分属于大气吸附水,其值取决于空气的温度和相对湿度。若空气的状态不变,则混凝土中水分将永远维持此值,不因与空气接触时间的延长而有所增减。它是在该条件下混凝土可以干燥除去的极限水分。显然,空气的状态不同,混凝土的平衡水分也不同。如果空气的状态相同,则平衡水分随混凝土材料的不同而有很大的差别。

混凝土所含水分与饱和空气所含水分相平衡称为饱和大气吸附水,实际上这是大气吸附水最高点(C点),超过此点即为自由水。图2—19的曲线表示混凝土的典型吸附等温线。当环境相对湿度小于40%时,水的吸收基本上是发生在混凝土孔隙内表面的吸附过程,水分子单层排列并通过吸附作用牢牢地吸附在混凝土孔隙壁表面,这些水分子是不可移动的。当环境相对湿度大于40%时,混凝土因毛细作用力引起了毛细冷凝。

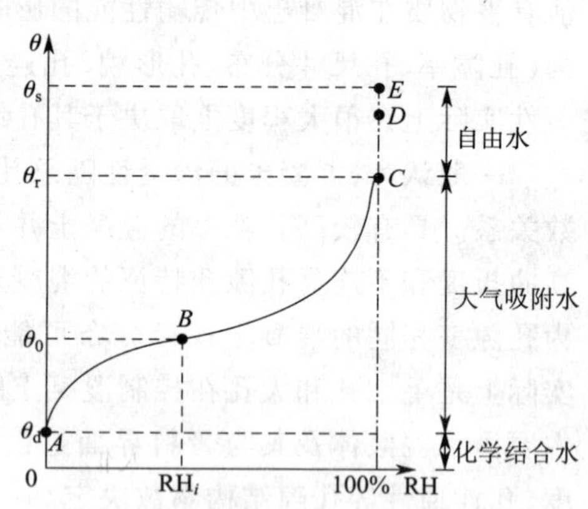

图2—19　混凝土湿含量随环境大气湿度的变化曲线

(3)化学结合水(Chemically Combined Water)

化学结合水是指包含在水泥矿物组成中的水分和水泥水化结合的水分。此水分在干燥时不会失去,只有高温下才分解释放。所以它对侵蚀介质的传输没有贡献。

2)混凝土的含水状态

由于混凝土中水分由自由水、大气吸附水和化学结合水三部分组成。混凝土的含水状态可分为图 2—20 所示四种基本状态。

(a) 干燥状态　(b) 气干状态　(c) 饱和面干状态　(d) 湿润状态

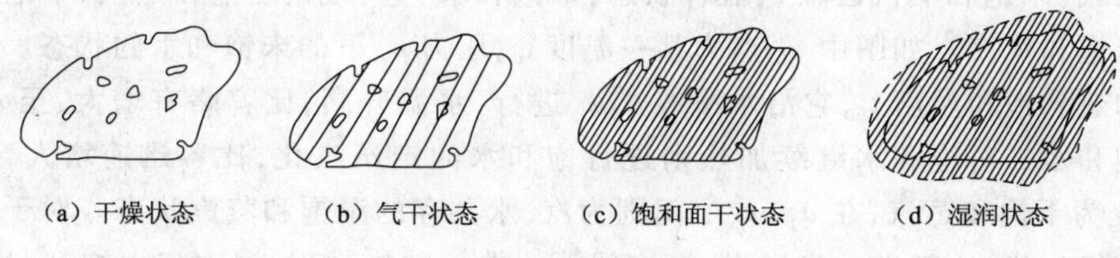

图 2—20　混凝土的含水状态

干燥状态是指混凝土的孔隙中不含水或含水极微(一般对应图 2—19 中的 A 点)。在实际环境中,混凝土内部总含有一定的液态水,需要强力干燥才能将其除去,一般需要借助烘箱等干燥设备实现。

气干状态是指混凝土的孔隙中含水时其相对湿度与大气湿度相平衡(对应图 2—19 中的 B 点)。由于与大气湿度相平衡的仅为大气吸附水,这样,如果混凝土不与液态水直接接触,即使长期处于大气湿度为 100% 的环境中,混凝土所含水分只会达到图 2—19 中的 C 点,而不会充满水。

饱和面干状态是指混凝土表面干燥,而孔隙中充满水达到饱和(对应图 2—19 中的 D 点)。

湿润状态是指混凝土因长期在水中浸泡而饱水,混凝土不仅孔隙中含水饱和,而且表面上被水润湿附有一层水膜,混凝土处于完全饱水状态(对应图 2—19 中的 E 点)。

2.2.3　大气中的水蒸气

1)湿空气

完全不含水蒸气的空气称为干空气,大气中的空气或多或少都含有水蒸气,是水蒸气和干空气的混合物,因此人们在日常生活及工程上遇到的都是湿空气。湿空气的压力等于干空气分压力和水蒸气分压力之和,即

$$p = p_v + p_a \tag{2—8}$$

式中　p——湿空气的压力,一般也就是当地大气压力;

p_v——水蒸气的分压力;

p_a——干空气的分压力。

对于大气来说,大气压力 B 即为湿空气的压力 p,故上式可写为

$$B = p_v + p_a \tag{2—9}$$

2)湿空气中水蒸气的 p—v 图

图 2—21 所示是湿空气中水蒸气的 p—v 图。由该图可将水蒸气定压产生过

程归纳为：两条临界线——曲线 AC 称为下界线（干度*$x=0$），曲线 BC 称为上界线（干度 $x=1$）；三个区域：下界线和临界等温线以左为液态区域（未饱水区域），上下界线之间为湿饱和蒸汽区域（水汽共存区域），上界线和临界等温线以右为过热蒸汽区域（未饱和蒸汽区域）；五种状态：未饱和水、饱和水、湿饱和蒸汽、干饱和蒸汽与未饱和蒸汽。如图中 a_0 点为某一温度 t_0，压力 p_v 下的未饱和水的状态。将其定压加热到饱和温度 t_1，它沿水平线 a_0a_1 进行，水温升高，比容略有增大，至 a_1 点变为饱和水。对饱和水继续加热则进行饱和水的定压汽化，比容迅速增大，直至 a_2 点变为干饱和蒸汽，在 a_1、a_2 之间则为汽、水共存的湿饱和蒸汽状态。对于饱和蒸汽继续加热，比容进一步增大，沿直线 a_2a 进行过热过程，湿空气由饱和状态变为不饱和状态。

湿空气是一种特殊的理想混合气体，因为湿空气中的水蒸气在适当的条件下，将发生相变。其相变过程可以通过水蒸气的 $p—v$ 图解释。湿空气中的水蒸气通常处于过热状态，即水蒸气的分压力（Vapor partial pressure）p_v 低于当时湿空气的温度（也是水蒸气温度）所对应的水蒸气饱和压力 p_s（Saturation Vapor Pressure）（见图 2—21 中状态 a）。这种湿空气称为未饱和空气，是干空气和过热蒸汽的混合物。若湿空气中水蒸气处于饱和状态，这时的湿空气便称为饱和空气（见图 2—21 中状态 b）。如向未饱和空气（图 2—21 中状态 a）中输入水蒸气，在恒温 t_3 条件下则沿直线 ab 进行，当湿空气达饱和时其中水蒸气含量达到最大值（图 2—21 中状态 b）。如再加入水蒸气就会凝结出水珠来，唯有提高空气温度，使对应的水蒸气饱和压力提高，才能进一步接纳水蒸气。同样，如果保持水蒸气的分压 p_v 不变，降低温度，则不需向其中补充水蒸气，湿空气沿直线 aa_2 变化由未饱和状态变为饱和状态。

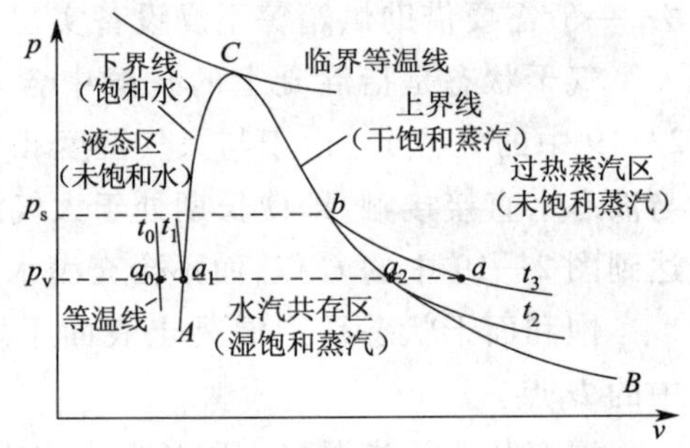

图 2—21　湿空气中水蒸气的 $p—v$ 图

3）露点湿度（Dewpoint Temperature）

如前所述，未饱和湿空气中水蒸气处于过热状态（见图 2—21 中的点 a）；而在饱和空气中的水蒸气处于饱和蒸汽状态，即处于图 2—21 的上界限线上。未饱和空气达到饱和可以经历不同的途径：在温度不变的情况下，水分向空气中蒸发，增加水蒸气分压力 p_v，当蒸汽分压力 p_v 达到该温度相应的饱和压力 p_s 时，即可达到

* 所谓干度是指湿饱和蒸汽中干蒸汽的质量含量，即

$$x=\frac{m_v}{m_v+m_w}$$

式中，m_v 和 m_w 分别为湿蒸汽中所含干蒸汽的质量和饱和水的质量。对于饱和水，$x=0$；对于干饱和蒸汽，$x=1$；对于湿饱和蒸汽，$0<x<1$。未饱水混凝土内部的孔隙中汽液共存，即为湿饱和蒸汽。

饱和空气状态,如图 2—21 的定温过程 $a-b$ 所示;在保持湿空气中蒸汽分压力 p_v 不变的情况下,当湿空气温度降到与 p_v 相应的水蒸气的饱和温度时,空气也达到饱和状态,如图 2—21 等压过程 $a-d$ 所示。此时湿空气的温度称为露点温度,用符号 t_d 表示。

4)绝对湿度(Absolute Humidity)和相对湿度(Relative Humidity)

湿空气中水蒸气的含量可以用绝对湿度和相对湿度来表示。所谓绝对湿度是指单位体积(1 m^3)的湿空气中所含水蒸气的质量,其符号为 ρ_v。由于湿空气中水蒸气具有与湿空气同样的体积,所以绝对湿度就是湿空气中水蒸气的密度,如图 2—21 中点 a 的绝对湿度为该点比容 v 的倒数,单位为 kg/m^3。由理想气体状态方程式可得

$$\rho_v = p_v/(RT) \tag{2—10}$$

由式 2—10 可知,绝对湿度的大小与空气温度 T 和水蒸气分压 p_v 有关,当湿空气中的水蒸气达到饱和时,$p_v = p_s$,此时空气的绝对湿度称为饱和绝对湿度 ρ_v'',其值仅于温度 T 有关。

绝对湿度 ρ_v 并不能完全说明湿空气的潮湿程度和吸湿能力。因为同样的绝对湿度,若空气温度不同,湿空气吸湿能力也不同。例如,若 $\rho_v = 0.009\ kg/m^3$,当湿空气温度为 25℃时,因其饱和密度 $\rho_v'' = 0.024\ 4\ kg/m^3$,远大于 ρ_v,所以湿空气中水蒸气远未达到饱和,空气具有较强的吸湿能力。若空气温度较低,仅 10℃,则因该温度所对应的饱和压力和水蒸气饱和密度都较低,$\rho_v'' = 0.009\ 4\ kg/m^3$,非常接近 ρ_v,因而就会感到阴冷潮湿,吸湿能力较小。所以绝对湿度的大小不能完全说明空气的吸湿能力,为此,引入相对湿度的概念。

相对湿度是绝对湿度 ρ_v 和相同温度下可能达到的最大绝对湿度 ρ_v''(即饱和空气的绝对湿度)的比值,用 φ 表示:

$$\varphi = \frac{\rho_v}{\rho_{v,\max}} = \frac{\rho_v}{\rho_v''} \tag{2—11}$$

当 $\rho_v = 0$ 时,$\varphi = 0$,表明空气中水蒸气含量为零,此时空气即为干空气;$\rho_v = \rho_v''$ 时,$\varphi = 1$,湿空气为饱和湿空气。所以相对湿度表示湿空气离开饱和湿空气的远近程度。有时,相对湿度也叫饱和度。

由于湿空气中水蒸气也可用理想气体状态方程计算状态参数,故

$$\varphi = \frac{\rho_v}{\rho_v''} = \frac{p_v/(R_{g,v}T)}{p_s/(R_{g,v}T)} = \frac{p_v}{p_s} \tag{2—12}$$

由上式可知,相对湿度也可表示成空气中水蒸气分压力 p_v 和同温度水蒸气饱和压力 p_s 的比值。

由于湿空气的饱和绝对湿度 ρ_v''受温度 t 的影响,所以相对湿度也必然随环境温度的变化而变化,温度 t 对大气相对湿度 φ 的影响如图 2—22 所示。图中竖直线为等温线,水平线为等绝对湿度线,曲线为等相对湿度线,从图中可以看出,在空气绝对

湿度不变的条件下，空气的相对湿度 φ 随温度 t 的升高而降低。

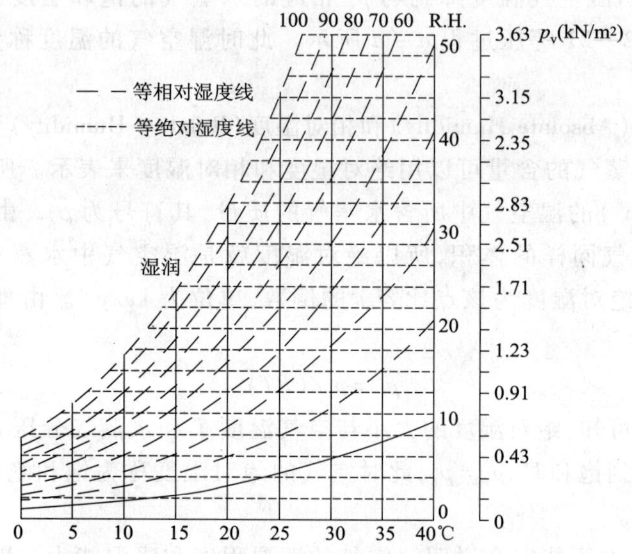

图 2—22 温度对大气相对湿度影响的 Psychrometric 图

5）液面曲率半径（Meniscus Curvature）对饱和蒸汽压（Saturation Vapor Pressure）的影响

在恒温条件下，气相中的饱和蒸汽压 p_s 与同它相平衡的液面曲率半径 r_1 有关。图 2—23 为三种典型的液体表面（凹液面、平液面、凸液面），由于液面形状不同，其液面上的饱和蒸汽压力 p_s 也不同。这三种典型弯液面对应的平衡饱和蒸汽压分别用 p_{s1}、p_{s0}、p_{s2} 表示，则 $p_{s1} < p_{s0} < p_{s2}$。且液面的曲率半径（r_1）越小，饱和蒸汽压 p_{s1} 越小，水蒸气越易于凝聚。

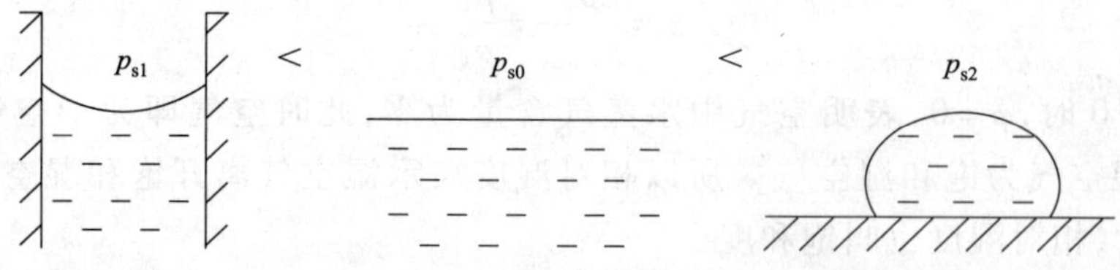

图 2—23 液面形状对饱和蒸汽压力的影响

表 2—5 的数据说明了凹液面的曲率半径（r_1）和与之平衡的饱和蒸汽压（p_{s1}）的关系。第三列数据表示在凹曲面上可以发生凝聚作用时的外界大气环境中的相对湿度。从表中可以看出，当曲率半径很小时，例如当毛细管的直径等于 11.1×10^{-7} cm（约相当于数十个原子间距的大小）时，在大气中相对湿度 φ_0 为 91% 时就发生毛细凝聚作用。这就说明当平液面上的水蒸气还未饱和（$p_v < p_{s0}$）时，水蒸气就可优先在凹形的弯液面上凝聚。

表 2—5　饱和水蒸气压力(p_{s1})与凹曲面的曲率半径(r_1)之间的关系(15℃)

r_1(cm)	$p_{s1}\times 133.3$(Pa)	p_{s1}/p_{s0}	毛细凝聚时相对于平液面的相对温度 φ_0(%)	毛细凝聚时相对于凹液面的相对湿度 φ_1(%)
∞	12.7	1.000	100	100
69.4×10^{-7}	12.5	0.985	98	100
11.1×10^{-7}	11.5	0.906	91	100
2.1×10^{-7}	7.5	0.590	59	100
1.2×10^{-7}	5.0	0.390	39	100

由拉普拉斯公式凹液面的饱和蒸汽压(p_{s1})可以表示为

$$p_{s1} = p_{s0} - 2\sigma / r_1 \qquad (2—13)$$

由于平液面的饱和蒸汽压 p_{s0}、表面张力 σ 和温度 T 有关,所以 p_{s1} 随温度的变化如图 2—24 所示。

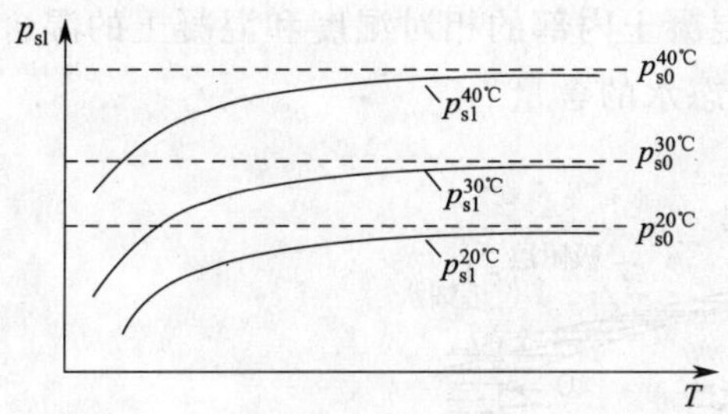

图2—24　环境温度和液面曲率半径对凹液面的饱和蒸汽压(p_{s1})的影响

2.2.4　混凝土中水和大气中水蒸气的动态平衡

A.B.雷科夫和MM杜宾宁等[74]把微孔表面势能明显大于重力势能的孔称为毛细孔。毛细孔中的液面形状由表面张力决定,并由于重力作用而略呈弯曲,呈凹曲面,其液面的饱和水蒸气压力 p_{s1} 小于水平面上的饱和水蒸气压力 p_{s0},孔隙直径愈小,其液面的饱和水蒸气压力 p_{s1} 愈低。图 2—25 反映了混凝土中水和大气中的水蒸气的动态平衡,图中Ⅰ表示在该区域发生水分的蒸发与凝聚,Ⅱ表示水蒸气在混凝土内部的迁移,Ⅲ表示水蒸气在混凝土内部与外部环境之间的迁移。如果混凝土孔隙水液面的饱和水蒸气压 p_{s1} 低于周围大气的水蒸气分压 p_v,则毛细孔表面将从空气中吸收水蒸气,孔隙中液面的曲率半径增大,其液面的饱和水蒸气压 p_{s1} 提高,当孔隙中液面的饱和水蒸气压 p_{s1} 等于周围大气的水蒸气分压 p_v 时,混凝土中水和大气中的水蒸气达到动态平衡。同样,如果周围大气的水蒸气分压 p_v 较小,低于混凝土孔隙水液面的饱和水蒸气压 p_{s1},毛细孔中的水分将向空气中蒸发,孔隙中液面的曲率半径下降,其液面的饱和水蒸气压 p_{s1} 减小,当孔隙中液面的饱和水蒸气压 p_{s1} 下降到等于周围大气的水蒸气分

压 p_v 时,混凝土中水和大气中的水蒸气达到新的动态平衡。所以无论混凝土结构周围环境的大气相对湿度是多少,也不管混凝土中水和大气中的水蒸气是否达到动态平衡,只要混凝土孔隙中的有液态水存在,则混凝土孔隙中气体的水蒸气分压 p_v 均等于孔隙水液面的饱和水蒸气压 p_{s1},即混凝土孔隙中水蒸气始终处于饱和状态。

环境温度恒定的条件下,混凝土中水和大气中的水蒸气相互转化取决于环境大气的水蒸气分压 p_v 的大小,即取决于周围大气的绝对湿度。对应一恒定的环境温湿度,当混凝土孔隙和外界大气环境达到平衡时,混凝土孔隙中直径小于开尔文直径 d_k 的区域被水所充满,而大于开尔文直径 d_k 的区域表面将被覆盖一层厚度 w 的水膜(如图 2—25 所示)。

在混凝土内部的孔隙中,孔隙直径大于开尔文直径 d_k 的区域存在空气泡,空气泡为含有水蒸气的湿空气所充满(如图 2—26 所示),湿空气的相对湿度即为混凝土的内部相对湿度,湿空气的水蒸气分压 p_v 等于空气泡内壁弯月面的饱和水蒸气压 p_{s1},在此密闭的气泡中湿空气的相对湿度 $\varphi = p_v/p_{s1} \equiv 100\%$,不随外界环境温湿度条件的改变而变化,所以混凝土内部的相对湿度和混凝土的湿含量无关,混凝土的潮湿程度取决于混凝土中液态水的含量。

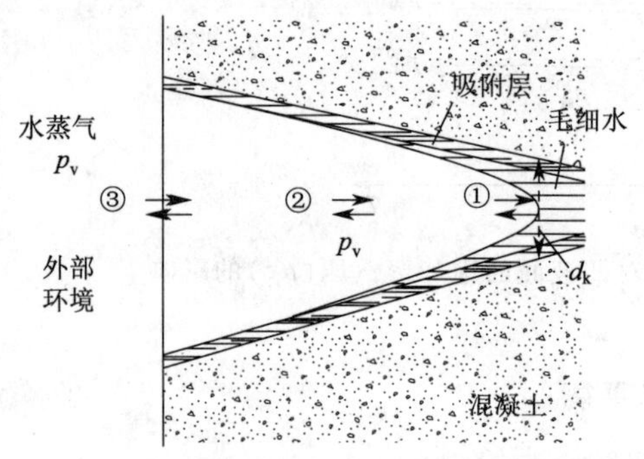

图 2—25　混凝土中水分与外界交换的典型模型

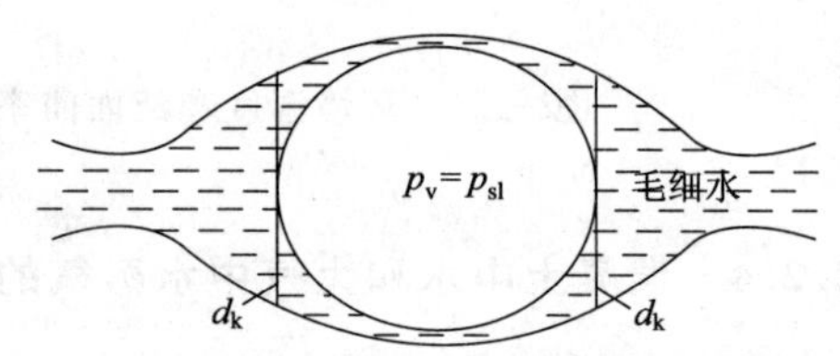

图 2—26　混凝土毛细孔中的水汽平衡

由于混凝土的湿含量无法直接测定,目前国内外学者大多采用钻孔法测定混凝土空腔内气体的相对湿度来反映混凝土的潮湿程度,这其实是不可取的。因为钻孔形成的混凝土空腔已不具备混凝土毛细孔的特征,钻孔空腔内部的相对湿度并不能代表混凝土毛细管空气泡中湿空气的相对湿度,既不能反映混凝土内部的相对湿度,也不能反映混凝土的潮湿程度。

2.2.5　混凝土孔隙水饱和度

目前的研究表明,钢筋混凝土耐久性能的退化由混凝土内部的微环境条件所决定,而混凝土内部的微环境条件则取决于混凝土所处外部环境的气候条件。混凝土内部的微环境条件包括混凝土内部的温度和湿度,混凝土内部的湿度又分为混凝土内部液态水的含量和混凝土孔隙中湿空气的相对湿度。混凝土内部液态水的含量一般用混凝土孔隙水饱和度表示。钢筋混凝土耐久性能的退化取决于混凝土内部液态水的含量,和混凝土孔隙中湿空气的相对湿度无关。混凝土内液态水的含量是随外部环境相对湿度的变化而变化,如果在较长的时间内保持混凝土外部相对湿度恒定,混凝土内部的水分将建立与环境湿气蒸发与凝聚的平衡,此时能得到相对比较固定的混凝土内孔隙水饱和度。

从以上的分析可以看出,钢筋混凝土耐久性能的退化由混凝土的孔隙水饱和度所决定,而混凝土孔隙水饱和度的大小则取决于混凝土所处的外部环境气候条件。研究外部环境气候条件对钢筋混凝土耐久性能的退化的影响,必须首先研究混凝土孔隙水饱和度随外部环境相对湿度的变化规律。

1)混凝土孔隙水饱和度的定量计算

混凝土的孔隙水饱和度是混凝土孔隙被水分填充的百分比,由混凝土的孔隙结构以及混凝土表面的外部环境所决定。对应一恒定的环境温湿度,当混凝土孔隙和外界大气环境达到平衡时,混凝土孔隙中直径小于开尔文直径 d_k 的区域被水所充满,而大于开尔文直径 d_k 的区域表面将被覆盖一层厚度 w 的水膜。水膜厚度 w[7] 和开尔文直径 d_k[8] 在环境温度 T(K)和相对湿度 RH(%)确定的情况下,可分别通过下式求出:

$$w=\frac{C\dfrac{\mathrm{RH}}{100}d_w}{\left[1+(C-1)\dfrac{\mathrm{RH}}{100}\right]\left(1-\dfrac{\mathrm{RH}}{100}\right)}\left[1-\left(\frac{\mathrm{RH}}{100}\right)^{d/2d_w}\right] \tag{2—14}$$

$$d_k=\frac{2\sigma M}{\rho RT\ln\dfrac{\mathrm{RH}}{100}} \tag{2—15}$$

式中,C 是 BET 常数,前人的研究表明,对于未碳化混凝土 $C=100$,对于碳化混凝土 $C=1$;d_w 是水分子直径,等于 3×10^{-4} μm;σ 是液体的表面张力;M 是液体的摩尔质量;ρ 是液体的密度;R 是气体常数;T 是绝对温度。

对于给定的温度和大气相对湿度,混凝土的孔隙尺寸分布决定混凝土孔隙水饱和度的大小,混凝土孔隙尺寸分布可以通过和混凝土孔隙直径 d 相对应的孔隙密度函数的形式 f_d 表达。如果混凝土的总孔隙率为 ε_c,小于开尔文直径 d_k 被水充满的孔隙率为 ε_k,大于开尔文直径 d_k 的孔隙率为 $\varepsilon_c-\varepsilon_k$,则

$$\varepsilon_k=\int_0^{d_k}f(d)\,\mathrm{d}x \tag{2—16}$$

$$\varepsilon_c-\varepsilon_k=\int_{d_k}^{\infty}f(d)\,\mathrm{d}x \tag{2—17}$$

大于开尔文直径 d_k 的孔隙水填充率为

$$\int_{d_k}^{\infty}\frac{\dfrac{\pi d^2}{4}-\dfrac{\pi(d-2w)^2}{4}}{\dfrac{\pi d^2}{4}}f(d)\,\mathrm{d}x=\int_{d_k}^{\infty}\left[1-\left(1-\frac{2w}{d}\right)^2\right]f(d)\,\mathrm{d}x \tag{2—18}$$

混凝土的孔隙水饱和度 PS 可表示为

$$PS = \frac{\int_0^{d_k} f(d)\,\mathrm{d}x + \int_{d_k}^{\infty}\left[1 - \left(1 - \frac{2w}{d}\right)^2\right] f(d)\,\mathrm{d}x}{\varepsilon_c} \tag{2—19}$$

S

2)混凝土孔隙水饱和度变化的机理分析

混凝土的孔隙水饱和度由混凝土的孔隙结构以及混凝土表面的外部环境所决定。当混凝土孔隙和外界大气环境达到平衡时,混凝土孔隙中直径小于开尔文直径 d_k 的区域被水所充满,而大于开尔文直径 d_k 的区域表面将被覆盖一层厚度 w 的水膜。混凝土孔隙水为这两部分水分的和。

(1)环境相对湿度的影响

文献[75]测得20℃时C20和C40混凝土的孔隙水饱和度随环境相对湿度的变化如图2—27所示。从图中可以看出,当混凝土内部的微环境同外部的环境条件达到湿度的平衡时,混凝土中的孔隙水饱和度和环境相对湿度相对应,环境相对湿度愈大,混凝土中的孔隙水饱和度也愈高。孔隙水饱和度随环境相对湿度的变化呈睡倒的“S”形,当相对湿度大于90%时,孔隙水饱和度随环境相对湿度的变化较为显著,而当相对湿度小于90%时,孔隙水饱和度随环境相对湿度的变化较为平缓。但值得注意的是,100%环境相对湿度并不对应100%混凝土内孔隙水饱和度,对于C20混凝土实际只有80%左右,对于C40混凝土约为95%。

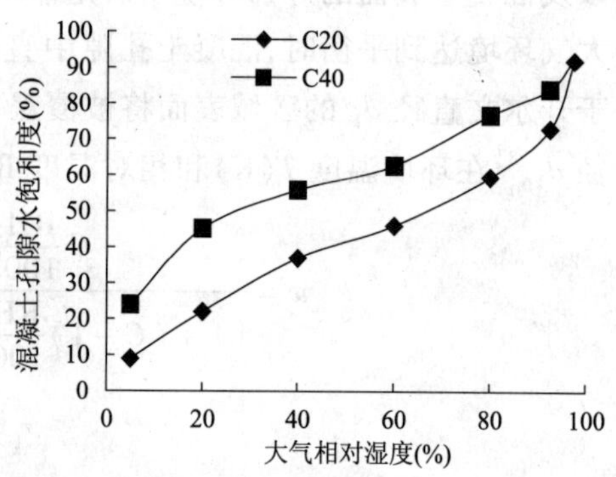

图2—27　不同湿度环境下混凝土中的孔隙水饱和度

混凝土的孔隙水饱和度随环境相对湿度的变化规律可以通过大气相对湿度对混凝土中水汽平衡的影响来解释(如图2—28所示)。从图中可以看出,在温度不变的条件下,环境大气的饱和蒸汽压力 p_{s0} 不变,如果环境相对湿度RH增大,则周围大气

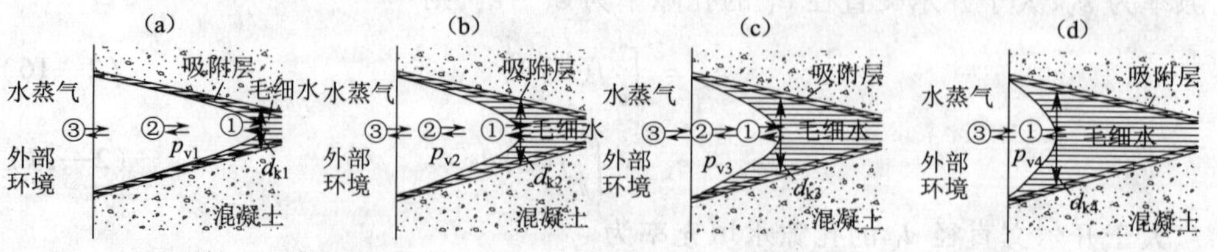

图2—28　大气相对湿度对混凝土中水汽平衡的影响

的水蒸气分压 p_v 增大，p_v 大于混凝土孔隙凹液面的饱和蒸汽压力 p_{s1}，大气中的水蒸气在孔隙表面凝结，孔隙凹液面的曲率半径 r_1 增大，凹液面的饱和蒸汽压力 p_{s1} 随之增大，直至孔隙水液面的饱和水蒸气压 p_{s1} 和周围大气的水蒸气分压 p_v 相等。同时由公式(2—14)～(2—19)可以看出，环境相对湿度愈高，开尔文直径 d_k 愈大，小于开尔文直径而被水所充满的孔隙区域愈多，大于开尔文直径的孔隙区域表面覆盖的水膜愈厚，从而混凝土孔隙水饱和度愈大。

(2)环境温度的影响

环境温度对混凝土孔隙水饱和度的影响如图 2—29 所示。从图中可以看出，对于同一相对湿度，混凝土孔隙水饱和度均随环境温度的升高而降低。当环境相对湿度同为 60% 时，20℃、40℃、60℃ 的混凝土孔隙水饱和度分别为 42.8%、38.4%、35.7%。

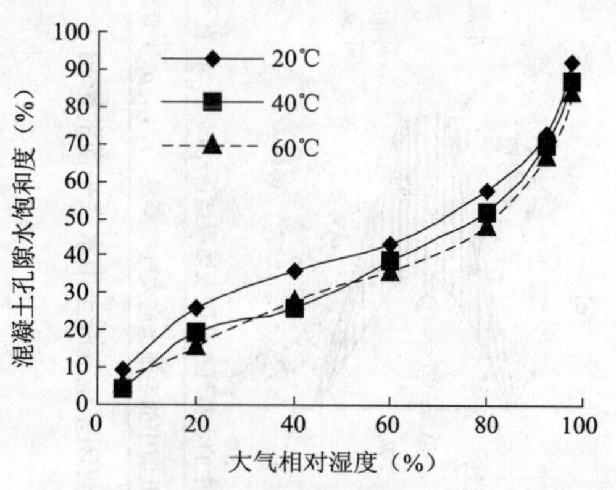

图 2—29　温度对混凝土孔隙水饱和度的影响

环境温度变化对混凝土中水汽平衡的影响如图 2—30 和图 2—31 所示。从图可以看出，对于一个封闭的环境系统，如果温度降低，周围大气的饱和蒸汽压力 p_{s0} 降低，而水蒸气分压 p_v 不变，则环境相对湿度增大，同时，温度的降低也引起混凝土孔隙凹液面的饱和蒸汽压力 p_{s1} 的降低，所以 p_v 大于凹液面饱和蒸汽压力 p_{s1}，大气中的水蒸气在孔隙表面凝结，孔隙凹液面的曲率半径 r_1 增大，凹液面的饱和蒸汽压力 p_{s1} 随之增大，直至孔隙水液面的饱和水蒸气压 p_{s1} 和周围大气的水蒸气分压 p_v 相等。

而对于一个开放的环境系统（如图 2—31 所示），如果温度降低，周围大气的饱和蒸汽压力 p_{s0} 降低，而通过除湿设备维持环境相对湿度不变，则水蒸气分压 p_v 相应降低，由公式(2—12)，其下降的幅度为 p_{s0} 的 φ 倍（φ 为大气相对湿度，$\varphi<1$），所以 p_v 的下降幅度小于 p_{s0} 的下降幅度；同时，温度的降低也引起混凝土孔隙凹液面的饱和蒸汽压力 p_{s1} 的降低，由公式(2—13)，p_{s1} 的下降幅度和 p_{s0} 的下降幅度相同。所以温度降低后的 p_v 仍然大于凹液面饱和蒸汽压力 p_{s1}，大气中的水蒸气在孔隙表面凝结，孔隙凹液面的曲率半径 r_1 增大，凹液面的饱和蒸汽压力 p_{s1} 随之增大，直至孔隙水液面的饱和水蒸气压 p_{s1} 和周围大气的水蒸气分压 p_v 相等。

在混凝土孔隙结构确定的情况下，温度通过影响开尔文直径 d_k 的大小，从而影响混凝土孔隙水饱和度的高低。开尔文直径 d_k 愈大，可以为水分充满的孔隙区域愈多，混凝土孔隙水饱和度愈高。由公式(2—15)，开尔文直径和绝对温度 T 呈反比，而且混凝土孔隙液表面张力 σ 随温度 T 的升高而下降。因而温度愈高，开尔文直径 d_k 愈小，混凝土孔隙水饱和度愈低。

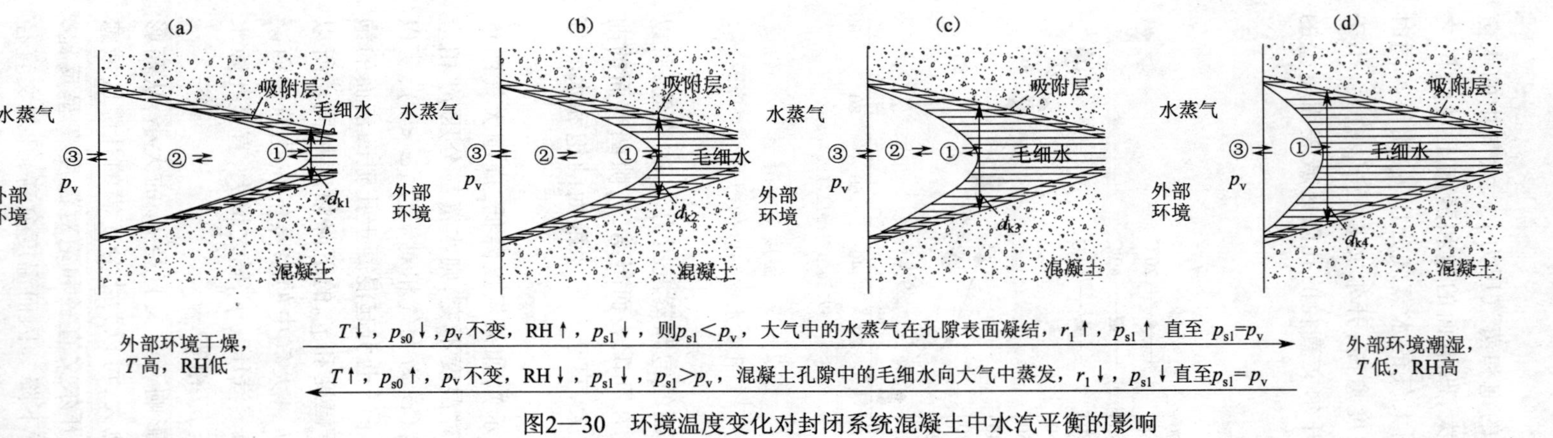

图2—30 环境温度变化对封闭系统混凝土中水汽平衡的影响

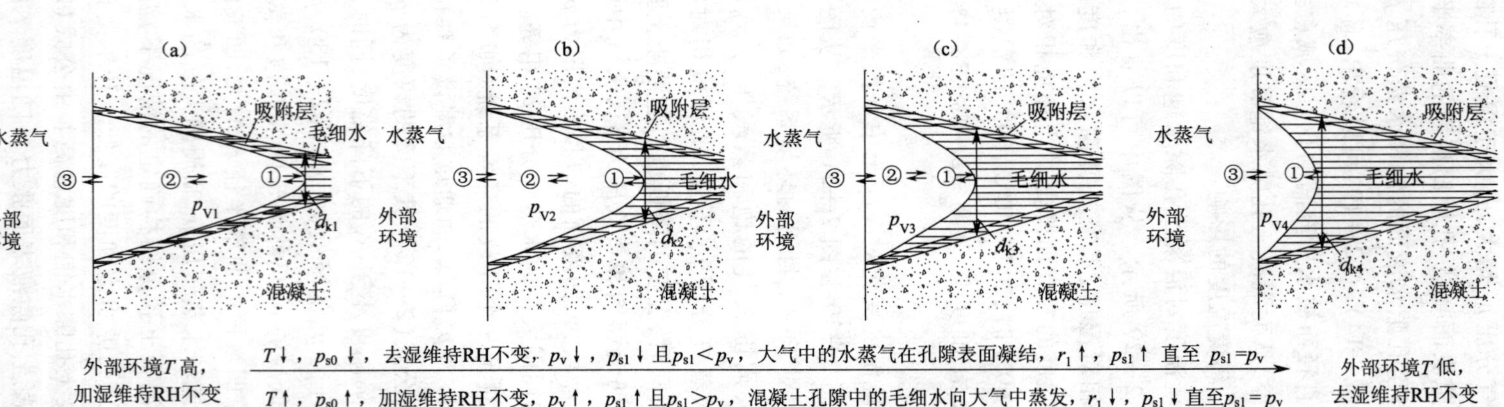

图2—31 环境温度变化对开放系统混凝土中水汽平衡的影响

(3)混凝土孔隙结构的影响

混凝土的孔隙结构和混凝土的水灰比有关。降低混凝土的水灰比可以大大降低混凝土的孔隙率,并改善混凝土的孔隙结构分布,使混凝土毛细孔明显减少,过渡孔和凝胶孔大幅增加。文献[75]采用压汞法测定 C20 和 C40 混凝土的孔隙结构见表 2—6 和图 2—32、图 2—33。

表 2—6 不同混凝土试样中充分水化水泥浆体的孔隙结构

试件编号	总孔隙率(%)	孔隙分布(%)			平均孔半径(μm)	中间孔半径(μm)
		<0.01 μm	0.01～0.1 μm	>0.1 μm		
C20	33.99	4.5	62.0	33.5	0.039 2	0.019 9
C40	6.98	29.4	52.4	18.2	0.019 7	0.011 4

从表 2—6 和图 2—32、图 2—33 中可以看出,水灰比较高的 C20 混凝土的总孔隙率为 33.99%,而 C40 混凝土的总孔隙率仅为 6.98%,而且 C20 混凝土的毛细孔较多,凝胶孔较少,平均孔半径和中间孔半径较大。由公式(2—14)～(2—19),在相同的环境条件下,C40 混凝土中小于开尔文直径的孔隙所占的比例较高,因而更多的孔隙被水分所充满,混凝土孔隙水饱和度较高。

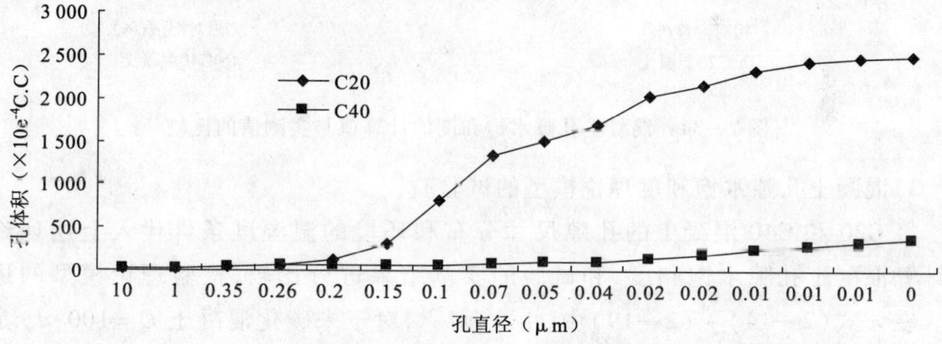

图 2—32 不同混凝土中水泥浆体水化 28 d 水泥石孔隙结构

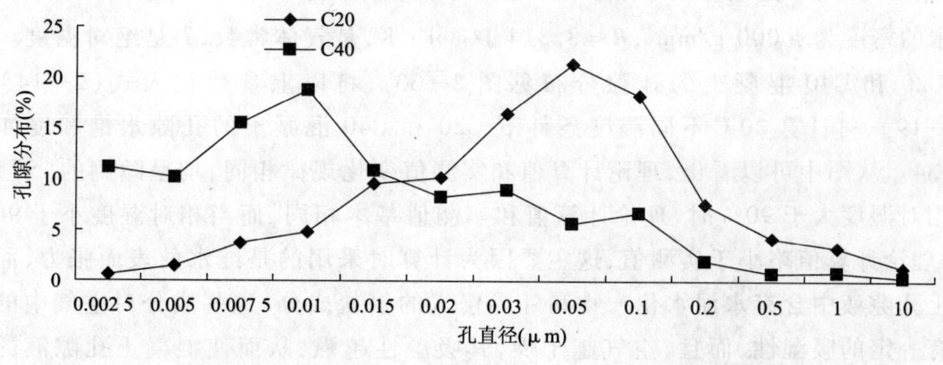

图 2—33 不同混凝土中水泥浆体水化 28 d 水泥石孔隙分布

(4)混凝土强度等级的影响

混凝土强度等级对混凝土孔隙水饱和度的影响如图 2—34 所示。从图中可以看出,在相同的环境条件下,C40 混凝土的孔隙水饱和度明显高于 C20 混凝土。对于60% 的相对湿度,20℃ 时 C20 混凝土的孔隙水饱和度为 42.8% ,C40 混凝土的孔隙水饱和度为 62.8% ,约为 C20 混凝土的 1.5 倍;40℃ 时 C40 和 C20 混凝土的孔隙水饱和度分别为 62.8% 和 42.8% ,60℃ 时分别为 62.8% 和 42.8% ,均明显高于 C20 混凝土。这是由两种混凝土的孔隙结构分布不同引起的,C40 混凝土不仅孔隙率远小于 C20 混凝土,而且其被孔隙水充满的凝胶孔所占的比例较多,毛细孔和大孔所占的比例较少。

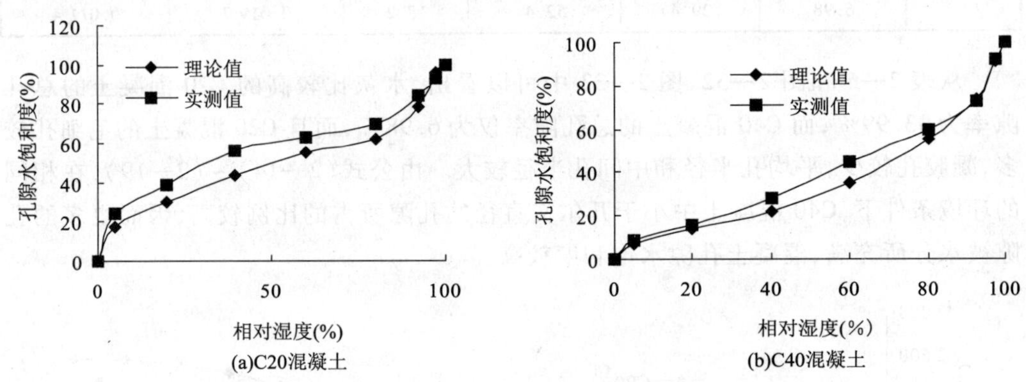

图 2—34　混凝土孔隙水饱和度的计算值与实测值的比较

3)混凝土孔隙水饱和度理论模型的试验验证

将 C20 和 C40 混凝土的孔隙尺寸分布和环境的温湿度条件代入上述理论模型计算混凝土孔隙水饱和度,和试验的实测结果进行比较,检验理论模型的适用性。在公式(2—14) ~ (2—19)中,由文献[76],对于未碳化混凝土 $C = 100$;d_w 是水分子直径,等于 3×10^{-4} μm;σ 是液体的表面张力,298.15K 时纯水的表面张力为 72 $mN\cdot m^{-1}$;M 是液体的摩尔质量,纯水的摩尔质量为 18 g/mol;ρ 是液体的密度,纯水的密度为 1 000 g/mm^3;$R = 8.314$ J/mol · K,是气体常数,T 是绝对温度。实测 C20 和 C40 混凝土的孔隙分布见图 2—33。将以上参数代入式(2—14) ~ (2—19),可计算 20℃ 不同湿度条件下 C20 和 C40 混凝土的孔隙水饱和度如图 2—34。从图中可以看出,理论计算值和实测值变化规律相同,均呈睡倒的“S”形,当相对湿度大于 90% 时,理论计算值和实测值基本相同,而当相对湿度小于 90% 时,理论计算值略小于实测值,这主要因为计算时采用的是纯水的表面张力,而混凝土孔隙液中含有水泥水化产物和外界侵入的氯盐成分,这些成分对空气中的水分有一定的吸湿性,而且,空气越干燥,其吸湿性越强,从而使混凝土孔隙液的表面张力大于纯水的表面张力。

2.3 小 结

钢筋混凝土结构耐久性能的退化是环境侵蚀介质侵入混凝土内部与混凝土和钢筋发生作用的结果。钢筋混凝土的耐久性能取决于环境条件、混凝土的材料特征和环境介质与混凝土内部联系的通道(混凝土孔隙结构)。研究混凝土的物质组成和微观结构不仅对于准确了解环境侵蚀介质和混凝土的作用机理以及环境侵蚀介质在混凝土中的传输行为意义重大,而且对于建立相关环境下混凝土使用寿命预测模型,制定已建混凝土结构维修策略和提高在建混凝土结构使用寿命都具有重要理论和现实意义。本章系统地分析了硅酸盐水泥基混凝土的物质组成、孔隙结构和传输性能,研究了环境气候条件对混凝土湿含量的影响以及混凝土孔隙水饱和度的计算方法,并进行了试验验证,为钢筋混凝土全寿命过程(混凝土碳化、氯离子传输和钢筋锈蚀过程)的研究奠定了基础。

第3章　混凝土碳化

混凝土的基本组成材料为水泥、水、砂和石子。其中水泥与水发生水化反应生成自身具有强度的水泥石，同时将砂和石子粘结起来，组成一个整体。水泥水化时产生大量的氢氧根离子，使得混凝土孔溶液成为高碱度环境，一般水泥混凝土 pH 值在 13 左右，在高碱度环境中钢筋表面会形成一层致密的具有很强黏附性的厚约 1 μm 的 $\gamma-FeOOH$保护膜。然而，空气、土壤、地下水等环境中的酸性气体或液体以及大气环境中的 CO_2 气体侵入混凝土中，与水泥石中的碱性物质发生反应，使混凝土碱性程度降低的过程称为混凝土中性化。其中，由大气环境中的 CO_2 气体引起的中性化称为混凝土的碳化。由于大气中均有一定含量的 CO_2，所以混凝土碳化是最普遍的混凝土中性化现象。

混凝土碳化反应产生的 $CaCO_3$ 和其他固态产物堵塞于混凝土孔隙中，使已碳化混凝土的密实度与强度提高。另一方面，碳化使混凝土脆性变大，但总体上讲，碳化使混凝土力学性能及构件受力性能的负面影响不大，混凝土碳化的最大危害是会引起混凝土内的钢筋锈蚀。碳化是一般大气环境下混凝土中钢筋脱钝锈蚀的前提条件，从而影响混凝土结构的耐久性，所以混凝土的碳化问题是钢筋混凝土耐久性研究的一个重要课题，是钢筋混凝土结构进行耐久性评估和使用寿命预测的基础。

本章系统论述了硅酸盐水泥基混凝土碳化过程的基本原理，包括混凝土中的可碳化物质、混凝土碳化速率的影响因素和目前所建立的混凝土碳化速率模型；分析了 pH 值变化区长度的变化规律和影响因素；总结了混凝土碳化深度的测定方法；并综合国内外的研究成果，指出了目前研究所存在的问题；根据碳化混凝土物质组成的变化，提出了混凝土碳化反应区远大于 pH 值变化区段长度的新观点，并基于这一认识深入研究了混凝土的碳化过程和机理，为建立合理准确的混凝土碳化速率模型奠定了基础。

3.1　硅酸盐水泥基混凝土的碳化机理

钢筋混凝土结构中钢筋锈蚀是造成结构耐久性损伤的主要原因，而混凝土碳化则是一般大气环境中钢筋混凝土结构中钢筋锈蚀的前提条件。因此研究混凝土碳化规律，建立合理准确的混凝土碳化速率模型是研究结构耐久性以及预测结构寿命的关键，对于钢筋混凝土结构的耐久性分析及寿命评估具有重要的意义。

3.1.1 混凝土中的可碳化物质

混凝土碳化主要是环境中的二氧化碳(CO_2)与混凝土中的硅酸盐水泥熟料的水化产物发生化学反应。硅酸盐水泥熟料的主要矿物组成及含量范围如表3—1。

表3—1 硅酸盐水泥熟料的主要矿物组成及含量范围

矿 物	简写	含 量
$3CaO \cdot SiO_2$(硅酸三钙)	C_3S	36% ~60%
$2CaO.SiO_2$(硅酸二钙)	C_2S	15% ~37%
$3CaO.Al_2O_3$(铝酸三钙)	C_3A	7% ~15%
$4CaO \cdot Al_2O_3 \cdot Fe_2O_3$(铁铝酸四钙)	C_4AF	10% ~18%

在有石膏存在时,各矿物成分按如下反应进行水化:

$$2(3CaO \cdot SiO_2) + 6H_2O = 3CaO \cdot 2SiO_2 \cdot 3H_2O + 3Ca(OH)_2 \quad (3—1)$$

$$2(CaO \cdot SiO_2) + 4H_2O = 3CaO \cdot 2SiO_2 \cdot 3H_2O + Ca(OH)_2 \quad (3—2)$$

$$3CaO \cdot Al_2O_3 + CaSO_4 \cdot 2H_2O + 10H_2O = 3CaO \cdot Al_2O_3 \cdot CaSO_4 \cdot 12H_2O \quad (3—3)$$

$$4CaO \cdot Al_2O_3 \cdot Fe_2O_3 + 2Ca(OH)_2 + 2(CaSO_4 \cdot 2H_2O) + 18H_2O = 6CaO \cdot Al_2O_3 \cdot Fe_2O_3 \cdot 2CaSO_4 \cdot 24H_2O \quad (3—4)$$

当石膏被耗尽后,C_3A 和 C_4AF 按如下反应进行水化:

$$3CaO \cdot Al_2O_3 + Ca(OH)_2 + 12H_2O = 3CaO \cdot Al_2O_3 \cdot Ca(OH)_2 \cdot 12H_2O \quad (3—5)$$

$$4CaO \cdot Al_2O_3 \cdot Fe_2O_3 + 4Ca(OH)_2 + 22H_2O = 6CaO \cdot Al_2O_3 \cdot Fe_2O_3 \cdot 4Ca(OH)_2 \cdot 24H_2O \quad (3—6)$$

水泥熟料经水化生成的水化产物氢氧化钙[$Ca(OH)_2$]和水化硅酸钙($3CaO \cdot 2SiO_2 \cdot 3H_2O$,简写为 C-S-H)是可碳化物质。

3.1.2 混凝土的碳化反应

混凝土的碳化是指空气中的 CO_2 气体不断地透过混凝土中未完全充水的毛细孔,扩散到混凝土内部与其中孔隙溶液中的 OH^- 进行中和反应,生成碳酸盐或其他物质,使混凝土孔溶液的 pH 值降低的过程。根据已有的研究,水泥石中各水化产物稳定存在的 pH 值如表3—2 所示[77]。

表3—2 水泥石中各种水化产物稳定存在时的 pH 值

成分	pH 值	成分	pH 值
水化硅酸钙	10.4	水化硫铝酸钙	10.17
水化铝酸钙	11.43	氢氧化钙	12.23

碳化过程是 CO_2 气体由表及里向混凝土内部逐步扩散、反应的复杂物理化学过程，当混凝土孔溶液的 pH 值低于表中所示值时，各物质开始分解。如果混凝土长期暴露于空气中，空气中的 CO_2 由表及里扩散到混凝土内部，在有水存在的条件下与水泥的水化产物发生如下分解反应：

$$Ca(OH)_2 + CO_2 \rightarrow CaCO_3 + H_2O \tag{3—7}$$

$$3CaO \cdot 2SiO_2 \cdot 3H_2O + 3CO_2 \rightarrow 3CaCO_3 \cdot 2SiO_2 \cdot 3H_2O \tag{3—8}$$

$$3CaO \cdot Al_2O_3 \cdot CaSO_4 \cdot 12H_2O + 3H_2CO_3 = 3CaCO_3 + 2Al(OH)_3 + CaSO_4 + 12H_2O \tag{3—9}$$

$$6CaO \cdot Al_2O_3 \cdot Fe_2O_3 \cdot 2CaSO_4 \cdot 24H_2O + 6H_2CO_3 = 6CaCO_3 + 2Al(OH)_3 + 2Fe(OH)_3 + 2CaSO_4 + 24H_2O \tag{3—10}$$

从热力学观点出发，水泥中所有水化产物都能与 CO_2 反应，Babuskin[77] 曾测出它们的平衡蒸汽压为 $10^{-8.7} \sim 10^{-10}$，而大气中的 CO_2 蒸汽压为 $10^{-3.5}$。因此，在水泥石中只要有 Ca^{2+} 存在总能生成 $CaCO_3$。从热力学角度，自由焓越小，化学反应越易进行；当自由焓为正值时，化学反应则逆向进行。常温下，前述碳化反应式中，硬化水泥石中 $Ca(OH)_2$ 与 C－S－H 的自由焓最小，因此最易碳化。且从水泥水化产物的组成来看，水化硫铝酸盐和水化铁铝酸盐的含量相对较低，为简化起见，可仅考虑氢氧化钙 [$Ca(OH)_2$] 和水化硅酸钙（C－S－H）参与碳化反应。有文献报道[78]，混凝土中未水化的水泥熟料矿物 C_3S、C_2S 等也将参与碳化反应，但本书作者认为由于混凝土碳化是个长期缓慢的过程（伴随结构使用寿命的全过程），而混凝土的充分水化可以在相对短的时间内完成（一般 1 年后可认为水泥的水化较为充分）；另外，混凝土碳化是气态的 $CO_2(g)$ 溶解到混凝土孔隙液中，与孔隙液中的碱性物质发生反应产生固体碳酸钙 $CaCO_3(s)$，混凝土中未水化的水泥熟料矿物 C_3S、C_2S 为固体，需溶解到孔隙液中方能参与碳化反应，C_3S、C_2S 溶解的过程也就是水化的过程，所以混凝土碳化过程应仅考虑反应产物对 CO_2 的消耗。单位体积混凝土中可碳化物质氢氧化钙 [$Ca(OH)_2$] 和水化硅酸钙（C－S－H）的含量与水泥用量 C_{ce} 有关，与水灰比 W/C 无关。

设水泥的组成为熟料 $m_d = x\%$，其中 $m_{C_3S} = a\%$，$m_{C_2S} = b\%$，$m_{C_3A} = c\%$，$m_{C_4AF} = d\%$；二水石膏 $m_{gy} = y\%$，混合材为 $m_{ad} = 1 - x\% - y\%$。C_3S、C_2S、C_3A、C_4AF、$C\bar{S}H$ 的摩尔质量分别为 228 g/mol、172 g/mol、262 g/mol、478 g/mol、172 g/mol。

$[C_3S]^0 = ax\% \, C_{ce}/228 \, (mol/m^3)$，$[C_2S]^0 = bx\% \, C_{ce}/172 \, (mol/m^3)$，$[C_3A]^0 = cx\% \, C_{ce}/262 \, (mol/m^3)$，$[C_4AF]^0 = dx\% \, C_{ce}/478 \, (mol/m^3)$，$[C\bar{S}H]^0 = y\% \, C_{ce}/172 \, (mol/m^3)$。

由反应式（3—1）至（3—6），完全水化的混凝土中可碳化物质的浓度可根据水泥熟料各组成矿物的浓度通过下列各式计算：

$$[Ca(OH)_2]^0 = \frac{3}{2}[C_3S]^0 + \frac{1}{2}[C_2S]^0 - [C_3A]^0 - 4[C_4AF]^0 + [C\bar{S}H]^0 \tag{3—11}$$

$$[CSH]^0=\frac{1}{2}[C_3S]^0+\frac{1}{2}[C_2S]^0 \quad (3—12)$$

由反应式(3—7)至(3—10),单位体积混凝土中可吸收 CO_2 的量可通过下列各式计算:

$$m_0=[Ca(OH)_2]^0+3[CSH]^0 \quad (3—13)$$

【例 3—1】 某 C25 混凝土的配合比为 $W=180\ kg/m^3$,$C_{ce}=327\ kg/m^3$,$S=690\ kg/m^3$,$G=1\ 140\ kg/m^3$。采用 P. O32.5 水泥,其组成为熟料 $m_d=85\%$,其中 $m_{C_3S}=52\%$,$m_{C_2S}=25\%$,$m_{C_3A}=10\%$,$m_{C_4AF}=13\%$;二水石膏 $m_{gy}=4\%$,混合材为 $m_{ad}=11\%$。则 $[C_3S]^0=63.4\ mol/m^3$,$[C_2S]^0=40.1\ mol/m^3$,$[C_3A]^0=10.6\ mol/m^3$,$[C_4AF]^0=7.6\ mol/m^3$,$[C\bar{S}H]^0=7.6\ mol/m^3$。

由反应式(3—11)至(3—13):

$$[Ca(OH)_2]^0=\frac{3}{2}[C_3S]^0+\frac{1}{2}[C_2S]^0-[C_3A]^0-4[C_4AF]^0+[C\bar{S}H]0=81.8\ mol/m^3$$

$$[CSH]^0=\frac{1}{2}[C_3S]^0+\frac{1}{2}[C_2S]^0=51.8\ mol/m^3$$

$$m_0=[Ca(OH)_2]^0+3[CSH]^0=237.2\ mol/m^3$$

混凝土在碳化反应中生成的固体体积比反应物中的固体体积大。1 mol 氢氧化钙与二氧化碳反应生成碳酸钙后固体体积增加 $3.58\times10^{-6}\ m^3$,1 mol 水化硅酸钙与二氧化碳反应生成碳酸钙后固体体积增加 $15.39\times10^{-6}\ m^3$。所以碳化反应会造成混凝土的孔隙率下降,使混凝土的透气性降低,表面硬度增加,从而碳化速率有所降低。

3.1.3 混凝土碳化速率的影响因素

影响混凝土碳化速率的因素主要可以分为混凝土自身材料方面的因素、混凝土结构使用的环境因素和混凝土的施工因素三个方面。

1)混凝土原材料的影响

混凝土原材料主要通过对混凝土的气体渗透性和混凝土内可碳化物质含量产生影响,进而影响混凝土的碳化过程,主要包括混凝土水灰比(强度等级)、水泥品种和用量、活性矿物掺和料的种类和用量等因素。

①混凝土的气体渗透性

混凝土的渗透性是指气体、液体或离子受压力、化学势或电场作用在混凝土中渗透、扩散或迁移的难易程度,包括透水性、透气性和透离子性等性能,这里影响混凝土碳化速率的混凝土性能主要指混凝土的透气性。混凝土的透气性取决于混凝土的密实度和孔隙结构。密实度越小,开口连通的孔隙所占的比例越高,混凝土的透气性越高,混凝土的抗碳化能力越差。

混凝土的水灰比与强度等级是两个常用来表示混凝土质量的比较相近的概念,混凝土的水灰比决定着混凝土的密实度,进而决定着混凝土的强度。一般来讲,混凝土水灰比越低，其密实度越大，强度（主要以立方体抗压强度 f_{cu} 为代表）越高，抗碳化性能越强。这里值得注意的是，混凝土的抗碳化性能取决于混凝土的气体渗透性和混凝土内可碳化物质含量两个因素，而混凝土的气体渗透性又包括混凝土的密实度和孔隙结构两个方面，混凝土的水灰比和强度等级仅仅和混凝土的密实度有关，和混凝土的抗碳化性能并不存在一一对应的关系，单单通过混凝土的水灰比或强度等级判断混凝土的抗碳化性能，甚至计算混凝土的碳化速率都是不科学的。

不同品种的外加剂对混凝土渗透性的影响不同，在水灰比确定的条件下，减水剂对混凝土的密实度没有影响，但可以改善混凝土的孔隙结构，从而提高混凝土的抗碳化能力；引气剂虽然可以改善混凝土的孔隙结构，但使混凝土的密实度显著降低，孔隙率增大，混凝土的抗碳化能力较差。

活性较高的矿物掺和料可以改善混凝土的孔隙结构，将混凝土中孔径较大的毛细孔转化为凝胶孔，但矿物掺和料的二次水化需消耗可碳化的水泥水化产物氢氧化钙，使混凝土碱度降低，从而抗碳化性能变差。超细颗粒硅灰的添加往往会有效地填充水泥颗粒之间的空隙，使得硅酸盐水泥拌和物的毛细孔和凝胶孔两个范围内的孔结构都更加密实、更加细化，从而可以显著地提高混凝土的抗碳化能力。活性较差的矿物掺和料不能改善混凝土的孔隙结构，其抗碳化性能显著降低。

②可碳化物质的含量

混凝土中可碳化物质的含量越高，混凝土的抗碳化能力越强。混凝土中可碳化物质主要是由硅酸盐水泥熟料水化产生，水泥品种、用量以及活性掺和料的掺量通过影响硅酸盐水泥熟料的多少从而影响混凝土的抗碳化性能。从水泥品种来说，掺混合材料的硅酸盐水泥中水泥熟料的量小于硅酸盐水泥，所以抗碳化性能较差。同样道理，在水灰比不变的条件下，混凝土中的水泥用量越少，矿物掺和料的掺量越大，抗碳化性能较差。

这里值得注意的是，可碳化物质的含量和混凝土的混凝土的碱度是两个完全不同的概念。可碳化物质的含量是混凝土发生碳化时可以和发生反应，混凝土的碱度是溶解在混凝土孔隙液中 OH^- 的浓度，这些 OH^- 由混凝土中的可碳化物质提供，混凝土的 pH 值由混凝土孔隙液的碱度所决定。

由于矿物掺和料部分取代水泥，能够显著改善新拌混凝土的基本性质，因此其在混凝土，尤其是在高性能混凝土重得到了广泛应用。但是由于矿物掺和料的活化效应，水化过程重将消耗一部分水泥的水化产物氢氧化钙，使混凝土孔隙液的碱度降低。因此许多混凝土工作者担心，如果矿物掺和料的掺量过大，将使孔隙液的碱度低至 11.0 以下，这是钢筋的钝化状态就会遭到破坏，从而发生严重的腐蚀。

粉煤灰等矿物掺和料的掺加虽然导致混凝土孔溶液中氢氧根离子浓度和混凝土 pH 值的适度降低，但由于水泥水化产物中的氢氧化钙为过饱和状态，将对维持混凝土孔溶液的碱度起重要作用，文献[24]的研究发现单方混凝土中水泥用量达到 20 kg，就可使混凝土达到 pH 值 12 以上。所以即使混凝土中矿物掺和料的掺量较大，只要还有固态的氢氧化钙存在，混凝土的 pH 值就不会小于 12.5。但是矿物掺和料的掺加必然造成混凝土中可碳化物质氢氧化钙的减少,如果掺量过大甚至贫钙现象,使混凝土的抗碳化性能大幅下降。

2)环境因素的影响

环境因素对混凝土碳化的影响具体主要在环境的相对湿度、温度、CO_2 浓度等。

①环境相对湿度的影响

环境相对湿度对混凝土碳化速率的影响主要体现在两个方面:

一方面环境相对湿度影响 CO_2 在混凝土内的扩散速率。由于混凝土是一种非均质多孔固体,其内部的孔隙水饱和度由环境相对湿度所决定[79]。环境相对湿度越低,则混凝土内孔隙水饱和度越低,混凝土内的微小孔隙多数被气体所充满,故 CO_2 在混凝土内的扩散速率越快。希腊学者 Papadakis[80] 根据实验数据经过回归分析得出了 CO_2 扩散系数与混凝土孔隙率和环境相对湿度的关系式:

$$D_{CO_2} = 1.64 \times 10^{-6} \varepsilon_P^{1.8} (1 - RH/100)^{2.2} \tag{3—14}$$

式中 ε_p 为水泥浆体的孔隙率,一般情况下取 0.2;RH 为环境相对湿度(%)。

从式(3—14)也可以看出,CO_2 在混凝土内的扩散系数同环境相对湿度成反比,同混凝土的孔隙率成正比。

另一方面环境相对湿度影响混凝土碳化的化学反应速率。混凝土的碳化需要 CO_2 溶解于水后形成 HCO_3^- 方能和混凝土中的 $Ca(OH)_2$ 进行化学反应,故当混凝土非常干燥时,碳化无法进行。但是如果环境的相对湿度太高,由于混凝土的碳化本身是一个释放水的过程,环境相对湿度过高,生成的水无法释放也会抑制碳化的进一步进行。环境相对湿度对环境相对湿度对 CO_2 扩散系数和碳化速率的影响的影响如图 3—1 所示,从图中可以看出,CO_2 在混凝土中的扩散速率和混凝土的碳化速率随环境相对湿度的变化趋势是完全不同的,直接用 CO_2 在混凝土中的扩散速率来代表混凝土的碳化速率显然是不正确的。

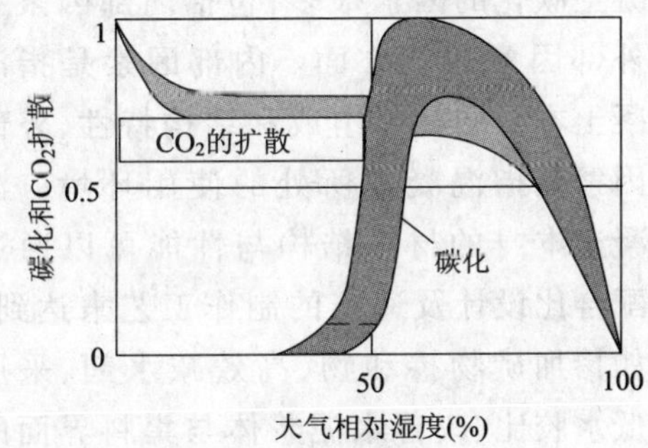

图 3—1 环境相对湿度对 CO_2 扩散系数和碳化速率的影响

②环境温度的影响

混凝土碳化过程是 CO_2 在混凝土内的扩散反应过程。温度的升高将导致 CO_2 在混凝土内的扩散速率提高,同时也将导致离子运动速度和化学反应速率的提高,这些将有助于混凝土碳化速率的提高。根据 Arrhenius 方程可以描述物质化学反应速率:

$$k = Ze^{-\frac{E}{R_0 T}} \tag{3—15}$$

式中 k 为用于描述化学反应速率的常数;Z 频率因子;E 活化能;R_0 为气体常数;T 绝对温度。对于一般反应,温度每升高 10℃,对于一般化学反应的速率大约增加 2 至 3 倍。

前苏联 C. H. 阿列克西耶夫的研究表明:当空气相对湿度为 75%,环境温度从 22℃提高到 40℃,混凝土碳化大大加速,若温度继续提高,则整个碳化过程将更为剧烈[6]。日本学者魚本健人、永鳥正九[19]的试验研究表明，CO_2 浓度 10%、相对湿度 80% 条件下，温度 40℃时的混凝土碳化速率是 20℃时的 2 倍；CO_2 浓度 5%、相对湿度 60% 条件下，温度 30℃的混凝土碳化速率是 10℃时的 1.7 倍。

③环境 CO_2 浓度的影响

混凝土表面 CO_2 的浓度不同，CO_2 向混凝土内的扩散速率和碳化反应速率不同，CO_2 浓度高的工业环境，混凝土碳化速率明显比一般大气环境的高。目前的研究表明，混凝土完全碳化深度的推进速率与 CO_2 的浓度的平方根成正比。

3）混凝土施工因素的影响

施工因素对混凝土碳化的影响主要指混凝土的搅拌、振捣和养护条件等方面。这些方面对混凝土碳化的影响是显而易见的，即使一种混凝土经验证其抗碳化能力很高，但是由于混凝土在制作时搅拌不匀、振捣不密实将导致混凝土的抗碳化能力大幅度下降。同样养护方式和养护时间对混凝土的碳化速率也有重要影响。实验表明，由于蒸汽养护导致了更高的混凝土孔隙率，从而大大加速了混凝土的碳化速率。与标准养护相比，蒸汽养护可使混凝土的碳化速率提高 50% ~ 85%[81]。同样混凝土的早期养护越充分其后期的碳化速率越低，反之混凝土早期养护时间越短则后期的碳化速率越高。比如只养护 1 d 的混凝土试件 2 年的碳化深度是养护 7 d 和养护 28 d试件碳化深度的 2 倍和 3 倍[82]。

总结以上分析，可以将影响混凝土碳化速率的因素分类如图 3—2 所示。影响混凝土碳化的因素很多，包括内部因素和外部因素 2 个方面。内部因素是指混凝土本身的材料组成和结构特性，外部因素是指混凝土所处的使用环境。混凝土本身的材料结构与性能可以通过配合比设计及适当的制作工艺来达到，如掺加矿物掺和物、高效减水剂、采用低水胶比、改善水泥浆体与集料界面的性能以及混凝土表面采取适当的防护措施等。外部因素是客观存在的，提高混凝土的抗碳化的关键在于增加混凝土内可碳化物质的含量，提高混凝土本身的致密性，尽可能地减少原生裂缝，并加强混凝土硬化后的体积稳定性。

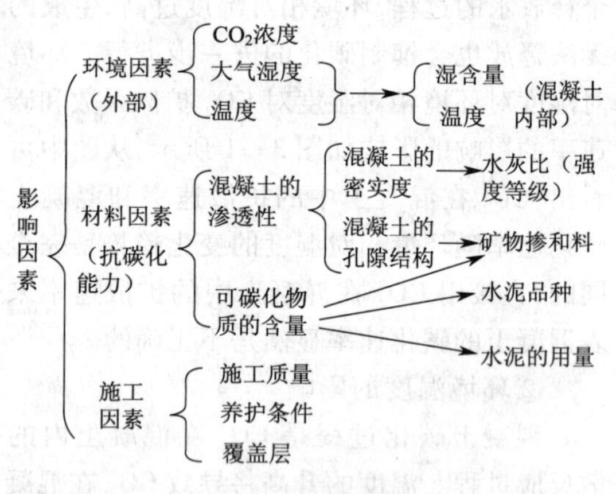

图 3—2 混凝土碳化的影响因素

3.1.4 混凝土的碳化过程

1）混凝土的碳化过程的传统认识

混凝土的碳化过程是伴随着二氧化碳（CO_2）气体在混凝土孔隙中扩散的碳化反应过程，这一反应过程主要是指混凝土中的碱性成分[主要是 $Ca(OH)_2$]与二氧化碳

(CO_2)发生化学反应。最初的研究认为,混凝土的碳化速率主要取决于以下三个过程的速率[83]:化学反应本身的速率;二氧化碳向混凝土内部扩散的速率;混凝土孔隙中可碳化物质,主要是 $Ca(OH)_2$ 的扩散速率。

混凝土碳化过程的物理模型如图 3—3 所示。

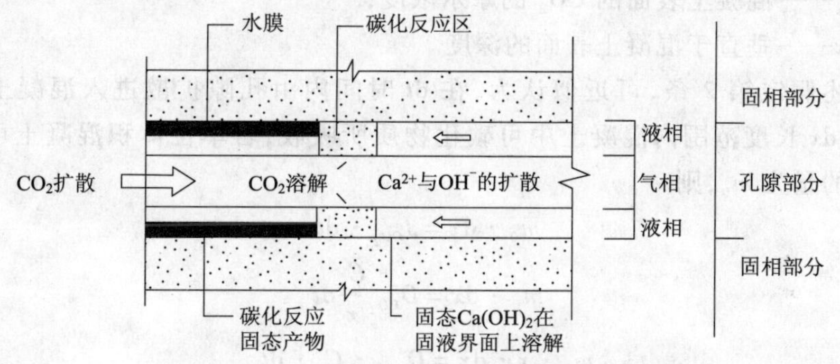

图 3—3　混凝土碳化过程的物理模型

目前的研究认为,在以上三个过程中,哪一个过程的速率最慢,它的速率就决定了混凝土碳化的速率。关于这三个过程的速率的论述尚不多见,但在建立混凝土碳化速率理论模型时,均普遍认为,二氧化碳向混凝土中的扩散速率最慢,混凝土碳化速率就是 CO_2 在混凝土中的扩散速率。由此国内、国外学者大都假设[84]:

(1)CO_2 在混凝土中的扩散遵循 Fick 第一定律;

(2)碳化反应仅在碳化锋面处发生,即碳化锋面将混凝土分为碳化区和未碳化区,碳酸钙的浓度为阶梯状;

(3)CO_2 的浓度呈线性分布,在锋面处浓度为 0。

传统碳化理论的混凝土碳化过程如图 3—4 所示。

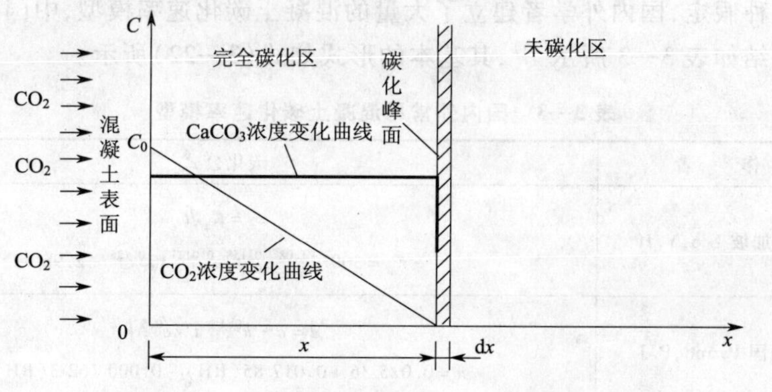

图 3—4　传统碳化理论的混凝土碳化过程示意图

由 Fick 第一定律,假定扩散是一维的,即 CO_2 气体只在 x 方向上扩散,由上述假定第 3 条,CO_2 气体在混凝土孔隙中的扩散通量可以表示为

$$J_{CO_2} = D^e_{CO_2}\frac{C_s}{x} \tag{3—16}$$

式中　J_{CO_2}——CO_2 气体在混凝土孔隙中的扩散通量；

$D^e_{CO_2}$——CO_2 在已碳化混凝土孔隙中的有效扩散系数；

C_s——混凝土表面的 CO_2 的摩尔浓度；

x——垂直于混凝土表面的深度。

由上述假定第 2 条，可近似认为，在 dt 时间内由孔隙扩散进入混凝土内部的 CO_2，会被 dx 长度范围内混凝土中可碳化物质所吸收，若单位体积混凝土可吸收的二氧化碳的量为 m_0，则

$$m_0 \cdot \mathrm{d}x = J_{CO_2} \cdot \mathrm{d}t \tag{3—17}$$

$$m_0 \cdot \mathrm{d}x = D^e_{CO_2}\frac{C_s}{x}\mathrm{d}t \tag{3—18}$$

$$m_0 \cdot x \cdot \mathrm{d}x = D^e_{CO_2} \cdot C_s \cdot \mathrm{d}t \tag{3—19}$$

对两边同时积分得：

$$\frac{1}{2}x_c^2 m_0 = D^e_{CO_2} \cdot C_s t \tag{3—20}$$

$$x_c = \sqrt{\frac{2D^e_{CO_2} \cdot C_s}{m_0}t} \tag{3—21}$$

式中　x_c——碳化深度。

令 $K = \sqrt{\frac{2D^e_{CO_2} \cdot C_s}{m_0}}$，碳化深度 x_c 与扩散时间 t 之间的关系为

$$x_c = K\sqrt{t} \tag{3—22}$$

K 为碳化速率系数。

基于这种假定，国内外学者建立了大量的混凝土碳化速率模型，中国矿业大学对其进行了总结如表 3—3 所示[85]，其基本的形式如式(3—22)所示。

表 3—3　国内外常见混凝土碳化速率模型

序号	作　者	碳化公式
1	新加坡 Loo, Y. H	$x_c = K_a\sqrt{t}$ $K_a = 300f_{28}^{-1.08}C_0^{0.158}e^{0.012T}t_{WC}^{-0.126} - 2.98$
2	美国 Parrott, P. J	$d = a \cdot k^{0.4}[t^n/c^{0.5}]$ $n = 0.02536 + 0.01785(RH) - 0.0001623(RH)^2$
3	日本魚本健人	$x_c = k_{CO_2}k_T k_w\sqrt{t}$
4	德国 Smoltczyk	$x_c = 7(\frac{100W/C}{\sqrt{R_t}} - 0.75)\sqrt{t} - 0.5$

续上表

序号	作　者	碳化公式
5	邸小坛	$x_c = k_2 \cdot K \cdot \sqrt{t}$ $K = k_0(k_1 \cdot W/C - 1.0)c^{-0.9}$
6	朱安民	$x_c = \alpha_1 \alpha_2 \alpha_3 (12.1W/C - 3.2)\sqrt{t}$
7	阿列克谢耶夫	$x_c = \sqrt{\frac{2D_{CO_2}^e \cdot C_s}{m_0} t}$
8	PaPadakis	$x_c = \sqrt{\frac{2 \cdot D_e^c [CO_2]^0}{[Ca(OH)_2]^0 + 3[CSH]^0 + 3[C_3S]^0 + 2[C_2S]^0}}\sqrt{t}$
9	张誉	$x_c = 839(1 - RH)^{1.1} \sqrt{\frac{W/(\gamma_c C) - 0.34}{\gamma_{HD}\gamma_c C} n_0} \cdot \sqrt{t}$
10	黄士元	$x_c = 104.27k \cdot k_c^{0.54} \cdot k_w^{0.47} \cdot \sqrt{t}\ (W/C > 0.6)$ $x_c = 73.54k \cdot k_c^{0.81} \cdot k_w^{0.13} \cdot \sqrt{t}\ (W/C \leqslant 0.6)$
11	龚洛书	$x_c = k_1 \cdot k_2 \cdot k_3 \cdot k_4 \cdot k_5 \cdot k_6 \cdot \alpha \cdot \sqrt{t}$
12	李果	$x_c = 0.102\,92\left(\frac{RH}{45}\right)^{-0.422\,7}\left(\frac{T}{10}\right)^{0.715\,4}\left(\frac{W/C}{0.35}\right)^{1.340\,1}\sqrt{q_c t}$
13	岸谷孝一	$x_c = k \cdot (W/C - 0.25)\sqrt{\frac{t}{0.3(1.15 + 3 \cdot W/C)}}\ (W/C > 0.6)$ $x_c = k \cdot (4.6W/C - 0.76)\sqrt{\frac{t}{7.2}}\ (W/C \leqslant 0.6)$
14	Lesahe de Contenay C	$x_c = [6\,800(F_{28} + 25)^{1.5} - 6]\sqrt{t}$
15	牛荻涛	$x_c(t) = k_{CO_2} \cdot k_e \cdot \left(\frac{57.94}{F_{cn}} \cdot m_c - 0.761\right) \cdot \sqrt{t}$
16	Tuutti	$\frac{\Delta C_s}{\Delta a} = \sqrt{\pi} \cdot \left(\frac{k}{2\sqrt{D}}\right) \cdot e^{\left(\frac{k^2}{4D}\right)} \cdot erf\left(\frac{k}{2\sqrt{D}}\right)$ $\Delta a = C \cdot \frac{c'}{100} \cdot DH \cdot \frac{M_{CO_2}}{M_{CaO}} \quad x_c = k\sqrt{t}$
17	CEB TGV, 1 + 2	$x_c = \sqrt{\frac{2k_1 \cdot k_2 \cdot D_{eff} \cdot C_s}{a}} \cdot \sqrt{t} \cdot \left(\frac{t_0}{t}\right)^n$ $a = 0.75 \cdot C \cdot c' \cdot DH \cdot \frac{M_{CO_2}}{M_{CaO}}$
18	Nishi	$x_c = \frac{g(W/C - 0.25)}{\sqrt{0.3(1.15 + 3W/C)}}\sqrt{t}\ (W/C \geqslant 0.6)$ $x_c = \frac{4.6W/C - 1.76}{\sqrt{7.2}}\sqrt{t}\ (W/C < 0.6)$

续上表

序号	作　　者	碳化公式
19	依田彰彦	$x_c=\frac{100W/C-38.44}{\sqrt{\alpha\cdot\beta\cdot\gamma\cdot148.8}}\sqrt{t}$（$C_0=0.03\%$ 时） $x_c=\frac{100W/C-22.16}{\sqrt{\alpha\cdot\beta\cdot\gamma\cdot258.1}}\sqrt{t}$（$C_0=0.1\%$ 时）
20	白山	$x_c=\frac{W/C-38}{\sqrt{a\cdot b\cdot c\cdot d\cdot e\cdot 5\,000}}\sqrt{t}$
21	Nagatak	$x_c=\sqrt{(3.65P+547)\exp(-0.075R_c)}\sqrt{t}$
22	张海燕	$x_c=K_w\left(\frac{T}{10}\right)^{0.713}(\mathrm{RH}^2-1.98\mathrm{RH}+1.896)\sqrt{\frac{C_0}{0.03}\left(\frac{15.806}{f_{cuk}}+0.215\right)}t^{0.42}$
23	张令茂	$x_c=\left(0.74-0.317\frac{C}{100}-0.613\frac{w}{c}\right)\sqrt{t}$

这些模型有一些差异，但有一个共同点就是碳化深度与时间的平方根成正比。这些混凝土碳化速率模型都是假定在化学反应过程、二氧化碳向混凝土内部扩散过程和混凝土孔隙中可碳化物质[主要是 $Ca(OH)_2$]的扩散过程中，二氧化碳向混凝土中的扩散速率最慢，这样混凝土碳化速率就是 CO_2 在混凝土中的扩散速率。这种假定的正确和合理性直接决定了由此建立的理论模型的适用程度。从国内外学者的最新研究成果来看，这些模型既没有考虑部分碳化区的存在，也没有考虑 CO_2 反应消耗对碳化速率的影响（CO_2 反应消耗对 CO_2 在混凝土内浓度分布的影响如图 3—5 所示）。

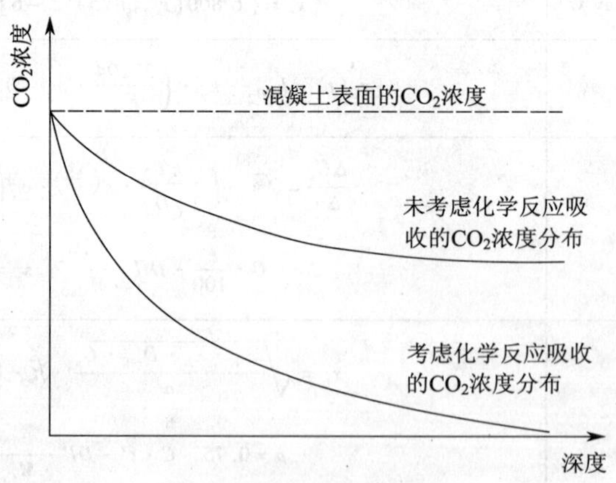

图 3—5　CO_2 反应消耗对 CO_2 在混凝土内浓度分布的影响

2）混凝土的部分碳化区

长期以来，人们一直简单地认为一般大气环境条件下混凝土中钢筋开始锈蚀的时间就是混凝土保护层完全碳化所需的时间。但试验和工程调查结果表明，在用酚酞试剂测定的碳化深度发展到距离钢筋表面某个长度时，钢筋就开始锈蚀。这是因为用酚酞试剂测试碳化深度时，即使混凝土中仅有微量的 $Ca(OH)_2$，酚酞试剂也显色。因此，酚酞试剂法只能测出混凝土完全碳化部分及其界限。混凝土在碳化过程中，在完全碳化区前沿存在碳化不完全区段，在环境相对湿度较高时部分碳化区可忽略不计，但当环境湿度较低时，部分碳化区在整个碳化区域中占主导地位。

清华大学的杨静[86]通过 X 射线衍射分析，测定了碳化至一定龄期的混凝土试件各部位的化学成分，明确了混凝土的碳化前沿并非线状，而是一定宽度的带状，在此范围内 $Ca(OH)_2$ 与 $CaCO_3$ 两种成分共存。浙江大学的金伟良教授[87]、清华大学的肖从真博士[88]对混凝土碳化试件进行了 X 衍射试验，进一步证明了部分碳化区是客观存在的。部分碳化区的存在说明二氧化碳向混凝土中扩散的速率大于混凝土完全碳化区的推进速率，从而证明，碳化反应并非仅在碳化锋面处发生，混凝土碳化速率和 CO_2 在混凝土中的扩散速率并不是一致的。

3.2 pH 值变化区对混凝土碳化过程的影响

3.2.1 意 义

文献[89]给出了 Parrot 采用酚酞指示剂测出了混凝土碳酸化前沿 pH 值变化的分布曲线，如图 3—6 所示，从而将 CO_2 在混凝土中的扩散－反应过程分为完全碳化区、碳化反应区（部分碳化区）和未碳化区三个区域。在 pH 值变化的部分碳化区段，由表及里 $Ca(OH)_2$ 逐渐增加，$CaCO_3$ 逐渐减少。在这个区域混凝土的 pH 值由外至内逐渐升高，未碳化区混凝土的 pH 值大约为 13 左右，完全碳化区混凝土的 pH 值为 8.5。也有学者用彩虹试剂测定碳化深度试验结果表明[90]，完全碳化的混凝土的 pH 值为 7，部分碳化区的 pH 值为 8.5～12.5。

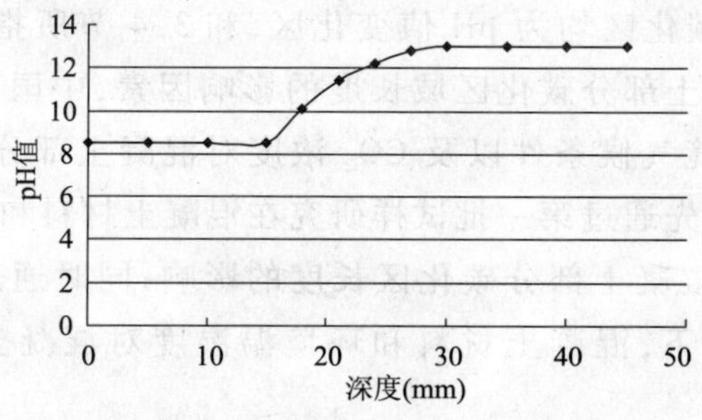

图 3—6　碳酸化前沿混凝土 pH 值的分布图

但从碳化对钢筋锈蚀影响的角度看，当钢筋位于 pH＞11.5 的区域，钢筋处于钝化状态，不发生锈蚀；当钢筋位于 pH＜11.5 区域，钢筋处于活化状态。在一定的环境条件下，当混凝土的 pH 值下降到某一值（pH_0）时钢筋开始锈蚀[91]。有学者[92]认为当 pH > H.5 时钢筋处于钝化状态，不发生锈蚀；当 pH < 9 时锈蚀速率不再受 pH 值的影响；只有当 9 < pH < 11.5 时锈蚀速率随 pH 值下降而增大。

实际工程调查结果表明，由于环境条件的差异，满足钢筋开始锈蚀对应的 pH_0 值是不相同的。pH_0 值的确定很难用传统的碳化钢筋锈蚀机理来解释，但可以通过大量工程实测到的混凝土碳化和钢筋开始锈蚀数据，得到完全碳化前沿到 pH = pH_0 处的区间长度，定义该区间长度为碳化残量（部分碳化区）。即碳化残量为钢筋开始锈蚀时，用酚酞试剂测出的碳化前沿到钢筋表面的距离，如图 3—7 所示。

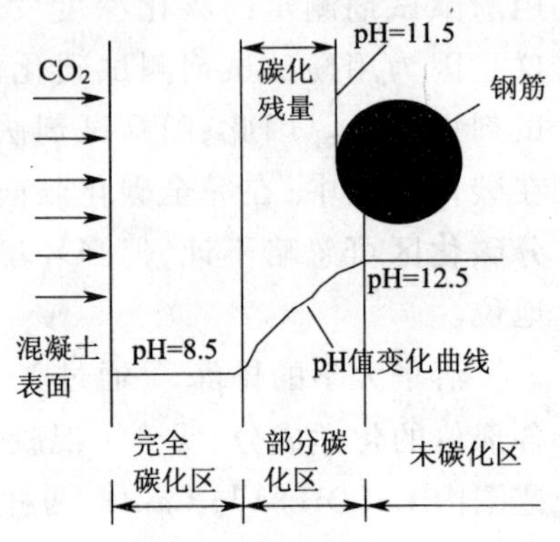

图 3—7　混凝土碳酸化前沿的 pH 分布和碳化残量概念示意图

从碳化机理分析，部分碳化现象是碳化反应速率跟不上 CO_2 的扩散速率的必然结果，由于两者随环境相对湿度变化而向相反方向发展。因此，部分碳化区长度主要受环境相对湿度影响；其他因素也一样，凡该因素的变化影响碳化反应速率与 CO_2 扩散速率之差，该因素就影响部分碳化区长度，反之则不影响部分碳化区长度。部分碳化区的长度将影响混凝土的碳化规律。由此可见，部分碳化区的长度及部分碳化区内 pH 值的变化规律成为影响钢筋锈蚀速率的一个主要因素，其研究对准确预测钢筋脱钝的时间、钢筋锈蚀的速率以及整个钢筋混凝土构件的寿命具有重要意义。国内外学者对混凝土部分碳化区长度的确定进行大量的研究工作，并确定了丰硕的研究成果[87,93,94]。

3.2.2　部分碳化区（pH 值变化区）长度的影响因素

在目前的研究中，普遍把 pH 值变化的区域作为部分碳化区，为便于下文分析，本节所指的部分碳化区均为 pH 值变化区，和 3.4 节所指的部分碳化区不同。为了准确地判断混凝土部分碳化区域长度的影响因素，中国矿业大学通过试验研究了混凝土组成、环境气候条件以及 CO_2 浓度对混凝土部分碳化区长度的影响。试验分两批进行。首先通过第一批试样研究在混凝土材料和环境温湿度确定的情况，不同 CO_2 浓度对混凝土部分碳化区长度的影响；同时通过第二批试样研究在 CO_2 浓度不变的条件下，混凝土材料和环境温湿度对混凝土部分碳化区长度的影响。

1）CO_2 浓度和碳化时间

中国矿业大学采用 pH 计测得不同 CO_2 浓度、不同碳化时间，各试件断面混凝土碳化 pH 值变化规律如图 3—8 和图 3—9 所示。

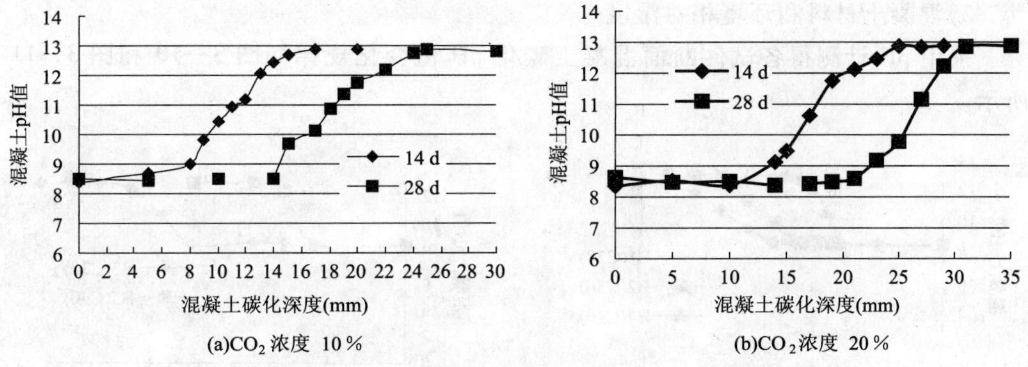

图 3—8　CO_2 浓度与碳酸化前沿混凝土 pH 值的分布

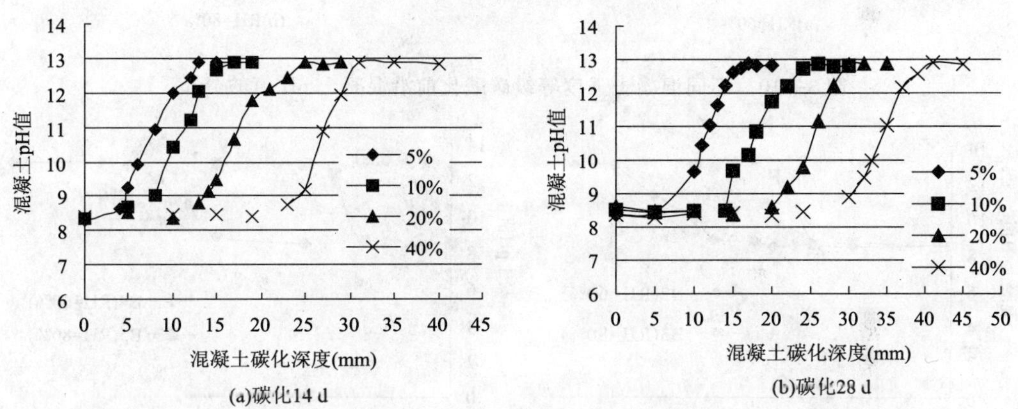

图 3—9　碳化作用时间与碳酸化前沿混凝土 pH 值的分布

由图 3—8 可以看到,5% CO_2 浓度碳化 45 d 与 10% CO_2 浓度碳化 28 d、20% CO_2 浓度碳化 14 d 的混凝土完全碳化深度非常接近,分别为 14 mm、16 mm、15 mm,而且碳化混凝土的部分碳化区长度也近乎相同,分别为 8 mm、8 mm、9 mm。这表明在相同的混凝土材料和环境温湿度情况下,如果混凝土完全碳化深度相同,混凝土部分碳化区长度也几乎相同,CO_2 浓度对部分碳化区的长度无明显影响。

当碳化进行一定时间,混凝土完全碳化区出现后,混凝土部分碳化区的长度随碳化时间的变化见图 3—9。对于 5% 的 CO_2 浓度,其 14 d、28 d、45 d 碳化时间的混凝土部分碳化区的长度分别为 7 mm、7 mm、8 mm,对于 10%、20%、40% 的 CO_2 浓度,其不同碳化时间的混凝土部分碳化区的长度也较为接近。这表明在试验误差范围内,碳化时间对混凝土部分碳化区的长度无明显影响。这是因为从碳化机理分析可知,部分碳化现象是混凝土的碳化反应速率跟不上 CO_2 向混凝土内扩散的速率的必然结果。混凝土表面 CO_2 浓度增大,CO_2 扩散速率和碳化化学反应速率几乎同步加快,因此,对部分碳化区长度无明显影响。碳化时间对碳化反应速率及 CO_2 扩散速率均无影响,因此,对部分碳化区长度也没明显影响。

2)混凝土材料和环境相对湿度

采用 pH 计测得各试件断面混凝土碳化 pH 值变化规律如图 3—10 和图 3—11 所示。

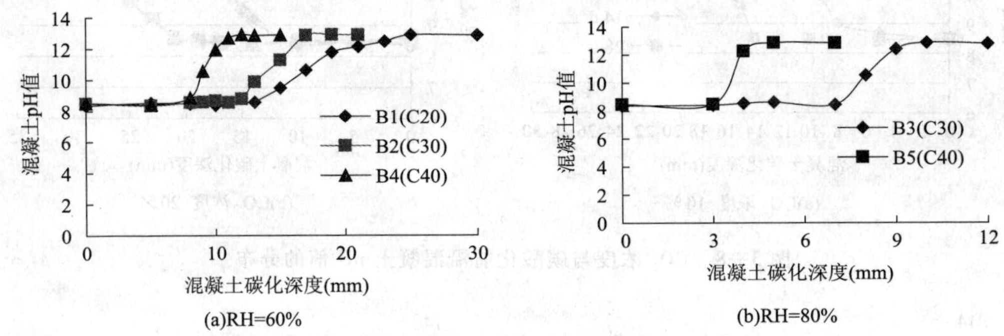

图 3—10　不同混凝土强度等级碳酸化前沿混凝土 pH 值的分布

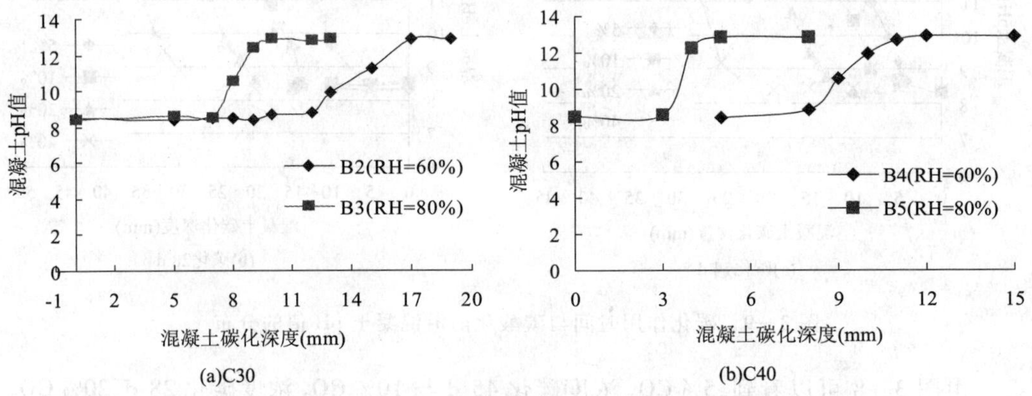

图 3—11　不同环境相对湿度条件下碳酸化前沿混凝土 pH 值的分布

(1)混凝土强度等级对混凝土部分碳化区长度的影响

从碳化机理分析可知,部分碳化现象是混凝土的碳化反应速率跟不上 CO_2 向混凝土内扩散的速率的必然结果。混凝土强度等级对部分碳化区长度的影响体现在两个方面。一方面强度等级越高,混凝土水灰比越低,混凝土的密实程度越高,CO_2 向混凝土内部扩散的阻力也越大,扩散速率越慢,而水灰比对碳化反应速率的影响较小。另一方面,强度等级越高的混凝土水泥用量也较大,水泥用量的变化对 CO_2 的扩散速率基本没有影响,但却使混凝土中可碳化物质的含量大大增加,碳化反应的速率也随之加快,碳化反应速率的加快使化学反应进行的较为充分,部分碳化现象受到抑制,部分碳化区长度缩短。由图 3—10 可以看出,当环境相对湿度为 60% 时,C20 混凝土的部分碳化区长度为 9 mm,C30 混凝土为 5 mm,C40 混凝土仅为 3 mm;而当环境相对湿度为 80% 时,C30 混凝土的部分碳化区长度为 2 mm,C40 混凝土的部分碳化区长度趋近于 0。

(2)环境相对湿度对混凝土部分碳化区长度的影响

由图 3—11 可以看出,部分碳化区长度随环境相对湿度的变化也十分明显。C30 混凝土在相对湿度为 60% 时,部分碳化区长度为 5 mm,相对湿度为 80% 时,部分碳化区长度为 2 mm;C40 混凝土在相对湿度为 60% 时,部分碳化区长度为 3 mm,相对湿度为 80% 时,部分碳化区的长度趋近于 0。这说明在混凝土材料确定的情况下,环境相对湿度愈大,部分碳化区长度愈小。从碳化机理上看,当环境相对湿度较高时,由于混凝土孔隙水较多,CO_2 向混凝土内部扩散速率较慢而碳化反应的速率很快,从外界扩散进入孔隙的 CO_2 迅速被吸收参与碳化反应,部分碳化现象不明显;随着环境相对湿度的降低,混凝土孔隙水减少,CO_2 的扩散速率加快,而碳化反应的速率越来越慢,部分 CO_2 未能及时吸收参与碳化反应,部分碳化现象越来越明显,部分碳化区长度越来越大。

综合以上分析,环境相对湿度对部分碳化区长度有决定性的影响;部分碳化区长度基本不受 CO_2 浓度和碳化时间影响;水胶比和水泥用量对部分碳化区长度也有一定影响,但这种影响是以低湿度环境为前提的,也就是说,在环境湿度较高时,即使水胶比或水泥用量有较大变化也只会产生很小的部分碳化区。

部分碳化区长度的计算模型有式(3—23)[95]及式(3—24)[96]:

$$x_b = 1.017 \times 10^4 (0.7 - \mathrm{RH})^{1.82} \sqrt{\frac{W/C_{ce} - 0.31}{C_{ce}}} \ (\mathrm{mm}) \qquad (3—23)$$

$$x_b = 4.86(-\mathrm{RH}^2 + 1.5\mathrm{RH} - 0.45)(c - 5) \times (\ln f_{cu,k} - 2.30)\ (\mathrm{mm}) \qquad (3—24)$$

式中 RH 为相对湿度(%);W 为水用量(kg/m^3);C_{ce} 为水泥用量(kg/m^3);$f_{cu,k}$ 为混凝土立方体抗压强度标准值(kN/m^2);c 为保护层厚度(mm)。

3.3 混凝土碳化深度的测定方法

在混凝土碳化过程中,$Ca(OH)_2$ 由表及里逐渐增加,$CaCO_3$ 逐渐减少,可分为完全碳化区、部分碳化区和未碳化区,混凝土的 pH 值由外至内逐渐升高。在部分碳化区内钢筋仍有锈蚀的可能,所以对混凝土碳化情况进行全面检测具有重要意义。目前国内外检测方法主要有酚酞试剂测试法、彩虹指示剂测定法、pH 计测定法、X 射线衍射分析法、热重分析法和化学分析法。

酚酞试剂测试法操作简单,适于现场测量,但只能测到完全碳化深度。彩虹指示剂测试方法可以根据反应的颜色判别不同区域的 pH 值(pH = 5 ~ 13),因而也可用来测定完全碳化区域的深度和部分碳化区域 pH 值变化范围的长度。pH 计测定法和彩虹指示剂测试方法的效果是一样的,只是 pH 计测定法需要提取混凝土粉末试样进行测试。X 射线衍射分析法、热重分析法和化学分析法要用专门的仪器,不仅能够测到完全碳化的深度,还能测到部分碳化的深度,适用于试验室的精确测量。

3.3.1 酚酞试剂测定法

用酚酞指示剂滴在破型的混凝土新鲜断面上，可以直接检测出混凝土的碳化深度。呈现红色的区域说明还有氢氧化钙存在，不显色的区域表示氢氧化钙已被完全碳化（如图3—12所示）。其机理是混凝土碳化生成粉末状的碳酸钙与酚酞反应不变色，只有碳酸钙的水溶液而且含水量超过70%时才能使酚酞显色，而在硬化的混凝土中不具备足够的水分，故碳酸钙不会使酚酞显色，而只有氢氧化钙才能致使酚酞试剂变红。所以用酚酞试剂可能准确判断混凝土中是否有氢氧化钙存在，从而测出碳化深度。酚酞试剂只能判断混凝土中是否还含未碳化的氢氧化钙，即只能测出完全碳化区的深度。

图3—12 酚酞指示剂检测混凝土的碳化深度

3.3.2 彩虹指示剂测定法

彩虹指示剂是一种pH指示剂，在新鲜的混凝土断面喷洒彩虹指示剂，可以根据反应的颜色判断不同的pH值（如图3—13所示），并能够测试完全碳化的深度和部分碳化pH值变化区的长度。这不同于酚酞指示剂（只有2种颜色），其由下列材料按一定比例复合而成：普通酒精、酚酞、百里酚酞和p-硝基苯。

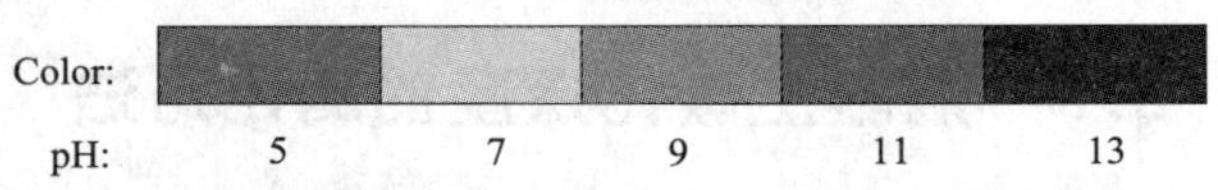

图3—13 彩虹指示剂随混凝土pH值的颜色变化

3.3.3 pH计测定法

将所钻取的混凝土试样用研磨研成粉末，倒入25 mL的小烧杯中，加少许蒸馏水（用酸度计测其pH值为中性）拌成黏稠的糊状，迅速用酸度计测其pH值的大小，5 min后读取数值。pH计测定法可以测出混凝土pH值沿深度的变化，从而测试混凝土完全碳化和部分碳化区域pH值变化范围的长度。

3.3.4 X射线衍射法

X射线衍射主要用于分析长期暴露混凝土中发生的物相变化。X射线衍射分析的粉末通过混凝土粉末打磨机取得。试样细小，无择优取向（取向排列混乱）。试样细至10 μm左右。用拇指和中指捏住少量粉末，并碾动，两手指间没有颗粒感觉。

利用衍射计可以识别晶体状态。应用 CuKa 放射线,并且 X 射线谱从 $10-70^{0}$ 进行扫描。对混凝土粉末进行 X 射线衍射分析,在 50 kV、250 mA 时操作,扫描速度每分钟 5 度,并且增幅 0.02 度。粉末的晶体成分可以通过标准的衍射数据表鉴别出来。

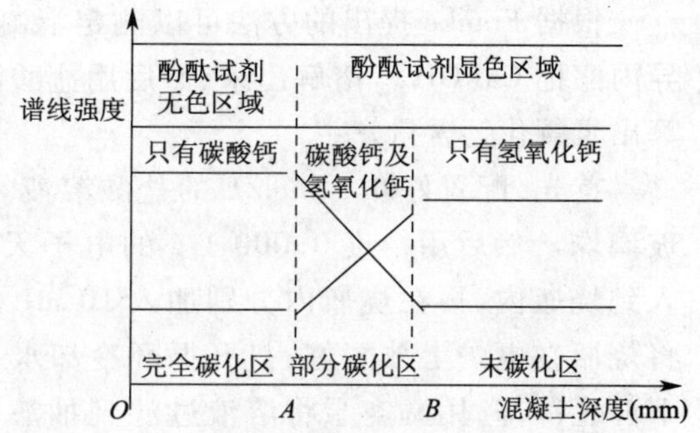

图 3—14 用 X 射线衍射技术测定混凝土碳化深度

原始数据经过曲线平滑,背底扣除,谱峰寻找等数据处理步骤,最后打印出待分析试样衍射曲线和 d 值、2θ、衍射强度、衍射峰宽等数据供分析鉴定。再根据三强线法和特征峰法进行物相定性分析。

如图 3—14 所示,A 点为酚酞试剂变色的分界点。OA 为完全碳化区,钢筋处于锈蚀状态。AB 为部分碳化区,B 点为碳化反应前沿点,B 点往深处为未碳化区。

3.3.5 热重分析法

混凝土在加热过程中,不同物质在不同温度区段内脱水、氧化、蒸发、升华或燃烧,从而造成混凝土重量的变化。加热混凝土并记录混凝土重量与时间或温度关系的过程称为热重分析。识别各温度区段内物质的化学变化并通过热重分析记录该温度区段内混凝土的重量变化,据此可推算该物质在混凝土中的含量。

混凝土中的 $CaCO_3$ 在 550℃ ~770℃ 的温度区段内会发生如下的分解反应:

$$CaCO_3 = CaO + CO_2 \qquad (3—25)$$

气态 CO_2 的产生造成混凝土的失重。

混凝土中的 $Ca(OH)_2$ 在 430℃ -460℃ 的温度区段内会发生如下的分解反应:

$$Ca(OH)_2 = CaO + H_2O \qquad (3—26)$$

混凝土因 $Ca(OH)_2$ 脱水而失重。

由碳化混凝土的热重曲线和微分热重曲线,以微分热重曲线的峰值确定失重的物质以及失重的起止点,以热重曲线计算失重的百分比,由此可分别按失重比例推出对应的 $CaCO_3$ 和 $Ca(OH)_2$ 的相对含量。

3.3.6 化学分析法

使用化学分析法同样可以精确测定混凝土的碳化情况。$CaCO_3$ 含量的精确测定可由式(3—27)得到。通过数字压力测量器可以获得 CO_2 气体的压力,该值与混凝土中的 $CaCO_3$ 含量相对应。

$$CaCO_3 + 2HCl = CaCl_2 + CO + H_2O \qquad (3—27)$$

获得 CO_2 气体的压力值,再根据经过在恒温下标定的压力值与 CO_2 含量的对应关系计算 $CaCO_3$ 的含量。通过对照未碳化区域(即较深位置处)的 $CaCO_3$ 的含量,可计算出因表层混凝土碳化而增加的 $CaCO_3$ 含量。

根据 Franke 提出的方法可以测定混凝土中氢氧化钙含量。用乙酰乙酸乙酯和异丙醇把 $Ca(OH)_2$ 溶解出来,然后用盐酸滴定,通过盐酸用量由化学反应式可以计算出氢氧化钙含量。

首先,配置好 0.1 mol/L 的盐酸溶液。在烧瓶内加入 5 ~ 6 个直径 3 ~ 4 mm 的玻璃珠。然后用精度 0.000 1 g 的电子天平精确称取约 1 g 的待测混凝土粉末加入到烧瓶内,再在烧瓶内分别加入 10 mL 乙酰乙酸乙酯和 20 mL 异丙醇。摇匀后将烧瓶在电炉上放置好,打开循环冷却水。使电炉通电加热并持续 1 h。将烧瓶取下静置冷却,用真空泵将溶液过滤到抽滤瓶。在抽滤瓶溶液中加入 2 滴嗅酚蓝指示剂。将抽滤瓶放在磁力搅拌器上,用 0.1 mol/L 的盐酸滴定,直到溶液变成明亮的黄色为止,记录盐酸的用量。根据化学反应方程式:$CaCO_3 + 2HCl = CaCl_2 + CO + H_2O$,按式(3—28)计算 $Ca(OH)_2$ 的含量。

$$Ca(OH)_2,(\%) = 3.704 \times V \tag{3—28}$$

式中 V 为 0.1 mol HCl 的用量(mL)。

理论上,当碳化进行较深时混凝土的 $CaCO_3$、$Ca(OH)_2$ 含量由表及里如图 3—15所示。即表层混凝土的 $Ca(OH)_2$ 已经完全被碳化,内部较深处的基本未碳化;$CaCO_3$ 则相反,靠近表层则较大而内部深处基本没有。

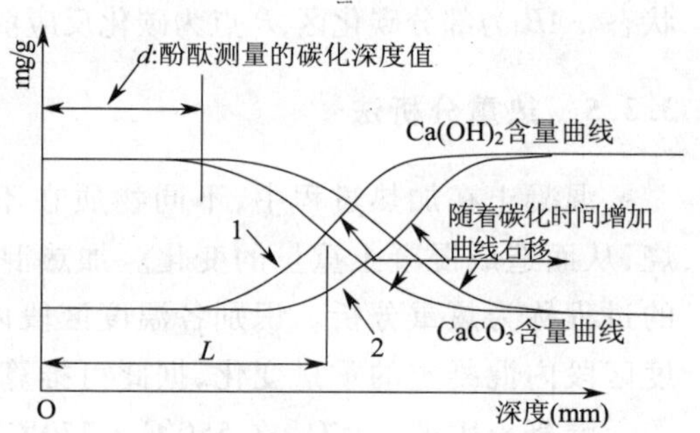

图 3—15 $Ca(OH)_2$、$CaCO_3$ 含量理论分布曲线

3.4 混凝土的碳化过程的再认识

根据上文分析,CO_2 在混凝土中的扩散反应过程可分为完全碳化区、碳化反应区(部分碳化区)和未碳化区三个区域。在碳化反应区混凝土的物质组成因碳化反应而发生变化,$Ca(OH)_2$ 的含量由表及里逐渐增加,而 $CaCO_3$ 的含量逐渐减少;同时由于碱性物质的消耗,在这个区段混凝土的 pH 值也由外至内逐渐升高,未碳化区混凝土的 pH 值大约为 12.5 ~ 13 范围,完全碳化区混凝土的 pH 值为 8.5 ~ 9.0。由于混凝土中钢筋表面 pH 值降至 11.5 以下时,钝化膜已不稳定,这使人们自然而然地认为 pH 值为 8.5 ~ 12.5 的区段即为碳化反应区。从严格地讲,将混凝土中的"碳化反应物质变化区域"作为"碳化反应区域"才是正确的,由于在碳化反应区域混凝土的 pH 值也是逐渐变化的,因此,混凝土碳化的 pH 值变化规律和混凝土中的碳化反应物质变化规律是否一致,还有待于进一步研究。本节将通过混凝土孔隙液的物质组成及碳化时物质组成的变化深入分析混凝土的碳化机理。

3.4.1 混凝土孔隙液的物质组成和碱度

当混凝土发生碳化时,空气中的二氧化碳(CO_2)首先渗透到混凝土内部充满空气的孔隙和毛细管中,而后溶解于毛细管中的液相,与水泥凝胶体中液态的碱性物质发生反应,所以分析混凝土的碳化机理需要从研究混凝土孔隙液的物质组成和碱度开始。

1)混凝土孔隙液的物质组成

混凝土孔隙液的物质组成主要取决于水泥的品种。硅酸盐水泥的主要水化产物是水化硅酸钙(C-S-H)和氢氧化钙[$Ca(OH)_2$],完全水化的水泥浆体中C-S-H占固相体积的50%~60%,而$Ca(OH)_2$约占水泥浆体固相体积的20%~25%。C-S-H凝胶体化学组成不确定,其C/S随条件不同而变化,内部的结构水也会产生很大变化,但由于C-S-H在水中溶解度很低,因此C-S-H不对水泥石的孔溶液化学组成起主导作用,而氢氧化钙结晶良好且在水中的溶解度相对较高,由于与水泥石结构内部十分有限的孔隙(水)体积相比水化产物中氢氧化钙的量很大,因此常将混凝土孔隙水看成是氢氧化钙的饱和溶液,氢氧化钙在20℃水中溶解度为0.173 g/100 g,因此传统混凝土腐蚀试验一直使用饱和氢氧化钙溶液模拟混凝土孔溶液,但是压滤试验的研究表明孔溶液中阳离子以Na^+和K^+为主。表3—4为采用压滤法制取水灰比0.5的水泥净浆试件孔溶液的典型化学组成[97]。从表中看出Na^+、K^+为主要阳离子,OH^-为主要阴离子,而Ca^{2+}浓度很低,这充分说明混凝土中绝对部分的氢氧化钙[$Ca(OH)_2$]是以固态存在的。

表3—4 ASTM Ⅰ型硅酸盐水泥净浆体孔溶液离子浓度($W/C=0.5$)[mol/L]

	Na^+	K^+	Ca^{2+}	SO_4^{2-}	OH^-	Σ+	Σ-
A	0.070	0.389	0.003 5	0.015 4	0.468	0.436	0.483
B	0.181	0.358	0.003 8	0.033 0	0.523	0.543	0.556

2)混凝土孔隙液的碱度和pH值

混凝土的pH值由混凝土孔隙液的碱度所决定,这里所指的碱度是溶解在混凝土孔隙液中OH^-的浓度,这些OH^-由混凝土中的碱性物质提供。拌制普通混凝土的硅酸盐水泥水化时会生成大量$Ca(OH)_2$,$Ca(OH)_2$溶解度低,所以它在混凝土孔隙液中容易饱和,多余的大量$Ca(OH)_2$将结晶析出,沉积于水泥石中,呈结晶态存在(如图3—16所示),被称为羟钙石。所以以硅酸盐水泥为胶凝材料主体的混凝土中,孔隙液通常总是$Ca(OH)_2$的饱和溶液,其在25℃下

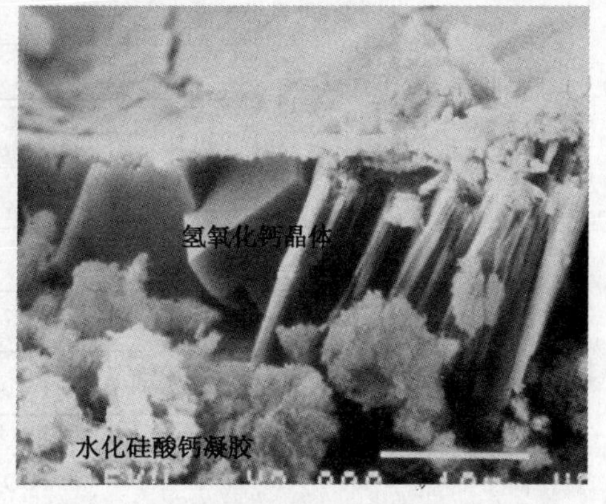

图3—16 水化水泥凝胶体中$Ca(OH)_2$的SEM图

的 pH 值为 12.6。即使混凝土孔隙液发生 $Ca(OH)_2$ 的任何溶出，沉积于孔壁的羟钙石的一部分会以溶解方式自动地补充，使混凝土孔隙液总具有高碱性。当然，水泥常含有少量强碱质（Na_2O 或 K_2O），在水泥水化时，会完全溶解于混凝土孔隙液中，使混凝土的 pH 值增高达到 13 左右，水泥中可溶性碱（Na_2O 和 K_2O 的量）和水化产物中的大量氢氧化钙是孔溶液碱度构成的主要来源。混凝土孔溶液的 pH 值事实上不由氢氧化钙含量决定，而在很大程度上取决于水泥熟料中少量的碱即 Na_2O 和 K_2O 的含量。

3）混凝土孔隙液的碳化

综合以上分析，水泥中少量可溶性碱（Na_2O 和 K_2O）的存在使混凝土孔隙液的 pH 值高达 13 左右，混凝土中大量的结晶态 $Ca(OH)_2$ 的存在，使碳化过程中混凝土孔隙液的 pH 值维持在较高的水平。那么在混凝土碳化过程中，溶入混凝土孔隙液的 CO_2 是率先和可溶性碱（Na_2O 和 K_2O）发生反应，使混凝土孔隙液的 pH 值降至 12.6 后才和孔隙液中的 $Ca(OH)_2$ 发生反应，造成固态 $Ca(OH)_2$ 的溶解补充而维持 pH 值稳定在 12.6 左右，还是从碳化开始，固态 $Ca(OH)_2$ 就溶解补充孔隙液中的 [OH^-] 浓度不变而维持 pH 值稳定在 13 左右呢？中国矿业大学通过模拟混凝土孔隙液对这一问题进行了试验研究。将 0.819 gK_2O 和 0.326 gNa_2O 溶于 300 mL 蒸馏水中，至充分溶解后用 pH 计测得其 pH 值为 13.1，然后加入 74 g $Ca(OH)_2$ 并充分搅拌，可以看到 $Ca(OH)_2$ 粉末沉积于容器底部，用 pH 计测得其 pH 值仍为 13.1 不变，这说明混凝土孔溶液的 pH 值是由 Na_2O 和 K_2O 的含量决定的。然后向模拟液中缓慢通入 CO_2 气体，并不停地搅拌，实时观测模拟孔隙液 pH 值的变化。测得 CO_2 气体通入量与模拟孔隙液 pH 值的关系如图 3—17 所示，CO_2 气体通入量由溶液质量的增加量计算。从图中可以看出，在 CO_2 气体通入过程中，模拟孔隙液的 pH 值一直维持在 13.1 不变，直至反应即将结束时溶液的 pH 值才陡然下降，这说明从碳化开始，固态 $Ca(OH)_2$ 就溶解补充孔隙液中的 [OH^-] 浓度不变，而不是等可溶性碱（Na_2O 和 K_2O）耗尽后才溶解参与碳化反应。

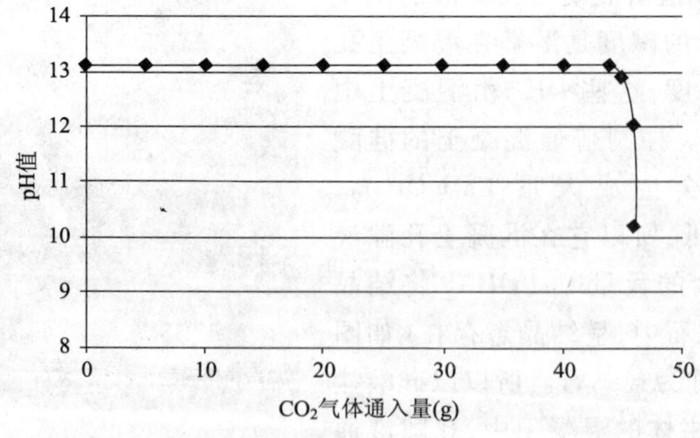

图 3—17　CO_2 气体通入量与模拟孔隙液 pH 值的关系

3.4.2 混凝土的碳化过程的再认识

混凝土是一个多孔体,其内部存在着大小不同的毛细管、孔隙、气泡,甚至缺陷等(其微观结构如图 3—18 所示)。当混凝土发生碳化时,空气中的二氧化碳(CO_2)首先渗透到混凝土内部充满空气的孔隙和毛细管中,而后溶解于毛细管中的液相,与水泥凝胶体中液态的 $Ca(OH)_2$ 发生反应,形成碳酸钙。由于碳酸盐中 $CaCO_3$ 的溶解度最低,所以 $CaCO_3$ 有选择性地首先沉淀,这时为了补充孔溶液中 Ca^{2+} 的不足,固相中的 $Ca(OH)_2$ 溶解,使混凝土孔溶液中 Ca^{2+} 和 OH^- 浓度保持不变。日本学者小林一辅[98]将此过程描述为图 3—19 所示的模式。$CaCO_3$ 沉积于毛细孔隙壁上,孔隙壁上的反应产物层阻碍了 CO_2 和混凝土颗粒中碱性组分反应的进行,而 CO_2 沿孔隙的扩散过程继续进行。

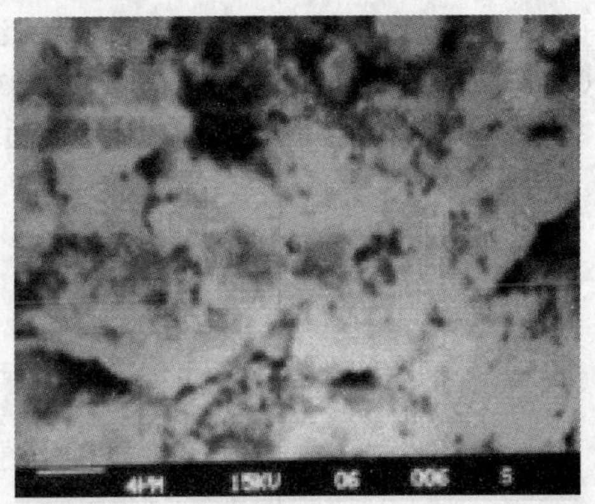

图 3—18 水化 28 d 龄期水泥凝胶体的 SEM 图

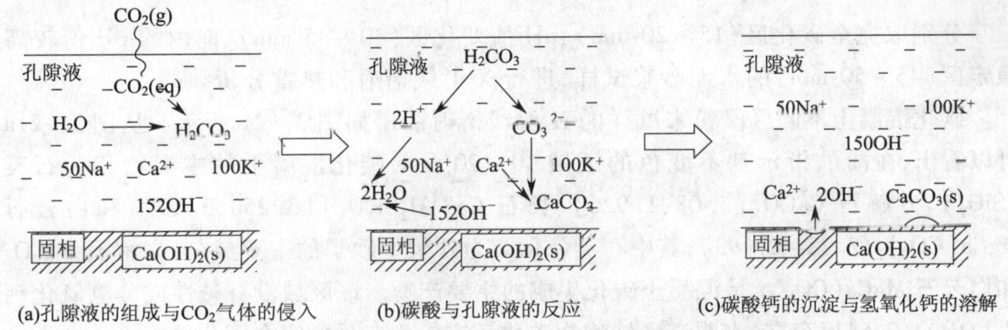

(a)孔隙液的组成与CO_2气体的侵入 (b)碳酸与孔隙液的反应 (c)碳酸钙的沉淀与氢氧化钙的溶解

图 3—19 碳化混凝土进展模式

随着碳化反应的进行,虽然混凝土孔隙液中的 OH^- 不断被消耗,但结晶态的 $Ca(OH)_2$ 将不断地溶解给予补充,混凝土孔隙液中的 $Ca(OH)_2$ 始终处于饱和状态。由于和 Na^+、K^+ 平衡的 OH^- 浓度没有因碳化反应而降低,所以混凝土的 pH 值维持较高在较高的水平(13 左右),直到固态的 $Ca(OH)_2$ 被耗尽为止。随后混凝土孔隙液中的 OH^- 因不再有固相补充而不断为碳化所消耗,混凝土的 pH 值随之降低,当混凝土孔隙液中的 $Ca(OH)_2$ 被耗尽时,混凝土被完全碳化。所以碳化混凝土横截面从表向里可分为完全碳化区、pH 值变化的部分碳化区、向内的 pH 值稳定的部分碳化区和未碳化区四个区域。

根据上述分析,混凝土碳化反应区远大于 pH 值变化区段的长度,而混凝土碳化反应区的长度则直接决定了混凝土碳化的进程。因此正确地确定混凝土碳化的反应区域,对于研究混凝土碳化规律,建立合理准确的混凝土碳化速率模型具有重要的意义。

3.4.3 混凝土碳化区域划分的试验验证

为了检验上述认识的准确性，本书作者对混凝土碳化反应区的长度进行了试验研究。所测混凝土试件中 pH 值沿深度的变化如图 3—20 所示。从图中可以看出，碳化混凝土中 pH 值的变化分为三个区域，三个区域的深度范围分别为完全碳化区 0 ~ 25 mm 范围、pH 值变化区段 25 ~ 35 mm 范围、向内的 pH 值未变化区段从深度 35 mm处向内，pH 值变化区段长度约 10 mm。

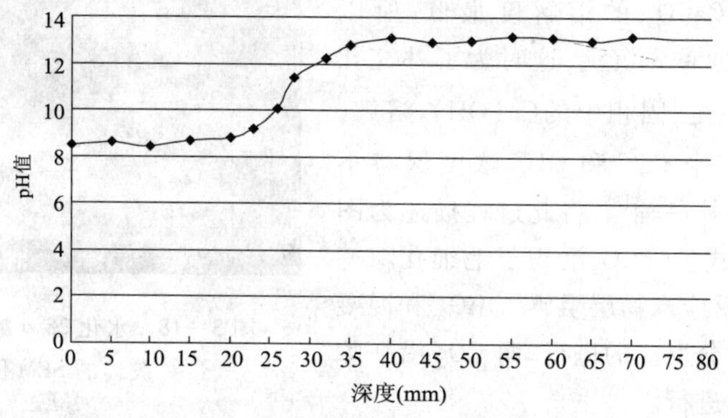

图 3—20 碳酸化前沿混凝土 pH 值的分布图

分别取完全碳化区（15 ~ 20 mm）、pH 值变化区（30 ~ 35 mm）、向内的 pH 值较高稳定区（45 ~ 50 mm）的水泥砂浆试样，进行 X 射线衍射和热重分析。

碳化混凝土不同区段粉末试样的 X 射线衍射图谱如图 3—21 所示。从图 3—21a 可以看出，在酚酞指示剂不变色的区域 10 ~ 20 mm，碳化混凝土的主要物相为石英（SiO_2）、方解石 $CaCO_3$（3. 08、1. 926）、长石 $Ca(Al_2Si_2O_8)$（3. 250、3. 199）和白云石 $MgCa(CO_3)_2$（3. 784、2. 193），其中石英（SiO_2）为砂浆中砂子的主要成分，方解石 $CaCO_3$ 和白云石 $MgCa(CO_3)_2$ 是混凝土碳化生成的主要产物。该区域没有碱性成分氢氧化钙 $Ca(OH)_2$（2. 643）存在，表明该区域均为碳化反应较为充分的完全碳化区。

从图 2—21b 可以看出，在 pH 值变化的区域 30 ~ 35 mm 范围，碳化混凝土的主要物相也均为石英（SiO_2）、方解石 $CaCO_3$（3. 0. 8、1. 926）、长石 $Ca(Al_2Si_2O_8)$（3. 250、3. 199）和白云石 $MgCa(CO_3)_2$（3. 784、2. 193），但是其中尚含有一定的氢氧化钙 $Ca(OH)_2$（2. 643）成分，是氢氧化钙 $Ca(OH)_2$ 和方解石 $CaCO_3$ 共存的区域，表明该部分区域为碳化反应正在进行部分碳化区。

从图 2—21c 可以看出，在向内 pH 值稳定的区域 45 ~ 50 mm 范围，混凝土的主要物相为砂子的主成分石英（SiO_2）、水泥的水化产物长石 $Ca(Al_2Si_2O_8)$（3. 250、3. 199）、白云石 $MgCa(CO_3)_2$（3. 784、2. 193）和氢氧化钙 $Ca(OH)_2$（2. 643）成分。只是值得注意的是，在和部分碳化区紧连的 pH 值较高的稳定区域（45 ~ 50 mm 范围），仍含有一定的碳化产物——方解石 $CaCO_3$（3. 0. 8、1. 926）成分，该区域也是氢氧化钙 $Ca(OH)_2$ 和方解石 $CaCO_3$ 共存。和 pH 值变化的部分碳化区域不同的是，该部分

区域氢氧化钙 $Ca(OH)_2$ 含量高于 pH 值变化的区域，而方解石 $CaCO_3$ 的含量低于 pH 值变化的区域，这部分区域也是碳化反应正在进行的部分碳化区。

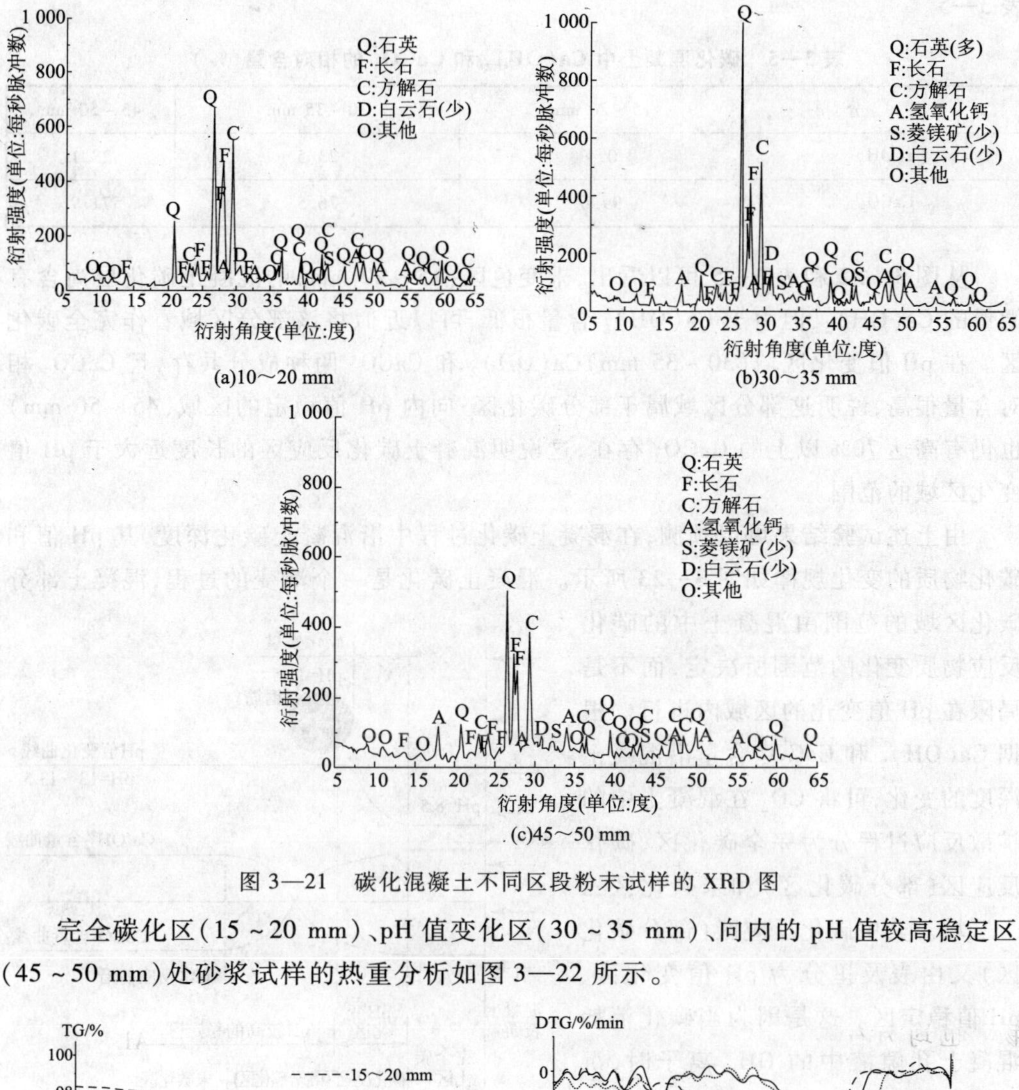

(a)10～20 mm

(b)30～35 mm

(c)45～50 mm

图 3—21　碳化混凝土不同区段粉末试样的 XRD 图

完全碳化区（15～20 mm）、pH 值变化区（30～35 mm）、向内的 pH 值较高稳定区（45～50 mm）处砂浆试样的热重分析如图 3—22 所示。

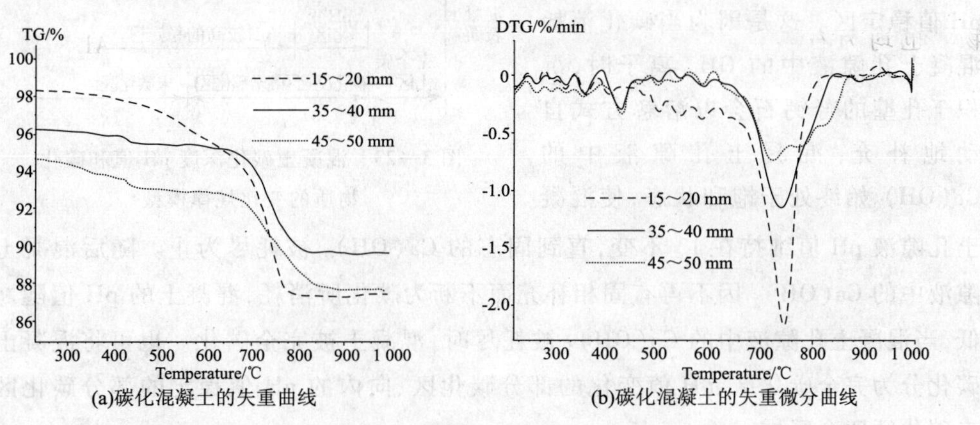

(a)碳化混凝土的失重曲线

(b)碳化混凝土的失重微分曲线

图 3—22　碳化混凝土的失重曲线

以微分热重曲线的峰值确定失重的物质以及失重的起止点，以热重曲线计算失重的百分比，由此可分别按失重比例推出对应的 $CaCO_3$ 和 $Ca(OH)_2$ 的相对含量如表 3—5。

表 3—5 碳化混凝土中 $Ca(OH)_2$ 和 $CaCO_3$ 的相对含量(%)

成　分	15～20 mm	30～35 mm	45～50 mm
$Ca(OH)_2$	0.4	23.5	28.1
$CaCO_3$	99.6	76.5	71.9

从图 3—22 和表 3—5 可以看出，未变色区(15～20 mm)的混凝土碳化层尚含有微量的 $Ca(OH)_2$，但由于 $Ca(OH)_2$ 含量很低，可以近似将该部分区域看作完全碳化区。在 pH 值变化区域(30～35 mm) $Ca(OH)_2$ 和 $CaCO_3$ 两种成分共存，且 $CaCO_3$ 相对含量很高，说明这部分区域属于部分碳化区；向内 pH 值稳定的区域(45～50 mm)也仍有高达 70% 以上的 $CaCO_3$ 存在，这说明混凝土碳化反应区的长度远大于 pH 值变化区域的范围。

由上述试验结果可以预测，在混凝土碳化过程中沿混凝土碳化深度，其 pH 值和碳化物质的变化规律如图 3—23 所示。混凝土碳化是一个渐变的过程，混凝土部分碳化区域的范围由混凝土中的碳化反应物质变化的范围所决定，而不是局限在 pH 值变化的区域内进行。根据 $Ca(OH)_2$ 和 $CaCO_3$ 含量沿混凝土深度的变化，可将 CO_2 在混凝土中的扩散反应过程分为完全碳化区、碳化反应区(部分碳化区)和未碳化区三个区域。其中碳化反应区(部分碳化区)又由表及里分为 pH 值变化区、pH 值稳定区。这是因为当碳化消耗混凝土孔隙液中的 OH^- 离子时，沉积于孔壁的羟钙石会以溶解方式自动地补充，混凝土孔隙液中的 $Ca(OH)_2$ 始终处于饱和状态，使混凝土孔隙液 pH 值维持在 13 不变，直到固态的 $Ca(OH)_2$ 被耗尽为止。随后混凝土孔隙液中的 $Ca(OH)_2$ 因不再有固相补充而不断为碳化所消耗，混凝土的 pH 值随之降低，当混凝土孔隙液中的 $Ca(OH)_2$ 被耗尽时，混凝土被完全碳化。也可将混凝土的碳化分为完全碳化区、pH 值变化的部分碳化区、向内的 pH 值稳定的部分碳化区和未碳化区四个区域。

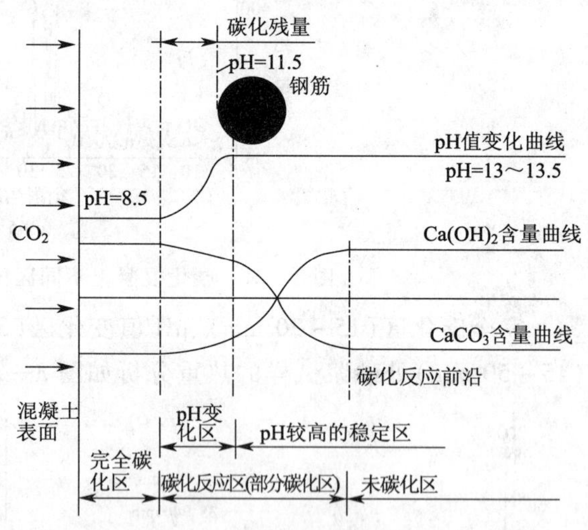

图 3—23 混凝土碳化深度 pH 值和碳化物质的变化规律模型

3.5 混凝土碳化(扩散－反应)过程的机理分析

由上述的试验结果分析可以看出,混凝土的碳化由完全碳化区、pH 值变化的部分碳化区、向内的 pH 值稳定的部分碳化区和未碳化区四个区域组成,碳化反应区(部分碳化区)的存在是混凝土的碳化反应速率跟不上 CO_2 向混凝土内扩散的速率的必然结果。混凝土碳化反应区的长度则直接决定了混凝土碳化的进程,因此正确地确定混凝土碳化的反应区域,对于研究混凝土碳化规律,建立合理准确的混凝土碳化速率模型具有重要的意义。本节将通过理论分析,揭示混凝土碳化扩散－反应过程机理,建立混凝土部分碳化区长度的理论计算模型。

3.5.1 CO_2 气体在混凝土中物质传递的机理分析

由上述分析可知,混凝土碳化过程是伴随着化学反应的扩散过程,由 CO_2 气体由混凝土表面扩散到混凝土颗粒的表面和在混凝土颗粒表面上进行化学反应两个连续的过程组成。这两个过程都属于速率方程。其传质速率 N_A 可表示为

$$N_A = k_g a(C_s - C_i) \tag{3—29}$$

式中 k_g——气膜传质系数;

a——混凝土颗粒比表面积(压汞法可测);

C_s——混凝土表面单位体积空气的 CO_2 摩尔含量,mol/m^3;

C_i——混凝土毛细孔中单位体积空气的 CO_2 摩尔含量,mol/m^3。

其化学反应速率方程式表示为

$$(-r_A) = kC_i \tag{3—30}$$

式中 k——反应速率常数。

由于传质过程和化学反应过程是相继发生的串联过程,所以这两个过程的速率必定相等,即 $k_g a(C_s - C_i) = kC_i$,所以

$$\frac{C_i}{C_s} = \frac{1}{1 + \dfrac{k}{k_g a}} \tag{3—31}$$

在反应过程中由于 C_i 总是小于 C_s,因此反应速率总是小于反应速率的极限值 $(-r)_{lim}$

$$(-r)_{lim} = kC_s \tag{3—32}$$

$(-r)_{lim}$ 为极限反应速率,其物理意义为传质过程可以忽略不计时的反应速率。

同样,传质速率 $N_A = k_g a(C_s - C_i)$,在混凝土表面 C_s 恒定的条件下,当 C_i 趋近于 0 时传质速率趋近于它的极限值 N_{lim}

$$N_{lim} = k_g aC_s \tag{3—33}$$

N_{lim} 为极限传质速率。

当混凝土的孔隙饱和度很大，极限传质速率远远小于极限反应速率，即 $k_g a \ll k$ 时，此时混凝土部分碳化区可以忽略，由式（3—31）可得 $C_i \approx 0$。整个过程的速率趋近于极限传质速率，混凝土碳化过程速率完全由传质规律决定，称为传质速率控制。

当混凝土的孔隙饱和度不是很大时，存在部分碳化区。在完全碳化区部分，极限传质速率远远大于极限反应速率（在实际结构中，完全碳化区中的极限反应速率为0），即 $k_g a \gg k$，由公式可得 $C_i \approx C_s$。在部分碳化区的碳化反应前沿，极限传质速率远远小于极限反应速率，即 $k_g a \ll k$ 时，由公式可得 $C_i \approx 0$。

3.5.2 混凝土碳化发展阶段的机理分析

当混凝土的孔隙饱和度不是很大时，存在部分碳化区，这个部分碳化区是在混凝土碳化初期就开始形成的，随着碳化进程的发展才出现了完全碳化区、部分碳化区和未碳化区共存的局面，其中部分碳化区由包括 pH 值变化区域和向内的 pH 值稳定区域两个部分。这样，根据部分碳化区、完全碳化区形成的先后顺序，混凝土碳化进程的发展可以分成从开始碳化到混凝土表面的 pH 值开始下降（$0 \leqslant t \leqslant t_a$）、从混凝土表面的 pH 值开始下降到混凝土表面的碱性物质刚刚被耗尽时间（$t_a \leqslant t \leqslant t_a + t_b$）、从混凝土表层的碱性物质刚刚被耗尽开始到任一时间 t（$t > t_a + t_b$）三个阶段。在这 3 个阶段，CO_2 气体在混凝土中的一维扩散——反应速率模型[99]可统一表示为

$$\frac{\partial}{\partial x}\left(D_{CO_2}^{e}\frac{\partial C}{\partial x}\right) - KC = \frac{\partial C}{\partial t} \tag{3—34}$$

方程中，左边第一、第二项分别反映扩散和化学反应对 CO_2 浓度的影响；K 为二氧化碳与溶解的氢氧化钙的反应速率系数，$m^3/mol \cdot sec$，由文献[99]

$$K = HRTK_2[OH^-]_{eq} \tag{3—35}$$

式中 H——CO_2 在水中溶解的 Henry 常数，温度 25℃时，$H = 34.2\ mol/m^3.atm$；

R——气体常数，$R = 8.206 \times 10^{-4}\ m^3.atm/mol.K$；

T——绝对温度，K；

K_2——$[CO_2]$与$[OH^-]$的反应速率，温度为 25℃时，$K_2 = 8.3\ m^3/mol.sec$；

$[OH^-]_{eq}$——单位体积混凝土中毛细孔水中的$[OH^-]$浓度，mol/m^3。

$D_{CO_2}^{e}$为 CO_2 气体在混凝土中的扩散系数，m^2/s。希腊学者 Papadakis 通过试验得出公式[80]：

$$D_{CO_2}^{e} = 1.64 \times 10^{-6}\varepsilon_p^{1.8}(1 - RH/100)^{2.2}\ (m^2/s) \tag{3—36}$$

式中 ε_p 为混凝土中水泥浆体的孔隙率；RH 为环境大气相对湿度。

由文献[100]，ε_p 可以通过下式计算：

$$\varepsilon_p = \varepsilon_c \times \left(1 + \frac{\frac{a}{C}\cdot\frac{\rho_c}{\rho_a}}{1 + \frac{W}{C}\cdot\frac{\rho_c}{\rho_w}}\right) \tag{3—37}$$

式中 ε_c 为混凝土的孔隙率；W/C 为水灰比，a/C 为骨料水泥比，ρ_c、ρ_w、ρ_a 分别为水

泥、水和骨料的密度。

第一阶段:从开始碳化到混凝土表面的 pH 值开始下降($0 \leqslant t \leqslant t_a$)

在碳化初期,混凝土表层的碱性物质[$Ca(OH)_2$]因碳化反应而消耗,由于碳化消耗混凝土孔隙液中的 OH^- 离子时,沉积于孔壁的羟钙石会以溶解方式自动地补充,混凝土孔隙液中的 $Ca(OH)_2$ 始终处于饱和状态,使混凝土孔隙液 pH 值维持在 12.5 不变。随着混凝土碳化过程的进行,部分碳化区出现,并不断扩展,直到固态的 $Ca(OH)_2$ 被耗尽为止。混凝土的碳化过程的物质浓度和混凝土 pH 值变化如图 3—24a所示。此时混凝土的整个碳化深度全部为碳化反应区。假定这一阶段所用时间为 t_a,碳化反应的区间长度为 x_a。

第二阶段:从混凝土表面的 pH 值开始下降到混凝土表面的碱性物质刚刚被耗尽时间($t_a \leqslant t \leqslant t_a + t_b$)

随着混凝土碳化过程的进行,混凝土表层的碱性物质[$Ca(OH)_2$]因碳化反应而进一步消耗,由于混凝土表层的固态 $Ca(OH)_2$ 已经耗尽,混凝土的 pH 值随之下降,随着混凝土碳化过程的进行,部分碳化区不断扩展,直至混凝土表层的 $Ca(OH)_2$ 全部被耗尽,此时部分碳化区达到最大长度,混凝土的碳化过程的物质浓度和混凝土 pH 值变化如图 3—24b 所示。此时混凝土的整个碳化深度全部为碳化反应区,完全碳化区即将出现。假定这一阶段所用时间为 t_b,碳化反应的区间长度为 $x_a + x_b$。

第三阶段:从混凝土表层的碱性物质刚刚被耗尽开始到任一时间 $t(t > t_a + t_b)$

当混凝土表层的 $Ca(OH)_2$ 被耗尽,随着混凝土碳化过程的进行,混凝土表面出现了完全碳化区,对于任一时刻 $t(t > t_a + t_b)$,混凝土碳化区域由完全碳化区段和部分碳化区段两部分组成。混凝土的碳化发展过程如图 3—24c 所示。假定这一阶段所用时间为 t_c,混凝土完全碳化区的长度为 x_a,pH 值变化区长度为 x_b,碳化反应的区间长度为 $x_a + x_b$。在环境条件不变的情况下,碳化反应区的长度 $x_a + x_b$ 取决于完全碳化区前沿的 CO_2 浓度,由 3.5.1 中分析,在完全碳化区范围内,CO_2 浓度保持不变,等于混凝土表面的 CO_2 浓度 C_s,所以可以认为在不变的环境条件下,当部分碳化区充分形成后其长度将保持不变,平行向前推进。

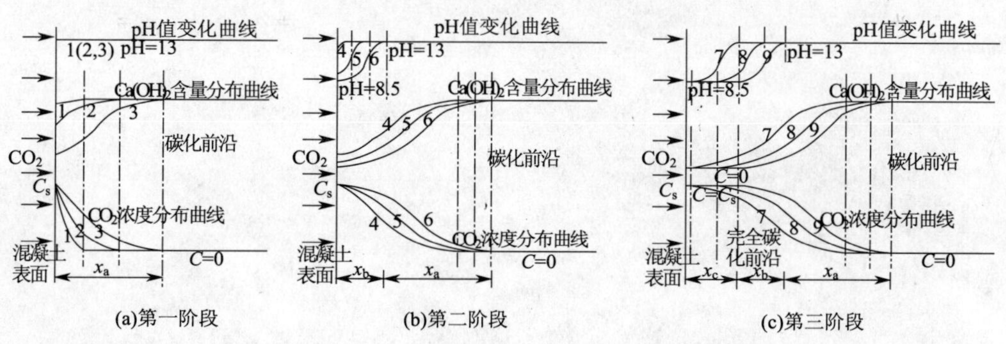

图 3—24　混凝土碳化进程的阶段划分

3.6 小　　结

混凝土碳化过程是一个复杂的物理化学过程。近年来,国内外学者对混凝土的碳化机理、控制措施、碳化深度计算、部分碳化区长度等方面进行了深入研究,尤其是部分碳化区的研究使人们对混凝土碳化过程的认识前进了一大步。但是这些成果尤其是碳化速率模型都是假定混凝土碳化速率就是 CO_2 在混凝土中的扩散速率的基础上取得的,这种假定的正确和合理性直接决定了由此建立的理论模型的适用程度,目前的碳化速率模型既没有考虑部分碳化区的存在,也没有考虑 CO_2 反应消耗对碳化速率的影响。

本章通过理论分析和试验研究,提出了混凝土碳化反应区远大于 pH 值变化区段的长度的新观点,并深入研究了混凝土的碳化过程和机理,得到的主要结论如下:

(1)碳化混凝土横截面从表向里可分为完全碳化区、pH 值变化的部分碳化区、向内的 pH 值稳定的部分碳化区和未碳化区四个区域。混凝土碳化反应区远大于 pH 值变化区段的长度,而混凝土碳化反应区的长度则直接决定了混凝土碳化的进程。

(2)在混凝土材料和环境温湿度相同的条件下,CO_2 浓度和碳化时间对混凝土 pH 值变化的部分碳化区的长度没有明显影响。

(3)混凝土强度等级和环境相对湿度对混凝土 pH 值变化的部分碳化区长度的影响较为明显。混凝土强度等级愈高,环境相对湿度愈大,混凝土 pH 值变化的部分碳化区长度愈短。

(4)根据部分碳化区、完全碳化区形成的先后顺序,混凝土碳化进程的发展可以分成从开始碳化到混凝土表面的 pH 值开始下降($0 \leqslant t \leqslant t_a$)、从混凝土表面的 pH 值开始下降到混凝土表面的碱性物质刚刚被耗尽时间($t_a \leqslant t \leqslant t_a + t_b$)、从混凝土表层的碱性物质刚刚被耗尽开始到任一时间 $t(t > t_a + t_b)$三个阶段。基于这一认识的混凝土碳化速率模型还有待于进一步研究。

第4章　氯离子在混凝土中的传输

引起混凝土内钢筋锈蚀的主要原因是混凝土碳化和氯离子的侵蚀,通常认为由氯离子引起的钢筋去钝化最为直接、严重和普遍。我国海域辽阔,海岸线长,大规模的基本建设集中于沿海地区,而海边的混凝土工程由于长期受氯离子侵蚀,混凝土中的钢筋锈蚀情况非常严重;我国北方地区为保证冬季交通畅行,向道路、桥梁及城市立交桥等撒除冰盐,大量使用的氯化钠和氯化钙,使得氯离子渗入混凝土,引起钢筋锈蚀破坏。我国还有广泛的盐碱地,其腐蚀条件更为苛刻。

氯离子对混凝土结构中的钢筋具有严重的腐蚀作用,长期在氯离子腐蚀环境下工作的混凝土结构承载力将大大降低。目前的实验研究表明,氯离子环境下的钢筋锈蚀是在氯离子进入混凝土中并在钢筋表面达到腐蚀临界浓度时发生,混凝土结构使用寿命的关键是氯离子的传输速率和使钢筋产生锈蚀的时间。因此,正确认识氯离子在混凝土中的传输机制、建立快速测定混凝土传输性能测试方法将对于准确理解特定环境下混凝土性能劣化机制、有效控制混凝土劣化过程、建立与使用环境相适应的混凝土寿命预测模型以及按指定使用寿命对混凝土结构进行耐久性设计都具有重要的理论和现实意义。

本章系统介绍了氯离子引起钢筋锈蚀的机理、氯离子的来源、存在形式以及氯离子含量的测试方法,探讨了渗透、扩散、毛细吸收、非饱和渗流、电迁移、物理吸附及化学结合等与混凝土主要传输性能密切相关的基本传输机制;分析了海洋环境混凝土中水分输运过程,并在此基础上进行了海洋环境不同区位混凝土中氯离子传输机理分析和试验研究,建立了与使用环境相适应的氯离子传输速率预测模型;并对混凝土中 Cl^- 的临界值和混凝土表面的氯离子浓度等问题提出了新的认识。

4.1　氯离子引起钢筋锈蚀机理

4.1.1　破坏钝化膜

正常状态的混凝土中,钢筋很难发生锈蚀,这是因为混凝土为钢筋提供了物理和化学的双重保护:一方面可以部分抵挡侵蚀介质与钢筋的直接接触;另一方面水泥水化的高碱性使混凝土内钢筋表面产生一层致密的钝化膜,从而使钢筋处于钝态不锈蚀。已有研究表明,氯离子是极强的去钝化剂,氯离子进入混凝土到达钢筋表面并积累到一定浓度时,可以破坏钢筋表面的钝化膜[87]。但是目前国际上对于氯离子去钝化机理的认识还不一致[101-104],有人[105]认为是氯离子易渗入钝化膜(氧化膜理论),

有人[106]认为是氯离子优先于氧和 OH^- 被钢吸附(吸附理论)。

4.1.2 形成腐蚀电池

传统的研究认为,如果在大面积的钢筋表面上具有较高浓度的氯化物,则氯化物所引起的腐蚀可能是均匀腐蚀。但是在不均质的混凝土中,常见的是局部腐蚀。首先是在很小的钢表面上,混凝土孔隙液具有较高的氯化物浓度,形成钝化膜的局部破坏,成为腐蚀电池的阳极,周围的区域作为阴极,这种特定的阴极和阳极组成锈蚀电偶。同时,氯化物提高了混凝土吸湿性,使阴极与阳极间的混凝土孔隙液的欧姆电阻降低。这三方面的自发性变化,将使上述局部锈蚀电偶得以自发地以局部深入形式继续进行。这种局部锈蚀被称为点蚀或坑锈蚀,如图 4—1 所示。

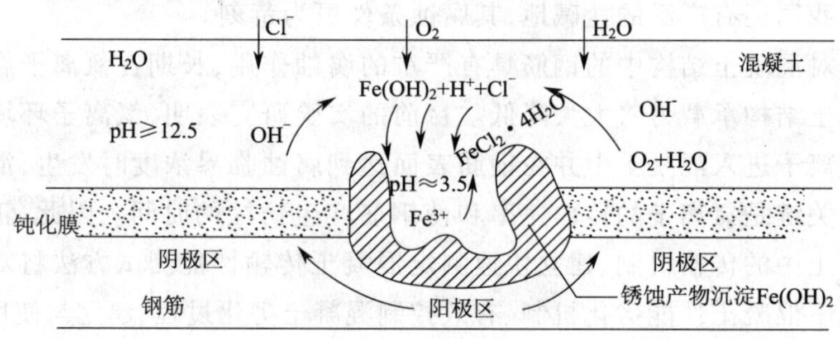

图 4—1 氯离子引起钢筋点蚀示意图

4.1.3 去极化作用

氯离子不仅促成了钢筋表面的腐蚀电池,而且加速了电池的作用。氯离子与阳极反应产物 Fe^{2+} 结合生成 $FeCl_2$,将阳极产物及时的搬运走,使阳极过程顺利进行甚至加速进行。通常我们把阳极过程受阻称作阳极极化作用,而把加速阳极极化作用称作去极化作用,氯离子正是发挥了阳极去极化作用。

在氯离子存在的混凝土中,很难在钢筋的锈蚀产物中找到 $FeCl_2$,这是由于 $FeCl_2$ 是可溶的,在向混凝土内扩散时遇到 OH^- 时就能生成 $Fe(OH)_2$ 沉淀,再进一步氧化成铁的氧化物,就是通常说的铁锈。由此可见,氯离子起到了搬运的作用,却并不被消耗,也就是说,凡是进入混凝土中的氯离子就会周而复始地起到破坏作用,这也是氯离子危害的特点之一。

4.1.4 导电作用

腐蚀电池的要素之一是要有离子通路。混凝土中氯离子的存在强化了离子通路,降低了阴阳极之间的欧姆电阻,提高了腐蚀电池的效率,从而加速了电化学腐蚀过程。氯化物还提高了混凝土的吸湿性,这也能减小阴阳极之间的欧姆电阻。

4.2 混凝土中氯离子的来源

一般来讲,混凝土中的氯离子的来源主要可以有两种:混入(Internal Cl^-)和渗入(Intruded Cl^-),如图 4—2 所示。

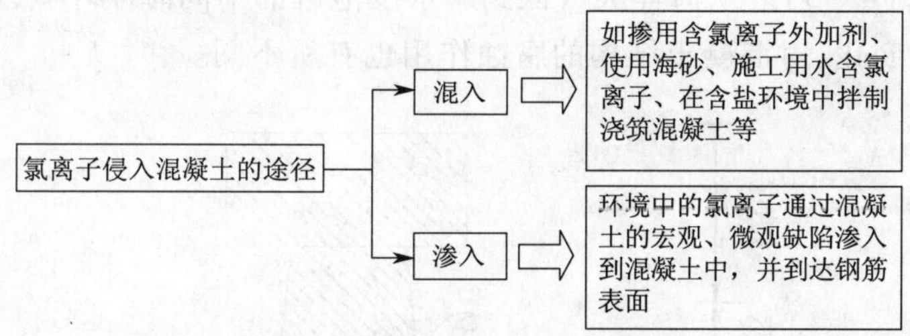

图 4—2 氯离子侵入混凝土的途径

过去由于在混凝土中经常采用含有氯盐的外加剂,以及在河砂和淡水资源相对缺乏的沿海地区,不经技术处理就直接使用海砂作为细骨料、使用海水拌和混凝土,这些都可能会使混凝土含有相当多的氯化物,在较短时间内发生混凝土耐久性问题的工程很多。据文献[107]介绍,我国沿海地区已经出现河砂缺乏的情况,不经技术处理就使用海砂的现象日趋严重。随着现代混凝土技术的不断进步和质量控制手段的有效加强,以外加剂及海砂等原材料方式掺入混凝土中的氯离子正受到越来越严格的限制,相比之下外渗氯离子已经成为由氯离子引起混凝土结构耐久性问题的主要途径。由于在大多数场合,氯离子引起的钢筋锈蚀问题是氯离子从外界环境侵入已硬化的混凝土造成的,故对氯离子侵入混凝土机理的研究通常着眼于此。

"渗入"是环境中的氯离子通过混凝土的宏观、微观缺陷渗入到混凝土中,并到达钢筋表面。混凝土构件长期暴露在含氯离子的水或者大气中,外界的氯离子就会渗入混凝土中。氯离子渗入混凝土是一个复杂的综合技术问题,与混凝土材料多孔性、密实性、工程质量、钢筋表面混凝土保护层厚度等多种因素有关。在大多数场合,氯离子引起的钢筋锈蚀问题是氯离子从外界环境侵入已硬化的混凝土造成的。从外部侵入混凝土中的 Cl^- 与混凝土结构所处的环境有关,一般情况下,混凝土结构所处的氯盐环境主要有海洋环境、道路化冰盐环境和盐湖和盐碱地环境等。

4.2.1 海洋环境

海洋是氯盐的主要来源,我国有广阔的海域,海岸线很长,岛屿众多,而大规模的建设大都集中在沿海地区。在我国海工工程中,由于氯盐引起的钢筋锈蚀破坏十分突出,国外的经验教训也表明,海水、海风、海雾中的氯盐是造成钢筋混凝土结构不能耐久的主要原因之一,导致工程的过早破坏和大量修复,给社会带来巨大损失。

所谓海洋环境,是指从海洋大气到海底泥浆这一范围内的任一种物理状态,诸如温度、风速、日照、含氧量、盐度、pH 值以及流速等。海洋环境是混凝土结构所面临的最严酷的环境条件之一，在这种环境下服役的混凝土结构，其耐久性的降低及相关问题的出现，主要是由于海洋环境中的氯离子侵入混凝土导致钢筋锈蚀而引起的。

1)海洋环境的区域类型

海洋环境一般可分成性质不同的几种类型区域：海洋大气区、浪溅区、潮差区和海水浸泡区(图 4—3)。从海洋大气区到海水浸泡区的不同海洋环境区域，各种环境因素会有很大变化，对混凝土结构的腐蚀作用也有所不同。

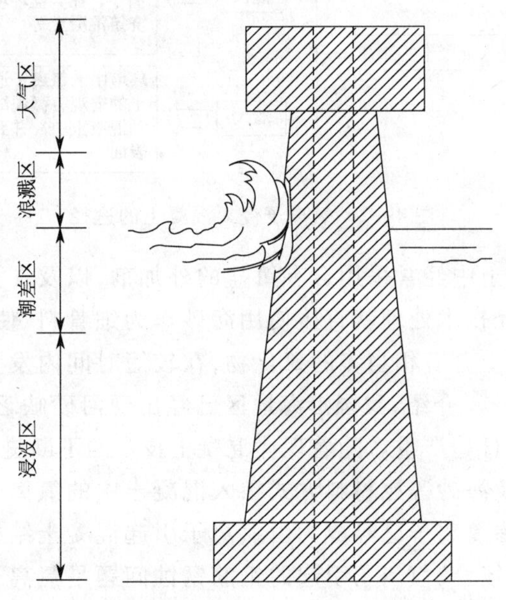

图 4—3　海水对混凝土结构作用的不同区段

(1)海洋大气区

海洋大气区是指海面飞溅区以上的大气区和沿海大气区。在此区域中，空气湿度大，盐含量多。当接触混凝土表面以后，便在表面产生沉积。一旦吸水潮解，或有水分溅落时，此沉积的盐分将从表面沿孔隙向混凝土中渗透，并导致混凝土中钢筋的锈蚀，使混凝土结构破坏。

(2)浪溅区

飞溅区是指平均高潮位线以上海浪飞溅所能润湿的区段。在飞溅区，混凝土表面几乎连续不断地被冲刷而又不断更新地被海水所润湿。由于波浪和海水飞溅，海水与空气充分接触，海水含氧量达到最大程度。海水中的盐分不断地由表面向混凝土内部传输，加之海浪冲击造成的磨耗—腐蚀联合作用破坏，使该区域的混凝土腐蚀损伤程度相当严重。

(3)潮差区

潮差区一般是指平均高潮位和平均低潮位之间的区域。与飞溅区不同，潮差区氧气的扩散相对慢一些，混凝土表面的温度受海水温度影响很大，且磨耗作用相对较小。但盐分不断地由表面向混凝土内部传输,加之混凝土表面的干湿交替作用,使得该区域的混凝土腐蚀损伤程度也较为严重。

(4)海水全浸区

海水全浸区是指平均低潮位线以下直至海底的区域,根据海水深度的不同,又分为浅海水区和深海水区,一般所说的浅海水区大多指深度在 100 ~ 200 m 以内的海水。在浅海水区,表层海水的含氧量通过达到或接近饱和程度,且温度较高,因此仍应加强对该区域混凝土结构的防护;在深海区,一般由于含氧量较表层海水低得多,且温度较低,所以混凝土受到的侵蚀也相对较轻。

可以看出,在海洋环境中,海洋大气区、浪溅区和潮差区对混凝土结构具有较强的腐蚀作用,而海水全浸区则由于含氧量的影响,腐蚀作用相对较弱。

2)海洋环境的侵蚀介质

(1)海水

处于海洋环境中的钢筋混凝土结构,如海港码头等海岸工程和跨海大桥等,受到海水的直接作用,在氯离子侵蚀、干湿作用、波浪冲击等的复杂作用下,钢筋锈蚀一般较陆地的钢筋混凝土结构严重。

海水是一种含有大量以氯化钠为主的盐类的近中性的电解质溶液,并溶有一定量的氧,盐度(指 1 000 g 海水中溶解的固体盐类物质的总克数)是海水的一项重要指标,海水的许多物理化学性质如密度、电阻率、氯度以及溶解氧等都与盐度有关。海水组成中,氯离子含量最高,氯度为 1.9%,占离子总含量的 55%,是造成结构混凝土中钢筋锈蚀的主要原因。

海水中 Cl^- 对混凝土结构的扩散渗透,除了结构的不同部位受海水的作用不同以外,还与海水中 Cl^- 的浓度有关。不同地区的海水组成,如表 4—1 所示[108]。

由表 4—1 可见,不同地区的海水,其中的 Cl^- 的含量差别很大,Cl^- 浓度大的海水,向混凝土结构渗透扩散的能力强,会使混凝土结构中的钢筋锈蚀加速。

(2)海盐粒子的作用(海风、海雾的影响)

就海洋与滨海钢筋混凝土结构的耐久性而言,海风、海雾的影响也值得高度重视。大量实践表明,潮差、飞溅区以上暴露于大气中的钢筋混凝土结构,其内部钢筋的锈蚀也往往是严重的(如跨海大桥的上部结构、桥面板等),由于带盐的海风、海雾频繁地接触混凝土表面,混凝土表面的氯盐也会被“浓缩”。这些部位表面混凝土的氯离子 Cl^- 浓度,虽然不及飞溅区,但也可达到相当浓度(与离海水远近有关)。而这些部位氧气、水汽供给充足,有利于钢筋锈蚀的发生与发展,因此也应该是防护的重点对象。一些跨海或滨海桥梁工程忽视了对这些部位的防护,结果造成结构物的过早破坏,国内外不乏其例。

海岸边或离海岸一定距离的混凝土结构或建筑物,海盐粒子进入到大气中,然后附着于结构物表面,侵入到混凝土内部。从空气中飞来盐分含量可以通过湿蜡技术测定[109]。这种由空气带来的盐分,是随着每个季节而变化的,如图 4—4 所示。此图是连续 5 年的测定结果。

表 4—1　海水组成　(mg/L)

海水中的离子	波罗的海	北海	大西洋	地中海	阿拉伯湾
K^+	180	400	330	420	450
Ca^{2+}	190	430	410	470	430
Mg^{2+}	600	1 330	1 500	1 780	1 640
SO_4^{2-}	1 250	2 780	2 540	3 060	2 720
Na^+	4 980	11 050	9 950	11 560	12 400
Cl^-	8 960	19 890	17 830	21 380	71 450
盐分的全部含量	16.2%	15.9%	32.6%	38.7%	38.9%

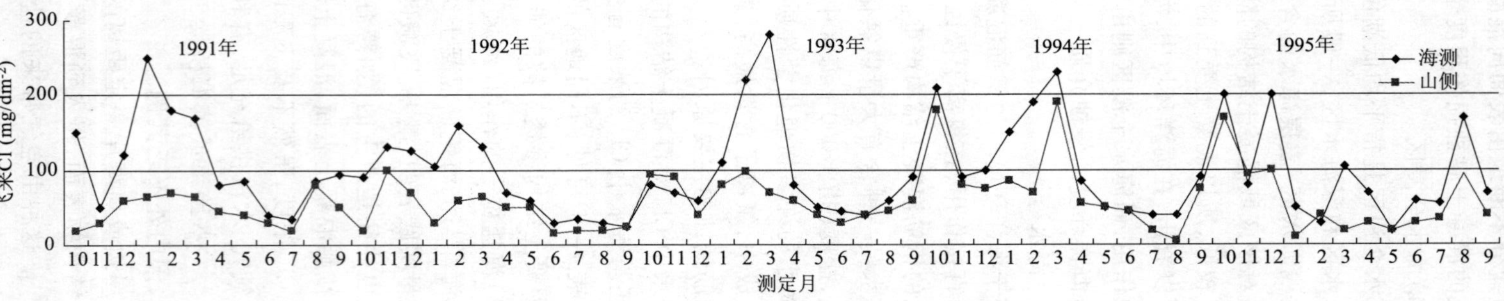

图 4—4　从空气中飞来盐分测定结果实例

由图 4—4 从空气中飞来盐分测定结果实例可见，每年的 1、2、3 月份飞来的 Cl^- 量最大，这是因为季节风作用的结果，而且朝着海岸一侧比靠山一侧的 Cl^- 含量大的多。这里需要注意的是，海盐粒子的 Cl^- 含量和建筑物表面的 Cl^- 含量不同，建筑物表面的 Cl^- 含量存在累积的因素，海盐粒子的 Cl^- 含量较大的季节，建筑物表面的 Cl^- 含量的累积速率较快，所以建筑物表面的 Cl^- 含量随龄期的延长而最大，而海盐粒子的 Cl^- 含量则随季节呈周期性变化。

海盐粒子是发生在海面上海水气泡破裂时，进入到大气中 3 ~ 18 μm 的粒子；但是，在途中由于反复的蒸发与分裂，越是飞向内陆越远的粒子就越小；海盐粒子飞来量，靠近海岸处多进入到内陆时逐渐减少。一般来说，粒径大的海盐粒子离海岸线数百米，而粒径小的海盐粒子离海岸线可达到数公里。为了明确在海岸周边混凝土结构盐害的范围，必须掌握飞来盐的分布。一般混凝土中带来盐分的海水作用，因建筑物建筑场所和建筑物不同部位而异，离海岸距离与海洋地域、海岸状态、有无遮挡物、海风的强度等有关。

4.2.2 道路化冰(雪)盐

由于氯盐能使溶液的冰点降低，当被撒到路面时，路面上的冰雪就会自动融化，所以为保证交通畅行，冬季向道路、桥梁、城市立交桥等撒除冰盐，以化雪和防冰。早期大量使用的是氯化钠，后来也使用了氯化钙、氯化镁等。氯盐渗透到混凝土中，引起钢筋锈蚀破坏，而桥梁道路却未采取应有的防护措施。不少国家为此吃了大亏，这是人为造成的氯盐环境的腐蚀破坏。

我国北方地区，已经和正在采用撒氯盐的办法化雪，如北京以往每年冬季可撒 600 ~ 1 000 t 氯盐，而 2003 年初，撒氯化钙类“融雪剂”7 000 t。拆除、改造中的西直门立交桥(使用 20 年)，钢筋锈蚀破坏严重，已可验证使用化冰(雪)盐的危害。

氯盐化冰(雪)性能好、价格便宜，从短期经济利益考虑，国内外很难一时完全取消使用氯盐化冰(雪)。在一定时期内，人们还将面临使用氯盐的局面，因此化冰(雪)盐的危害是潜在的和长期的。

4.2.3 盐湖、盐碱地

我国有一定数量的盐湖和大面积的盐碱地，如河北、山东、天津及青海等，大体可分为沿海和内陆两种类型。沿海地区的盐碱地大都以含氯盐为主，内陆盐碱地有的以含氯盐为主(如青海)，有的以含硫酸盐为主，多数情况是含混合盐。

在盐碱地上建造的建筑物及混凝土结构物，常常受到盐碱腐蚀。特别是这些盐碱地的地下水，常常含有浓度比较高的 Cl^-。例如，东营黄河大桥所处位置处的地下水的 Cl^- 含量为 57 300 mg/L，比青海湖湖区 Cl^- 含量为 24 110 mg/L 高出一倍以上。在山东的东营、潍坊等地，有许多地下水为卤水，往往抽出这些卤水出来晒盐。卤水或晒成的盐随风飘浮于结构表面，造成混凝土结构或桥梁的腐蚀破坏，如图 4—5 所示。白浪河大桥因处于盐场旁边，受空气中盐分、卤水中的盐分及运输过程中撒出的盐分等作用，建成后不到10年就受到了严重腐蚀，只好部分拆除、改建、扩建。

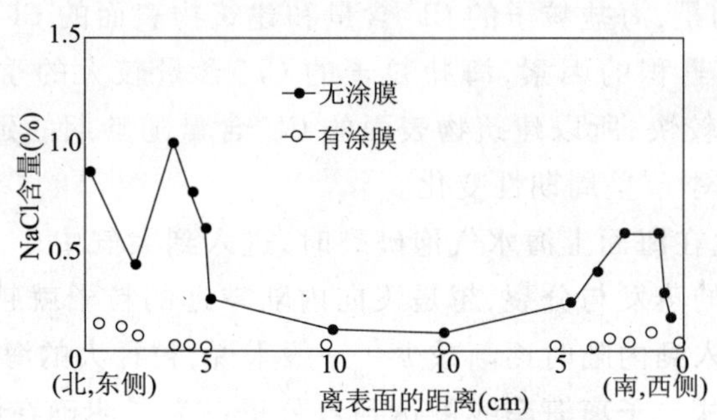

图4—5 暴露试验中混凝土梁的盐含量分布

（日本冲绳，暴露时间8 a）

根据资料[110]介绍，北京首钢搬迁至唐山附近的曹妃甸，该处地下水的 Cl^- 含量高达17 407 mg/L，与大西洋海水的 Cl^- 浓度相近。对盐害的耐久性必须充分认识，采取措施。曹妃甸的气候环境比较恶劣，冬天也在 -15℃以下，盐冻会给结构的耐久性带来更大的危害。

地下水 Cl^- 含量比较高的地域，处于该地域结构的地下部分，应按离海岸线0 m的距离处考虑，属盐害地域；地面上的部分结构，按海上大气区考虑，相当于离海岸50～100 m的距离处考虑，也属盐害地区。

4.2.4 工业环境

工业环境十分复杂，就腐蚀介质而言，有酸、碱、盐等，并有液、汽、固态等不同形式，其中以氯盐、氯气、氯化氢等为主的腐蚀环境不在少数。处在此类环境中的钢筋混凝土建筑物，其腐蚀破坏往往是迅速而又严重的。我国工业环境中的建筑物，其钢筋锈蚀破坏十分普遍与严重，有调查报告表明，大多数工业建筑达不到设计寿命的年限。

4.3 混凝土中氯离子的存在形式

氯离子在侵入混凝土后，其中一部分氯离子在混凝土孔隙溶液中仍保持自由，称为自由氯离子（处于游离状态，也称游离氯离子）；一部分与水泥凝胶体（主要是水化铝酸盐）反应生成Friedel盐（费氏盐），还有一部分被水泥带正电的水化物所吸附，如图4—6所示。混凝土对 Cl^- 的化学结合与物理吸附的能力统称为混凝土对 Cl^- 的固化能力。所以氯离子在混凝土毛细孔内的存在状态分成两个部分：一部分是被固化的（Bound Cl^-），包括与水泥水化物结合的，以及被混凝土毛细孔壁吸附的；另一部分是自由的（Free Cl^-）。自由氯离子通过浓度梯度，进一步传输到混凝土内部，在输运过程中又不断被固化、被吸附，与水泥浆体的水化物相结合，形成新的水化物。被固化的氯离子不再溶解时是无害的，但是碳化或硫酸盐腐蚀使含氯盐的水化物（如 Friedel 盐）分解，氯离子再次游离出来，提高了游离的 Cl^- 浓度，加速了向混凝土内部的传输。

只有自由氯离子才会造成钢筋锈蚀，从而对混凝土结构造成破坏。而我们通常指的氯离子含量一般是这两种氯离子的总和，即总的氯离子含量（Total Cl^-）。在氯盐外侵条件下，总氯离子和自由氯离子在混凝土中的浓度分布如图 4—7 所示。

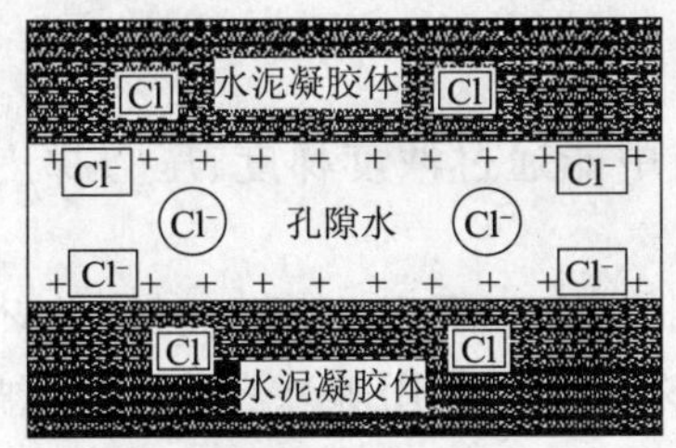

图 4—6 混凝土毛细孔隙中 Cl^- 存在的状态

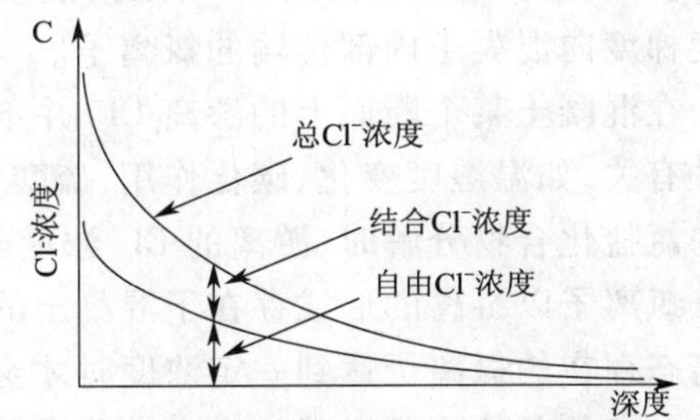

图 4—7 氯离子在混凝土中的浓度分布示意图

总的氯离子（Total Cl^-）浓度与自由氯离子（Free Cl^-）浓度和结合氯离子（Bound Cl^-）浓度的关系为

$$C_t = C_f + C_b = C_f + (C_{bc} + C_{bp}) \tag{4—1}$$

式中 C_t——总的氯离子浓度；

C_b——结合氯离子的浓度；

C_f——自由氯离子的浓度；

C_{bc}——化学结合氯离子浓度；

C_{bp}——物理吸附氯离子浓度。

氯离子的这些状态也不是一成不变的，而是可以相互转化的，如 Friedel 盐只有在强碱性环境下才能生成和保持稳定，而当混凝土的碱度降低时，Friedel 盐会发生分解，重新释放出 Cl^-，参与对钢筋的锈蚀。

4.3.1 结合的氯离子

从混凝土表面通过扩散渗透进入混凝土以后，有一部分与水泥水化物反应生成 Friedel 盐，还有一部分被水泥水化物所吸附，剩余部分的氯离子为游离的，可以进一步向混凝土内部传输，在混凝土中被固化的氯离子与水泥熟料相的水化物有关。

水泥熟料中 C_3A 和 C_4AF 的水化产物能够与氯盐溶液发生反应生成的 Friedel 盐，这叫做氯离子的化学结合，它是通过化学键结合在一起，相对稳定，不易破坏掉。

$$3CaO \cdot Al_2O_3 \cdot 10H_2O + Ca^{2+} + 2Cl^- + 4H_2O \rightarrow 3CaO \cdot Al_2O_3 \cdot CaCl_2 \cdot 10H_2O \tag{4—2}$$

$$3CaO \cdot Fe_2O_3 \cdot 10H_2O + Ca^{2+} + 2Cl^- + 4H_2O \rightarrow 3CaO \cdot Fe_2O_3 \cdot CaCl_2 \cdot 10H_2O \quad (4\text{—}3)$$

另一种是氯离子被吸附到水泥胶凝材料的水化产物中去,这叫做氯离子的物理吸附。物理吸附一般被水泥带正电的水化物所吸附,这在很大程度上取决于水泥熟料与水反应生成具有巨大比表面积的凝胶体,为无定形态的硅酸钙水化物,但物理吸附的结合力相对较弱,容易遭受破坏而使被吸附的氯离子转化为游离氯离子。

4.3.2 游离的氯离子

游离的 Cl^-,或自由的 Cl^-,是指混凝土孔隙液中能通过浓度梯度、压力梯度或湿度梯度向混凝土内部传输的氯离子。

在混凝土某个断面上的游离 Cl^- 并不是一个固定值,而是与混凝土所处的环境条件有关,如温湿度变化,碳化作用,硫酸盐侵蚀和冻融循环作用等外界作用;当被固化的氯盐化合物分解时,游离的 Cl^- 浓度会增加,进一步加速向混凝土内部传输。

氯离子以游离的形式存在于混凝土的孔溶液里,故也叫有效 Cl^-,只有这部分以游离态存在的氯离子达到一定浓度时才会对钢筋造成锈蚀。但是,由于固化的氯离子在一定的条件下可以释放出来转化成游离态氯离子,所以在结构设计时,为了保证结构的耐久性与安全性,在钢筋表面的浓度不仅要考虑有效氯离子,而且应考虑到被固化的氯离子,也就是考虑氯离子总的含量。同时混凝土对氯离子的固化作用,延缓了氯离子向混凝土内的传输速度,提高了混凝土抵抗氯盐侵蚀的能力。在建立氯离子在混凝土中的传输速率模型时,应考虑混凝土对氯离子固化作用的有利影响。

4.4 混凝土氯化物含量的测定

由于钢筋锈蚀与钢筋表面的氯离子浓度有直接关系,所以氯离子含量的测定决定着混凝土耐久年限确定的准确与否。混凝土中氯化物存在于两种形式,一是溶解于混凝土孔隙液中的游离氯离子,另一种是已经与水泥水化产物结合的氯化物。一般认为游离氯离子是引起钢筋锈蚀的主要因素而并非是氯离子总量,也就是说,只有游离氯离子参与氯化物的传输和钢筋的锈蚀过程,结合的氯化物一般不参与这两个过程,但一旦环境发生改变,当游离氯离子浓度发生变化时,已结合的氯化物含量也会随着改变,以达到新的平衡。所以,既要测定游离氯离子的浓度,也要测定混凝土中总的氯化物含量。

目前常用的氯化物含量测定方法有化学分析法、显色法、离子色谱法、极谱法、RCT 法和直接电位法,本节重点介绍化学分析法、RCT 法和直接电位法三种方法。

4.4.1 取样方法

了解混凝土氯化物含量在结构断面上的分布情况,一方面可以分析判断氯化物来源主要是浇筑混凝土时预先渗入混凝土拌和物中的,还是混凝土硬化后从外界环境渗入的。另一方面还可以分析计算混凝土的氯离子传输速率，反映混凝土抗氯化物渗透性能。因此，有必要在结构尚未受到钢筋锈胀引起的混凝土胀裂、剥落的各个位置上采样，分别在不同深度处采取混凝土粉样，一般采用钻孔抽芯或者取粉末样品。取样方法有以下几种：

1）取芯切片法

从表面起向混凝土中钻取芯样，然后用混凝土锯片从混凝土芯样上切割混凝土薄片，每 5 mm 为一段，去除粗骨料后，将其研磨成粉状试样，分析砂浆中氯离子含量（图 4—8）。

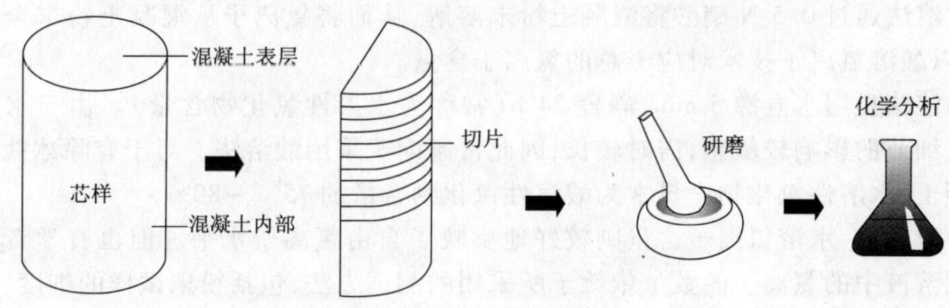

图 4—8　取芯切片法

2）研磨取粉末法

从混凝土表面用特制或改进的工具磨取，每 1 ~ 2 mm，停顿一下，在直径为 7 ~ 8 mm的圆形范围内将混凝土磨成粉末，分析其中的氯离子含量；

3）电锤或冲击钻孔取粉末样

用旋转锤和圬工钻进行干钻。以一只手持冲击钻（钻头直径不小于 10 mm），钻孔深度应等于混凝土保护层厚度。钻取该深度的少量（不到 50 g）混凝土粉样。真空钻特别适用于从板顶上的钻孔吸出粉样。在底面上，可如图 4—9a 所示，从塑料杯底取粉样。在立面上，可以一只塑料薄膜袋直接在钻孔下接收，也可如图 4—9b 所示，用一段塑料管上端斜切后紧贴立面，迅速采样。在每一采样位置上，由浅入探，分几个深度段钻进。

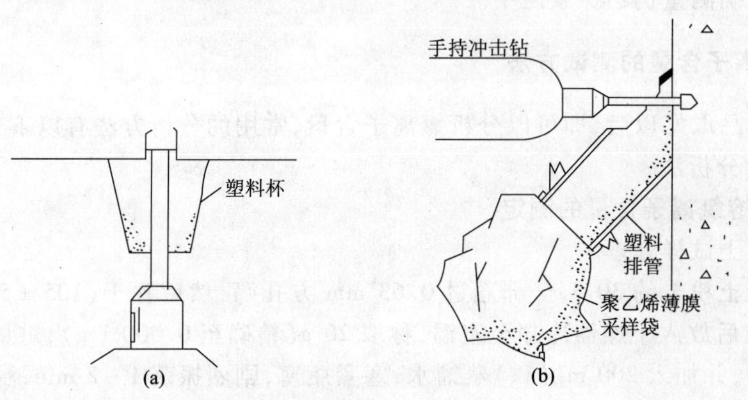

图 4—9　钻取混凝土粉样的方法

因操作直径小,同一深度往往需钻孔 3 个以上。干钻法较前两种方法经济而简捷,在许多场合可优先采用。但用干钻法制取试样时钻头几何形状会影响钻取深度的确定[111],精度不高。氯离子含量依赖于所用样品的采集技术和测试方法,例如钻头的直径、混凝土粉末的细度、加水的数量、温度、搅拌方法和允许的时间等。

4.4.2 从混凝土粉样中提萃氯离子的方法

混凝土粉末试样中的氯离子需要先萃取出来才能进行分析测定,从粉样中提萃氯化物的方法有两种:酸溶法和水溶法。

酸溶法通过 0.5 N 硝酸将混凝土粉末溶解,从而将氯离子从混凝土粉末全部溶出,所以酸溶氯离子技术对应于总的氯离子含量。

水溶法是用水煮沸 5 min,静置 24 h(常称为水溶性氯化物含量)。由于水溶法对提萃细节的影响较敏感,需时较长,因此常倾向于采用酸溶法。对于有除冰盐作用的混凝土,水溶性氯化物含量常为酸溶性氯化物含量的 75% ~80% 。

一般认为,水溶氯离子含量则较好地反映了自由氯离子水平。但也有学者认为释放到溶液中的氯离子的数量依赖于所采用的测试方法,包括粉末试样的细度,加水的数量、温度、搅拌方法及允许的时间等。事实上,已有人说如果有足够的时间和水,所有的氯离子都可以被溶液收回。Arya 和 Newman 将自由氯离子和水溶性氯离子做了区分[112],他们定义自由氯离子是在孔隙溶液中的氯离子,这些离子可以由孔溶液挤出技术(The pore solution expression technique)来决定,但是孔溶液挤出技术也存在一个非常严重的问题:一方面压滤法榨出的只是混凝土内的部分孔溶液而不可能是全部,另一方面,孔溶液挤出技术需要采集一定体积的混凝土,其测定的是这一体积混凝土中自由氯离子的总含量,对于外渗氯离子,从外至内沿保护层方向在混凝土中分布不均匀,基本上无法分层采集试样榨出孔溶液并测定其氯离子含量分布。另外,游离氯离子浓度和游离氯离子含量是两个不同的概念,混凝土孔溶液中游离氯离子浓度在很大程度上取决于混凝土的湿度,也就是说,在混凝土中游离氯离子含量不变的条件下,混凝土湿度越大,混凝土孔溶液中游离氯离子浓度越低。总之,游离氯离子含量的准确测量仍在探索之中。

4.4.3 氯离子含量的测试方法

粉末样品取好以后,即可以分析氯离子含量,常用的分析方法有以下几种。

1)化学分析法

(1)水溶氯离子含量的测定

①混凝土试样处理

取混凝土粉末约 30 g,全部通过 0.63 mm 方孔筛,然后置于(105 ±5)℃烘箱中烘 2 h,取出后放入干燥器冷却至室温,称取 20 g(精确至 0.000 1 g),重量为 G,置于三角烧瓶中,并加入 200 mL(V_3)蒸馏水,塞紧瓶塞,剧烈振荡 1 ~2 min,浸泡 24 h。

将上述试样过滤,用移液管分别吸取滤液 20 mL(V_4),置于两个三角烧瓶中,各加 2 滴酚酞,使溶液呈微红色,再用稀硫酸中和至无色后,加铬酸钾指示剂 10 滴,立即用硝酸银溶液滴至砖红色。记录所消耗硝酸银溶液的毫升数(V_5)。

②试验结果

水溶性氯离子含量按下列公式计算:

$$P = 0.035\,45 \frac{C_{AgNO_3} V}{G \frac{V_2}{V_1}} \times 100\% \tag{4—4}$$

式中 P——样品中水溶性 Cl^- 含量,%;

C_{AgNO_3}——硝酸银标准溶液浓度,mol/L;

G——样品重量,g;

V_1——浸样品的水量,mL;

V_2——每次滴定时提取的滤液量,mL;

V——每次滴定时消耗的硝酸银溶液量溶液,mL。

(2)氯离子总含量的测定

①测试原理

用硝酸将含有氯化物的水泥全部溶解,然后在硝酸溶液中,用倭尔哈德法测定氯化物含量。倭尔哈德法是在硝酸溶液中加入过量德硝酸银标准溶液,使氯离子完全沉淀。在上述溶液中用铁钒做指示剂,将过量的硝酸银用 KCNS 标准溶液滴定。滴定时 CNS^- 首先与 Ag^+ 生成白色的 AgCNS 沉淀,CNS^- 略有多余时即与 Fe^{3+} 形成 $Fe(CNS)^{2+}$ 络离子使溶液显红色,当滴至红色,当滴至红色能维持 5 ~ 10 s 不退色,即为终点。

反应式为

$$Ag^+ + Cl^- \rightarrow AgCl\downarrow \tag{4—5}$$

$$Ag^+ + CNS^- \rightarrow AgCNS\downarrow \tag{4—6}$$

$$Fe^{3+} + CNS^- \rightarrow Fe(CNS)^{2+} \tag{4—7}$$

②混凝土试样处理

要检测混凝土中不同深度氯化物的含量,取样时应包含有不同深度的混凝土,用取芯机钻取芯柱,块样取回后进行切片分层(切割时不得加冷却水),每测点混凝土试样应不少于 40 g,用小锤仔细除去混凝土试样中的石子,仅保留砂浆部分,把砂浆研碎成粉末至全部通过 0.08 mm 方孔筛,在实验室进行滴定测试。

③氯离子测定

将粉末试样置于(105 ± 5)℃烘箱中烘 2 h,取出后放入干燥器冷却至室温,称取 20 g(精确至 0.000 1 g)置于三角烧瓶中;向三角烧瓶中加入 100 mL 稀硝酸(按体积比为浓硝酸: 蒸馏水 = 15: 85),盖上瓶塞防止蒸发;将浸泡试样静置一段时间(以水泥全部溶解为度,约一昼夜时间),其间应移动三角烧瓶以加速试样溶解,然后用滤纸过滤,除去沉淀;用移液管准确量取滤液 20 mL 两份分别置于三角烧瓶中,每份由滴定管加入约 20 mL(可估算氯离子含量的多少而酌量增减),加入 3 ~ 5 滴 10% 的铁钒溶液(以增加溶液中的 Fe^{3+})分别用硫氰酸钾溶液滴定。滴定时,剧烈摇动溶液,当滴定至砖红色维持 5 ~ 10 s 不退色,即为终点。

④试验结果计算

氯离子总含量按下列公式计算:

$$P = 0.035\,45 \frac{C_{AgNO_3}V - C_{KSCN}V_1}{G\dfrac{V_2}{V_3}} \times 100\% \tag{4—8}$$

式中 P——砂浆试样中氯离子总含量,%;

C_{AgNO_3}——硝酸银标准溶液的标准浓度,mol/L;

C_{KCNS}——硫氰酸钾标准溶液的标准浓度,mol/L;

V——加入滤液试样中的硝酸银标准溶液的毫升数,mL;

V_1——滴定时消耗的硫氰酸钾标准溶液的毫升数,mL;

V_2——每次滴定时提取的滤液量,mL;

V_3——浸样品的水量,mL;

G——砂浆粉末试样的质量,g。

硝酸银滴定法操作复杂,试验过程配制的氯化钠溶液、硝酸银溶液和硫氰酸钾溶液均需用标准试剂严格标定后方能使用,试验称样要求采用精度 0.000 1 g 的分析天平。另外由于混凝土中氯离子含量相对较低,无法进行直接滴定,硝酸银滴定法的原理是先加入过量的硝酸银,待硝酸银和氯离子反应结束后,用硫氰酸钾溶液反滴反应剩余的硝酸银的量。此方法不仅由于滴定终点变色(潜红色)不明显而无法准确判断,而且滴定时多滴 1 滴或少滴 1 滴硫氰酸钾溶液都会给测定结果造成很大的误差,如未受过专业的化学分析训练,很难得到准确的测量结果。

2)显色法[113]

显色法用于研究氯离子在混凝土内的渗透深度,确定氯离子到达钢筋表面的时间及在界面处累积的程度。其操作步骤为:将经氯盐侵蚀的试件晾干后于105℃的烘箱中烘干 48 h,冷至室温后劈开两半,在劈开的断面上喷洒浓度为0.1 mol/L 的铬酸钾溶液,然后再送入烘箱烘干,如此进行 2 次;第 3 次喷洒铬酸钾溶液后,待铬酸钾溶液微干,即喷洒浓度为 0.1 mol/L 的硝酸银溶液,此时,发现试件周边呈白色,中间呈朱红色;测量试件周边呈白色的深度,该深度即为氯离子的侵入深度,如图 4—10 所示。显色法检测简单、快速、方便,可以直观显示氯离子在混凝土内的渗透深度,其缺点是无法对氯离子在混凝土中的浓度分布进行定量分析。

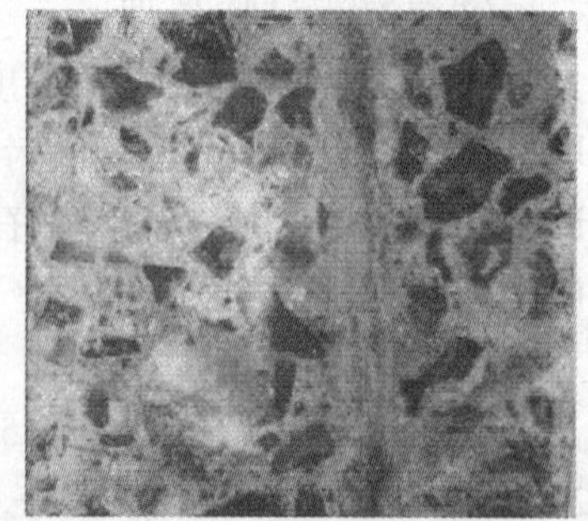

图 4—10 显色法测氯离子在混凝土内的渗透深度

3)离子色谱法[114]

离子色谱法是利用离子交换原理和液相色谱技术测定溶液中阴离子和阳离子的

一种分析方法。离子色谱是液相色谱的一种，离子色谱是利用不同离子对固定相亲合力的差别来实现分离的。离子色谱的固定相是离子交换树脂，离子交换树脂是苯乙烯一二乙烯基苯的共聚物。树脂核外是一层可离解的无机基团，由于可离解基团的不同，离子交换树脂又分为阳离子交换树脂和阴离子交换树脂。当流动相将样品带到分离柱时，由于样品离子对离子交换树脂的相对亲和能力不同而得到分离，由分离柱流出的各种不同离子，经检测器检测，即可得到一个个色谱峰。然后用通常的色谱定性定量方法进行定性定量分析。

离子色谱法对离子进行测定，它可以同时检测多种离子，操作简便、分辨率好、灵敏度高、效率高，特别是对阴离子的测定更是其他方法所不能相比的。但离子色谱方法本身仪器投入大，广泛应用还有困难，此外离子色谱主要适用于水样的测定，对于固体样品前处理较为复杂。

4）极谱法[115]

极谱法的基本装置如图 4—11 所示。极化电极——滴汞电极通常和极化电压负端相连，参比电极——甘汞电极和极化电压正端相连。当施加于两电极上的外加直流电压达到足以使被测电活性物质在滴汞电极上还原的分解电压之前，通过电解池的电流一直很小，此微小电流称为残余电流。达到分解电压时，被测物质开始在滴汞电极上还原，产生极谱电流，此后极谱电流随外加电压增高而急剧增大，并逐渐达到极限值—极限电流，不再随外加电压增高而增大。这样得到的电流—电压曲线，称为极谱波。极谱波的半波电位是被测物质的特征值，可用来进行定性分析。扩散电流依赖于被测物质从溶液本体向滴汞电极表面扩散的速度，其大小由溶液中被测物质的浓度决定，据此可进行定量分析。

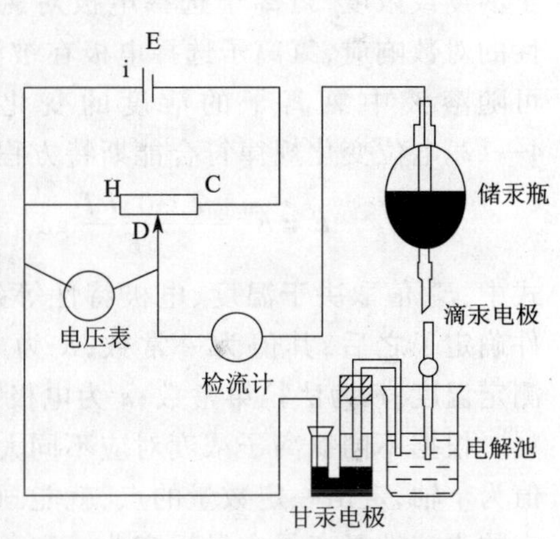

图 4—11　极谱法的基本装置图

5）RCT 法

RCT（快速氯离子浓度测试仪）是丹麦 Germann Instruments A/S 公司的产品。RCT 测试方法是根据不含任何杂质的氯离子溶液所产生的电位差与其浓度成正比的关系而得到的。其中，要使用一种特殊的萃取液来提取混凝土粉样中的氯离子，而对其他的阴离子进行屏蔽。在经提取过的混凝土粉样溶液中，由于氯离子易发生氧化还原反应，能产生一电位差；其他的阴离子以某些形式被屏蔽起来；阳离子不易发生氧化还原反应，对溶液的电压影响不大。故而离子氧化还原反应的方程为

$$\Phi = 1.3592 - 0.0592/2 \times \lg(Cl^-/Cl_2) \tag{4—9}$$

由式 4—9 可知，当 Cl^- 增加时，由于氯离子的电负性较强，随着其含量的增加，溶液由正电压转为负电压。利用已知氯离子浓度的纯溶液所产生的电位差画

出电位差(即所测得的电压)标准曲线,使用提取液将混凝土粉样中的氯离子全部提取并屏蔽其他阴离子的影响,测定其电压值,然后在标准曲线上找出其对应的氯离子含量百分比。

RCT 法只需将混凝土粉末与专用的氯化物萃取液相混合,振荡 5 min 后将氯电极浸入溶液即可测出氯离子的含量。其检测简单、快速、方便而又极好地满足现场测试的精度要求。既可用于硬化混凝土的检测,也可用于新拌混凝土的检测。与标准实验室氯浓度测试有很好的相关性,其精度可与离子色谱法相提并论。RCT 法的缺点是采用专用的萃取液需从国外进口,测试费用昂贵。

6)直接电位法[116]

直接电位法是用离子选择电极测定溶液中的离子活度或浓度,氯离子选择电极对氯离子产生选择性的对数响应,氯离子选择电极在被测液中,电位差可随溶液中氯离子的活度的变化而变化,如图 4—12。电位变化规律符合能斯特方程式:

$$E = E^0 - \frac{2.303RT}{nF}\lg\alpha_{Cl^-} \quad (4—10)$$

图 4—12　氯离子选择电极测溶液中的氯离子含量

式中,E^0 值取决于温度、电极特性等条件,当这些条件确定了之后,其值为一常数;R 为气体常数;T 为测定温度;F 为法拉第常数;n 为电极反应中传递的电子数。

根据不同氯离子浓度对应不同大小的电位值,取氯离子浓度的对数为 x 轴,电位值为 y 轴,定出一定数量的点,就能画出一条足够精确的标定曲线。中国矿业大学测定的水溶性氯离子含量标定曲线和酸溶性氯离子含量标定曲线分别如图 4—13 和图 4—14 所示。再测定需要测试溶液的电位值,就可以用标定曲线根据测得的溶液电位值反推得出对应的氯离子浓度。此方法检测简单、快速、方便而又极好地满足现场测试的精度要求,既可以得到硬化混凝土中的水溶性氯离子含量,又可以得到酸溶性氯离子含量。

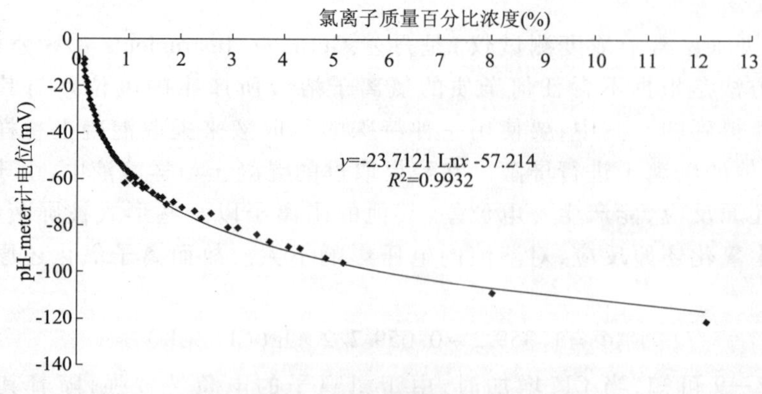

图 4—13　水溶性氯离子含量标定曲线

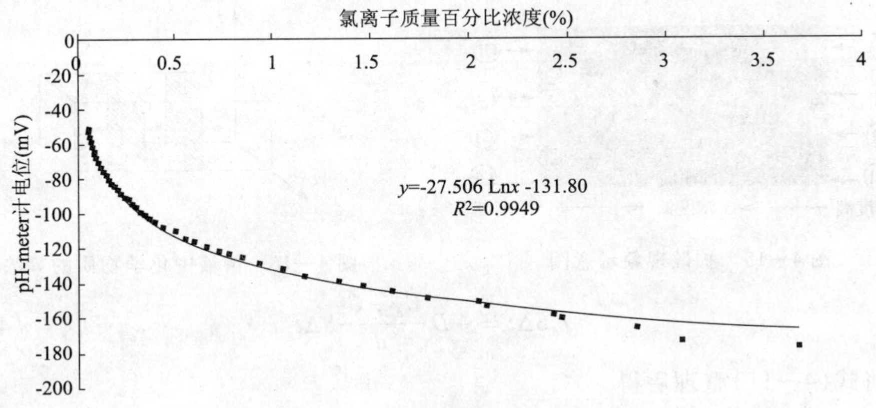

图 4—14　酸溶性氯离子含量标定曲线

需要说明的是，本试验采用试验仪器可以为普通的 pH－meter 仪，但采用的电极必须是专用氯离子感应式电极，而非普通的 pH 计电极。

4.5　氯离子在混凝土中的传输机制

氯离子在混凝土中的传输涉及传统的力学方法和理论，有多种机制，这些传输机制主要包括下列几种方式：浓度梯度上的扩散、压力梯度上的渗透、湿度梯度上的非饱和渗流、毛细负压梯度上的毛细吸入以及电位梯度上的离子迁移，与此相应的传输性能分别称为扩散性能、渗透性能、非饱和渗流性能、毛细吸收性能以及离子迁移性能。当存在压力差时，气体或液体的迁移可按流体动力学规律进行；存在浓度差时液体或溶解于液体中的物质在扩散作用下发生迁移；存在电位差时物质也可能发生与电渗和电析有关的电动现象。

4.5.1　浓度梯度作用下的扩散过程

在混凝土孔隙为孔隙液所饱和，孔隙水没有发生整体迁移，并且假定混凝土为化学惰性的条件下，氯离子依靠混凝土内外浓度梯度向内部迁移的过程可以认为是纯粹的扩散过程，如图 4—15 所示。

如果考虑只是一个方向溶质浓度变化体系（一元扩散），即假设物质只在 x 方向进行扩散（如图 4—16 所示），也就是说化学物质的浓度在 y 和 z 方向上不变，只在 x 方向上有所变化。图中阴影所表示的截面即为等浓度面，在 x_i 和 x_j 处的浓度分别为 C_i 和 C_j，且 $C_i > C_j$，考虑流动方向是垂直的，断面的面积为 S；把断面上在单位时间、单位面积通过的溶质质量设为 J_d，那么在 Δt 时间里通过断面积 S 的溶质质量为 $J_d S \Delta t$。此外，这个量与浓度梯度 $(C_i - C_j)/d$、断面积 S 和时间 Δt 是成比例的关系。

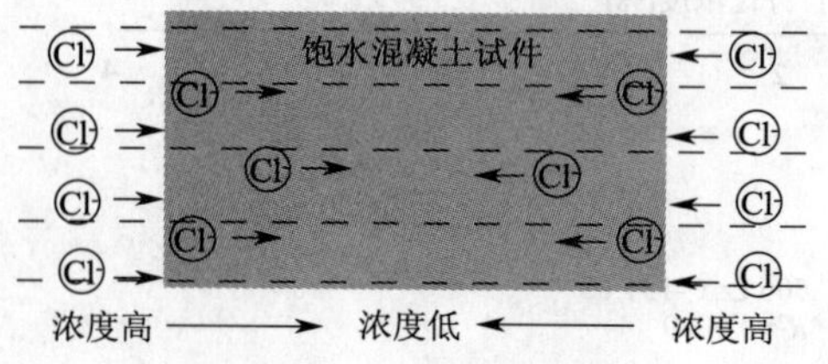

图 4—15　扩散现象示意图

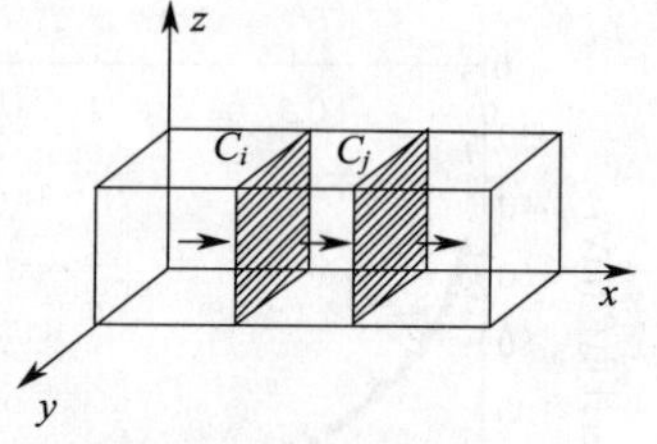

图 4—16　溶液中化学物质的等浓度面

$$J_{\mathrm{d}} S \Delta t = -D \frac{C_{\mathrm{d}} - C_{\mathrm{o}}}{d} S \Delta t \tag{4—11}$$

将式(4—11)整理后得

$$J_{\mathrm{d}} = -D \frac{C_{\mathrm{d}} - C_{\mathrm{o}}}{d} \tag{4—12}$$

当距离 d 非常小时,得

$$J_{\mathrm{d}} = -D \frac{\mathrm{d}C}{\mathrm{d}x} \tag{4—13}$$

式(4—13)即为描述扩散现象的 Fick 第一定律。氯离子依靠混凝土内外浓度梯度向内部迁移的过程是纯粹的扩散过程。根据扩散通量 J_{d} 是否为一恒定值,扩散过程可以分为稳态扩散过程和非稳态扩散过程。一般来讲,氯离子的扩散通量 J 是一个随时间和空间变化的函数,故其对应的氯离子在混凝土中的扩散过程即为非稳态扩散。

J_{d} 可定义为

$$J_{\mathrm{d}} = CV = C \frac{\mathrm{d}x}{\mathrm{d}t} \tag{4—14}$$

代入式(4—13)得

$$C \frac{\mathrm{d}x}{\mathrm{d}t} = -D \frac{\mathrm{d}C}{\mathrm{d}x} \tag{4—15}$$

两边对 x 微分得到

$$\frac{\partial C}{\partial t} = \frac{\partial}{\partial x}\left(D \frac{\partial C}{\partial x}\right) \tag{4—16}$$

若假定 D 为常数,则(4—16)式可简化为

$$\frac{\partial C}{\partial t} = D \frac{\partial^2 C}{\partial x} \tag{4—17}$$

式(4—17)称为 Fick 第二定律。

当边界条件为 $C(x=0, 0<t) = C_{\mathrm{s}}, C(0<x<, t=0) = C_0$。(4—16)式有简单数学解:

$$C(x,t) = C_{\mathrm{s}}\left[1 - \mathrm{erf}\left(\frac{x}{2\sqrt{Dt}}\right)\right] \tag{4—18}$$

式中　t——暴露时间(s);

x——深度(cm);

$C_{x,t}$——t 时刻 x 深度处的氯离子浓度(氯离子占胶凝材料或混凝土的质量百分比);

C_0——初始浓度(氯离子占胶凝材料或混凝土的质量百分比);

C_s——表面浓度(氯离子占胶凝材料或混凝土的质量百分比);

D——氯离子的扩散系数(m^2/s);

$erf()$——误差函数。

由于 Fick 第二定律可以方便地将氯离子的扩散浓度、扩散系数与扩散时间联系起来,拟合结构的实测结果。现在的很多氯离子传输模型都是以 Fick 第二扩散定律为基础建立的,并且简单地假定扩散系数是常值。扩散到混凝土中的氯离子可以绘制成浓度变化率曲线。

在氯离子的扩散模型研究上,Collepardi 等最先运用 Fick 第二扩散定律描述了饱水条件下混凝土的 Cl^- 扩散行为[6],随后国内外学者对于饱水混凝土使用寿命预测模型进行了大量的研究[117-123],这些研究主要集中于应用 Fick 扩散定律来预测饱和混凝土由于氯离子扩散使钢筋锈蚀始发的使用寿命,即暴露一侧于氯离子环境中的混凝土内钢筋表面氯离子浓度达到临界氯离子浓度所需的时间。

有研究质疑仅利用氯离子侵蚀的简单扩散模型进行预测的准确性。总结目前的研究成果,其质疑包括以下几点:

(1)距混凝土表面的深度不同扩散速率随之变化

就概念本身而言,氯离子扩散系数 D 是混凝土本征参数,应该只与混凝土孔结构及其组成有关,不应该随空间及氯离子浓度的变化而变化,所以这一质疑是不成立的。

(2)混凝土的氯离子扩散系数 D 随时间不是常数

氯离子扩散系数 D 的时间依赖性取决于混凝土孔结构及其组成的变化,目前的研究认为由于水泥的早期水化,而使混凝土孔结构及其组成不断变化,从而造成氯离子扩散系数 D 的不断降低。Thomas 等[124]提出了氯离子扩散系数的时间依赖性表达式:$D_t = D_0(t_0/t)^m$。但本书作者认为由于混凝土内的氯离子传输是个长期缓慢的过程(伴随结构使用寿命的全过程),而混凝土的充分水化可以在相对短的时间内完成(一般 1 年后可认为水泥的水化充分完成),目前提出的氯离子扩散系数的时间依赖性结论都是在短期的试验条件下获得的,从结构使用寿命预测角度来讲,氯离子扩散系数 D 的时变性是可以忽略的。

(3)胶凝材料对氯离子的凝结固化作用

Crank1975 年[125]就提出了扩散过程的化学反应问题,对于各向同性介质有可逆反应过程的一维扩散可用下式改进的偏微分方程描述:

$$\frac{\partial C_{f,v}}{\partial t} = \frac{\partial}{\partial x}\left(D\frac{\partial C_f}{\partial x} - \frac{\partial C_{b,v}}{\partial t}\right) \tag{4—19}$$

式中　$C_{b,v}$——单位体积混凝土氯离子结合量；

$C_{f,v}$——单位体积混凝土游离氯离子的量；

C_f——单位体积孔溶液中游离氯离子量。

Massal, Nilsson 及 Ollivier 在 1992 年成功地将上式用于氯离子在混凝土中扩散过程的结合问题，得到：

$$\frac{\partial C_f}{\partial t}=\frac{\partial}{\partial x}\left(\frac{\partial^e_{Cl^-}}{1+\frac{\partial C_b}{\partial C_f}}\right)\frac{\partial C_f}{\partial x} \tag{4—20}$$

式中　$D^e_{Cl^-}$——氯离子有效扩散系数；

$\frac{\partial C_b}{\partial C_f}$——混凝土中氯离子结合能力。

当考虑氯离子在扩散过程中与混凝土的结合为不可逆一级化学反应时（反应常数 k）对于各向同性介质一维扩散的偏微分方程可用下式表达：

$$\frac{\partial C_{f,v}}{\partial t}=D\frac{\partial^2 C_f}{\partial x^2}-kC_f \tag{4—21}$$

在恒定表面浓度、扩散系数不变、初始氯离子浓度为零以及扩散发生在半无限多孔介质中条件下，Danckwert[126] 得到了该偏微分方程的解析解：

$$\frac{C_{f,v}}{C_{s,v}}=\frac{1}{2}e^{-x\sqrt{\frac{k}{D}}}\cdot erfc\left(\frac{x}{\sqrt{4Dt}}-\sqrt{kt}\right)+\frac{1}{2}e^{-x\sqrt{\frac{k}{D}}}\cdot erfc\left(\frac{x}{\sqrt{4Dt}}+\sqrt{kt}\right) \tag{4—22}$$

式中　$C_{s,v}$——单位体积混凝土中氯离子总量。

从以上的分析可以看出，用考虑胶凝材料对氯离子的凝结固化作用的修正的 Fick 扩散定律描述饱水条件下混凝土的 Cl^- 扩散行为在理论上已经较为完善的。但是值得注意的是，这些模型都是在饱水条件下获得的，氯离子在混凝土中扩散的驱动力是浓度梯度，纯扩散的前提是孔隙水没有发生整体迁移，换句话说，氯离子在混凝土中随水流动是无法通过修正的 Fick 扩散定律体现的。所以不论混凝土是否饱水，只有混凝土表面与内部湿度分布均匀，不存在湿度梯度，氯离子才仅依靠混凝土内外浓度梯度向内部迁移。

4.5.2　压力梯度作用下的渗透过程

混凝土中存在不同尺度的孔隙，当孔隙网络在混凝土中形成连通的通道时流体即可通过，流体在压力梯度作用下流经饱和多孔介质的性能或能力称渗透性，用渗透系数表示，为简化起见，假定混凝土多孔介质各向同性，饱和多孔介质毛细管流动服从 Darcy 定律：

$$\frac{\partial Q}{\partial t}=K\frac{h_c}{L}A \tag{4—23}$$

式中，$\frac{\partial Q}{\partial t}$为流体（水）流速（$m^3/s$）；$h_c=h_1-h_2$，为通过试样的压力水头（m），见图

4—17；A 为试样截面积（m^2）；L 为试样厚度（m）；K 为水力渗透系数（m/s）。

发生渗透作用的条件是混凝土的表面与内部存在压力梯度，如图 4—18 所示的水坝两侧存在水头差，水连同内部的侵蚀介质在静水压力梯度的作用下，向混凝土内部传输的机理就是渗透作用。也有文献[127]认为在海工工程的水下区，氯离子向混凝土内部传输也主要是渗透作用。本书作者认为在海工工程的水下区虽然混凝土中存在静水压力，且随着深度的增加而增大，但是在同一深度处混凝土的表面和内部并不存在压力梯度，且混凝土为饱水，混凝土内部不会发生液态水的流动，所以水下区氯离子的传输机理仍然是扩散作用（如图 4—19 所示）。

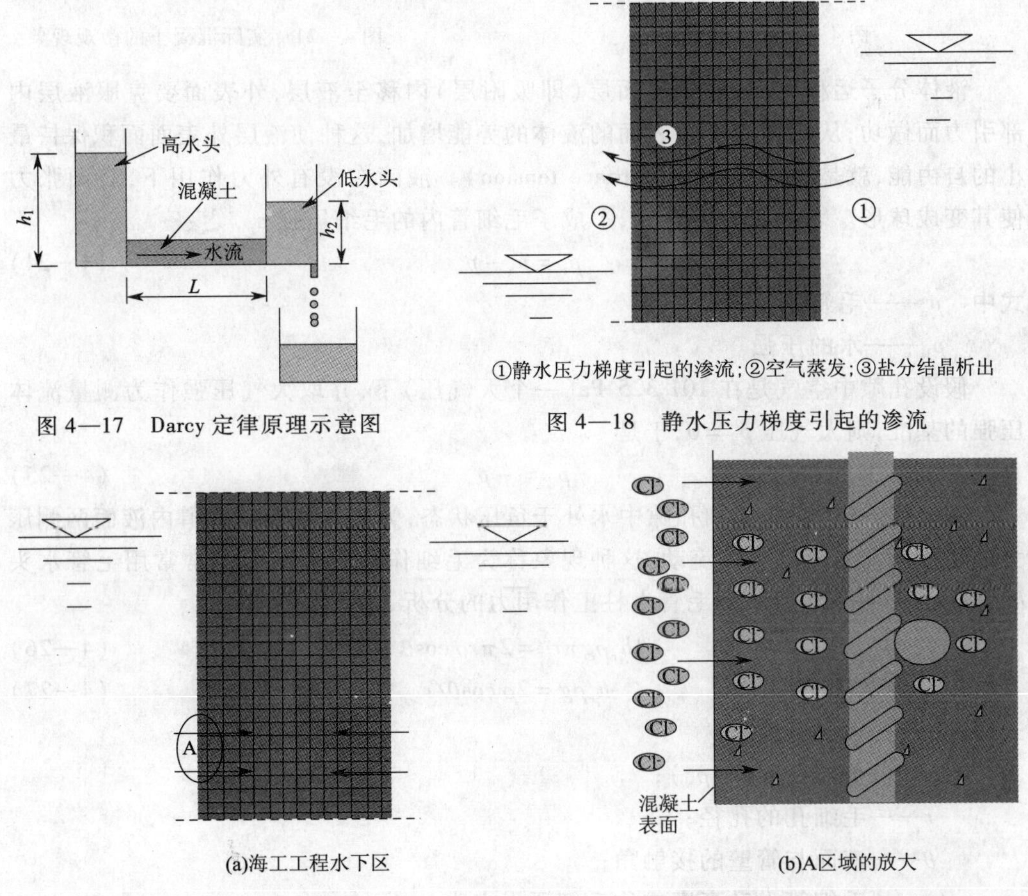

图 4—17　Darcy 定律原理示意图

图 4—18　静水压力梯度引起的渗流

图 4—19　海工工程水下区氯离子的传输机理

4.5.3　毛细吸收过程

为了便于对毛细吸收过程的研究，早在 50 年前人们就将多孔介质的空隙假想为一束束均一的毛细管。其内的水分运移被看做是水分在均一的或孔径不等的毛细管中运动。实践证明，这两种现象是极其相似的，如图 4—20、图 4—21。

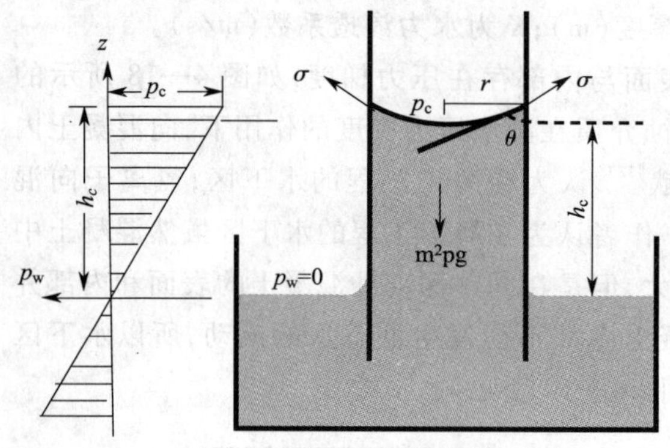

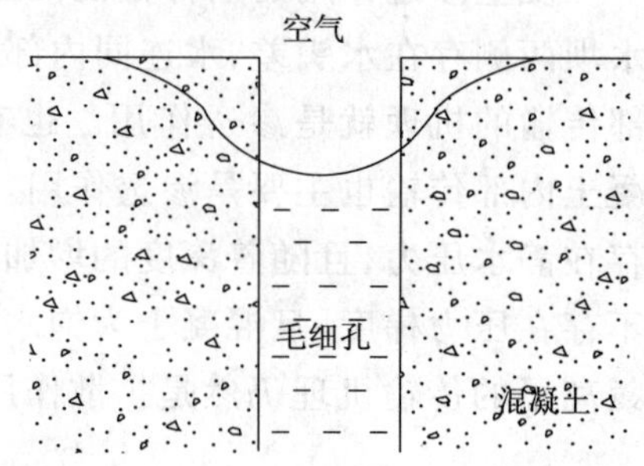

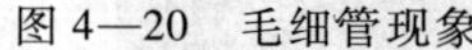

图 4—20　毛细管现象　　　　图 4—21　实际混凝土的微观现象

液体分子运移时，从液体附面层（即吸附层）内移至液层，外表面要克服液层内部引力而做功，从而使液层外表面的液体的势能增加，这种使液层外表面面积保持最小的自由能，就是表面张力 σ（Surface tension）。液滴在没有外力作用下，表面张力使其变成球形。表面张力的存在，形成了毛细管内的毛细压强 p_c[128]：

$$p_c = p_a - p_w \tag{4—24}$$

式中　p_c——毛管的压强；

p_w——水的压强。

假设孔隙中空气是在 101 325 Pa（一个大气压）下，并取大气压强作为测量流体压强的基准，则大气压 $p_a=0$，于是

$$p_c = -p_w \tag{4—25}$$

从上式看出，在非饱和孔隙中水处于负压状态，为了达到毛细管道内液面两侧压力的平衡而发生液体整体流动，这种现象称为毛细作用。毛细压力常常用毛管水头 h_c 表示。图 4—20 所示的毛管水柱上作用力的分析，我们得到

$$h_c\rho g\pi r^2 = 2\pi r\sigma\cos\theta \tag{4—26}$$

$$h_c\rho g = 2\sigma\cos\theta/r \tag{4—27}$$

式中　σ——表面张力；

ρ——水的密度（$\equiv\rho_w$）；

r——毛细孔的孔径；

θ——液面与管壁的接触角；

h_c——毛细管上升高度或称毛细压力水头。

在浸满水的混凝土体系中，θ 为 90，则 h_c 等于 0。

部分浸泡于海水中的钢筋混凝土柱见图 4—22。水位线以下的混凝土饱水，而上部区域相对干燥。液体向上的传输形成了湿度梯度，在水位线以上的部位发生水分蒸发。这不仅导致氯离子在毛细吸收作用下向水位线上部区域传输，而且氯离子在蒸发区积聚，甚至累积到饱和的状态。混凝土桥墩水位以上区域中发生氯离子积聚的现象称为“灯草芯”效应，“灯草芯”效应的实质就是由毛细作用产生的。

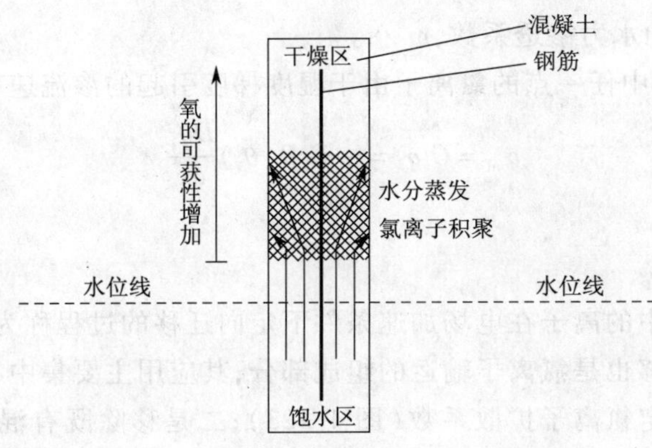

图 4—22　部分浸泡于海水中的钢筋混凝土柱

4.5.4　湿度梯度作用下的非饱和渗流过程

混凝土在非饱水状态下且有外界水时，在与外界水接触的瞬间，混凝土的表层靠毛细作用吸收水分，随后在湿度梯度的作用下，以非饱和渗流方式向混凝土内部传输。混凝土中氯离子在湿度梯度作用下的非饱和渗流过程可以用扩展的 Darcy 定律来描述。

由非饱和流体理论，扩展的 Darcy 方程[56]表达为

$$q = -K(\theta)F_c(\theta) \tag{4—28}$$

式中，q 为在给定方向上，单位面积上水的渗流速率，$m^3/(m^2/sec)$；K 为水力传导率；F_c 为毛细力。K 与 F_c 均取决于混凝土体积含水率 θ，m^3 of water/(m^3 of concrete)。另外，毛细作用力 F_c 等于毛细势能（浸润）Ψ

$$F_c = -\Delta\psi(\theta) \tag{4—29}$$

在一维情况以及各向同性条件下，传导率 $K(\theta)$ 可通过非饱和流体理论的扩展 Darcy 方程得到

$$q = -K(\theta)\frac{d\psi}{dx} \tag{4—30}$$

上式通常写为

$$q = -D(\theta)\frac{d\theta}{dx} \tag{4—31}$$

其中，$D(\theta)=K(\theta)d\Psi/d\theta$ 为水的水力渗透系数（m^2/s），是水含量 θ 的函数。这样可把非饱和流体方程表达为水分吸附方程。

把这种非饱和混凝土的一维毛细流动理论应用于溶液，则溶液的渗流速率可以通过同样的方式表达：

$$q_s = -D(\theta_s)\frac{D\theta_s}{dx} \tag{4—32}$$

式中　q_s——溶液的渗流速率；

θ_s——混凝土中溶液的体积含量，m^3 of solution/(m^3 of concrete)；

$D(\theta_s)$——溶液的水力渗透系数，m^2/s。

这样，在混凝土中任一点的氯离子由于湿度梯度引起的渗流速率 q_{cd} 可以表示为

$$q_{cd} = C_s q_s = -C_s D(\theta_s)\frac{D\theta_s}{dx} \tag{4—33}$$

4.5.5 电迁移过程

混凝土孔隙液中的离子在电场加速条件下定向迁移的过程称为电迁移。氯离子在混凝土中的电迁移也是氯离子输运的组成部分，其应用主要集中在以下方面：一是用快速电迁移法测定氯离子扩散系数（图 4—23）；二是移除既有混凝土结构中的有害介质（图 4—24）；三是试验室加速混凝土构件锈蚀（图 4—25）等。

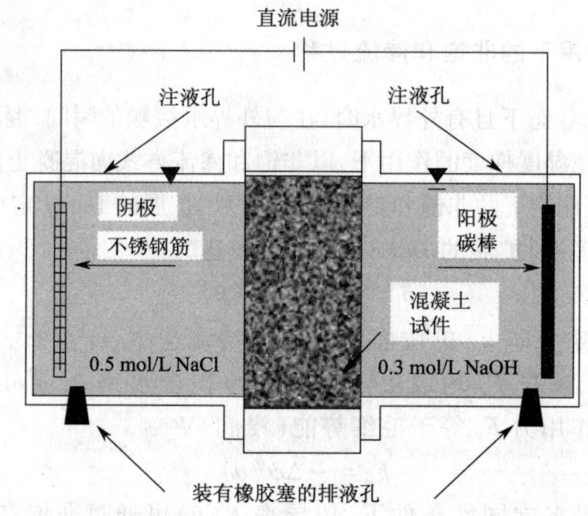

图 4—23　快速电迁移法测定氯离子扩散系数

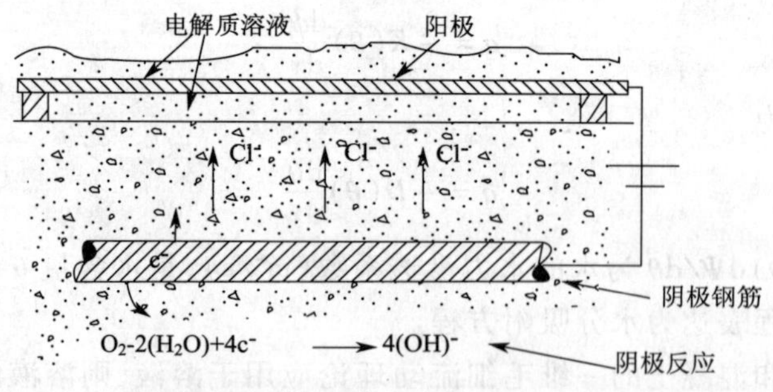

图 4—24　电化学脱盐原理示意图

在电解质溶液中电荷迁移的最简单理论为[66]：把离子看成是刚性的带电球体，把溶剂作为连续介质，离子在电场力的作用下在连续介质中迁移，在离子迁移过程中受到黏滞阻力的作用，如图 4—26 所示。

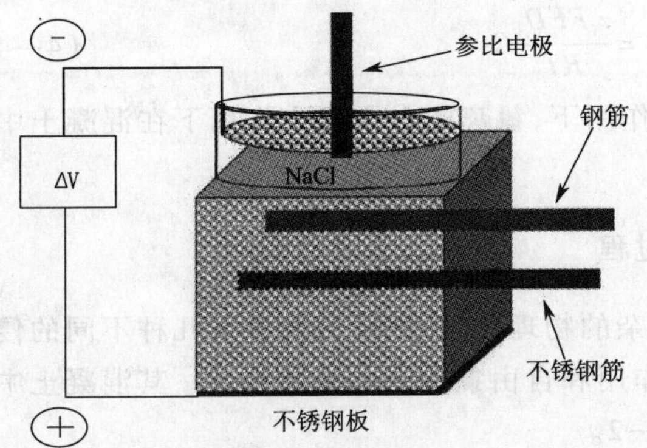

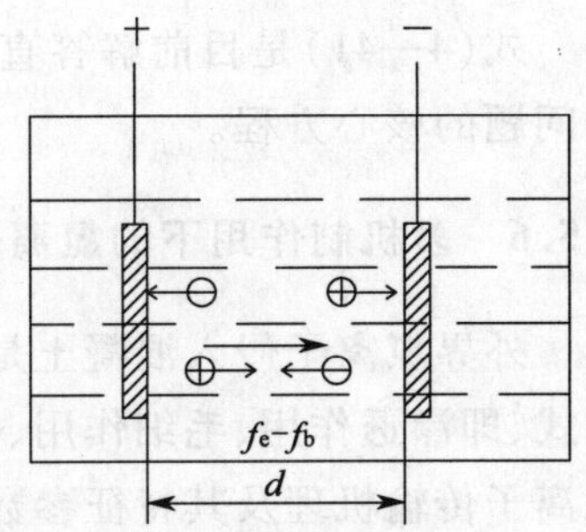

图 4—25　试验室加速混凝土构件锈蚀实验装置示意图　　图 4—26　离子在连续介质内迁移

离子在电场中受到的电场力 f_e 为

$$f_e = z_i eE \tag{4—34}$$

式中　z_i——离子电价；

e——电子或离子电量(C)；

E——电场强度(N/C)。

离子在连续介质中所受到的黏滞阻力 f_b 为

$$f_b = K_i v_i \tag{4—35}$$

式中　K_i——离子的黏滞性系数(N. s/m)；

v_i——离子的迁移速度(m/s)。

由式(4　34)和式(4—35)可得离子加速运动的方程为

$$m_i a_i = f_e - f_b = z_i eE - K_i v_i \tag{4—36}$$

式中　a_i 为离子加速度，$a_i = dv_i/dt$，由此可得

$$m_i \frac{dv_i}{dt} = z_i eE - K_i v_i \tag{4—37}$$

对上式积分得：

$$v_i = \frac{z_i eE}{K_i}[1 - \exp(-K_i t/m_i)] \tag{4—38}$$

在数值上，摩擦系数 K_i 要远远大于离子质量 m_i，故在很短时间内离子运动速度 v_i 即趋于稳定：

$$v_i = \frac{z_i eE}{K_i} \tag{4—39}$$

连续介质中，浓度为 C_i 的离子发生电迁移所产生的离子流量 J_i 可以表示为

$$J_i = \frac{1}{K_i} z_i C_i FE \tag{4—40}$$

式中，F—法拉第常数(96 485.3c/mol)。

假设离子的流量与所受的力成正比，比例系数 $B = 1/K_i = D_i/RT$，R 为气体常数(8.31/J/mol/K)，T 为绝对温度(K)，式(4—40)可以化为[129]

$$J_i = \frac{z_i FED_i}{RT} C_i \tag{4—41}$$

式(4—41)是目前解答直流电场作用下,氯离子在电场力作用下在混凝土中输运问题的核心方程。

4.5.6 多机制作用下的氯离子输运过程

外界氯离子侵入混凝土是一个复杂的物理化学过程,分为以下几种不同的侵入方式,即渗透作用、毛细作用、电场力作用和自由氯离子的扩散作用。其混凝土中的氯离子传输机理及其特征参数见表4—2。

表4—2 混凝土中的氯离子传输机理及其特征参数

传输机理		驱动力	孔隙	传输系数	符号,单位
扩散	离子	浓度梯度 dC	饱水	扩散系数	D,cm^2/s
毛细吸收(液体)		表面张力 σ	非饱水	水吸收系数 水渗透系数	W_A,$g/m^2s^{0.5}$ W_E,$m/s^{0.5}$
渗透	水流	压力梯度 dρ	饱水	达西系数	K_D,m/s
非饱和渗流	水流	湿度梯度 dθ	非饱水	达西系数	K_D,m/s
电迁移(液体)		电位梯度 dE	饱水	离子移动性(离子传输量 b)	u_i,$cm^2/V.s(t_b)$

实际结构受氯离子的侵蚀作用往往是这几种侵入方式的组合,同时还受到氯离子与混凝土组成材料间的化学和物理作用的影响。综合考虑这些因素,混凝土中氯离子传输速率模型可表示为

$$\frac{\partial C}{\partial t} = \frac{\partial}{\partial x}\left[D_c \frac{\partial C}{\partial x} + C \cdot (v_p + v_c + v_0) + \frac{zFED_c}{RT} C \right] - KC \tag{4—42}$$

式中 D_c——自由氯离子在混凝土孔隙液中的扩散系数(m^2/s);

v_p——压力渗透引起的孔隙液流速(m/s);

v_c——毛细作用引起的孔隙液流速(m/s);

v_0——非饱和渗流引起的孔隙液流速(m/s);

K——氯离子的固化速率系数($m^3/mol \cdot s$)。

氯离子的输运过程中,扩散、渗透、毛细吸附、电迁移等基础物理化学过程并不是

单独和同时发生的。实际上在混凝土中发生的氯离子输运总是以上几种过程的若干组合。不同的环境作用可能对应不同的过程组合:海洋环境中的海工工程,水下浸泡区一直接触海水,主要是饱水混凝土里外由氯离子浓差引起的离子扩散;潮差区主要受干湿交替作用影响,混凝土中主要发生氯离子的毛细吸收与扩散过程的组合;存在水压力梯度作用下,主要发生压力渗透与扩散的组合;在直流电场作用下,主要发生电迁移与扩散过程的组合。

4.6 海洋环境混凝土中水分输运过程分析

濒海混凝土结构就其位置的不同,可以分为处在大气中的盐雾区、经受干湿交替作用的潮差区和浪溅区以及海水浸泡的水下区。其中,干湿交替区域的混凝土构件的内部由于存在氯离子浓度梯度、温度梯度和孔隙液饱和度不同的湿度梯度,氯离子在扩散、渗透、毛细吸收等多种复杂机制耦合作用下,以相对较快的速度向混凝土内部传输。因此干湿交替区域往往对应混凝土结构中钢筋锈蚀最严重的部位。

对于海工混凝土,由于过去大都以饱和混凝土即水下混凝土作为耐久性研究的重点,混凝土配合比设计和使用寿命计算,也都是建立在氯离子在饱和混凝土中以扩散为主要机制渗入混凝土内部并逐渐达到钢筋表面使钢筋锈蚀的假设之上的,通常采用 Fick 定律或修正的 Fick 定律描述钢筋混凝土损伤失效过程,预测达到钢筋混凝土结构使用寿命第一阶段的时间。但海工混凝土结构往往是一个整体,它既有水下部分也有水上部分,结构耐久性与使用寿命的关键取决于最薄弱环节,如果以氯离子在饱和混凝土中单纯发生 Fick 扩散机制的研究结果应用到同时存在多种劣化机制的潮差区、浪溅区以及大气区等不饱和混凝土中,其风险可能会大大提高。这是由于潮差区及浪溅区等干湿交替区域的混凝土中氯离子的输运实质上是属于氯离子在非饱和多孔介质中输运的问题,使混凝土性能劣化并导致钢筋锈蚀速率要比单纯氯离子扩散机制导致钢筋锈蚀速率快得多。国内外研究学者为求简化大多采用第二定律及其恒定边界条件的非稳态解析解来计算干湿交替区域混凝土中氯离子的输运。尽管很多学者都对上述方法采取了各种修正,但是其结果在拟合处于干湿交替等复杂如浪溅区和潮差区环境中混凝土试件的检测数据时,无论是数据分布还是曲线形态都难以取得让人满意的结果[130]。

4.6.1 水分在混凝土内部的运动规律

在干湿交替区域,氯离子向混凝土中传输速率较快的主要原因是氯离子随混凝土孔隙水的流动,这样研究水分在混凝土内的迁移机理和速率模型对提高混凝土结构的耐久性有了重要意义。了解海洋环境下水分在不同区位混凝土中的传输机理,可以为研究氯离子在海洋环境不同区位混凝土中的传输机理提供理论依据。

在干湿交替作用下,混凝土内部水分的迁移分为湿润(非饱和吸水)和干燥两个过程。

1）单调湿润过程

当混凝土和外界液态水接触时，混凝土将直接从外界吸收水分，这一过程称为湿润过程。混凝土在和外界水接触前为非饱水的气干状态，其内部的含水量为和大气平衡的含水量 θ_e。当刚刚和外界水接触时，混凝土表层因毛细吸水而迅速饱水（如图 4—27 所示），混凝土含水率愈低，毛细吸附作用就愈大，吸入的水分随后在湿度梯度的作用下，以非饱和渗流方式向混凝土内部迁移。图 4—28 所示是混凝土湿润过程某时刻的湿分布状态，混凝土不同深度处的湿润状态不同，与之相对应的水分传输机理也不同。在混凝土表层（图 4—28 中的 A 点），混凝土因毛细吸收作用而迅速饱水，水分在渗透压的作用下以饱和毛细管流向内部传输（图 4—29a 所示）；图4—28中的 B 点和 C 点，混凝土的湿含量较大，但未完全饱水，水分以非饱和毛细管流向内部传输（图 4—29b 和 c 所示）；在向内比较干燥的区域（图 4—28 中的 D 点），混凝土的湿含量较低，水分以蒸发—冷凝的方式向内部传输（图 4—29d 所示）；在混凝土深部尚未出现湿度梯度的区域，水分以水蒸气流的方式向内部传输（图 4—29e 所示）。

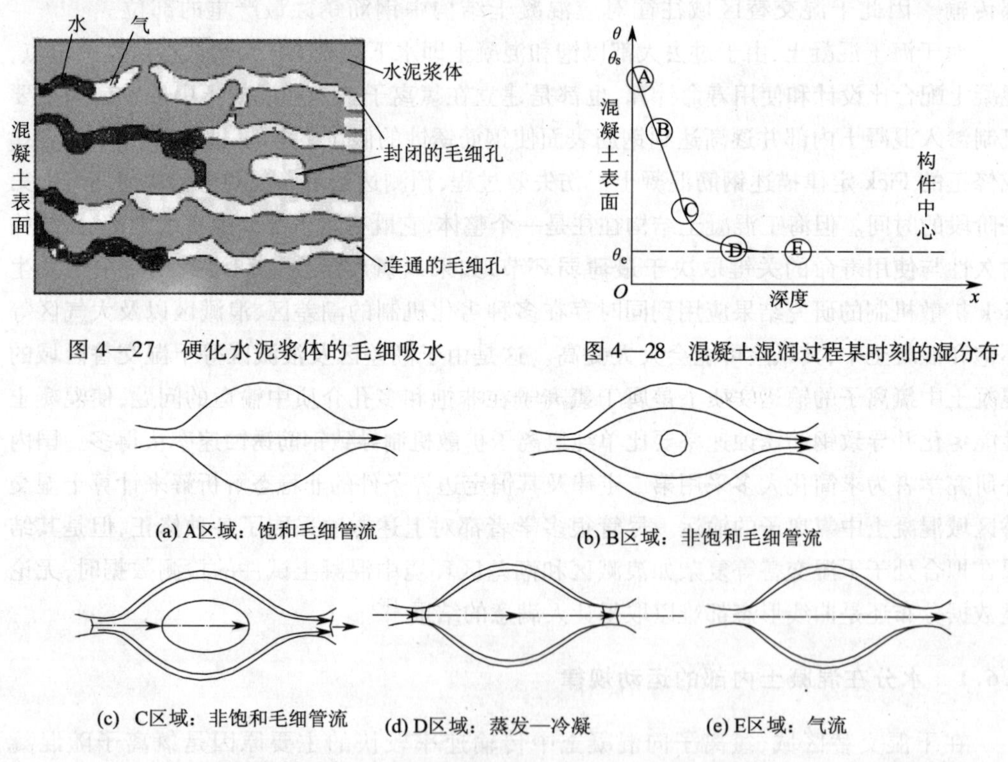

图 4—27　硬化水泥浆体的毛细吸水

图 4—28　混凝土湿润过程某时刻的湿分布

图 4—29　混凝土不同深度处的水分传输机理

随着湿润时间的延长，非饱和混凝土湿含量变化曲线（简称湿润线）如图 4—30 曲线 1、2、3、4、5、6 所示，直至饱水，如图 4—30 曲线 7。

2）单调干燥过程

当外界环境湿度小于混凝土内部湿度，混凝土内部的水分将以水汽的方式向大气中扩散,这一过程称为干燥(图 4—31)。这种情况也是国内外研究最多的领域。混凝土干燥过程由传热和传质两个过程组成。周围大气介质将热量传至混凝土表面,再由混凝土表面传至混凝土内部,这是一个传热过程。水分从混凝土内部以液态或气态扩散透过混凝土孔隙而达到混凝土表面,然后水蒸气通过混凝土表面的气膜,而扩散到大气介质中去,这是一个传质过程。在自然干燥的条件下,因为混凝土内的温度梯度颇小,可近似视为等温传递,本书仅考虑这种情况。

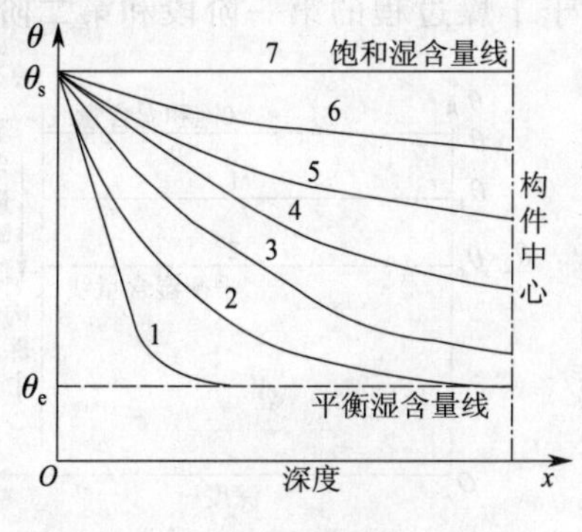

图 4—30　非饱和混凝土吸水过程湿含量变化

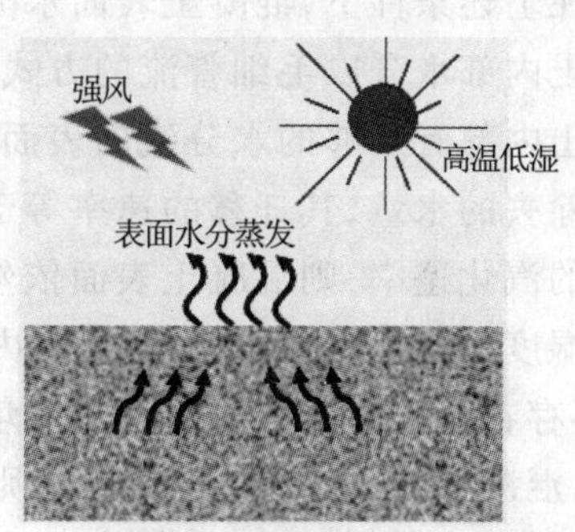

图 4—31　混凝土自然干燥过程的水分蒸发

干燥过程得以进行的条件是:被干燥的混凝土表面所产生的水蒸气分压力 p_s 大于周围大气介质中水蒸气的分压力 p_v,压差愈大,干燥过程进行得愈迅速。假如压差等于 0,那么混凝土与大气介质间的水蒸气达到平衡状态,则干燥过程停止。

多孔固体干燥时,可以区分水分运动的四个阶段(如图 4—32 所示)。第一阶段,水分在水力坡度作用下像液体那样流动。开始时孔是充满水的,逐渐空气穴取代了失去的水分。第二阶段,水分退到孔的腰部,水分可以沿着毛细管线渗水,或是由液体桥之间的连续蒸发和冷凝来移动。这一过程描述为液体参与的气相传递。进一步干燥时,这些液体全部蒸发了,仅留下吸附的水分在后面,水分是由气相的无阻碍扩散运动的。最后,水汽的蒸发和冷凝达到平衡,此时混凝土中的湿含量同其环境大气的相对湿度处于湿热平衡状态中。

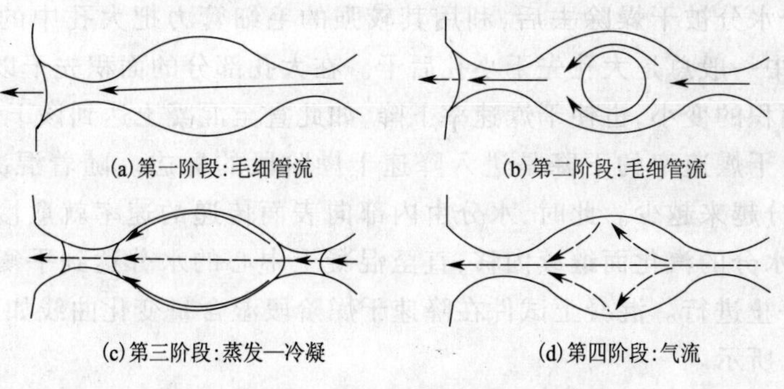

图 4—32　混凝土干燥时不同阶段的水分

(1)恒速干燥阶段

在干燥阶段初期，混凝土表面全部为自由水所湿润，由于自由水与混凝土无结合力，故自混凝土表面水分汽化的速率与纯水面的汽化速率相一致。从传质的角度来看，由于非结合水的蒸汽压与同温度下的纯水面一致，在恒定干燥条件下，此蒸汽压与空气中的水蒸气分压之差不变，即传质推动力($p_{s0}-p_v$)不变，所以湿混凝土表面水分以恒定的速率汽化。

在上述条件下，混凝土表面水分汽化过程处于干燥过程的第一阶段和第二阶段，混凝土内部水分以毛细管流的方式向表面迁移，混凝土内部有足够的水分流向表面，及时补充被干燥除去的水量，其迁移的速率等于混凝土表面水分的汽化速率，则混凝土表面依然可以保持足够的湿度，干燥速率不变，混凝土内外湿含量相等，不存在湿度梯度。如果外部环境的相对湿度较大，混凝土的平衡湿含量较高，则混凝土的干燥速率始终处于恒速干燥阶段，直至达到与大气相平衡的湿含量 θ_e(称为平衡湿含量)为止。混凝土的干燥速率由混凝土表面水分的蒸发速率控制。混凝土试件在恒速干燥阶段湿含量变化曲线(简称干燥线)如图4—33中的直线0、1、2、所示。

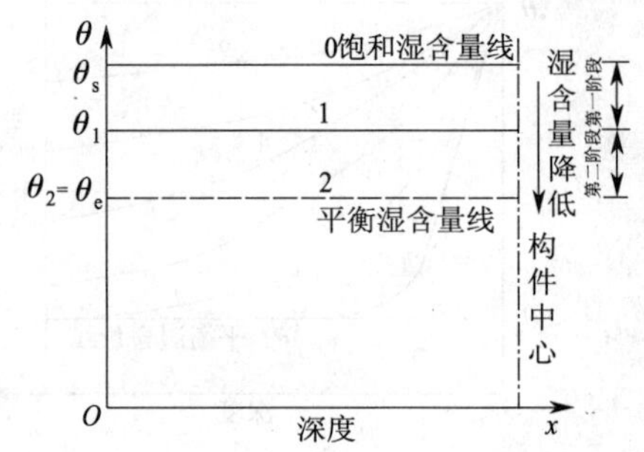

图4—33 干燥条件下混凝土湿含量变化

(2)降速干燥阶段

如果外部环境的相对湿度较小，混凝土的平衡湿含量较低，则当混凝土中的自由水分被干燥除去以后，混凝土中的毛细水将开始蒸发。由于毛细管弯月面水分所产生的蒸汽压 p_{s1} 恒低于同温度下的平液面饱和蒸汽压 p_{s0}。因此，水汽自混凝土表面扩散至空气中的传质推动力($p_{s1}-p_v$)将变低。由于此时混凝土湿含量较低，混凝土的干燥进入了第三阶段，其内部水分以蒸发—冷凝的方式向表面迁移，其迁移的速率跟不上混凝土表面水分的汽化速率，混凝土内外出现湿度梯度，混凝土的干燥速率受混凝土内部水分向表面迁移的速率控制。另外，混凝土中的毛细孔大小不等，在微孔和小孔中部分水分被干燥除去后，利用其较强的毛细管力把大孔中的水分吸过来。因此，在干燥中一般总是大孔先干小孔后干。在大孔部分的面积先干以后，就造成了混凝土干燥面积的变小，也使干燥速率下降，如此直至混凝土达到该干燥空气状态下的平衡水分。干燥速率的下降是进入降速干燥阶段的标志。随着混凝土的不断干燥，其内部水分越来越少。此时，水分由内部向表面传递的速率就愈慢，干燥速率也就愈来愈小，水分的汽化面继续内移，直至混凝土中心的水分达到平衡水分时，混凝土的干燥即停止进行。混凝土试件在降速干燥阶段湿含量变化曲线如图4—34中的曲线3、4、5、6所示。

3)干湿循环条件下混凝土中水分迁移过程分析

干湿循环过程中，混凝土中水分迁移过程如图 4—35 所示。在干湿循环之前，混凝土内湿度分布均匀，其内部湿含量为平衡湿含量 θ_e（Equilibrium moisture content（EMC））。循环过程的第一次湿润开始时，混凝土表面与外界水接触，混凝土将直接从外界吸收水分，致使混凝土的绝对表面达到饱水，其湿含量达到最大，等于混凝土的饱和湿含量 θ_s（Saturation moisture content），而混凝土的内部湿含量较低，形成外湿内干的湿度梯度分布，在湿度梯度的作用下混凝土表层的水分不断向内迁移，随着湿润时间的延长，混凝土内湿含量变化曲线如图 4—35（a）中曲线 1_1、1_2、1_e 所示，曲线 1_e 为第一次湿润过程结束（end）时的湿含量变化曲线，称为临界湿润线。然后开始自然风干过程，外部环境相对较为干燥，表面水分从毛细孔对大气开放的那些端头以水蒸气的形式向外蒸发，导致混凝土表面的湿含量不断降低，而内部水分由于仍存在外湿内干的湿度梯度，故水分仍会向内迁移，随着风干时间的延长，混凝土内的湿含量变化如图 4—35（a）中曲线 $1'_1$、$1'_2$、$1'_e$ 所示，曲线 $1'_e$ 为第一次风干过程结束时的湿含量变化曲线，称为临界干燥线。

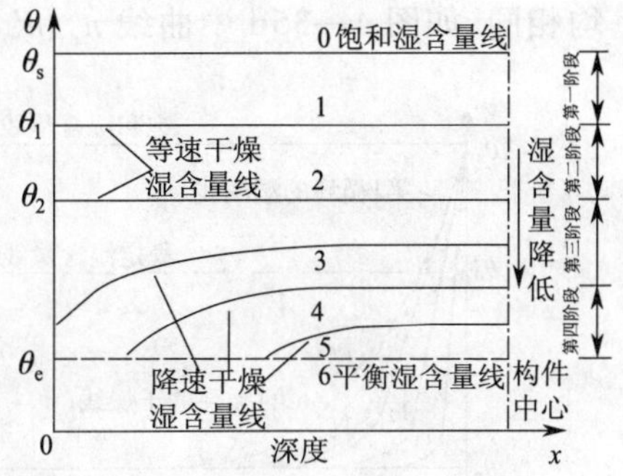

图 4—34　降速干燥条件下混凝土湿含量变化

第 i 次循环的临界湿润线 i_e 与前一次循环的临界干燥线 $(i-1)'_e$ 间的面积为这一次湿润过程的吸水量，称为循环吸水量 Q_i，第一次湿润过程的循环吸水量 Q_1 为第一次湿润过程的临界湿润线 1_e 和循环开始前的平衡湿含量线间的面积；同一次循环的临界湿润线 i_e 和临界干燥线 i'_e 间的面积（以临界湿润线在临界干燥线的上部为正）为这一次风干过程的失水量，称为循环失水量 S_i，由上述分析可知，在外界环境和干湿循环制度不变的情况下，如果风干过程始终处于恒速干燥阶段，则每次风干过程的循环失水量为一定值。湿润过程的吸水量与风干过程的失水量的差值为这一循环混凝土的残余吸水量 W_i（简称残余吸水量）：

$$W_i = Q_i - S_i \tag{4—43}$$

在干湿循环初期，混凝土的每一次循环都将从外界环境吸收水分，混凝土的湿分布曲线不断向内推进，以此类推，第二次循环和第三次循环湿润和风干结束时混凝土湿含量分布如图 4—35b 中曲线 2_e、$2'_e$ 和图 4—35c 中曲线 3_e、$3'_e$ 所示。随着循环次数的增加，混凝土的总湿含量不断增大，循环吸水量 Q_i 随循环次数 i 的增大而不断降低，而循环失水量 S_i 则基本不变，所以残余吸水量 W_i 也随着下降。若循环次数足够长，循环吸水量 Q_i 和循环失水量 S_i 将达到平衡，每次循环湿润过程的吸水量在随后的风干过程全部失去，残余吸水量 W_i 将等于 0，最终混凝土内部湿含量也将达到稳定，我们把此湿含量称为稳定湿含量 θ_0。如果混凝土干燥时间相对较短，尚未进入降速干燥阶段，则此时的稳定湿含量 θ_0 等于每次循环干燥过程结束时的混凝土表面湿含量。假定系统第 n 次循环达到稳定，我们把此时的干湿循环状态称为稳定状态，则在稳定状态以后的每次循环，湿润和干燥过程结束后混凝土的湿含量分布曲线均相同，如图 4—35d 中曲线 n_e、n_e' 所示。

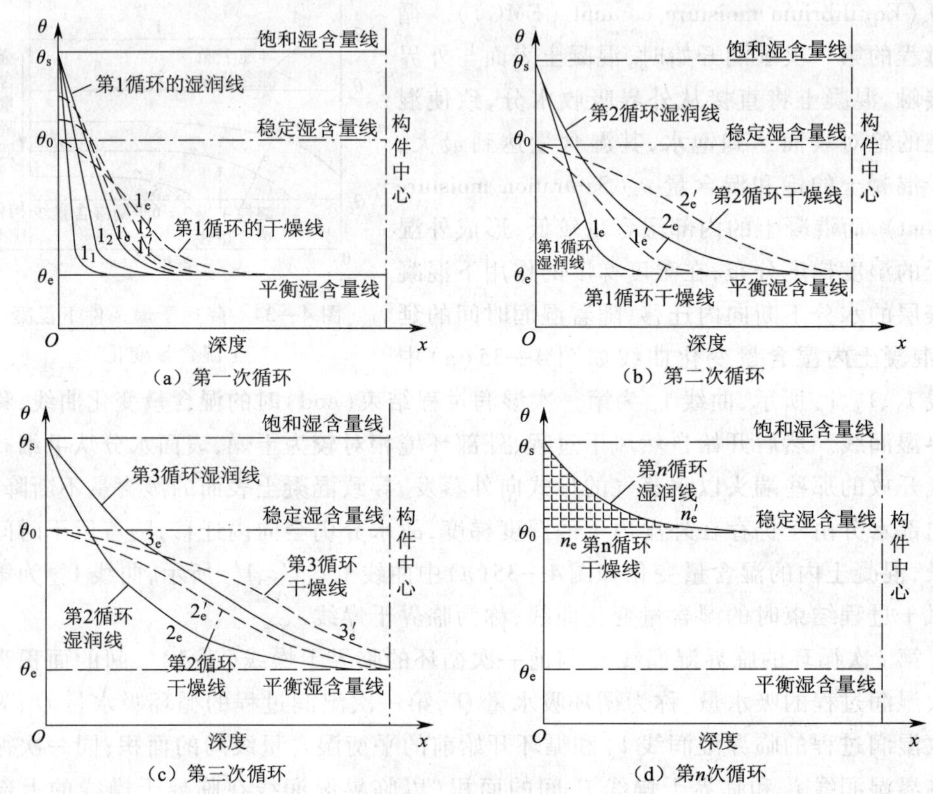

图 4—35　干湿循环过程中混凝土湿含量变化

从图 4—35d 可以看出，在干湿循环达到稳定状态后，混凝土吸水和失水通常仅在混凝土表面的一个相当有限的深度产生影响，大于这一深度，混凝土的湿含量将不随干湿循环过程而变化，始终等于稳定湿含量 θ_0，这个深度称为湿传输影响深度 L，对应于湿润线和干燥线交点。湿传输影响深度的存在与否是判断氯离子在混凝土中的传输是否遵循扩散机理的重要依据。图 4—35d 中湿传输影响深度范围湿润线和干燥线间的图形面积为一次湿干循环的吸水量。

循环吸水量 Q_i 的大小取决于单次湿润时间 t_{wi} 和干湿时间比 σ，单次湿润时间越短，干湿时间比越大，循环吸水量 Q_i 越小，如果干湿时间比 σ 足够小，第一次循环湿润过程的吸水量 Q_1 在随后的风干过程全部失去，残余吸水量 $W_1=0$，即第一次循环就达到了稳定状态，此时的稳定湿含量 θ_0 等于平衡湿含量 θ_e（Equilibrium moisture content）。

4.6.2　海洋环境不同区位混凝土中水分输运过程的试验研究

在干湿交替区域，氯离子向混凝土中传输速率较快的主要原因是氯离子的随水流动，了解海洋环境下水分在不同区位混凝土中的传输机理，可以为研究氯离子在海洋环境不同区位混凝土中的传输机理提供依据。根据海洋环境混凝土与水接触的条件，可将海工工程分成海洋大气区、飞溅区、潮差区和海水全浸区等几个区域。

混凝土中氯离子的传输过程是一个漫长的过程，对实际环境条件下氯离子传输过程的研究存在着试验周期长、环境条件变化不定等问题。加速模拟试验可以达到加速氯离子传输、缩短试验周期的目的。以前，国内外常见的氯离子传输过程的模拟试验方法都是在溶液浸泡的条件下进行的，这些方法用来比较不同混凝土材料的抗氯离子渗透性是可行的，但用来测定氯离子在混凝土中的传输速率，进而预测混凝土的使用寿命是不行的。因为上述理论分析已表明，对于暴露于海洋环境的海工结构，暴露条件不同，氯离子侵入机理也不相同，所以进行氯离子传输过程的加速试验研究，必须首先分析结构所处的具体环境以及在该环境条件下氯离子的传输机理，采用和实际具体环境条件下氯离子传输机理相对应的试验方法。

本试验双水池双水泵互抽水潮汐模拟试验系统模拟海洋环境，该种条件下氯离子和水分在混凝土中的传输机理和实际海洋工程相同。本节通过该试验系统分析海洋环境不同区位混凝土中水分的传输机理，氯离子的传输机理分析将在下一节进行。

1）模拟试验系统的设计

本试验通过双水池双水泵互抽水潮汐模拟试验系统实现对海洋环境的模拟，它主要由水池、水泵、时钟控制器和空气加湿器组成，水池高 1.1 m，整个模拟试验系统如图 4—36 所示。该试验系统的工作原理是通过水泵对双水池定时的抽水或蓄水以达到水位的升降，从而实现对海洋环境涨落潮的模拟。

涨落潮制度的确定。虽然海洋的潮汐一般大都存在一定的不规则，比如日夜潮不等、高潮位不等等现象，基于海水潮汐变化规律（乍浦 2006 年 1 月 1 日实际潮汐[131]如图 4—37 所示），目前比较常用的模型是认为在相邻高、低潮之间潮高的变化是一简单的余弦曲线[132]（如图 4—38 所示），涨落潮一个循环周期为 1 昼夜（24 h）。用 Z_0 和 Z_1 分别表示高潮高程和低潮高程，T_0 和 T_1 分别表示高潮和低潮对应时刻，若将时间原点置于高潮时刻，则在 T_0 和 T_1 之间的任意时刻有

$$h = (Z_0 + Z_1)/2 + R\cos\omega t$$

式中，h 为潮高；$R = (Z_0 + Z_1)/2$，为余弦变化的振幅；$\omega = 180/(T_1 - T_0)$，为余弦变化的角速率。

由于试验所用水泵的功率比较大，而水池容积较小，所以水泵采用间歇性工作制度。蓄水制度为：水泵 A 抽水时间，9:00 ~ 9:04、11:00 ~ 11:04、13:00 ~ 13:04、15:00 ~ 15:04、17:00 ~ 17:04、19:00 ~ 19:04；水泵 B 抽水时间，21:00 ~ 21:04、23:00 ~ 23:04、01:00 ~ 01:04、03:00 ~ 03:04、05:00 ~ 05:04、07:00 ~ 07:04。每 24 h 循环一次。A、B 两水池的涨落潮制度如图 4—39，用折线近似取代余弦曲线。

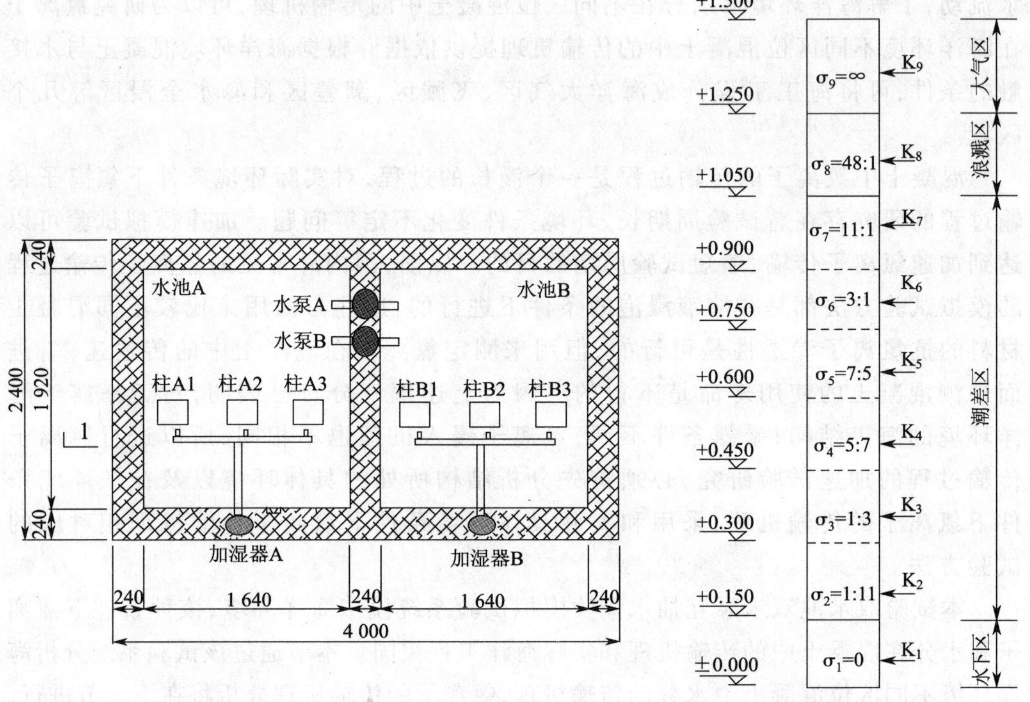

(a) 平面布置图(单位:mm)

(b) 区位划分及柱取样点详图

(c) 正立面布置图

图 4—36 海洋环境模拟试验系统及混凝土柱

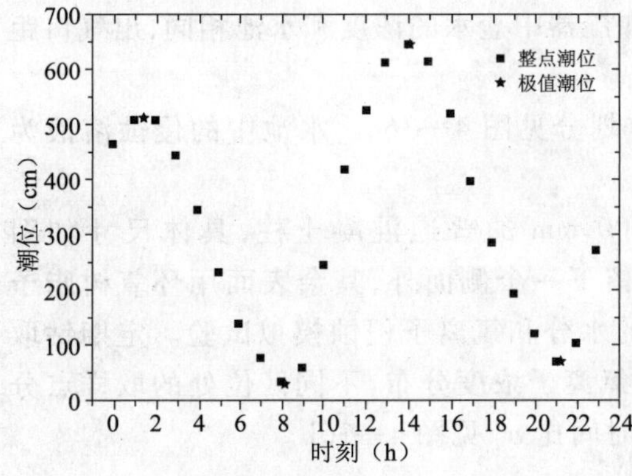

图 4—37　乍浦 2006 年 1 月 1 日潮位

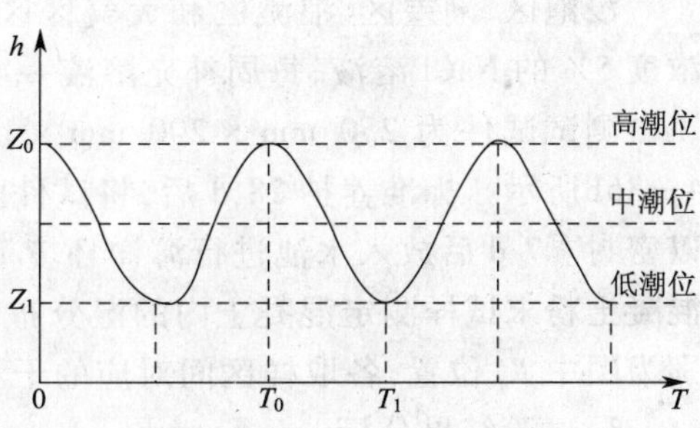

图 4—38　实际海洋环境海水潮汐变化规律

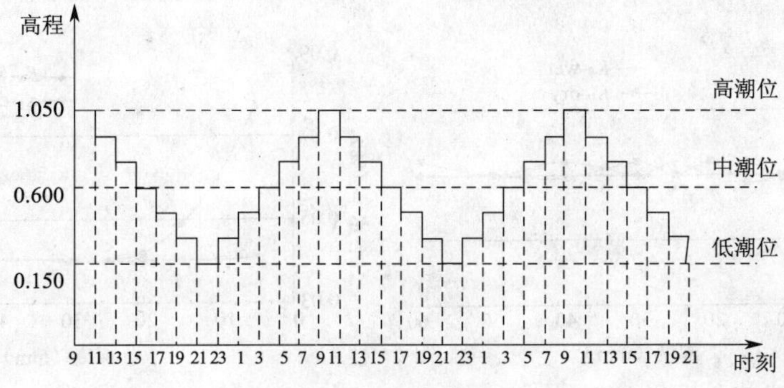

图 4—39　A 水池的涨落潮制度

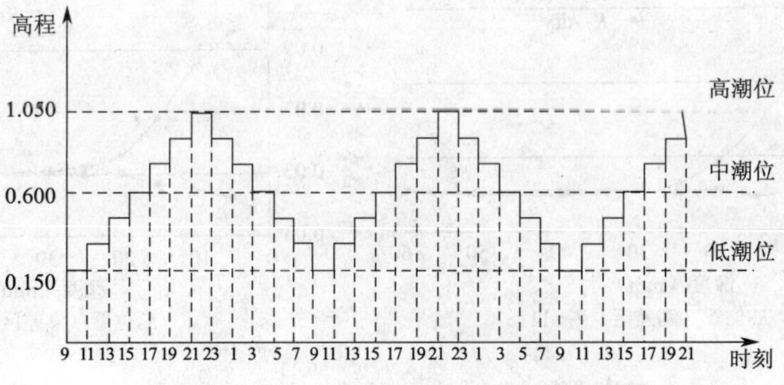

图 4—40　B 水池的涨落潮制度

2）浪溅区和大气区设计

在实际海洋环境中，混凝土浪溅区湿的过程是涨潮至高潮位时，混凝土表面由于海洋波浪的拍打而润湿。本试验通过人工泼水方式来模拟浪溅区混凝土的湿润过程。其具体方法是：在水池 A（或 B）每次涨潮达到最高水位时，向混凝土柱划定的浪溅区域进行人工泼水，频率为 1 次/30 s，持续时间为 30 min。

在实际海洋环境中，大气区氯离子是通过盐雾附着在混凝土表面，然后通过表层的毛细作用和内部的扩散作用传输到混凝土的内部。本试验大气区的形成采用空气加湿器向混凝土柱指定大气区域喷盐雾，加湿器中盐水的浓度和水池相同，出气口距混凝土表面 20 cm。

浸泡区、潮差区、浪溅区和大气区区位划分见图 4—36c。水池中的侵蚀溶液为浓度 5% 的 NaCl 溶液，每周补充溶液一次。

测试试件为 250 mm × 200 mm × 1 500 mm 的普通混凝土柱，具体尺寸如图 4—36b所示。标准养护 28 d 后，将试件除留下一个侧面外，其余表面用环氧树脂予以密封。7 d 后放入水池进行海洋环境下的水分和氯离子侵蚀模拟试验。定期钻取混凝土粉末试样测定混凝土内的湿分布和氯离子浓度分布，不同区位处的取样点分别为图中 K_i 位置，各取样区间对应的干湿时间比 σ_i 见图 4—36b。

3）试验结果分析

第 90 次涨落潮过程中混凝土试件不同高度处的湿含量分布如图 4—41 所示。

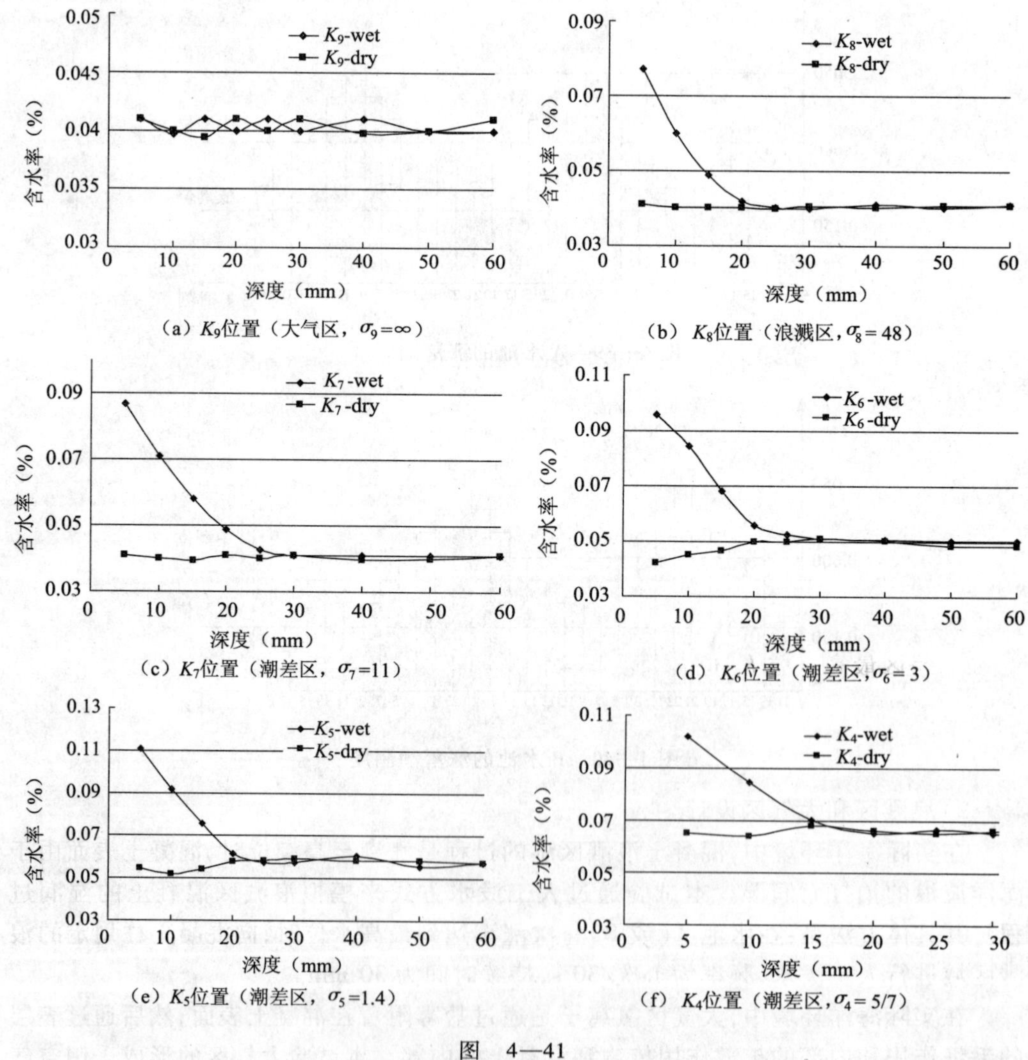

图 4—41

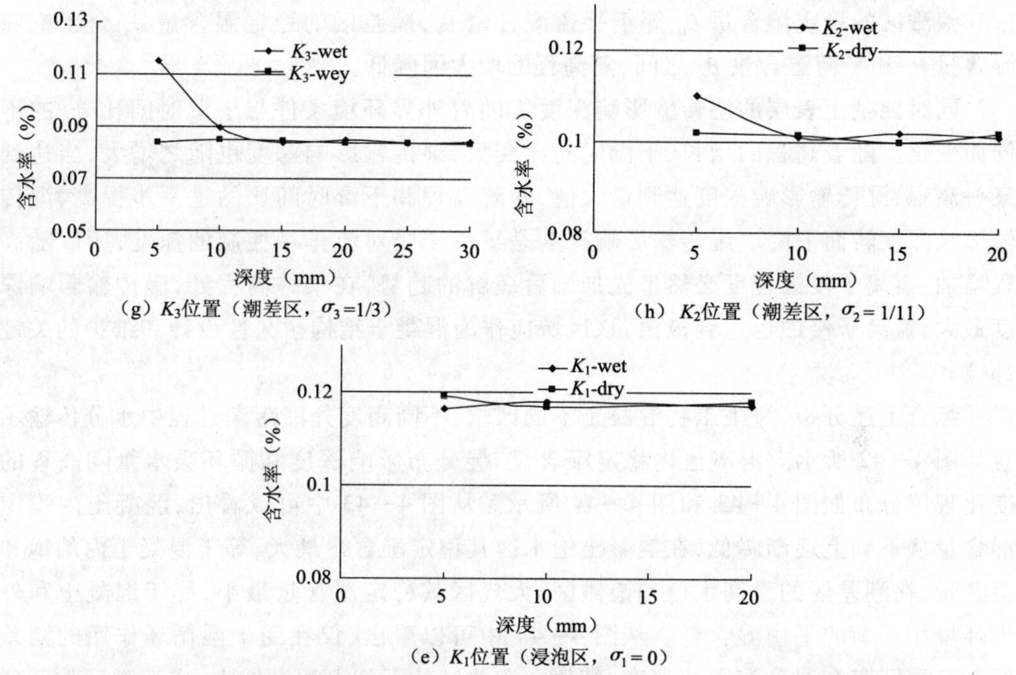

图 4—41　第 90 次循环混凝土试块横断面的湿含量分布

由图 4—41a 可以看出，在第 90 次循环过程中，大气区混凝土试块内的临界湿润线和临界干燥线均为水平线，且基本重合。由前述分析可知，其稳定湿含量和平衡湿含量(0.04%)相等，这表明对于有遮蔽的处于稳定海洋大气环境的混凝土，其内外的湿含量分布较为均匀，湿分布影响深度为 0。

在干湿循环的浪溅区，混凝土的表层在干湿交替过程中湿含量变化比较大，混凝土试块表层 0 ~ 5 mm 处湿含量最低为 0.041，最高为 0.078，湿含量减少量占最大湿含量的 47%，湿分布影响深度 $L\approx20$ mm，其内部的稳定湿含量 θ_0 等于与大气相平衡的湿含量 θ_e(0.04%)，由前述分析可知，由于浪溅区的干湿时间比较大($\sigma_8=48$)，每次循环浪溅吸收的水分在下一次高潮位到来前已全部失去。

潮差区最高水位 K_7 位置处混凝土表层在干湿交替过程中湿含量变化也比较大，在第 90 次循环过程中，该位置处混凝土试块表层 0 ~ 5 mm 处湿含量最大为 0.087，最低为 0.040，湿含量减少量占最大湿含量的 54%，湿分布影响深度 $L\approx30$ mm，其内部的稳定湿含量 $\theta_0=0.042$，和平衡湿含量(0.04%)较为接近；潮差区最低水位 K_2 位置在第 90 次循环过程中，表层 0 ~ 5 mm 处湿含量最大为 0.110，最低为 0.102，湿含量减少量占最大湿含量的 7%。其湿分布影响深度 $L\approx5\sim10$ mm，其内部的稳定湿含量 $\theta_0=0.102$；在第 90 次循环结束后，K_3、K_4、K_5、K_6 位置处混凝土试块横截面湿含量分布见图 4—41d ~ g。

综上所述，浪溅区和潮差区在经历干湿交替过程中，混凝土深部的湿含量将达到稳定。在外界环境不变的条件下，水下区的稳定湿含量 θ_0 等于饱和湿含量 θ_s，大气区和浪溅区的稳定湿含量 θ_0 等于平衡湿含量 θ_e，潮差区的稳定湿含量 θ_0 介于饱和湿含量 θ_s 和平衡湿含量 θ_e 之间，随高程的增大而降低。

同时混凝土表层的湿传输影响深度 L 随着外界环境条件与干湿时间比 σ_i 的不同而变化。随着高程的增长，干湿时间比变大，湿传输影响深度也随之增大，当达到某一高程，湿传输影响深度达到最大值，随着高程和干湿时间比的进一步提高，湿传输影响深度转而下降。湿传输影响深度是氯离子受对流作用控制的深度，所以随高程增加，氯离子侵蚀程度必然呈先加剧后缓解的趋势，在某一高程处，湿传输影响深度最大，氯离子侵蚀也达到极值，该区域应作为混凝土结构耐久性设计和维护的关键部位。

综合上述分析，海工工程混凝土不同区位、不同高度处涨落潮过程中水分传输示意如图 4—42 所示。混凝土内稳定湿含量、湿分布影响深度和循环吸水量随高程的变化规律分布如图 4—43 和图 4—44 所示。从图 4—43 中可以看出，混凝土内稳定湿含量从下到上逐渐降低，在混凝土饱水区其稳定湿含量最大，等于混凝土内的饱和湿含量，在潮差区的最高水位和浪溅区、大气区其稳定湿含量最小，等于混凝土和外界环境相平衡的平衡湿含量。从图 4—44 中可以看出，仅在受干湿循环作用的潮差区和浪溅区存在湿分布影响深度，其值在潮差区从下到上逐渐增大，在浪溅区从下到上逐渐降低，在潮差区和浪溅区的交界处达到最大。循环吸水量随高程的变化规律分布和湿分布影响深度相同。

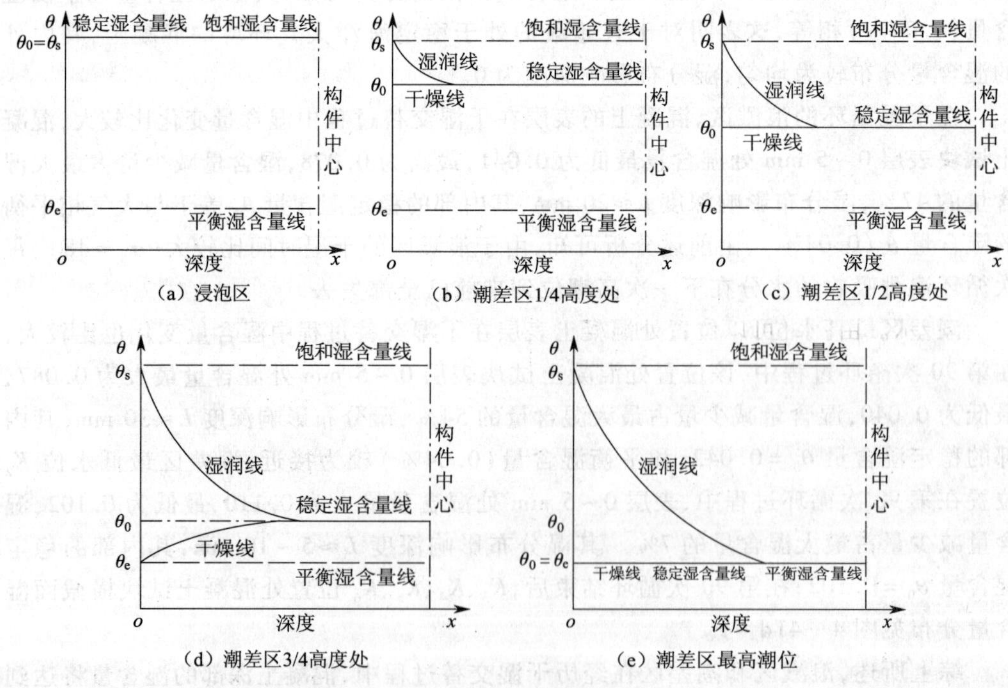

图 4—42

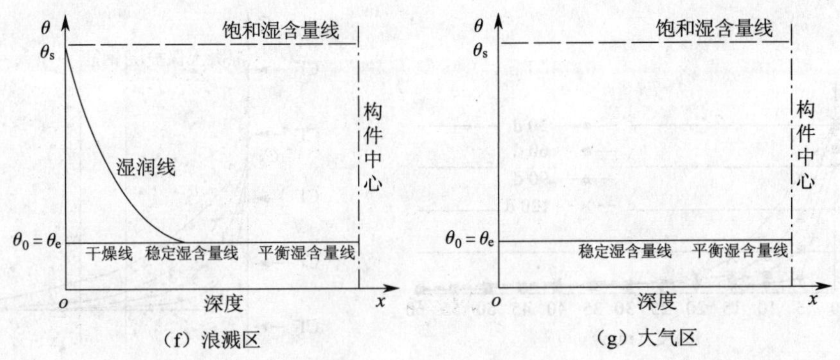

图 4—42　干湿循环条件下混凝土内水分输运过程示意图

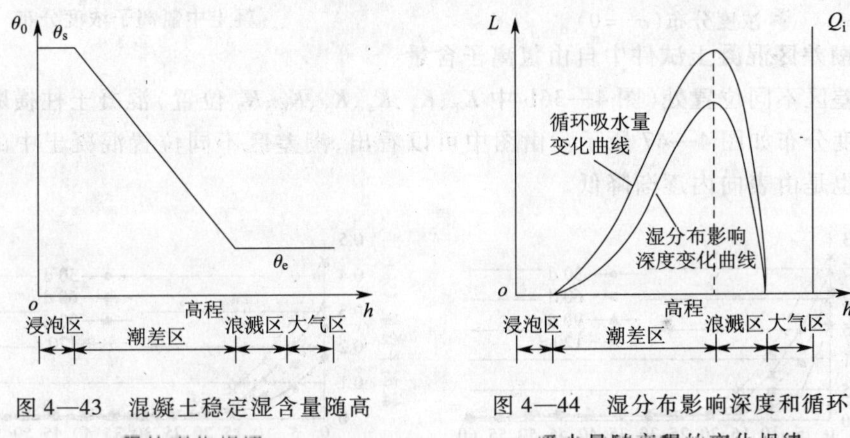

图 4—43　混凝土稳定湿含量随高程的变化规律

图 4—44　湿分布影响深度和循环吸水量随高程的变化规律

4.7　不同环境混凝土中氯离子传输机理

4.7.1　海洋环境

1)水下浸泡区

混凝土柱浸泡区(图 4—36 中 K_1 位置)横断面总氯离子含量分布轮廓如图 4—45所示。由图中可以看出,由于氯离子是由混凝土表面向里侵入,故混凝土中的氯离子含量由表向内逐渐降低,在同一深度处,氯离子含量随着传输时间的延长而增大。混凝土表面的氯离子含量也随时间的延长缓慢增长,并在 3 个月后逐渐趋于稳定,这是因为表层混凝土的取样范围为 0 ~ 2 mm,并非绝对表层所致。水下部分一直接触海水,由于海水中的氯离子浓度保持不变,这样混凝土表层的氯离子含量 C_s 逐渐和海水中的氯离子浓度趋于一致,等于海水中的氯离子浓度。

从湿分布测量结果可以看到,水下区混凝土处于饱水状态没有湿度梯度,氯离子在浓度梯度驱使下从混凝土表层向内部迁移,所以水下区其传输机制主要是饱水混凝土里外氯离子浓度差引起的扩散。其传输速率基本符合 Fick 第二定律。随着侵蚀时间的延长,混凝土中氯离子浓度分布沿曲线 1、2、3、4 变化(如图 4—46 所示)。

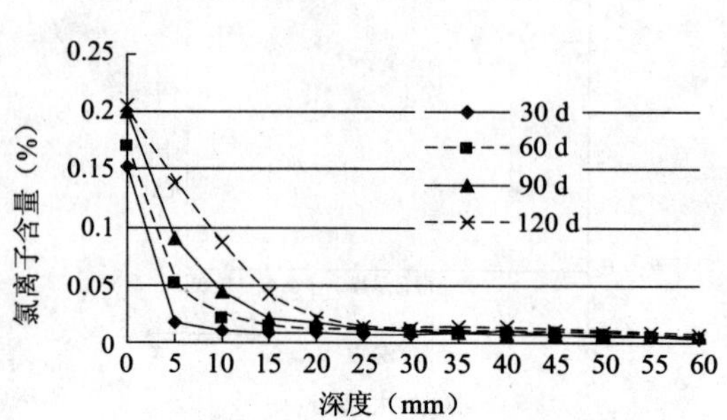

图 4—45　K_1 位置混凝土横断面总氯离子浓度分布（$\sigma_1=0$）

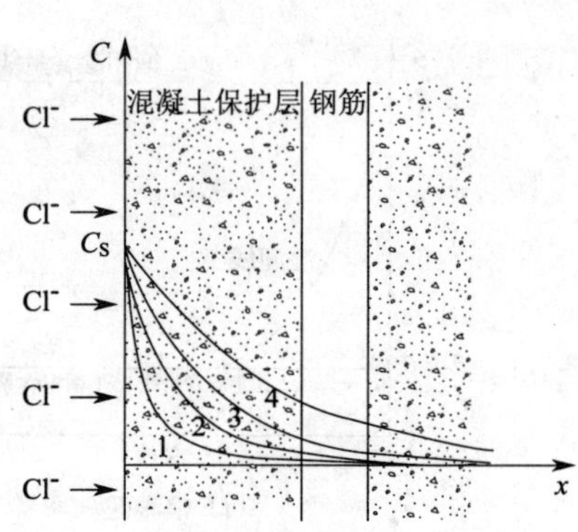

图 4—46　海洋环境水下浸泡区混凝土中氯离子浓度分布

2）潮差区混凝土试件中自由氯离子含量

潮差区不同位置处（图 4—36b 中 K_2、K_3、K_4、K_5、K_6、K_7 位置）混凝土柱横断面氯离子浓度分布如图 4—47 所示。由图中可以看出，潮差区不同位置混凝土中的氯离子含量也是由表向内逐渐降低。

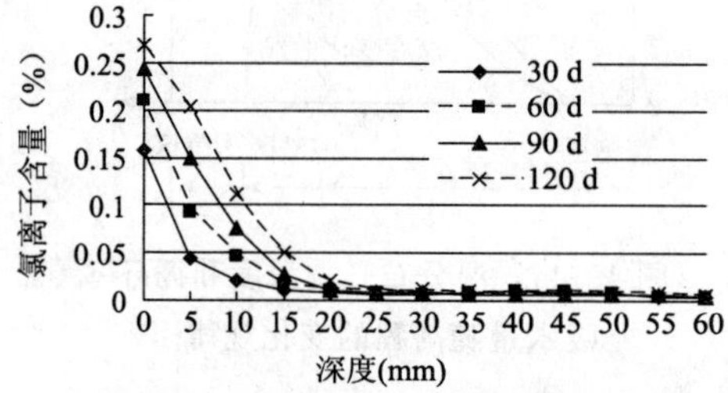

（a）K_2位置混凝土横断面总氯离子浓度分布

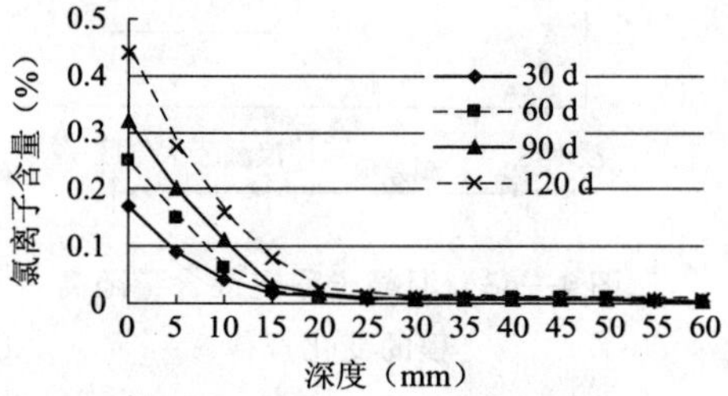

（b）K_3位置混凝土横断面总氯离子浓度分布

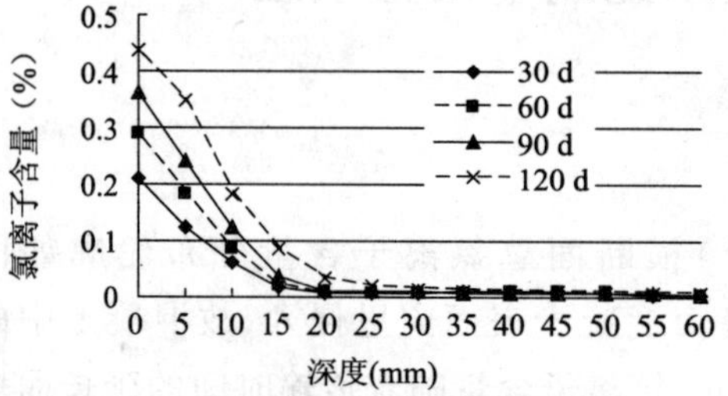

（c）K_4位置混凝土横断面总氯离子浓度分布

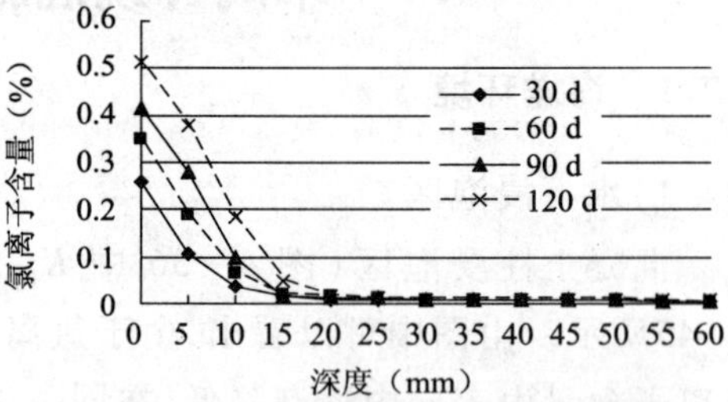

（d）K_5位置混凝土横断面总氯离子浓度分布

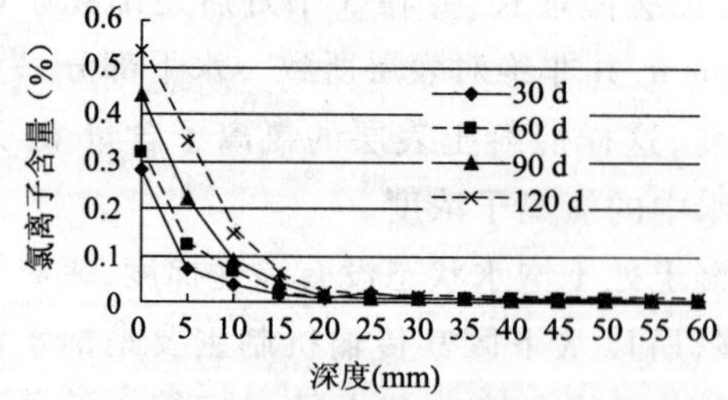

（e）K_6位置混凝土横断面总氯离子浓度分布

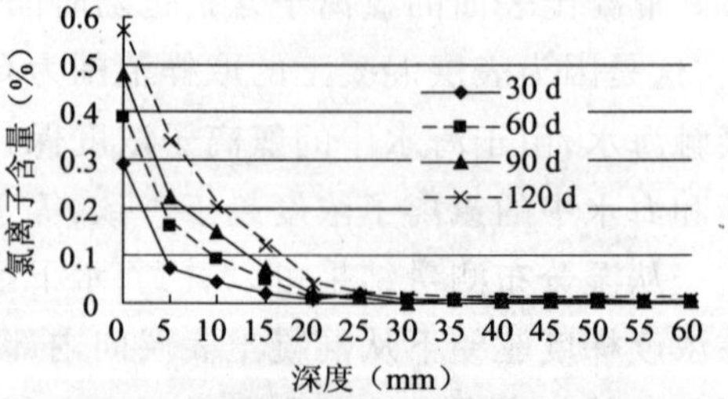

（f）K_7位置混凝土横断面总氯离子浓度分布

图 4—47　潮差区不同位置混凝土横断面总氯离子浓度分布

根据氯离子传输机理，只要存在氯离子浓度梯度，就存在扩散的驱动力，湿度越大，扩散越快。浸泡区混凝土为饱水，潮差区的混凝土湿含量必然低于浸泡区，从扩散机理分析，潮差区氯离子的传输速率应该小于浸泡区。但是对比图 4—46 试验结果可以看出，同一龄期潮差区混凝土试件中任一深度处的自由氯离子含量均明显高于对应深度处浸泡区的氯离子含量，这说明潮差区氯离子的传输和浸泡区不同，不是扩散机理。结合 4.6 节试验结果，潮差区表层 25 mm 以内在干湿循环过程中湿含量变化较大，故该区域氯离子传输机制主要是以毛细吸收和渗流为主；超过 25 mm 后，湿含量基本相同，说明在干湿循环过程中，水分基本无迁移，在该区域氯离子传输机制则是以扩散为主。另外，从图 4—47 可以看出，随着高程的增加，干湿时间比增大，湿分布影响深度对应增大，氯离子侵入速度加快。

目前的研究普遍认为，在混凝土的表层存在对流区(5 ~ 20 mm)，对流区为毛细吸收作用，向内为扩散作用，有文献认为，对流区很小，和混凝土保护层相比可忽略。本试验由于取样精度(5 mm)和试验时间短的限制，没有测出，依照试验结果，对流区确实可以忽略，但还需要长期试验的进一步验证。但需要说明的是，尽管对流区很短，但是对流区后面还存在一个较大范围的渗流区，由 4.6 节试验结果分析可知，在该区域，干湿循环条件下，混凝土湿含量波动比较大，故氯离子的传输机制以非饱和渗流为主。随着深度的增加，混凝土湿含量分布趋于均匀，基本无明显梯度，氯离子的传输机制才是以扩散为主。

任一高度处，混凝土表面的氯离子含量都随时间的延长缓慢增长，这说明潮差区混凝土表面的氯离子存在明显的累积现象。随着侵蚀时间的延长，任一高度处混凝土中氯离子浓度分布沿曲线 1、2、3、4 变化(如图 4—48 所示)。

3)浪溅区混凝土试件中氯离子含量

浪溅区混凝土柱(图 4—36 中 K_8 位置)横断面自由氯离子浓度分布如图 4—49 所示。结合 4.6 节试验结果可知，该区域氯离了传输机制和潮差区相同，但不同的是该区域氯离子的传输速率比潮差区更快。其主要原因为：浪溅区混凝土干湿时间比更大，干湿循环所形成的湿分布影响范围更大；氯离子在表面的累积程度更大，表面有结晶现象。

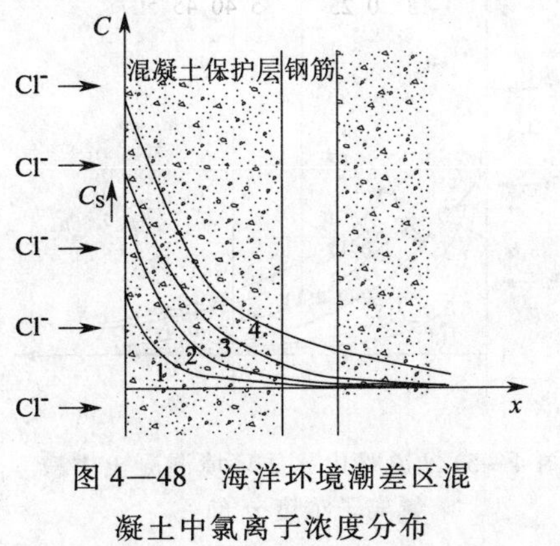

图 4—48　海洋环境潮差区混凝土中氯离子浓度分布

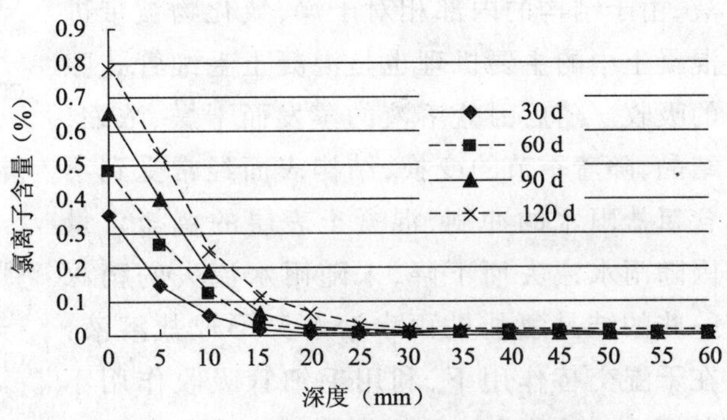

图 4—49　浪溅区混凝土横断面氯离子浓度分布

4)大气区混凝土试件中自由氯离子含量

大气区混凝土柱(图 4—36 中 K_9 位置)横断面自由氯离子浓度分布如图 4—50 所示。由图中可以看出,随着时间的延长,混凝土中的氯离子含量由表向内逐渐降低。和其他区域相比,大气区氯离子的传输速率远低于浸泡区、潮差区和浪溅区。这是因为大气区氯离子来源主要为空气加湿器形成的盐雾,含盐粒子进入到大气中,然后附着于结构物表面,侵入到混凝土内部,这种由空气带来的盐分,受到外界环境的影响,包括环境温度、湿度、风速以及距盐雾发源地的距离等,和浸泡区、潮差区和浪溅区混凝土直接与海水接触相比,氯离子在表面累计速率要慢得多,所以大气区氯离子在表面的累积将是一个长期缓慢的过程,有文献将表面氯离子浓度取为常数,尚缺乏理论依据。

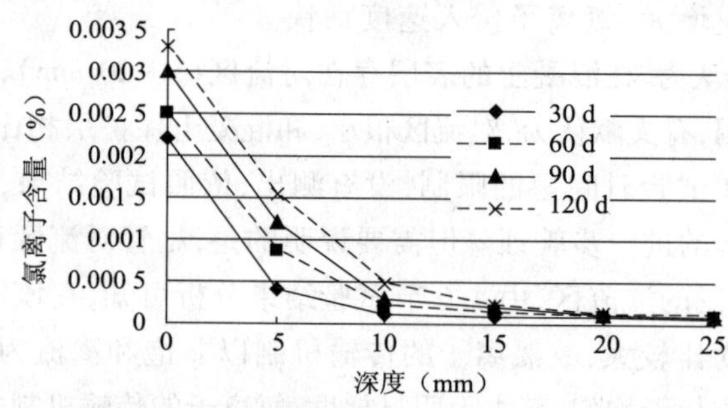

图 4—50　大气区混凝土横断面总氯离子浓度分布

结合 4.6 节试验结果,大气区混凝土表层没有明显的湿度梯度,但有浓度梯度,所以大气区氯离子传输机制是以扩散为主,但是和浸泡区相比其扩散速率要小得多,这是因为氯离子扩散系数是混凝土湿含量的函数,湿含量越大,扩散越快,而大气区湿含量明显小于浸泡区,故其扩散速率也要比其小。

4.7.2　道路化冰盐环境

冬天为了防止路面结冰而向路面撒除冰盐。当对桥梁结构第一次撒盐除冰时,所撒的氯盐将被溶化的冰雪溶解形成盐溶液,由于结构的内部相对干燥,氯化物被带进混凝土中的主要机理也是混凝土毛细管孔隙的吸收。随后因盐溶液的蒸发而干燥、浓缩、结晶,随着季节的变换,结构表面经常受到不含氯盐雨水的冲刷,混凝土表层的氯盐含量因随雨水流失而下降,未随雨水流失的稍深一些的结晶氯盐被雨水溶解又形成盐溶液,在干湿交替作用下,利用毛细管吸收作用不断深入。道路化冰盐环境混凝土中氯离子浓度分布如图 4—51 所示,随着侵蚀龄期的延

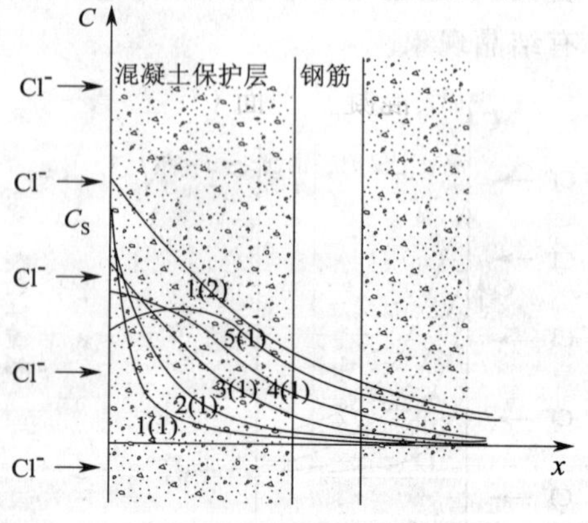

图 4—51　道路化冰盐环境混凝土中氯离子浓度分布

长，混凝土中氯离子浓度分布沿曲线1(1)、2(1)、3(1)、4(1)、5(1)变化，括号内的数字表示撒盐次数。当下一个冬天来临，混凝土表层的氯盐含量因再一次撒盐补充而升高。混凝土中氯离子浓度分布变为1(2)曲线。如此年复一年，在干湿交替作用下，氯化物被混凝土毛细管孔隙的吸收作用更深入地侵入混凝土中。

4.7.3 盐湖和盐碱地

在干热环境中，半浸于盐湖水中的钢筋混凝土柱见图4—52。水位线以下的混凝土饱水，上部区域相对干燥，且水面上混凝土表面的水分不断向空气中蒸发。由于从混凝土中蒸发掉的只是纯水，盐水遗留在混凝土孔隙中，然后地下盐碱水又被混凝土像灯草芯那样地吸进去，充满毛细孔，致使地表或水位线以上的一段混凝土表层孔隙中氯化物浓缩，发生严重的钢筋锈蚀破坏。混凝土桥墩水位以上区域中发生氯离子积聚的现象称为"灯草芯"效应。

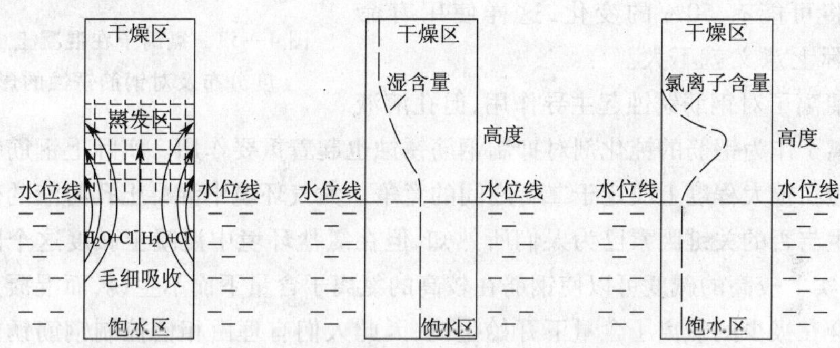

图4—52 盐湖和盐碱地环境混凝土中氯离子浓度分布

4.8 混凝土中氯离子传输相关问题的再认识

氯离子在混凝土中传输不仅和氯离子传输机制有关，而且涉及钢筋脱钝的Cl^-临界浓度、混凝土表面Cl^-浓度、混凝土表层对流区范围等问题，本节结合作者多年的研究成果，就这些问题提出自己的看法。

4.8.1 混凝土中Cl^-浓度的临界值

1)Cl^-浓度临界值研究的重要性

在研究钢筋混凝土的耐久性和使用寿命预测过程中，钢筋脱钝化临界值是一个十分关键的基本问题。当氯离子等有害物质在混凝土中传输、积聚使混凝土中钢筋的钝化膜失去原有的稳定性时，钢筋即开始锈蚀，使钢筋脱钝化或开始锈蚀的有害物质的量或量的组合即为临界值。因此，临界值变量的选取及其数值的大小直接决定了钢筋混凝土使用寿命的长短，因而临界值也就成为钢筋混凝土使用寿命预测中的关键问题。

图 4—53 为氯离子在混凝土中的浓度分布及对钢筋锈蚀的影响图。

目前国内外学者对使钢筋锈蚀始发的氯离子临界值进行了广泛的研究，有的已经给出了氯离子含量临界值的相关范围，但是由于影响氯离子临界值的因素十分复杂，这些因素包括水泥用量、环境条件、氧气供应量、掺和料用量和混凝土实际碱度情况以及钢筋类型、钢筋锈蚀检测判断方法等，因此一般的规程中都是较为笼统地给出一个大致范围，基本上未针对具体使用环境条件给出确定数值或其分布，但混凝土的使用寿命对临界值十分敏感，如果按照 Fick 第二扩散定律计算的话，临界值变化 25% 使用寿命将可能有 50% 的变化，这样使用寿命的预测实际上意义就不大。

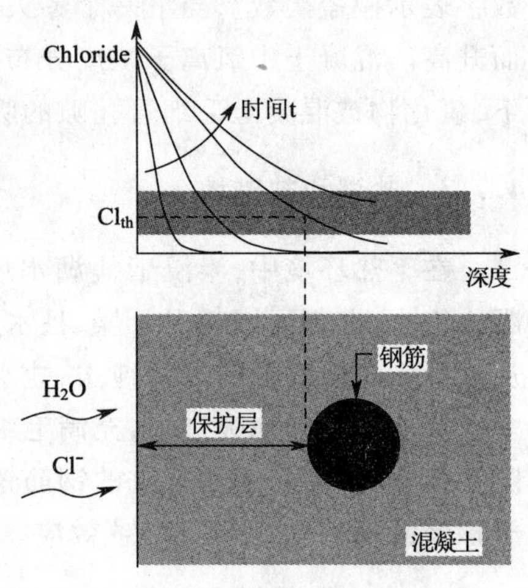

图 4—53　氯离子在混凝土中的浓度分布及对钢筋锈蚀的影响

尽管氯离子对钢筋锈蚀起主导作用，但孔溶液的氢氧根离子作为钢筋的钝化剂对抑制钢筋锈蚀也起着重要作用。实际上钢筋锈蚀始发时间的长短在很大程度上决定于二者之间的竞争。大气环境中混凝土孔溶液的碱度是钢筋锈蚀发生与否的关键因素已为人们所熟知，但在氯盐环境中混凝土碱度这个因素常常被忽略，事实上较高的碱度可以使钢筋在较高的氯离子含量下而不生锈，而混凝土碱度降低则钢筋会在极少的氯离子含量下开始生锈，因此人们有理由相信控制钢筋锈蚀始发的不仅仅是氯离子含量一个因素，混凝土的碱度也是一个不容忽视的重要因素。所以早在 20 世纪 60 年代末，研究者们就认识到氯化物引起混凝土中钢筋的去钝化并不单纯取决于钢筋周围混凝土孔隙液的游离氯离子的浓度，更科学合理的参数是$[Cl^-]/[OH^-]$。

2）混凝土中 Cl^- 的“临界值”的研究现状

（1）钢筋置于模拟混凝土孔隙液中所得的研究结果

由于混凝土保护层将钢筋与外界环境隔离开，钢筋电化学腐蚀过程中的气相、液相、离子等物质的传输均在混凝土内部进行，这给钢筋脱钝化临界点的判断带来了很大困难，因此，很多学者通过模拟混凝土孔隙液进行了 Cl^- 临界值的研究。文献[133]总结：Hausmann 将 400 多根钢筋置于碱溶液和含氯盐的碱溶液中，研究了不同 pH 值的碱溶液及饱和氢氧化钙溶液中氯化物浓度与钢筋锈蚀的关系，总结出在 pH 值 11.60～12.40 范围内引起钢筋锈蚀的$[Cl^-]/[OH^-]$值约为 0.60。其他一些后续研究再现了这一结果，并通过电化学测试技术，声发射技术进行了校验支持。Hausmann进一步研究认为，大部分钢筋混凝土中$[Cl^-]/[OH^-]$的临界值为 0.66～1.40。Gouda 的研究将碱溶液的 pH 值范围扩大为 11.75～13，Diamond 仔细分析了 Gouda 的试验数据并用氢氧化钠活度系数根据具体 pH 值估计了$[OH^-]$，结果表明随 pH 值增加，$[Cl^-]/[OH^-]$也随之增加，当 pH 值在 11.6～12 时，Hausmann 的

[Cl^-]/[OH^-]值约为0.60的结果是合理的。

需要指出的是上述试验结果都是基于将钢筋置于碱溶液中做出的试验结果，有研究认为将钢筋置于模拟混凝土孔溶液中进行电化学腐蚀试验难以符合钢筋在混凝土中的实际状态，所得结果往往与实际相差较大。

(2)钢筋浇注于砂浆/混凝土基体中所得研究结果

Yonezawa[134]将钢筋置于碱溶液和置于水泥砂浆中同时进行了研究，发现将钢筋置于水泥砂浆中钢筋锈蚀的[Cl^-]/[OH^-]值要大得多。Hussain S. E. 等人也发现将钢筋置于水泥砂浆中，当pH值在13.26～13.36时，对于硅酸盐水泥水灰比0.55左右的水泥浆体、砂浆或混凝土[Cl^-]/[OH^-]值为1.28～2.0，且随碱度提高[Cl^-]/[OH^-]临界值有降低的趋势。

文献[287]将目前国内外砂浆/混凝土基体中钢筋锈蚀临界值的研究成果总结如表4—3和表4—4。

表4—3 不同试验条件下钢筋钝化膜破坏临界值[135]（一）

作者及年代	总氯离子(%)	自由氯离子(mol)	[Cl^-]/[OH^-]	试样类型	暴露条件
Page etc.(1986)	0.4	0.11	0.22	净浆	试验室
Andrede and Page			0.15～0.69	掺盐水泥浆	试验室
Elsener etc.(1986)	0.25～0.5			砂浆	试验室
Hausmann(1987)			0.6	模拟液	试验室
Yonezawa etc.(1988)			1～40	砂浆/溶液	试验室
Hansson etc.(1990)	0.4～1.6			砂浆	试验室
Thomas etc.(1990)	0.2～0.7			混凝土	海水中
Schiessl etc.(1990)	0.5～2			混凝土	试验室
Lambert etc.(1991)	1.6～2.5		3～20	混凝土	试验室
Tuutti(1993)	0.5～1.4			混凝土	试验室
Henriksen(1993)	0.3～0.7			结构	室外
Pettersson(1993)		0.14～0.18	2.5～6	砂浆	试验室
Bamforth et al.(1994)	0.4			混凝土	室外

表4—4 不同试验条件下钢筋钝化膜破坏临界值[136]（二）

试验条件	总氯离子(占砂浆质量百分比)	自由氯离子(占砂浆质量百分比)	[Cl^-]/[OH^-]	检测方法
内掺Cl^-试件	0.5～2.0			宏电池电流法
	0.079～0.19			交流阻抗法
	0.32～1.9			失重法
	0.78～0.93	0.11～0.12	0.16～0.26	
	0.45(SRPC)	0.10	0.27	
	0.90(15%粉煤灰)	0.11	0.19	半电池电位法
	0.68(30%粉煤灰)	0.07	0.21	
	0.97(30% GGBS)	0.03	0.23	

续上表

试验条件	总氯离子(占砂浆质量百分比)	自由氯离子(占砂浆质量百分比)	[Cl⁻]/[OH⁻]	检测方法
外渗 Cl⁻试件	0.227	0.364	1.5	极化法
	0.5~1.5			半电池电位法
	0.7(普通水泥)			失重法
	0.65(15% 粉煤灰)			
	0.5(30% 粉煤灰)			
	0.2(50% 粉煤灰)			
	1.8~2.9			极化法
	0.6~1.4			宏电池法
构件	0.2~1.5			失重法

从以上研究结果可以看出,在已有的临界值的表征中,并没有一个确定的临界值含量,如总氯离子从最低值 0.2% 到最高值 2.5% 相差超过 10 倍,[Cl⁻]/[OH⁻]比值也从 0.12~40,显然这些临界值都是在一个较大的范围内给出,这样的结果实际上其意义将十分有限,这样的[Cl⁻]/[OH⁻]比值也无法指导混凝土耐久性设计和使用寿命预测的实践。

3)造成 Cl⁻临界值差距很大的原因

(1)钢筋脱钝的判定条件不一

钢筋脱钝化主要由孔溶液中离子浓度及其组合参数决定,但钢筋锈蚀的检测方法及判断准则也是影响临界值试验结果的重要因素。常用的钢筋脱钝的判定方法有观测法、腐蚀电位法、腐蚀电流法 3 种。

观测法是以肉眼观测到钢筋表面产生锈斑代表钢筋脱钝。这种方法带有很大的主观性,不同的人判断的结果相差很大,而且钢筋锈蚀是一个非常缓慢的过程,在钢筋表面出现明显的锈斑时,钢筋的锈蚀程度早已远远超过了脱钝临界点。腐蚀电位法是以钢筋锈蚀电位发生某种变化来判断钢筋脱钝。腐蚀电流法是以腐蚀电流达到一定程度代表钢筋脱钝。当钢筋表面的氯离子浓度尚未达到临界浓度时,钢筋尚处于钝化状态,其腐蚀电位较高,腐蚀电流很低,而当钢筋表面的氯离子浓度达到临界浓度后,钢筋由钝化转入活化状态时,其腐蚀电位急剧降低,腐蚀电流迅速上升,腐蚀电位和腐蚀电流均出现一个明显的拐点,之后腐蚀电位和腐蚀电流均逐渐趋于稳定。腐蚀电位和腐蚀电流突变时所对应的钢筋表面的氯离子含量即为临界氯离子含量。

在模拟混凝土孔溶液中氯离子在钢筋表面的分布状况较为均匀,在钢筋的脱钝前后,钢筋的腐蚀电位和腐蚀电流应该像预想的那样发生突变。而在氯离子外侵混凝土结构中,由于混凝土的非匀质性,氯离子侵蚀过程中必然在钢筋表面的某一点率先达到氯离子临界浓度而脱钝,随着侵蚀时间的延长,钢筋的脱钝麻点逐渐增多,每个脱钝麻点面积也逐渐增大,从而逐渐由点及面,钢筋的锈蚀电位和腐蚀电流也都随之逐渐变化，并逐渐趋于稳定，而不可能像想象的那样发生突变（如图4—54所示）。脱钝前后钢筋的锈蚀电位和腐蚀电流的逐渐变化使得这两种方法的判定临界点都变得非常模糊，这也是不同研究者得出结果差别很大的主要原因。而且无论以哪一时刻作为临界点，在这一时刻混凝土保护层深度处的氯离子沿钢筋纵向的分布也是极不均匀的。

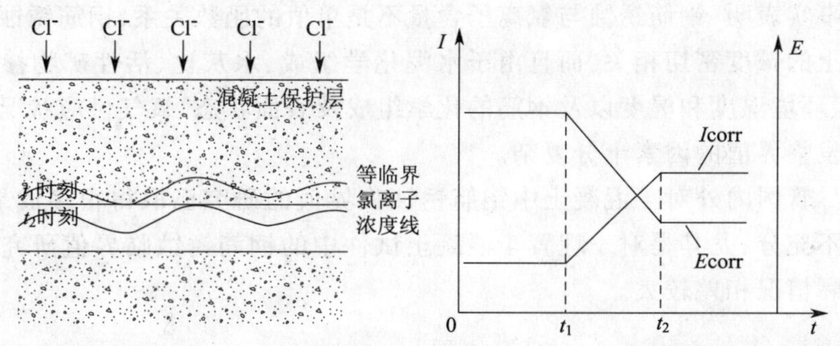

图4—54　混凝土非匀质性对氯离子临界值的影响

(2)引起钢筋脱钝发生的试验方法不统一

引起钢筋脱钝发生的试验方法目前主要有混凝土模拟孔隙液法、掺氯盐法、自然浸泡氯离子渗透法和电场加速氯离子渗透法。由于对钢筋脱钝临界点的试验方法缺乏一致性，无法对不同作者采用不同测试方法得出的结果进行比较，这也是目前钢筋脱钝化临界值较为混乱的一个重要原因。

(3)钢筋脱钝临界值的表述方法各不相同

对于钢筋钝化膜破坏临界值常用的参数有总 Cl^- 含量、游离 Cl^- 含量和 $[Cl^-]/[OH^-]$。一般认为游离氯离子是引起钢筋锈蚀的主要因素而并非是氯离子总量，也就是钢筋锈蚀始发时间的长短在很大程度上取决于混凝土孔隙液中游离氯离子浓度或者游离氯离子浓度与氢氧根离子浓度的比值。这里需要注意的是前两个参数是氯离子含量，其值一般通过钻取钢筋表面处的混凝土粉末测定，以占水泥或混凝土的质量百分比表示，其单位是 kg/m^3。这两种表达发生可以通过公式(4—44)进行转换；而最后一个参数是浓度比，其氯离子浓度值一般通过榨取混凝土孔隙液测定，对于外渗氯离子的情形由于氯离子分布不均采用压滤试验获得钢筋周围混凝土孔溶液是十分困难，另外孔隙液中氯离子的量是一个浓度值，其单位是 mol/L，其值受混凝土湿度影响较大。在自由 Cl^- 含量（占水泥或混凝土的质量百分比）不变的条件下，混凝土湿度越大，混凝土孔溶液中游离氯离子浓度越低，氯离子浓度和氯离子含量没有直接的对应关系。也有文献[135]认为不适合选择 $[Cl^-]/[OH^-]$ 比值作为钢筋锈蚀的临界参数。

$$[Cl^-]_{(\%C_{ce})} < \frac{[Cl^-]_{(\%C_{con})}\rho_{con}}{C_{ce}} \qquad (4—44)$$

式中 $[Cl^-]_{(\% C_{ce})}$——以占水泥的质量百分比表示的氯离子含量；

$[Cl^-]_{(\% C_{con})}$——以占混凝土的质量百分比表示的氯离子含量；

ρ_{con}——混凝土密度；

C_{ce}——水泥用量。

(4)钢筋脱钝临界值的影响因素众多

大量事实表明，钢筋锈蚀与氯离子含量不是单值的函数关系，钢筋锈蚀临界值确实与混凝土的碱度密切相关，而且由于水泥化学组成、水灰比、活性矿物掺和料的种类及用量、环境温度和湿度以及钢筋的化学组成及表面状态、氧气供应状况等影响钢筋锈蚀始发临界值的因素十分复杂。

所以尽管国内外对于混凝土中钢筋锈蚀临界值的研究已取得很多成果，但这些结果还很不充分，尤其是对于埋置于混凝土试件中的钢筋锈蚀临界值研究所得结果往往与实际情况相差较大。

4.8.2 混凝土表面的氯离子浓度

1)混凝土表面氯离子浓度研究的意义

氯离子向混凝土内的传输和混凝土表面的氯离子浓度有关，美国 Life 365 认为表面氯离子浓度是氯离子在混凝土中传输的主驱动力，表面的氯离子浓度越高，相对而言，向混凝土内部传输的速率则会越快。

表面氯离子浓度不会对氯离子的扩散系数或渗透系数产生影响，因为氯离子扩散系数和渗透系数是混凝土本身内部的性能，与外界因素无关。但是，从 Fick 第二定律和 Darcy 定律的解析表达式中可以看出，混凝土结构表面的氯离子浓度也是影响结构耐久性的一个重要因素。在试验的过程中就出现了这样的现象，有些混凝土虽然其实测的扩散系数和渗透系数很小，但是由于混凝土表面氯离子浓度很大，在距离表面一定范围内的深度处仍然有较多的氯离子积累。因此，评价一种混凝土的耐久性，单凭扩散系数和渗透系数的大小有失偏颇，表面浓度也是一个重要因素。混凝土表面累积的氯离子浓度是氯离子传输速率模型的边界条件。表面氯离子浓度的正确确定对于氯离子侵蚀模型的建立是十分重要的。

混凝土表面的氯离子浓度分为两种情况：一种是指与混凝土表面相接触的侵蚀源环境介质中的氯离子浓度，这种环境介质一般为氯盐溶液（如海水）或液滴（如盐雾），其浓度一般用氯离子在溶液中的质量百分比表示，它可以近似看成一个不变的量。另一种是指氯离子在混凝土表面累积的量，这是一个随时间变化的变量，一般可以取混凝土表层的粉末试样通过化学分析测定，用氯离子占混凝土或胶凝材料的质量百分比表示。我们常说的混凝土表面的氯离子浓度一般是指后一种。

2)混凝土表面的氯离子浓度的取值

在目前的研究中，混凝土表面的氯离子浓度随环境条件而变化，在某一确定的环境条件下，大都将混凝土表面的氯离子浓度 C_s 取为定值。挪威(Hellend)的资料提出在潮汐及浪溅区等恶劣情形下设计时取胶凝材料质量的0.9%是合理的设计取值[137],这一值大约是水泥质量的6%。Amey[138]等人在预测海洋工程使用寿命的分析中,取 C_s 为每方混凝土中19 kg,约为混凝土中胶凝材料质量的5%或混凝土质量的0.8%。

Bamforth[139,140]在一项8年暴露试验和对英国海洋调查的基础上,提出浪溅区的混凝土表面氯离子浓度通常占混凝土质量的0.3%~0.7%,有时高达0.8%;当混凝土中有矿物掺和料时,C_s 增加,浪溅区混凝土表面的 C_s 值还与迎风或背风方向有关。Bamforth建议,用于设计的表面氯离子浓度 C_s 值可按表4—5取值。如近似取每立方混凝土的胶凝材料质量为400 kg,则按胶凝材料质量表示的 C_s 值见同一表内括号内的数值。

表4—5　表面氯离子浓度 C_s(混凝土种氯离子与混凝土质量的比值,%)

混凝土	海洋浪溅区	海洋浪雾区	海洋大气区
硅酸盐水泥混凝土	0.75(4.5)	0.5(3)	0.25(1.5)
加有掺和料的水泥混凝土	0.9(5.4)	0.6(3.6)	0.3(1.8)

2002年出版的日本土木学会混凝土标准中,提出了近海大气区混凝土表面的氯离子浓度[141],如表4—6。

表4—6　近海大气区混凝土表面的氯离子浓度(日本土木学会标准,%)

浪溅区	离海岸距离(km)				
	岸线附近	0.1	0.25	0.5	1.0
0.65	0.45	0.225	0.15	0.1	0.075

注:表中浓度用每方混凝土质量的相对比值表示。

我国交通部四航局科研所[142]通过实测试验,得到海洋环境下混凝土表面氯离子浓度的平均值,见表4—7。

表4—7　四航局实测表面氯离子浓度(混凝土质量百分比)

暴露区域	大气区	浪溅区			潮差区			水下区	
水灰比	—	0.55	0.45	0.4	0.55	0.45	0.4	0.65	0.55
C_s	2.95	0.423	0.404	0.329	0.585	0.519	0.509	0.565	0.470

注:表中大气区氯离子浓度单位是 kg/m³。

欧洲Duracrete文件[143]认为表面氯离子浓度与环境条件、混凝土的水胶比及胶凝材料总类有关,采用下式确定混凝土表面氯离子浓度:

$$C_{sa} = A_c \cdot (W/B) \tag{4—45}$$

式中,A_c 为拟合回归系数,单位用混凝土胶凝材料的百分比表示,具体见表4—8。这里的表面氯离子浓度用混凝土中胶凝材料质量的相对比值表示。

根据Duracrete提供的 A_c 值(表4—8),算出部分水胶比下硅酸盐水泥混凝土的表面氯离子浓度见表4—9。

表4—8 拟合系数

海洋环境 \ 胶凝材料	硅酸盐水泥	粉煤灰	矿渣	硅灰
水下区	10.3	10.8	5.06	12.5
潮汐、浪溅区	7.76	7.45	6.77	8.96
大气区	2.57	4.42	3.05	3.23

表4—9 混凝土表面氯离子浓度 C_s(与胶凝材料质量的比值,%)

海洋环境 \ 水胶比	0.3	0.35	0.40	0.45	0.50
水下区	0.537 35	0.626 91	0.716 47	0.806 03	0.895 59
潮汐、浪溅区	0.405 19	0.472 31	0.539 79	0.607 26	0.674 72
大气区	0.133 9	0.156 51	0.178 77	0.201 2	0.223 46

Stewart[144,145]等建议,不同环境条件下表面氯离子浓度参数按表4—10取值,表中 C_s 的概率分布取为对数正态分布,如近似取每方混凝土的胶凝材料质量为400 kg,每方混凝土的质量为2 300 kg,则按混凝土质量表示的 C_s 值见表4—10中括号内数值。

表4—10 Stewart建议的表面氯离子浓度(kg/m^3)

环境划分	平均值	变异系数
海洋潮差区	7.35(0.32%)	0.70
近海大气环境0.1 km	2.95(0.13%)	0.70
距海岸1 km	1.15(0.32%)	0.50
正常大气环境	0.03(0.32%)	0.50

以上可以看出,各资料或工程设计方法中提供的表面氯离子浓度值差异性很大。如对于潮汐浪溅区,Stew art建议取值为7.35 kg/m^3,而美国ACI365委员会则取为0.8%(与混凝土质量的比值),若取每方混凝土质量约为2 300 kg,即为18.4 kg/m^3,二者相差很大。这是由于氯离子浓度受多种因素影响,而对于不同的国家、不同的海洋环境、不同的测试条件及不同的表示方法(以每方混凝土中的氯离子质量表示或是以氯离子质量与混凝土或胶凝材料质量的比值表示)等,使表面氯离子浓度的取值具有很大的离散性。

3)混凝土表面氯离子浓度的可变性

(1)不同暴露条件混凝土表面氯离子浓度的可变性

研究表明,混凝土表面的氯离子浓度因不同地区和不同暴露条件而变化。对于海洋环境下的结构物,水下区、水位变动区、浪溅区和大气区都有各自的氯离子源。水下部分的混凝土长期接触海水,氯离子源稳定,混凝土表面的氯离子浓度就是海水的氯离子浓度,是不随时间变化的稳定值(一般取海水中氯离子的浓度 19 kg/m^3)。另外浸没于海水中,即使氯离子能渗透到钢筋表面,由于表面缺氧钢筋也难以锈蚀。除了浸没在海水中的情况外,其他情况下表面的氯离子浓度均与时间累积有关,因此又称之为表面氯离子的累积浓度。所以在非浸泡环境中的混凝土表面的氯离子累积浓度往往是变化的。

中国矿业大学通过人工气候室的双水池互抽水潮汐模拟试验系统实现对海洋环境涨落潮的模拟,通过鼓浪系统实现对海浪飞溅环境的模拟,通过气候室中的盐雾和温湿度控制、鼓风、日照等试验装置实现对海洋大气环境的模拟(如图 4—36 所示)。

试验对象为钢筋混凝土柱,水池中的溶液浓度为 10% 的 NaCl。每间隔一定的时间刮取表层(0 ~ 2 mm)混凝土粉末试样进行化学分析,对海洋环境不同的区域及同一区域的不同高度处混凝土表面的氯离子累积浓度进行了对比研究。研究结果如图4—55所示。

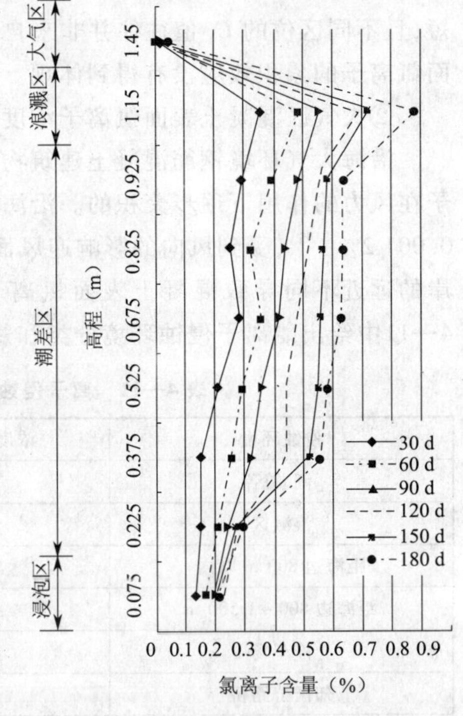

图 4—55 海洋模拟环境不同区位混凝土的表面氯离子浓度

对于水下浸泡区,氯离子源恒定,表层氯离子含量应该为常数,且保持不变。由于刮取混凝土粉末试样时,总要提取一定的深度,不可能完全代表混凝土的绝对表面。严格地讲,图 4—55 中水下浸泡区的表层氯离子含量应该是 0 ~ 2 mm 深度范围的表面混凝土层中氯离子含量的平均值。从图中可以看出,在试验初期混凝土表层氯离子含量随试验龄期的延长而增大,3 个月后基本达到稳定;对于浪溅区、潮差区和大气区,氯离子在混凝土表面有明显的累积现象,其中浪溅区氯离子在混凝土表面的累积程度最大,6 个月后浪溅区混凝土表面已出现明显的结晶现象;潮差区混凝土试件随着高度的升高,表层氯离子含量逐渐增大;大气区混凝土表层氯离子含量最低,累积速率远低于潮差区和浪溅区。

(2)大气区混凝土表面氯离子浓度的可变性

①大气区混凝土表面氯离子浓度的空间可变性

Fluge[146] 调查挪威的海上大桥后,发现箱梁受到大气盐雾作用累积在构件表面的氯离子浓度,随着离海平面高度方向距离的增加而降低。

近几年,更多的调查研究资料表明,近海的盐雾可以飘向离海很远的陆地。Mc-

Gee[147,148]对澳大利亚塔斯马尼亚州 1 158 座桥梁进项现场检测后得出了近海大气区混凝土表面氯离子浓度随建筑物距离海岸的距离 d 变化的函数：

$$\begin{aligned}&C_s(d)=2.95\ \text{kg/m}^3 && d<0.1\ \text{km}\\&C_s(d)=1.15-1.81\log_{10}(d) && 0.1\ \text{km}<d<2.84\ \text{km}\\&C_s(d)=0.03\ \text{kg/m}^3 && d>2.84\ \text{km}\end{aligned} \tag{4—46}$$

McGee 检测的 C_s 值为现场调查统计得到，调查时间和结构的使用寿命相比较短，且不同区位的 C_s 值往往并非来自同一结构和同一龄期，致使大气环境混凝土表面氯离子的累积效应没有得到体现。

②大气区混凝土表面氯离子浓度的时变性

沿海大气环境钢筋混凝土建筑物表面累积的氯离子主要是由空气中夹带的氯离子在风力的作用下逐步聚积的。沿海环境一般大气条件下，空气中的氯离子浓度为 0.001 2%[149]，受到风向的影响迎风面建筑物表面氯离子累积速率最快，同时距离海岸的远近不同导致混凝土表面氯离子浓度年累积率和最大氯离子浓度不同。表 4—11中给出氯离子侵蚀环境分类和氯离子浓度年累积率[150]。

表 4—11 离子侵蚀环境分类和氯离子浓度累积率

侵蚀环境	浓度累积率（%/year）	最大浓度（%）
潮差区	—	08
浪溅区	0.1	1.0
距海边 800 m 以内	0.04	0.6
距海边 800 ~1 500 m	0.02	0.6
停车场	0.015 ~ 0.08	0.8 ~ 1.0
郊区公路桥	0.01 ~ 0.56	0.56 ~ 0.7
市区公路桥	0.02 ~ 0.07	0.68 ~ 0.85

关于 $C_s(t)$ 函数的确定，有各种不同的看法：

文献[151]认为 $C_s(t)$ 随时间呈线性变化，即

$$C_s(t)=kt \tag{4—47}$$

Liu 和 Weyers[152]从混凝土桥梁的实测结果发现，表面氯离子浓度的增长接近于时间的平方根函数，即

$$C_s(x=0,t)=kt^{1/2} \tag{4—48}$$

式中，k 为表面氯离子浓度经验常数，在 3 ~ 12 kg/m^3 之间取值。

如果考虑最初的表面氯离子 C_0，则公式可进一步表示为

$$C_s(t)=C_0+kt^{1/2}$$

文献[153]认为 $C_s(t)$ 随时间呈指数变化，即

$$C_s(t)=C_0(1-e^{-kt}) \tag{4—49}$$

文献[154]假定 D 恒定，取为 $2.0\times10^{-8}\ \mathrm{cm^2/s}$，保护层厚度 50 mm，$k=2\ \mathrm{kg/(m^3\cdot a)}$，初始时刻混凝土表面的氯离子浓度 $C_{s0}=2.95\ \mathrm{kg/m^3}$，则钢筋表面氯离子浓度随时间的变化曲线如图 4—56 所示。

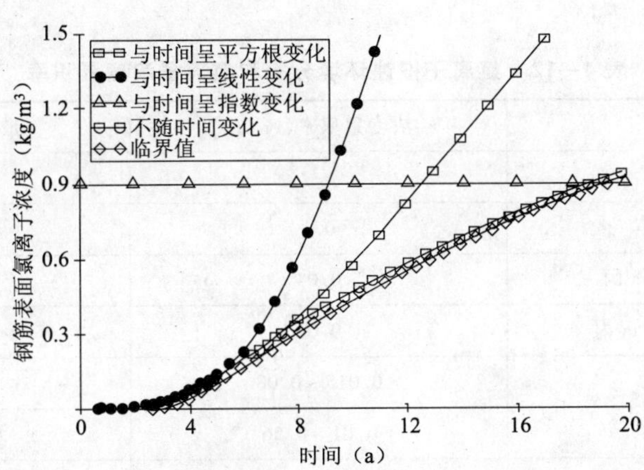

图 4—56　不同混凝土表面氯离子浓度模型的影响

根据图 4—56 可知，按照混凝土表面氯离子浓度随时间呈线性变化计算，钢筋表面氯离子浓度最早达到临界值，按照氯离子浓度随时间呈指数变化和不随时间变化的计算结果基本一致。为保证设计安全，在计算大气区构件的钢筋锈蚀时，应按照表面氯离子浓度随时间呈线性变化。

也有文献[155]认为，混凝土表面氯离子累积浓度不会无休止地累积，对于不同环境条件，当混凝土表面氯离子累积浓度达到某一个值时，就不会再增大，达到一个稳定的状态，图 4—57 给出直观的表示。

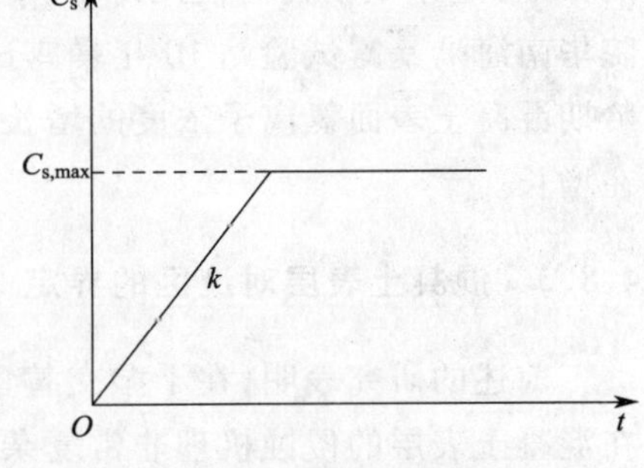

图 4—57　混凝土表面氯离子累积浓度变化规律

由此可得混凝土表面氯离子浓度累积的变化满足如下关系：

$$
\begin{aligned}
C_s &= kt \qquad t<\frac{C_{s,max}}{k}\\
C_s &= C_{s,max} \qquad t\geqslant\frac{C_{s,max}}{k}
\end{aligned}
\tag{4—50}
$$

式中　C_s——混凝土表面氯离子累积浓度[(kg/m³)；

k——氯离子浓度累积率；

$C_{s,max}$——所处环境中表面氯离子浓度可达到的最大值(kg/m³)；

t——构件处于氯离子侵蚀环境中的时间。

氯离子浓度的累积率 k 与混凝土所处的氯离子侵蚀环境有关。环境不同，累积率也不一样。因此,使用时需要对氯离子的侵蚀环境进行分类,而且需要大量的实测数据来确定不同环境下的累积率。文献[156]按照混凝土所处的氯离子侵蚀环境,将它划分为七类,并根据调查和统计资料给出了各种侵蚀环境下氯离子浓度的累积率,详见表4—12[156]。

表4—12 氯离子侵蚀环境分类和氯离子浓度累积率

侵蚀环境	浓度累积率(%/a)	最大浓度(%)
潮差区	—	0.8
浪溅区	0.1	1.0
距离海边800 m内	0.04	0.6
距离海边1 500 m内	0.02	0.6
停车场	0.015~0.08	0.8~1.0
郊区公路桥	0.01~0.56	0.56~0.7
市区公路桥	0.02~0.07	0.68~0.85

这种说法存在的问题它仅是一种主观推测,缺乏理论依据和试验验证,另外即使这种观点成立,那么这段较长的时间到底是多长,1年,10年还是50年?如果这段时间很短(远小于结构的使用寿命),那么可以忽略这种变化。广州四航工程技术研究院华南海港暴露试验站10年暴露试验结果说明普通水泥混凝土($W/C=0.40$)10年龄期混凝土表面氯离子浓度的增长速率每年约为0.018 4%,且10年龄期的C_s值仍在增长。

4.8.3 混凝土表层对流区的界定

前述的研究表明,在干湿交替区域(比如海洋环境的潮差区与浪溅区),氯离子在混凝土表层的侵蚀机理非常复杂,主要依靠毛细管吸收和非饱和渗流作用随孔隙液的流动向混凝土内传输,而在混凝土的深层则仍以扩散作用为主。表层干湿交替作用的影响深度与混凝土材料的配合比、胶凝材料类型、浇筑质量等有关,还与环境条件(如干湿时间比等)有密切联系。文献[26]将这一表层氯离子传输机理复杂的部分称为对流区,对流区深度通常用Δx表示,如图4—58所示。对流区范围的界定非常重要,如果对流区的范围较小,则可以通过改进的Fick定律消除对流区对氯离子传输过程的影响,如果对流区的范围较大,则必须建立于与其传输机理相对应的速率模型。

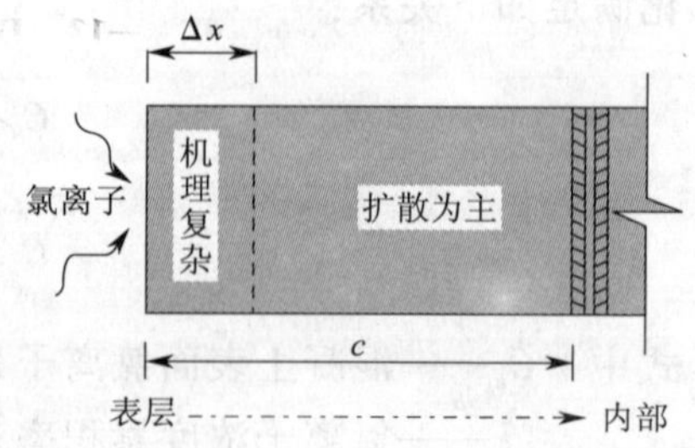

图4—58 氯离子侵蚀机理示意图

文献[25]的研究发现,在干湿循环条件下,在混凝土的表层一般存在一个氯离子浓度的上升段，氯离子浓度的最大值并不在混凝土的表面，而是在距混凝土表面的某一深度处。由于导致混凝土表层出现氯离子浓度上升段的主要原因同样为干湿交替作用，所以目前的研究普遍用混凝土表层氯离子浓度上升段的长度来界定对流区的范围，文献[157]对其形成机理的解释如图 4—61a 所示。如果这一界定条件成立，那么在用 Fick 定律计算氯离子扩散速率时，就可以通过误差函数对实测的氯离子含量深度分布曲线进行最优拟合得到理论上的表面氯离子浓度，用 C_{sa} 表示（如图 4—59 所示）。将 C_{sa} 取代实测的混凝土表面氯离子浓度 C_s 用于 Fick 定律预测氯离子环境下的结构寿命就可以消除对流区对氯离子传输过程的影响。

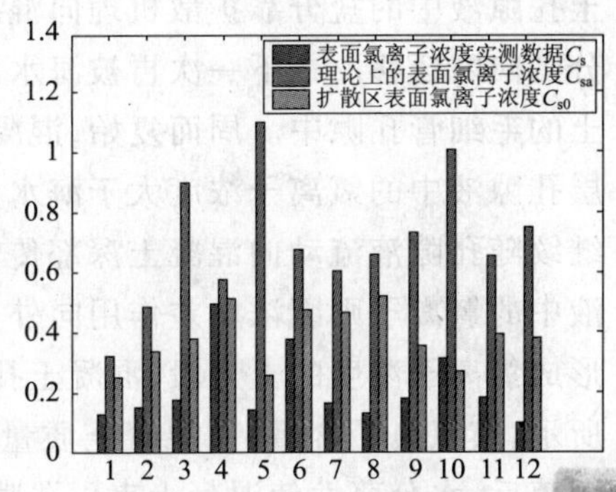

图 4—59　码头 12 个混凝土芯样中 C_s、C_{s0}、C_{sa} 的拟合数据

由于氯离子含量的最大值通常在可测定的混凝土保护层内，所以通过测量氯离子含量分布曲线就可以得到氯离子浓度上升段的长度，目前大都以这一长度代表对流区的影响深度。Gehlen[158]在未考虑距氯离子源距离的条件下，通过对 127 条海洋环境的氯离子含量分布曲线的分析，发现对流区深度 Δx 符合 Beta 分布 B（$\mu = 8.9$ mm；$\sigma = 63\%$；$a = 0$；$b = 50$）。国内通常认为对流区深度为 10 mm 左右[159]。Rincon[160]等则认为对流区深度应为 20 mm 左右。欧洲 LIFECON[158]报告通过对不同组分混凝土材料的对流区深度进行总结得到以下结论：混凝土水胶比每增加 0.1 会导致对流区深度增加 2 ~ 4 mm；即便水胶比低到 0.3，据推算其对流区深度也在 2 ~ 3 mm；掺有硅粉、粉煤灰或高炉矿渣可以使对流区深度降低到对应普通硅酸盐水泥混凝土的 60% 左右。

欧洲 Duracrete[161]中对流区深度 Δx 的取值，与设计时为减轻锈蚀风险所付出的费用和今后修理费用的相对比值有关。如果修理费用不高，设计时的可靠指标或保证率就可以取得低些，设计时分三个等级选用，见表 4—13。

表 4—13　DuraCrete 中关于 Δx 取值的规定

维修费相当于减少风险所需的费用	高	一般	低
Δx(mm)	20	14	8

从上述对流区的定义来看和 4.6 节定义的湿分布影响深度 L 是一致的，其形成的机理与 4.6 节定义的湿分布影响深度的形成机理相同。混凝土表层出现氯离子浓度上升段的原因则是混凝土表层孔隙液的氯离子浓度大于海水的氯离子浓度而引起的向外界海水反向扩散的结果。在海洋环境的潮差区，潮起时，混凝土表层因毛细吸水而迅速饱水，吸入的水分随后在湿度梯度的作用下，以非饱和渗流方式向混凝土内部迁移，在湿分布影响湿度范围内，氯离子的侵入直接由孔隙液流动造成。潮落后，

外界环境又变得干燥，纯水从毛细孔对大气开放的一端向外蒸发，使混凝土表层孔隙液中盐分浓度增高，这样在混凝土表层与内部的孔隙液中形成氯离子浓差，驱使混凝土孔隙液中的盐分靠扩散机理向混凝土内部扩散。这样，风干时水分向外迁移，而盐分则向内迁移。在下一次再被海水润湿时，又有更多的盐分以溶液的形式带进混凝土的毛细管孔隙中。周而复始，混凝土表层的氯离子浓度 C_s 不断增大。当混凝土表层孔隙液中的氯离子浓度大于海水中的氯离子浓度后，再被海水润湿时，虽然氯离子继续随孔隙液流动向混凝土深部传输（如图 4—60 中水流方向），而混凝土表层孔隙液中的氯离子则因浓度差作用向外界的海水中反向扩散，在混凝土表层的一定区域形成氯离子浓度的上升段，混凝土孔隙液的氯离子浓度分布如图 4—60a 中曲线（2）所示，其氯离子含量（占混凝土质量百分比）分布曲线如图 4—60a 中曲线（3）所示；潮落后，水分蒸发使混凝土表层孔隙液中氯离子浓度增高，混凝土孔隙液的氯离子浓度分布如图 4—60b 中曲线（2）所示，这样在混凝土表层与内部的孔隙液中形成氯离子浓差，驱使混凝土孔隙液中的盐分靠扩散机理向混凝土内部扩散，但其氯离子含量（占混凝土质量百分比）分布曲线中的上升段基本不变（如图 4—60b 中曲线（3）所示）。

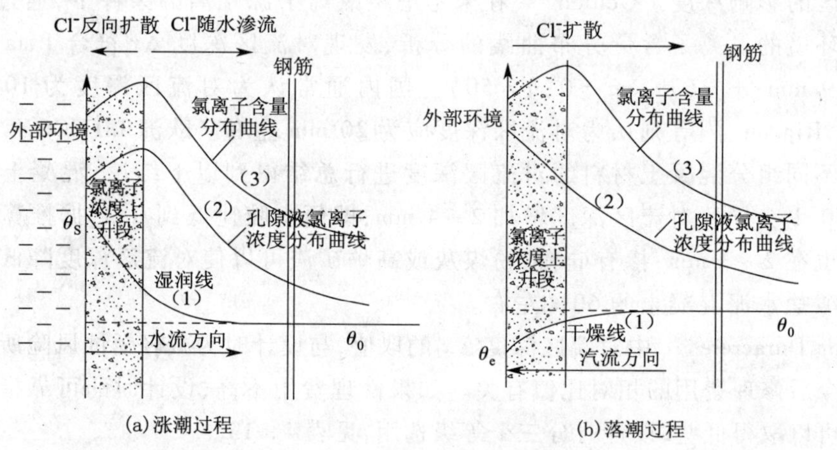

图 4—60　涨落潮过程的氯离子含量分布和湿分布

由于涨潮时氯离子反向扩散的方向和孔隙液向内流动的方向相反，而且在湿分布影响深度范围内孔隙液的流动是氯离子向混凝土传输的主驱动力，所以可以预测湿分布影响深度和氯离子浓度上升段的范围并不相同，虽然这两者都是由于干湿交替作用所引起。研究结果表明，海洋潮差区的最大湿分布影响湿度可达 30 mm，而该试验由于取样精度（5 mm）的限制和试验时间短的原因，没有检测出氯离子浓度的上升段，这充分证明氯离子浓度上升段的长度远小于湿分布影响深度，对流区的范围取决于湿分布影响深度，包括氯离子反向扩散区和向内的非饱和渗流区两个部分。其对流、扩散区域的界定如图 4—61b 所示。

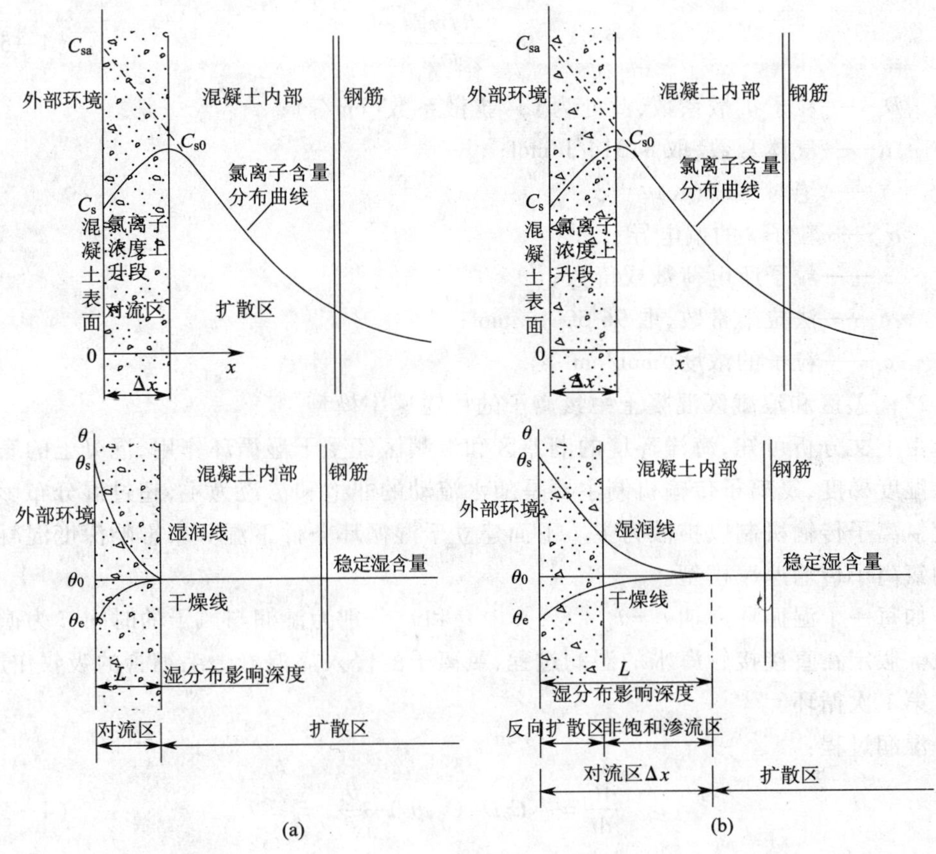

图 4—61　对流扩散区域示意图

4.8.4　海洋环境混凝土中氯离子的传输速率模型

1)浸泡区混凝土中氯离子的传输速率模型

由上文分析可知,水下浸泡区混凝土为饱水,不仅没有湿度梯度,而且内部也没有液态水的流动,氯离子传输机制主要是饱水混凝土内外氯离子浓差引起的扩散作用。氯离子在混凝土中的传输遵循 Fick 扩散定律:

$$\frac{\partial C}{\partial t} = D\frac{\partial^2 C}{\partial x} \tag{4—51}$$

式中　C——氯离子浓度($\mathrm{mol/cm^3}$);

D_F——氯离子在饱水混凝土中的扩散系数,可以利用 Nernst - Einstein 方程来确定。

由文献[55],将混凝土切成 2.0 cm × 10 cm × 10 cm 的试件,放入真空箱中抽真空,脱除混凝土孔隙中的水分,然后放入饱水的氯化钠溶液中,使混凝土孔隙被盐溶液所饱和,测混凝土的电导率。把混凝土看成是固体电解质,那么带电粒子 i 在混凝土中的扩散系数与它的偏电导 σ_i 有关,从而得出

$$D_i = \frac{RT\sigma_i}{z_i^2 F^2 c_i} \tag{4—52}$$

式中 D_i——粒子扩散系数,此处为 Cl^- 扩散系数(cm/s);

R——气体常数,取 8.314 J/mol;

T——绝对温度(K);

σ_i——粒子 i 的偏电导;

z_i——粒子所电荷数或价数;

F——法拉第常数,取 96 500 c/mol;

c_i——粒子的浓度(mol/cm^3)。

2)潮差区和浪溅区混凝土中氯离子的传输速率模型

由上文分析可知,海洋环境的潮差区和浪溅区经受干湿循环作用,混凝土的表层存在湿度梯度,氯离子传输机制主要是随水流动的非饱和渗流为主,超过湿分布影响深度氯离子传输机制以扩散为主。下面建立干湿循环条件下湿分布影响深度混凝土中的氯离子传输速率模型。

如每一干湿循环周期 $t_i = t_{si} + t_{gi}$,其中 t_{si} 和 t_{gi} 分别为湿润与风干的时间,i 为循环次数。假定在直接接触海水的湿润过程,氯离子的侵入靠混凝土毛细管的吸收作用。

第 1 次循环

湿润过程:

$$\frac{dC}{dt} = -C_s D(C_s, \theta_s)\frac{\partial^2 \theta_s}{dx^2} \tag{4—53}$$

初始条件:$t = 0$ 时,$C(x=0) = C_s$,$\theta(x=0) = \theta_s$,$C(x>0) = 0$,$\theta(x>0) = \theta_0$;

边界条件:$0 \leqslant t \leqslant t_{s1}$ 时,$C(x=0) = C_s$,$\theta(x=0) = \theta_s$

湿润过程结束时 $C(x) = C_s(\theta_{x1} - \theta_0)$,$\theta(x) = \theta_{x1}$;

风干过程结束时,$C(x) = C_s(\theta_{x1} - \theta_0)$,$\theta(x) = \theta_1$

第 2 次循环

湿润过程:

初始条件:$t = t_1$ 时,$\theta(x=0) = \theta_s$,$\theta(x>0) = \theta_1$;

边界条件:$t_1 \leqslant t \leqslant t_1 + t_{s2}$ 时,$C(x=0) = C_s$,$\theta(x=0) = \theta_s$

湿润过程结束时 $C(x) = C_s(\theta_{x2} - \theta_1)$,$\theta(x) = \theta_{x2}$

风干过程结束时 $C(x) = C_s(\theta_{x2} - \theta_1)$,$\theta(x) = \theta_2$

对于第 i 次循环,氯离子传输过程可表示为

初始条件:$t = t_{i-1}$ 时,$\theta(x=0) = \theta_s$,$\theta(x>0) = \theta_{i-1}$;

边界条件:$t_{i-1} \leqslant t \leqslant t_{i-1} + t_{si}$ 时,$C(x=0) = C_s$,$\theta(x=0) = \theta_s$

湿润过程结束时 $C(x)_i = C_s(\theta_{xi} - \theta_{i-1})$,$\theta(x) = \theta_{xi}$

风干过程结束时 $C(x)_i = C_s(\theta_{xi} - \theta_{i-1})$,$\theta(x) = \theta_i$

$$C(x) = \sum_{i=1}^{n} C_s(\theta_{xi} - \theta_{i-1}) \tag{4—54}$$

如果混凝土结构干湿循环制度不变,则可近似认为每次循环湿润过程结束时湿分布相同,即 $\theta_{x1}=\theta_{x2}=\cdots=\theta_{xi}=\cdots.=\theta_{xn}$。同样,每次风干过程结束时的湿含量也相同。为使问题简化,忽略混凝土初始湿含量和每次风干过程结束时的湿含量的差别,则

$$\theta_1=\theta_2=\cdots=\theta_i=\cdots=\theta_n$$

这样,式(4—54)可以简化为

$$C(x)=nC_s(\theta_{xi}-\theta_i) \tag{4—55}$$

从式(4—55)中可以看出,干湿循环状态下,氯离子在混凝土中的传输速率,取决于传输介质的氯侵蚀时间盐浓度、干湿循环次数以及湿润过程结束时与风干过程结束时的湿含量差。通过改变试验中的参数,可以达到加速氯离子传输、缩短试验周期的目的,从而预测实际工况混凝土结构的使用寿命。

3)大气区混凝土中氯离子的传输速率模型

由上文分析可知,大气区混凝土中没有湿度梯度,氯离子传输机制主要是混凝土里外氯离子浓差引起的扩散作用,氯离子在混凝土中的扩散遵循 Fick 定律:

$$\frac{\partial C}{\partial t}=D_{\mathrm{i}}\frac{\partial^2 C}{\partial x} \tag{5—56}$$

式中 C——氯离子浓度($\mathrm{mol/cm^3}$);

D_{i}——氯离子在非饱水混凝土中的扩散系数。

氯离子在混凝土中的扩散系数的大小和混凝土的含水率有关,含水率越大,氯离子的扩散速率越快,Francy(1996)[56]通过阻抗方法测得扩散的临界饱和度为70%。文献[58]认为扩散系数和混凝土的含水率关系可表达为

$$D_i=\mathrm{a}\theta^{\mathrm{b}} \tag{5—57}$$

式中,a,b 为常数。当 $\theta=100\%$ 时,$D_i=D_F$,则

$$D_i=D_F\theta^{\mathrm{b}} \tag{5—58}$$

4.9 小　　结

目前国内外学者对混凝土中氯离子传输过程的研究大都以饱和混凝土作为研究的重点,混凝土配合比设计和使用寿命计算也都是建立在氯离子在饱和混凝土中以扩散为主要机制,渗入混凝土内部并逐渐达到钢筋表面使钢筋锈蚀的假设之上的,通常采用 Fick 定律或修正的 Fick 定律氯离子在混凝土中传输过程,并通过钻心取样分析氯离子浓度分布,拟合得到饱和混凝土的氯离子扩散系数,来预测达到钢筋混凝土结构使用寿命第一阶段的时间。氯离子在混凝土中的传输与其所处区位的环境条件密切相关,不可能得出一个放之四海皆准的普适寿命预测模型,有针对性地开展不同环境条件下氯离子传输过程的研究具有十分重要的科学价值和现实意义。

本章系统介绍了氯离子引起钢筋锈蚀的机理、氯离子的来源、存在形式以及氯离

子含量的测试方法，探讨了渗透、扩散、毛细吸收、非饱和渗流、电迁移、物理吸附及化学结合等与混凝土主要传输性能密切相关的基本传输机制；分析了海洋环境混凝土中水分输运过程，并在此基础上进行了海洋环境不同区位混凝土中氯离子传输机理分析和试验研究，建立了与使用环境相适应的氯离子传输速率预测模型；并对混凝土中 Cl^- 的临界值和混凝土表面的氯离子浓度、混凝土表层对流区的界定等问题提出了新的认识。综合以上分析，本章的主要研究成果如下：

(1)设计了双水池双水泵互抽水潮汐模拟试验系统，该系统可以实现对海洋环境不同区位(浸泡区、潮差区、浪溅区、大气区)氯离子侵蚀过程的模拟，氯离子传输机理和实际海洋环境相同，是模拟海洋环境混凝土中氯离子传输过程的有效方法。

(2)进行了海洋环境不同区位混凝土内的湿分布变化规律试验研究，为判断不同区位混凝土内氯离子的传输机理提供依据。研究表明，处于稳定海洋大气环境的混凝土，其内外的湿含量分布较为均匀，湿分布影响深度为0，其稳定湿含量为平衡湿含量；在长期浸泡的水下区，混凝土处于饱水状态，湿分布影响深度为0，其稳定湿含量等于饱和湿含量。在干湿循环的浪溅区，存在一定的湿分布影响深度，其内部的稳定湿含量等于与大气相平衡的湿含量；在干湿循环的潮差区，其稳定湿含量介于饱和湿含量和平衡湿含量之间，随高程的增大而降低，其湿传输影响深度随着外界环境条件和干湿时间比的不同而变化，随着高程的增长，干湿时间比变大，湿传输影响深度也随之增大，当达到某一高程，湿传输影响深度达到最大值，随着高程和干湿时间比的进一步提高，湿传输影响深度转而下降。

(3)分析了海洋工程不同暴露条件(浸泡区、潮差区、浪溅区和大气区)氯离子在混凝土中的传输机理，基于非饱和状态下氯离子在混凝土中的输运机理和干湿交替区域中环境作用因素随高程的变化规律，揭示了干湿交替区域中氯离子侵蚀沿竖直方向的分布规律。研究结果表明：

①水下浸泡区混凝土中没有湿度梯度，氯离子传输机制主要是饱水混凝土里外氯离子浓差引起的扩散作用。

②潮差区和浪溅区，混凝土的表层存在湿含量影响深度，氯离子在湿含量影响深度范围内的传输机理和传统的对流区不同。在湿含量影响深度范围存在湿度梯度，氯离子的传输为非饱和渗流机理，其传输速率远大于水下浸泡区饱水混凝土里外氯离子浓差引起的离子扩散速率，超过湿含量影响深度范围的混凝土中的氯离子传输才为扩散作用机理控制。湿传输影响深度随着高程和环境条件的不同而变化，在不利的环境条件下，其最大影响深度可能接近、达到甚至超过钢筋的混凝土保护层厚度。

③湿传输影响深度随着高程的增长而变化，在某一高程，湿传输影响深度达到最大值，所以随高程增加，氯离子侵蚀程度呈先加剧后缓解的趋势，在某一高程处氯离子侵蚀达到极值，该区域应作为混凝土结构耐久性设计和维护的关键部位。

④大气区氯离子含量最低，该区域不存在湿度梯度，其氯离子传输机制以扩散为

主，但是其扩散速率要小于浸泡区。

⑤水下浸泡区，氯离子源恒定，表层氯离子含量为常数；浪溅区、潮差区和大气区混凝土表层氯离子表面氯离子有累积现象，其中浪溅区氯离子在混凝土表面的累积程度最大，表面有明显的结晶现象；潮差区混凝土试件随着高度的升高，表层氯离子含量逐渐增大；大气区混凝土表层氯离子含量最低，累积速率远低于潮差区和浪溅区。

本章的研究成果为海洋环境下混凝土结构的耐久性设计和使用寿命预测奠定了基础。但对于海洋环境混凝土中水分输运机制的研究尚不够深入，对于除冰盐、盐湖环境氯离子传输机理和速率预测模型也有待于进一步的深入研究。

第 5 章　混凝土内钢筋的锈胀发展

混凝土中钢筋表面的钝化膜一旦遭到破坏，在有足够水和氧气的条件下就会产生电化学腐蚀。由于钢筋锈蚀产物的体积大于原钢筋的体积，钢筋锈蚀后的锈蚀产物将发生体积膨胀，而钢筋四周的混凝土则限制它的膨胀，产生了交界面上的压力，这种压力即为钢筋的锈蚀膨胀力，简称锈胀力。随着锈蚀过程的发展，钢筋表面的锈蚀产物的不断增多，锈胀力不断增大，最终导致混凝土保护层受拉而开裂，甚至剥落[162,163]。

混凝土内钢筋的锈胀发展引起混凝土保护层顺筋开裂是导致钢筋混凝土结构的耐久性失效的重要原因。混凝土内钢筋的锈蚀不仅导致钢筋横截面积削弱、、钢筋的力学性能劣化、钢筋与混凝土界面的粘结性能降低；而且钢筋的锈蚀产物具有体积膨胀特性，致使保护层混凝土内拉应力增长，最后导致混凝土顺筋锈胀开裂。混凝土保护层开裂将致使钢筋锈蚀进一步加剧，进而促使钢筋与混凝土的粘结性能不断降低，最后导致混凝土结构强度、耐久性失效。

混凝土中钢筋的锈胀效应不仅与钢筋锈蚀程度相关，而且与钢筋表面锈蚀特征、锈蚀层的分布状况、微细观结构以及混凝土中钢筋的锈蚀体积膨胀倍数等因素相关。本章采取微观（锈蚀产物及锈蚀层结构）和宏观（锈胀力学性能）研究相结合的手段，通过钢筋锈蚀层的发展与锈胀过程的细观分析，揭示锈蚀层形成与发展过程，分析锈胀过程中钢筋与混凝土界面的微观结构变化和元素分布规律，研究钢筋表面的锈蚀层分布规律，建立钢筋表面锈蚀量分布模型；测定钢筋锈蚀产物的物相组成，研究锈蚀产物的体积膨胀倍数的计算方法。

5.1　混凝土内钢筋的锈胀过程

5.1.1　混凝土中的钢筋/混凝土界面的细观特征

截取未锈蚀钢筋混凝土试件的横断面，通过扫描电镜观察钢筋-混凝土黏结界面如图 5—1 所示。从图中可以看出，钢筋周围的水泥基体结构与其自身结构是不完全相同的，从钢筋表面到水泥浆体间有个薄弱的特殊区，即过渡区，又称界面层。界面层不是一个面，而是一个具有一定厚度的体。

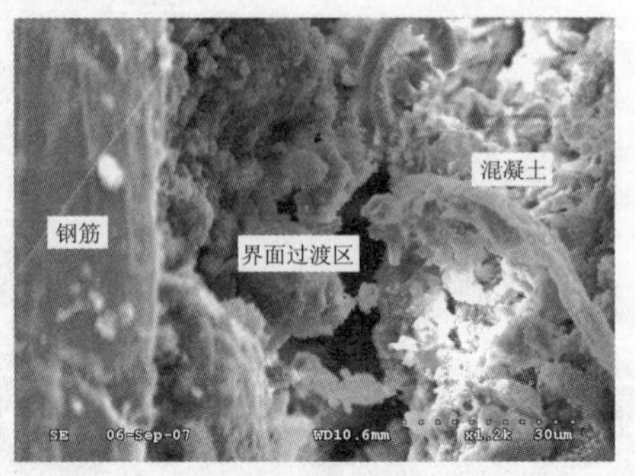

图 5—1　未锈蚀钢筋混凝土试件界面过渡区

根据 Maso 对集料-水泥基界面形成机理的假说，在钢筋混凝土结构浇注成型过程中，钢筋、集料表面形成一水膜层，其厚度约有几个到几十个微米，而水泥颗粒在紧贴钢筋表面处的浓度接近于0，并随着离钢筋表面的距离增大而提高。当水泥中的化合物溶于水中后，溶解的离子扩散并进入水膜层。水膜层中最先生成的水化产物是先扩散到水膜层的离子组成的晶相。对波特兰水泥而言，则可能形成的是钙矾石和氢氧化钙相，经水化与硬化过程，即形成了界面层。通常，钢筋-水泥基间基本上无化学反应，故它们间的界面结合属物理结合。根据 Page 的观点，位于钢筋表面的并非是 C-H-S 凝胶，而是一层致密的石灰质层，它紧密地包敷在钢筋四周。

围绕钢筋表面的界面层的组成结构是不均匀的，界面层各点的厚度不一，呈疏松的网络结构。这是因为界面层在混凝土硬化前，尤其在结构形成过程中，有比基体高的水灰比，钙矾石和氢氧化钙晶体有充足空间无约束地在此生长。氢氧化钙晶体在靠近钢筋表面处定向排列，其取向指数高，取向范围大。界面层是氢氧化钙晶体的富集区，从而增大了其孔隙率。界面层比基体高的孔隙率，也有碍于 C-H-S 凝胶与钢筋表面的接触，同时因界面层中离子浓度低，从而使水泥凝胶与钢筋表面的接触点减少，故界面层结构是疏松的网络结构。

5.1.2　混凝土内钢筋的锈胀过程

锈蚀反应发生后，会在钢筋表面生成一层疏松的锈蚀产物，锈蚀产物的体积比原钢筋的体积大很多。因锈蚀产物的形式不同，锈蚀产物的体积可达到原钢筋体积的 6 倍以上，通常多为 2～4 倍。所以锈蚀产物会向周围混凝土孔隙中扩散，当锈蚀量超过孔隙体积时，锈蚀产物的膨胀就会对周围的混凝土产生膨胀压力，使混凝土产生环向拉应力。应力随锈蚀程度的发展不断积累，由于混凝土的抗拉强度非常低，当锈蚀发展到一定程度，混凝土内的拉应力超过其抗拉强度，混凝土就会因受拉而开裂。

很多学者在分析钢筋锈胀效应时，假定钢筋表面的锈蚀与锈胀力沿圆周均匀分布[164-167]，而对混凝土内钢筋锈蚀量和锈胀力实际分布情况缺少深入的研究。从试验方法上来讲，为了加速钢筋锈蚀，很多学者采用通恒定直流电的方法加速混凝土内钢筋锈蚀[168-170]，甚至采用机械扩胀方法模拟钢筋的锈胀效应[171,172]；其试验方法的理论依据均来自于钢筋表面均匀锈蚀分布的基本假定。但是，本书作者通过大量的试验观察发现，人工气候加速环境以及实际自然环境条件下钢筋表面的锈蚀特征与恒电流通电加速锈蚀方法的钢筋表面均匀锈蚀分布具有根本区别。

实践表明，钢筋锈蚀量很小时，混凝土保护层不会开裂；锈蚀达到一定程度时，由于锈蚀产物体积膨胀将导致混凝土保护层开裂。在一定范围内，锈蚀量越大，裂缝宽度越大。随着钢筋锈蚀的发生与发展，混凝土最终因钢筋锈胀而破坏，其锈胀过程可以分为三个阶段（如图 5—2 所示）。

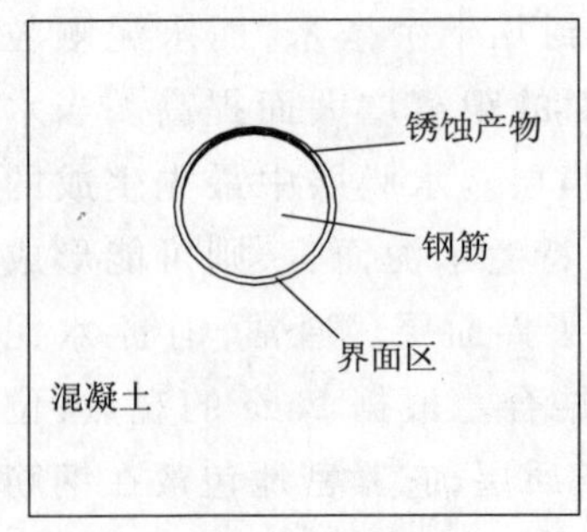

(a)自由膨胀阶段

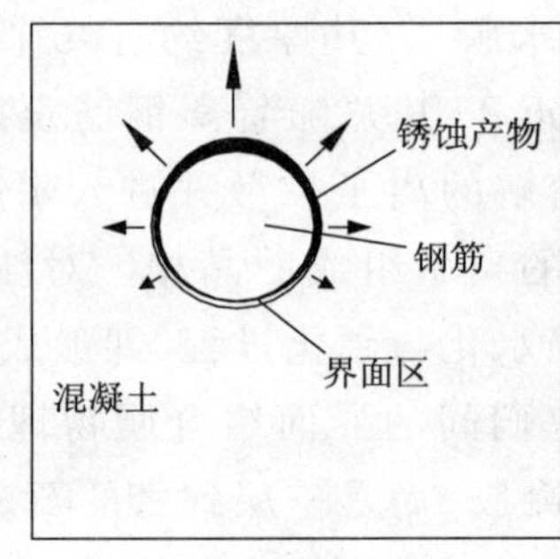

(b)应力产生阶段

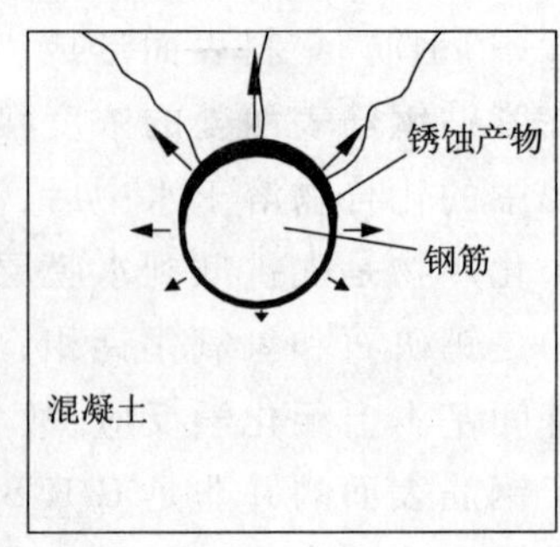

(c)裂缝产生和发展阶段

图 5—2　混凝土的锈胀破坏过程

1)自由扩散阶段

对于钝化膜被破坏后锈蚀钢筋混凝土试件,在阳极的金属铁将被氧化而形成铁离子,并与氢氧根离子反应生成氢氧化铁,进一步转化为氧化铁。由于在钢筋和混凝土的界面层结构是疏松的网络结构,锈蚀物质将扩散到水泥砂浆的毛细孔内,由于锈蚀发生在钢筋表面,孔隙区域将逐渐被锈蚀物质所填充。当所有的锈蚀物质质量 W_T 小于需要填充到孔隙区域的锈蚀物质质量 W_P 时,在此阶段锈蚀物质的形成将不会给周围混凝土造成更多的压力。

钢筋和混凝土的界面孔隙区域的大小与钢筋的表面积、水灰比、水化程度、固化程度直接相关。由于混凝土中水泥浆体的水化和固化龄期较短,在混凝土浇筑后 3 个月就充分完成,和钢筋锈蚀锈胀有关的界面孔隙区域取决于钢筋的表面积和混凝土水灰比的大小。

2)应力产生和发展阶段

当锈蚀物质质量 W_T 超过 W_P 时,锈蚀物质的形成将会给周围混凝土产生挤压力,从而使周围的混凝土产生附加的环向拉应力,并随着锈蚀产物的不断增加而增大。

3)裂缝产生和发展阶段

当锈蚀物质质量 W_T 达到临界锈蚀物质质量 W_{crit}(引起保护层裂缝的最低锈蚀物质质量)时,钢筋周围混凝土的环向拉应力就会首先达到并超过混凝土抗拉强度而产生微裂缝,随着锈蚀量的增加,微裂缝沿径向发展,裂缝宽度也不断增大,当锈蚀量达到某一临界值,裂缝发展到混凝土表面,在混凝土表面出现纵向劈裂裂缝,并随锈蚀程度的发展而变宽,还可能导致混凝土保护层剥落。

混凝土中的钢筋锈蚀除了会使钢筋的有效截面减小、钢筋受力性能降低外,还会由于钢筋锈蚀产物体积发生膨胀而引起混凝土顺钢筋开裂至保护层剥落、钢筋与混凝土的粘结性能下降直至丧失,使得钢筋的强度不能被全部利用,并与其他因素一起影响混凝土构件的使用性能和承载力。

5.2 混凝土中钢筋锈蚀层的细观结构和物相组成

分析钢筋锈蚀层的细观结构和物相组成,对揭示混凝土中钢筋锈蚀机理和实际工程钢筋混凝土结构进行正确的腐蚀防护具有重要作用。长期以来,科研工作者对氯离子引起混凝土内钢筋的锈蚀问题做了大量的研究工作,但大多是对钢筋锈蚀速率以及钢筋混凝土结构性能退化规律的研究[173~178]。文献[179~181]对大气环境中低碳钢和气候钢的铁锈组成进行了分析,文献[182~184]研究了大气环境中气候钢各锈蚀成分的生成机理,但对混凝土内钢筋锈蚀层的物相组成和微观结构尚缺乏系统的研究。

本书作者[185]对混凝土中钢筋锈蚀层的细观结构和物相组成进行了系统的研究。试件为氯盐侵蚀的试件,试验所用钢筋为普通碳素光圆钢筋,其化学元素组成见表5—1。

表5—1 普通碳素光圆钢筋的化学元素组成(%)

Fe	Mn	Si	S	P	Cu	Ni	Mo
98	1.1	0.72	0.01	0.02	0.08	0.06	—

用扫描电子显微镜观测钢筋锈蚀产物的微观形貌和锈蚀层的细观结构,并利用扫描电子显微镜的附件电子探针技术对试件中的钢筋锈层的元素分布进行EDAX分析。电子探针微区测点区域设置分布如图5—3。图中测点1、2、3、4、5、6分别为钢筋基体、紧靠钢筋表面的锈层内边缘、锈层中部、紧靠混凝土的锈层外边缘、紧靠锈层的混凝土边缘和距锈层外边缘约100 μm处的混凝土基体。然后用X射线衍射仪进行X射线衍射(XRD)测定混凝土内钢筋锈蚀产物的物相组成。试验样品分内锈层、外锈层和内外锈层混合试样共3份。

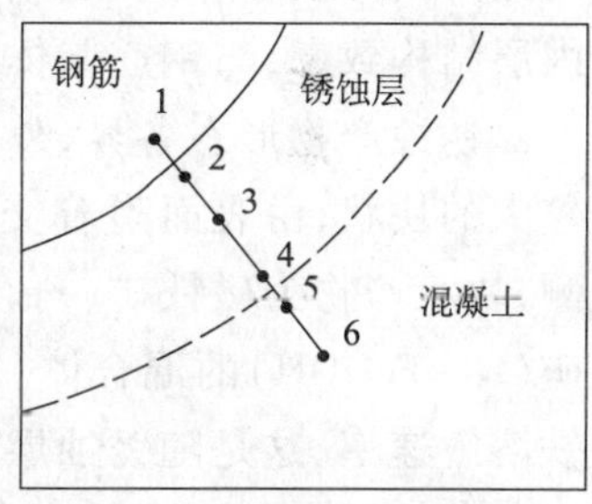

图5—3 电子探针测试微区示意图

5.2.1 钢筋锈蚀层的细观结构

钢筋锈蚀层的细观结构如图5—4和图5—5所示。

(a)靠近保护层一侧(50×)

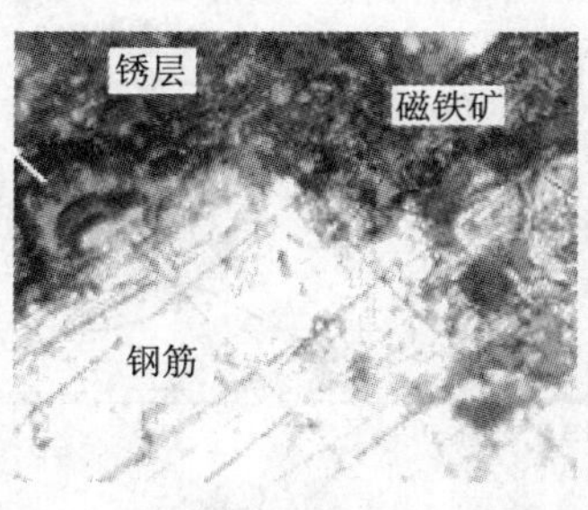

(b)靠近保护层一侧(200×)

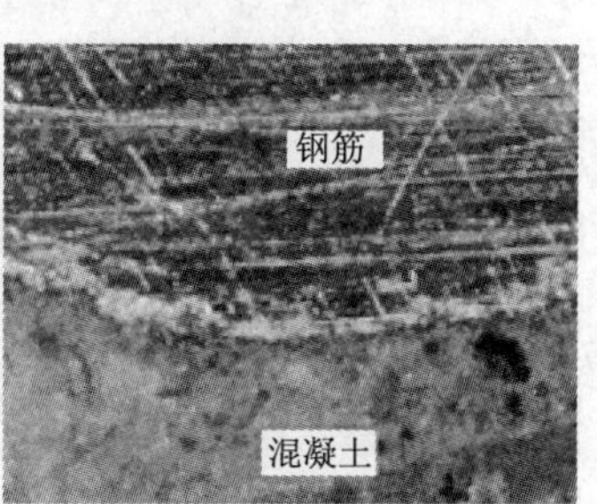

(c)远离保护层一侧(50×)

图5—4 混凝土中钢筋锈层的细观结构

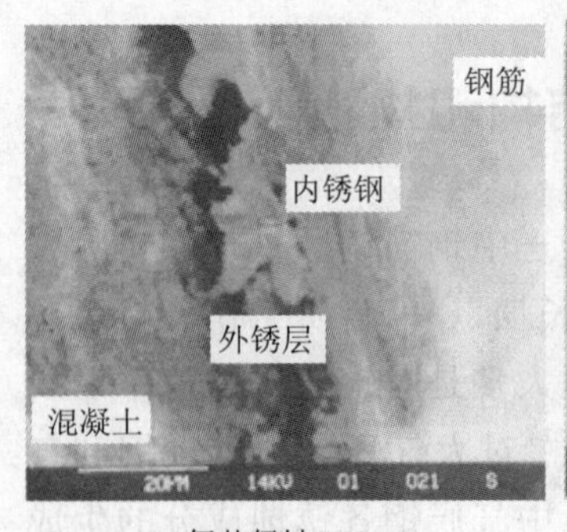

(a)氯盐侵蚀(600×)

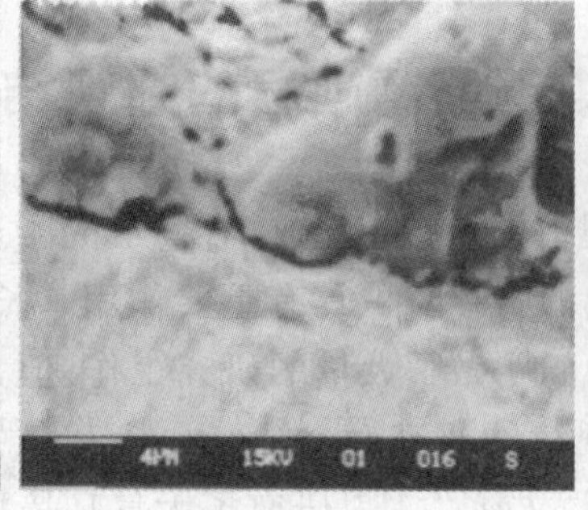

(b)内锈层(3 000×)

(c)外锈层(3 000×)

图 5—5　混凝土中钢筋锈层的微观结构

从图 5—4 试件的横断面可以看到,钢筋靠近混凝土保护层一侧的表面锈蚀量较大,而远离保护层一侧的表面则几乎没有锈蚀。锈蚀一侧钢筋的表面有较多的锈蚀凹坑和密集的锈蚀麻点,蚀坑并不是均匀推进,而是大蚀坑中有小蚀坑;小蚀坑相连,将未锈蚀掉的 Fe 包围在锈蚀产物中,由于锈蚀凹坑的深度远小于锈层的厚度,因此,氯盐侵蚀引起的钢筋锈蚀应该近似看成由大面积的均匀锈蚀与稀疏的局部点蚀共同组成的全面锈蚀。

由图 5—5 进一步放大的钢筋锈蚀层的微观结构可见:混凝土中钢筋的锈层结构均分为内外两层,外锈层结构疏松,形成容易剥落的附着层,可以用刀片轻松刮下,而内层结构致密,与钢筋基体紧密相连。

锈蚀产物形态各异,外锈层呈块状、针状、棒状、颗粒状等多种形态,锈蚀产物呈较大的块状,由表面附着交叉网状的锈蚀产物连为一体。根据 XRD 的实验结果推测,块状产物为磁铁矿(Fe_3O_4),交叉网状的锈蚀产物为纤铁矿($\gamma-FeOOH$)和针铁矿($\alpha-FeOOH$)的混合体。$\alpha-FeOOH$ 在钢筋表面有较强的附着性,可以降低阳极铁溶解速率,这是随锈蚀层厚度的增加,钢筋锈蚀速率逐渐降低的主要原因。

5.2.2　混凝土中钢筋锈层横断面的元素分布

按照图 5—3 电子探针微区测点区域设置测得的混凝土中钢筋锈层横断面的元素微区相对含量见图 5—6。其中测点 3 处的 EDXA 试验图谱如图 5—7。

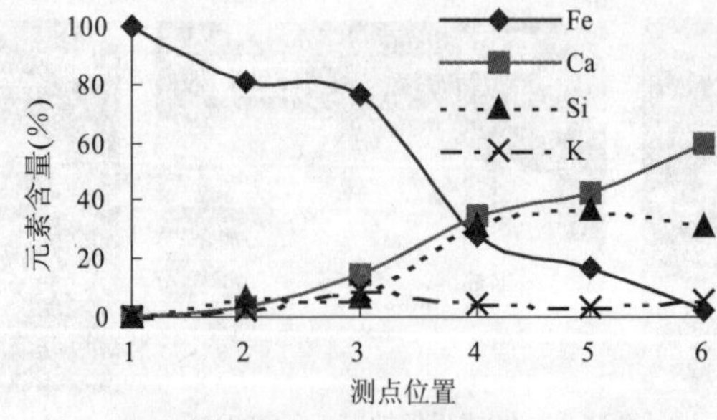

图 5—6　钢筋锈蚀层横断面的元素分布

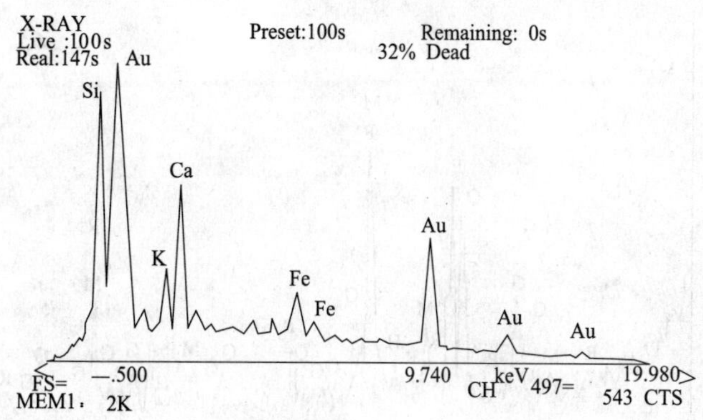

图 5—7　图 5—3 中测点 3 处 EDXA 试验图谱

从图 5—6 可以看出，混凝土中钢筋的锈蚀层是铁锈和水泥凝胶体的混合物，锈蚀层中铁元素由内向外逐渐降低，而水泥凝胶体的 Ca、Si、K 元素则由内向外逐渐升高，这表明钢筋锈蚀层是钢筋锈蚀产物和过渡区周围水泥浆体的可溶成分相互渗入造成的。

5.2.3　锈层的物相组成

混凝土中钢筋锈层混合粉末试样以及内锈层、外锈层粉末试样的 X 射线衍射图如图 5—8 所示。由图 5—8a 中可以看出，混凝土中钢筋的锈蚀产物是由赤铁矿 $\alpha-Fe_2O_3$、磁赤铁矿 $\gamma-Fe_2O_3$、磁铁矿 Fe_3O_4、针铁矿 $\alpha-FeOOH$、纤铁矿 $\gamma-FeOOH$、四方纤铁矿 $\beta-FeOOH$ 和方铁矿 FeO 等相组成的混合体。从各锈蚀产物的衍射峰比较，磁赤铁矿 $\gamma-Fe_2O_3$、磁铁矿 Fe_3O_4、针铁矿 $\alpha-FeOOH$、纤铁矿 $\gamma-FeOOH$、四方纤铁矿 $\beta-FeOOH$ 等晶体的衍射峰值较高，表明这几种锈蚀产物含量较高。由文献[186]和 X 射线测定，钢筋各锈蚀产物相的物理性质如表 5—2。另外从图 5—8a 可以看出，锈蚀层中含有部分石英、长石和少量方解石等矿物，这是过渡区周围水泥浆体的渗入造成的。

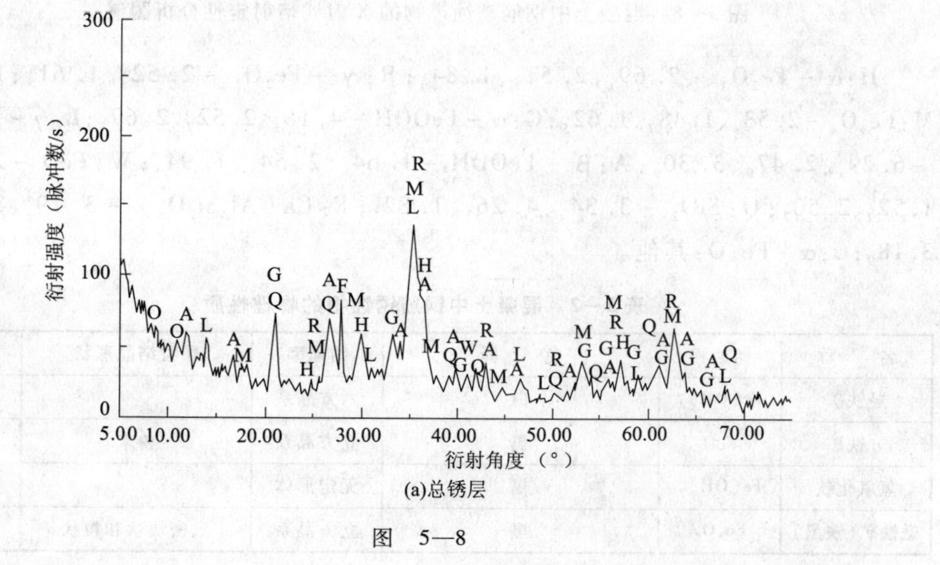

(a)总锈层

图　5—8

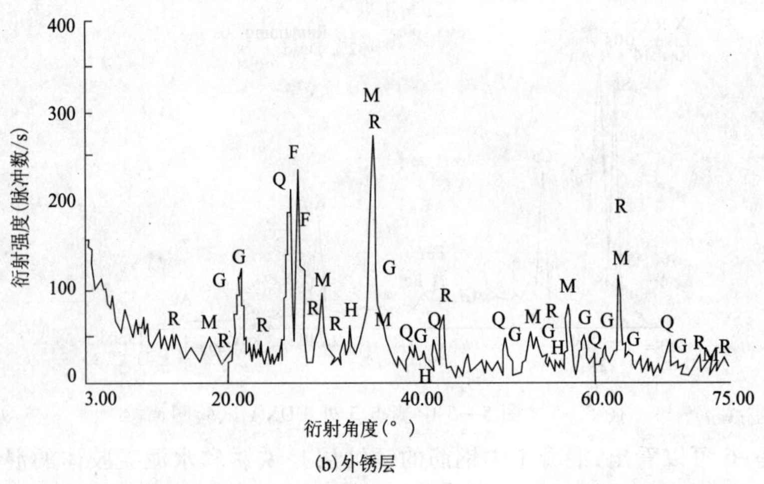

(b)外锈层

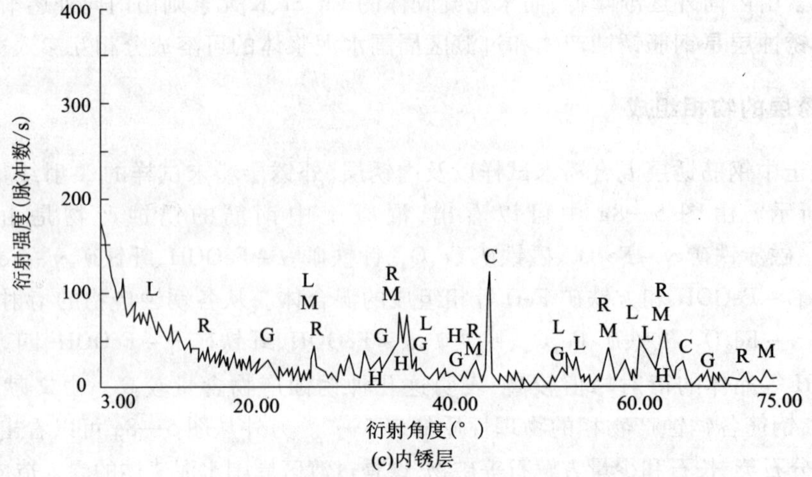

(c)内锈层

图 5—8 混凝土中钢筋锈蚀产物的 X 射线衍射定性分析图谱

H:$\alpha-Fe_2O_3$ -2.69_x、2.51_5、1.84_6;R:$\gamma-Fe_2O_3$ -2.52_x、1.61_5、1.48_9;M:Fe_3O_4 -2.53_x、1.48_7、1.62_5;G:$\alpha-FeOOH$ -4.18_x、2.52_7、2.69_5;L:$\gamma-FeOOH$ -6.29_x、2.47_9、3.30_9;A:$\beta-FeOOH$ -1.64_x、2.54_5、1.94_5;W:FeO -2.15_x、1.52_9、2.50_7;Q:SiO_2 -3.34_x、4.26_2、1.82_1;F:$Ca(Al_2Si_2O_8)$ -3.19_x、3.21_6、3.18_9;C:$\alpha-Fe$;O:其他。

表 5—2 混凝土中钢筋锈蚀相的物理性质

名　称	锈蚀相	色　泽	结晶型	颗粒结晶形状	密度
羟铁矿	$Fe(OH)_2$	白	六方晶系		3.400
方铁矿	FeO	黑	立方晶系	粉末	7.973
氢氧化铁	$Fe(OH)_3$	褐	无定形体		
磁铁矿(铁黑)	Fe_3O_4	黑	立方晶系	致密块状和粒状	7.197

续上表

名　称	锈蚀相	色　泽	结晶型	颗粒结晶形状	密度
针铁矿(铁黄)	$\alpha-FeOOH$	黄色黄/褐色	斜方晶系	针状	4.269
赤金矿	$\beta-FeOOH$	淡褐色	正方晶系		3.777
纤铁矿	$\gamma-FeOOH$	橙黄	斜方晶系	鳞片状或纤维状	3.971
赤铁矿(铁红)	$\alpha-Fe_2O_3$	灰黑色带金属光泽 - 褐红色	三方晶系	针状 - 球状或鱼鳞片状	7.283
磁赤铁矿	$\gamma-Fe_2O_3$	茶色 - 棕褐色	立方晶系	粒状集合体,致密块状	4.860

由图 5—8b 和 5—8c 可以看出,混凝土中钢筋的外锈层以磁赤铁矿 $\gamma-Fe_2O_3$、磁铁矿 Fe_3O_4、针铁矿 $\alpha-FeOOH$ 为主,而内锈层以磁铁矿 Fe_3O_4、磁赤铁矿 $\gamma-Fe_2O_3$、纤铁矿 $\gamma-FeOOH$ 为主,且和外锈层及锈层混合粉末试样相比,在试样处理方式、试样用量、试样条件相同的情况下,内锈层试样的衍射峰较弱,表明内锈层锈蚀产物主要为结晶度较差的无定形体,对钢筋基体的保护性较弱。因此,氯盐侵蚀引起的混凝土中钢筋锈蚀结构模式可描述为图 5—9 所示。

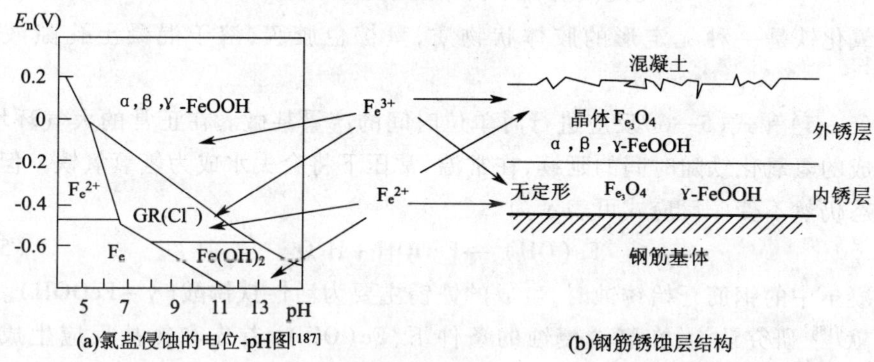

图 5—9　氯盐侵蚀引起的混凝土中钢筋锈蚀结构模式

5.2.4　混凝土中钢筋表面锈蚀产物的生成机理

1) $Fe(OH)_2$ 的生成

混凝土中钢筋的锈蚀过程是一个电化学反应过程。在一般大气环境中,当混凝土碳化发展到钢筋表面或钢筋表面的氯离子达到临界浓度值,钢筋的钝化膜被破坏,在一定条件下(钢筋表面存在水和溶解于水的氧)混凝土中钢筋即可发生电化学吸氧锈蚀。去钝化的区域成为阳极区,在那里发生阳极反应,即钢筋锈蚀(铁离子溶于混凝土孔隙液中),同时放出自由电子。而仍然钝化的钢筋表面,则成为阴极区。在阴极,水与溶解于水中的氧得到电子反应生成氢氧根离子,其反应式如下:

$$4e + O_2 + 2H_2O \rightarrow 4OH^- \qquad (5—1)$$

在阳极铁失去电子变成二阶铁离子,反应式为

$$2Fe \rightarrow 2Fe^{2+} + 4e \quad (5\text{—}2)$$

如果阳极区域的铁原子只是通过阳极反应变为亚铁离子,溶解入混凝土的微孔水中不再发生变化,那么,钢筋的混凝土保护层就不会出现顺筋开裂、剥落现象。但是,在一定条件下,亚铁离子与阴极反应生成的氢氧根离子同处一个电解液中,还会进一步共同组成氢氧化亚铁。上述两步的总反应式为

$$2Fe + O_2 + 2H_2O \rightarrow 2Fe^{2+} + 4OH^- \rightarrow 2Fe(OH)_2 \quad (5\text{—}3)$$

$Fe(OH)_2$ 为中间过渡产物,在一定条件下会发生转变。

2)其他锈蚀产物的生成

$Fe(OH)_2$ 为中间过渡产物,在空气中不稳定,一部分与氧气和水共同作用变成氢氧化铁,其反应式如下:

$$4Fe(OH)_2 + O_2 + 2H_2O \rightarrow 4Fe(OH)_3 \quad (5\text{—}4)$$

一部分分解生成 FeO,其反应式为

$$Fe(OH)_2 \rightarrow FeO + H_2O \quad (5\text{—}5)$$

还有一部分氧化不完全的变成 Fe_3O_4(黑锈),其反应式为

$$6Fe(OH)_2 + O_2 \rightarrow 2Fe_3O_4 + 6H_2O \quad (5\text{—}6)$$

氢氧化铁是一种无定形的胶体状物质,呈棕色胶膜,溶于混凝土孔隙液形成锈水。

式(5—5)和式(5—6)反应进行时单位时间的产量甚微。在正常的大气环境中,反应生成的氢氧化铁随时间的延续,在常温、常压下将会失水成为氢氧氧铁。但其中铁的价态仍然不变。反应式可表示为

$$Fe(OH)_3 \rightarrow FeOOH + H_2O \quad (5\text{—}7)$$

混凝土中的钢筋开始锈蚀时,生成的铁锈主要为活性铁锈酸($\gamma-FeOOH$)。

文献[188]研究认为,在氯盐侵蚀的条件下,$Fe(OH)_2$ 首先和氯盐反应生成绿锈 GR1($3Fe(OH)_2 \cdot Fe(OH)_2Cl \cdot nH_2O$),很不稳定绿锈的 GR1 作为中间过渡产物可继续氧化为 $\gamma-FeOOH$ 或四方纤铁矿 $\beta-FeOOH$。文献[189,190]认为 $\beta-FeOOH$ 为正方或单斜晶胞结构,不如针铁矿 $\alpha-FeOOH$ 和纤铁矿 $\gamma-FeOOH$ 致密,并且含有管道亚结构,管道被 Cl^- 或 OH^- 所稳定;$\beta-FeOOH$ 形貌可为针状或棒状。由于该结晶状物针与针之间有间隙,可以存留水分,将造成点蚀的有利条件,加速金属的锈蚀,同时 $\beta-FeOOH$ 的部分 OH^- 可被 Cl^- 取代形成锈蚀产物相 $\beta-FeO(OH,Cl)$。

文献[191]的研究认为,在硫酸盐侵蚀的条件下,$Fe(OH)_2$ 首先和硫酸盐反应生成绿锈 GR2($4Fe(OH)_2 \cdot 2FeOOH \cdot FeSO_4 \cdot nH_2O$),GR2 作为中间过渡产物可继续氧化为 $\gamma-FeOOH$。

$\gamma-FeOOH$ 失水可形成磁赤铁矿 $\gamma-Fe_2O_3$,活性铁锈酸($\gamma-FeOOH$)不能形成附着力强、致密的保护膜,但在一定的条件下,随着时间的延长活泼的 $\gamma-FeOOH$ 向稳定的 $\alpha-FeOOH$ 转化。

在湿润的条件下,活性铁锈酸($\gamma-FeOOH$)也可能转变为较为稳定的 Fe_3O_4 转

变，磁铁矿（Fe_3O_4）在氧化条件下经次生变化作用可形成磁赤铁矿 $\gamma-Fe_2O_3$，也可进一步氧化为更为稳定的 $\alpha-FeOOH$。

$$Fe^{2+}+8\gamma-FeOOH+2e\rightarrow 3Fe_3O_4+4H_2O \quad (5—8)$$

$$3Fe_3O_4+3/4O_2+9/2H_2O\rightarrow 9\alpha-FeOOH \quad (5—9)$$

另外，在氧化条件下，纤铁矿（$\gamma-FeOOH$）、针铁矿（$\alpha-FeOOH$）经脱水作用可形成赤铁矿 $\alpha-Fe_2O_3$，同时赤铁矿 $\alpha-Fe_2O_3$ 也可以吸水变成针铁矿（$\alpha-FeOOH$）。在还原条件下，赤铁矿 $\alpha-Fe_2O_3$ 可转变为磁铁矿（Fe_3O_4），称假象磁铁矿。

由于水分和氧气的进一步渗入，新的 $\gamma-FeOOH$ 又会不断生成，因而锈层厚度会不断增加。在钢筋锈蚀过程中，各种锈蚀产物的形成和转化如图 5—10 所示。

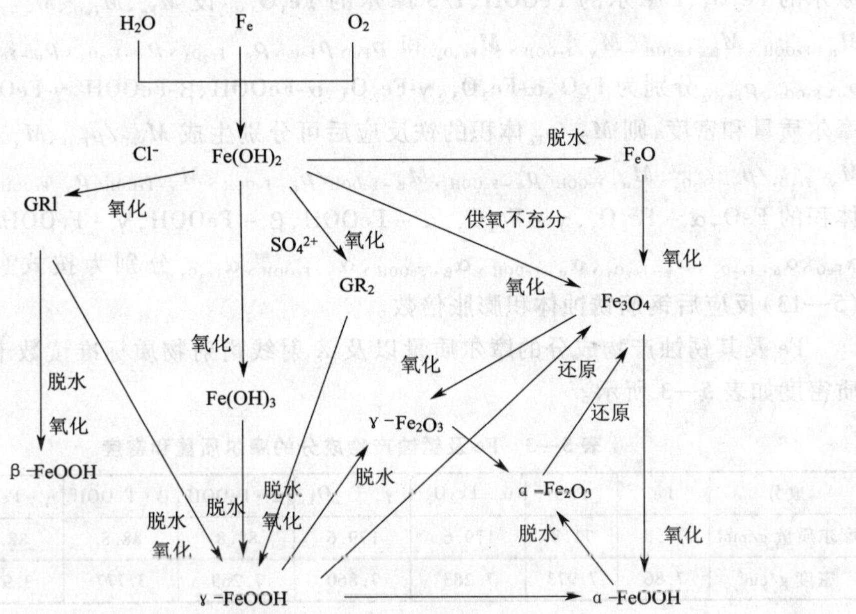

图 5—10 钢筋各种锈蚀产物的形成和转化

5.3 钢筋锈蚀产物的体积膨胀倍数

钢筋锈蚀对混凝土结构破坏的根本原因是锈蚀产物密度小于钢筋密度而产生体积膨胀，致使混凝土保护层开裂、脱落。保护层开裂、脱落后，失去对钢筋的保护作用，锈蚀进一步加剧。由此形成恶性循环，其直接危害是构件服役效果锐减。这样锈蚀产物体积膨胀倍数的确定是进行锈蚀钢筋混凝土结构锈胀效应研究的前提。

5.3.1 锈蚀产物中不同锈蚀成分的体积膨胀倍数

将锈蚀反应按锈蚀成分分开来单独考虑，即假定铁发生反应后只生成某一种单一的成分，考察各反应产物的体积膨胀倍数。

当仅考虑锈蚀前后 Fe 的平衡时，对于锈蚀产物 FeO、Fe_2O_3、FeOOH 和 Fe_3O_4，反应式分别可简写为

$$Fe-2e \rightarrow FeO \tag{5—10}$$

$$2Fe-6e \rightarrow Fe_2O_3 \tag{5—11}$$

$$Fe-3e \rightarrow FeOOH \tag{5—12}$$

$$\left.\begin{array}{l} Fe-2e \rightarrow FeO \\ 2Fe-6e \rightarrow Fe_2O_3 \end{array}\right\} \text{合并后为 } 3Fe-8e \rightarrow Fe_3O_4 \tag{5—13}$$

由式(5—10)-(5—13)可知，1 摩尔的 Fe 反应后可分别生成 1 摩尔的 FeO、1/2 摩尔的 Fe_2O_3、1 摩尔的 FeOOH、1/3 摩尔的 Fe_3O_4。设 M_{Fe}、M_{FeO}、$M_{\alpha-Fe_2O_3}$、$M_{\gamma-Fe_2O_3}$、$M_{\alpha-FeOOH}$、$M_{\beta-FeOOH}$、$M_{\gamma-FeOOH}$、$M_{Fe_3O_4}$ 和 ρ_{Fe}、ρ_{FeO}、$\rho_{\alpha-Fe_2O_3}$、$\rho_{\gamma-Fe_2O_3}$、$\rho_{\alpha-FeOOH}$、$\rho_{\beta-FeOOH}$、$\rho_{\gamma-FeOOH}$、$\rho_{Fe_3O_4}$分别为 FeO、α-Fe_2O_3、γ-Fe_2O_3、α-FeOOH、β-FeOOH、γ-FeOOH、Fe_3O_4 的摩尔质量和密度，则 M_{Fe}/p_{Fe}体积的铁反应后可分别生成 M_{FeO}/ρ_{FeO}、$M_{\alpha-Fe_2O_3}/\rho_{\alpha-Fe_2O_3}$、$M_{\gamma-Fe_2O_3}/\rho_{\gamma-Fe_2O_3}$、$M_{\alpha-FeOOH}/\rho_{\alpha-FeOOH}$、$M_{\beta-FeOOH}/\rho_{\beta-FeOOH}$、$M_{\gamma-FeOOH}/\rho_{\gamma-FeOOH}$、$M_{Fe_3O_4}/\rho_{Fe_3O_4}$体积的 FeO，α-$Fe_2O_3$，γ-$Fe_2O_3$，α-FeOOH，β-FeOOH，γ-FeOOH，Fe_3O_4，再设 α_{FeO}、$\alpha_{\alpha-Fe_2O_3}$、$\alpha_{\gamma-Fe_2O_3}$、$\alpha_{\alpha-FeOOH}$、$\alpha_{\beta-FeOOH}$、$\alpha_{\gamma-FeOOH}$、$\alpha_{Fe_3O_4}$ 分别为按式(5—10)~式(5—13)反应后钢筋锈蚀体积膨胀倍数。

Fe 及其锈蚀产物成分的摩尔质量以及 X 射线衍射物质标准读数卡中查得的物质密度如表 5—3 所示。

表 5—3　Fe 及锈蚀产物成分的摩尔质量和密度

成分	Fe	FeO	α-Fe_2O_3	γ-Fe_2O_3	α-FeOOH	β-FeOOH	γ-FeOOH	Fe_3O_4
摩尔质量 g/moL	77.8	71.8	179.6	179.6	88.8	88.8	88.8	231.4
密度 g/cm³	7.86	7.973	7.283	7.860	7.269	3.777	3.971	7.197

由表 5—3 中 Fe 及锈蚀产物成分的摩尔质量和密度，可算得 α_{FeO}、$\alpha_{\alpha-Fe_2O_3}$、$\alpha_{\gamma-Fe_2O_3}$、$\alpha_{\alpha-FeOOH}$、$\alpha_{\beta-FeOOH}$、$\alpha_{\gamma-FeOOH}$、$\alpha_{Fe_3O_4}$分别为

$$\alpha_{FeO}=\frac{M_{FeO}\rho_{Fe}}{\rho_{FeO}M_{Fe}}=1.693$$

$$\alpha_{\alpha-Fe_2O_3}=\frac{M_{\alpha-Fe_2O_3}\rho_{Fe}}{\rho_{\alpha-Fe_2O_3}2M_{Fe}}=1.128$$

$$\alpha_{\gamma-Fe_2O_3}=\frac{M_{\gamma-Fe_2O_3}\rho_{Fe}}{\rho_{\gamma-Fe_2O_3}2M_{Fe}}=2.313$$

$$\alpha_{\alpha-FeOOH}=\frac{M_{\alpha-FeOOH}\rho_{Fe}}{\rho_{\alpha-FeOOH}M_{Fe}}=2.930$$

$$\alpha_{\beta-FeOOH}=\frac{M_{\beta-FeOOH}\rho_{Fe}}{\rho_{\beta-FeOOH}M_{Fe}}=3.719$$

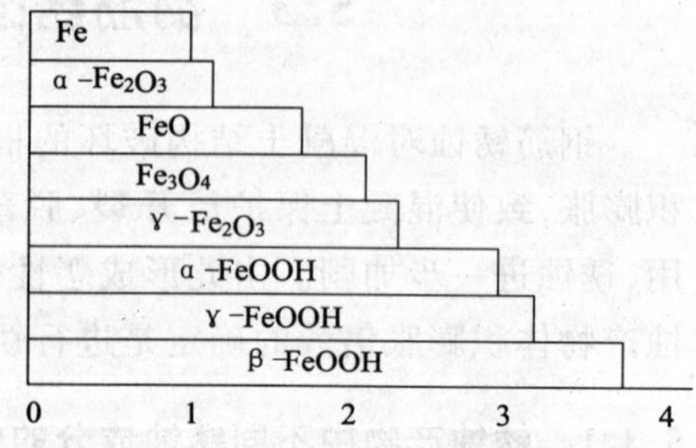

图 5—11　钢筋锈蚀产物体积膨胀倍数

$$\alpha_{\gamma-FeOOH}=\frac{M_{\gamma-FeOOH}\rho_{Fe}}{\rho_{\gamma-FeOOH}M_{Fe}}=3.166$$

$$\alpha_{Fe_3O_4}=\frac{M_{Fe_3O_4}\rho_{Fe}}{\rho_{Fe_3O_4}3M_{Fe}}=2.091$$

从以上分析可以看出，锈蚀产物中不同成分的体积膨胀倍数不同，FeO 的体积膨胀倍数最小，β－FeOOH 的体积膨胀倍数最大，其顺序为 $\alpha_{FeO}<\alpha_{\alpha-Fe_2O_3}<\alpha_{Fe_3O_4}<\alpha_{\gamma-Fe_2O_3}<\alpha_{\alpha-FeOOH}<\alpha_{\gamma-FeOOH}<\alpha_{\beta-FeOOH}$。

5.3.2 混凝土中钢筋锈蚀产物的体积膨胀倍数

假定混凝土钢筋锈蚀产物中 FeO，$\alpha-Fe_2O_3$，$\gamma-Fe_2O_3$，α－FeOOH，β－FeOOH，γ－FeOOH，Fe_3O_4 的相对百分含量分别为 a%、b%、c%、d%、e%、f%、g%。据此，钢筋锈蚀后锈蚀产物的体积膨胀倍数 n 为

$$n=a\%\,\alpha_{FeO}+b\%\,\alpha_{\alpha-Fe_2O_3}+c\%\,\alpha_{\gamma-Fe_2O_3}+d\%\,\alpha_{\alpha-FeOOH}+e\%\,\alpha_{\beta-FeOOH}+f\%\,\alpha_{\gamma-FeOOH}+g\%\,\alpha_{Fe_3O_4}=$$
$$1.693\times a\%+1.128\times b\%+2.313\times c\%+2.930\times d\%+3.719\times e\%+3.166\times f\%+2.091\times g\% \tag{5—14}$$

5.4 混凝土中钢筋表面锈蚀特征与分布规律

钢筋锈胀效应不仅与钢筋锈蚀程度相关，而且与钢筋表面锈蚀分布情况相关。很多学者在分析钢筋锈胀效应时，假定钢筋表面的锈蚀与锈胀力沿圆周均匀分布[179,190,191,197]，而对混凝土内钢筋锈蚀量和锈胀力实际分布情况缺少深入的研究。本节通过对锈蚀钢筋混凝土粘结界面的显微观测，分析了实际环境条件下混凝土中钢筋的表面锈蚀特征，并观测钢筋表面各点的锈蚀层厚度，确定了钢筋表面锈蚀层的分布轮廓。

5.4.1 钢筋锈蚀层轮廓曲线的测定

将经氯盐外侵并放于户外自然锈蚀的钢筋混凝土试件分别在锈胀开裂前后用切割机沿横断面切开，对钢筋/混凝土的粘结界面进行显微观测。观测仪器是 KH－3000V/KH－3000VD HI－SCOPE Advanced 数字式视频显微测量系统，它有多个放大倍数，可与计算机相连，直接采集数字图片，图片为彩色显示，从而更直观地辨别观测对象。同时该显微系统具备测量功能，可以对观测对象进行量测和标注。

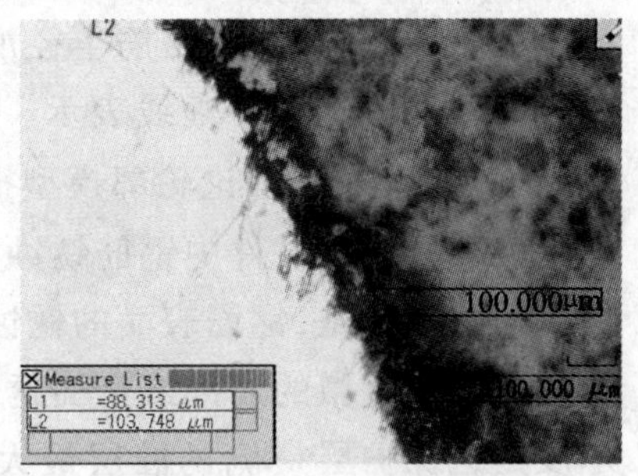

图 5—12 锈蚀层厚度测量

锈蚀层厚度的测量方法（图 5—12）是利用显微观测的颜色和表观形态判断锈蚀层的位置和分

布范围，利用显微系统的测量功能对靠近钢筋表面的铁锈积聚部分进行量测标注，测量结果是近似的，但能满足分析锈蚀产物在钢筋表面的分布规律的要求。

锈蚀层分布规律观测方法：以靠近保护层一侧的钢筋表面处为起点，沿逆时针方向将钢筋周边划分为 12 ~ 13 个测区（图 5—13a），沿钢筋圆周分区连续观测钢筋与混凝土的交界面情况，采集相应的显微图片，同时对一些代表性的锈蚀层厚度进行量测标注。将各测区显微观测采集到的照片组合到一起（图 5—13b），得到一个完整的锈蚀层，并可以较明显看到整个锈蚀层在钢筋表面的分布特征。

为了更清晰的表示钢筋整个表面的锈蚀层分布情况，将以上观测到的各测区锈蚀层平均厚度值放大一定倍数后标识到代表钢筋的圆上，并用曲线连接，得到一个锈蚀层厚度分布曲线（如图 5—14 中的实线曲线）。

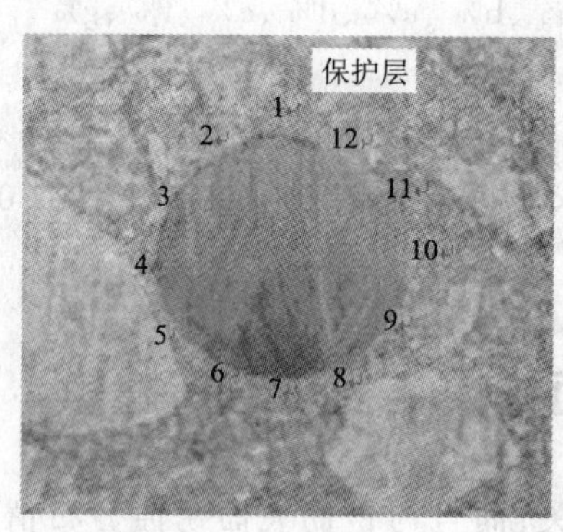

(a) 实图

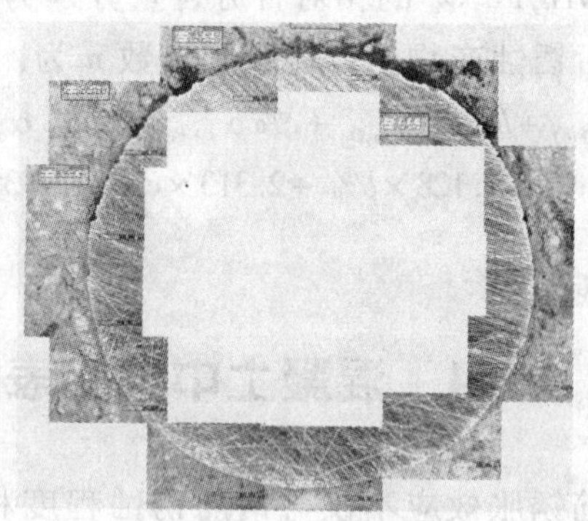
(b) 显微观测组图

图 5—13　测区划分示意图

5.4.2　钢筋表面锈蚀层厚度分布特征

混凝土中钢筋锈蚀层的轮廓曲线如图 5—14 所示。由图 5—14a 可见，锈胀开裂前混凝土中钢筋锈蚀主要分布在靠近混凝土保护层一侧的半个面，而且距离保护层越近，锈蚀层厚度越大，距离保护层越远，锈蚀层厚度越小，到半截面处近似为零，可以不计。远离保护层的半个表面几乎没有锈蚀。如果以钢筋圆心为椭圆圆心、钢筋半径为椭圆短轴半径、钢筋半径加上锈蚀层厚度的最大值为椭圆长轴半径，作半椭圆曲线，如图 5—14a 中虚线表示。可见，半椭圆曲线与实际锈蚀层轮廓曲线吻合得很好。文献[192]将其理论轮廓模型描述如图 5—15a 所示。

锈胀开裂后试件中钢筋锈蚀也主要集中在靠近混凝土保护层一侧，但是与锈胀开裂前不同的是，钢筋表面的锈蚀范围较大，向远离保护层一侧扩展；在远离保护层一侧也有很轻微的局部或全面锈蚀，但锈蚀程度要比近保护层一侧小得多，其锈蚀层厚度是近保护层一侧锈蚀层最大厚度的 1/10 左右（如图 5—14b 所示）。所以其理论轮廓模型仍可简化为半椭圆曲线 + 半圆形曲线（如图 5—15b 所示）。

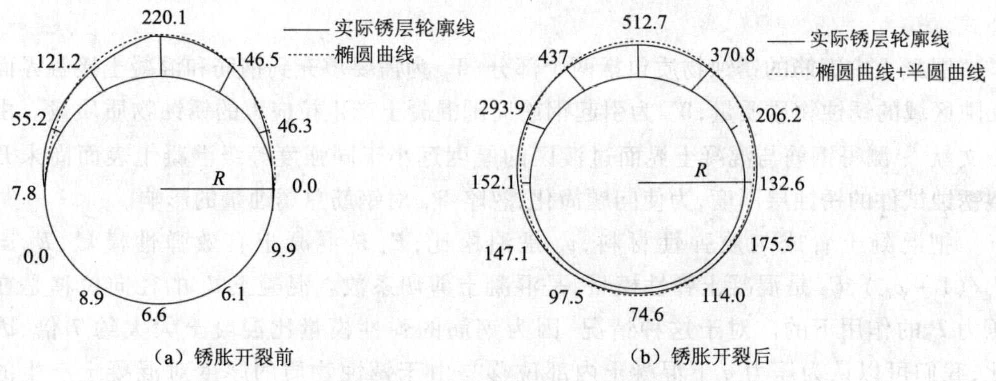

图 5—14　混凝土中钢筋锈蚀层厚度的轮廓曲线

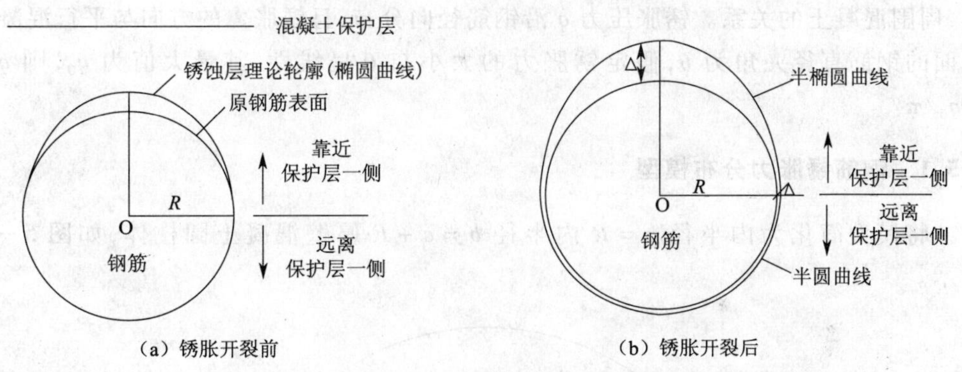

图 5—15　混凝土中钢筋锈蚀层的理想轮廓曲线

5.5　混凝土锈胀裂缝开裂时的钢筋锈蚀量预测

埋在混凝土中的钢筋发生锈蚀以后,其产生铁锈的体积是相应钢筋体积的 2 ~ 4 倍,因而会向四周膨胀,而钢筋四周的混凝土则限制它的膨胀,产生了交界面上的压力,这种压力就称为钢筋锈胀力。钢筋锈胀力会影响钢筋与混凝土的粘结性能,而且将导致混凝土保护层受拉而开裂。虽然,如何界定耐久性极限状态还存在不同的观点,但可以肯定,钢筋锈蚀后引起混凝土保护层的胀裂将成为钢筋混凝土结构耐久性的极限状态标志之一。钢筋混凝土构件一旦受锈胀力纵裂以后,钢筋锈蚀速率加快,这对钢筋混凝土构件的耐久性是十分不利的。因此,研究混凝土保护层胀裂时刻的钢筋锈蚀状况,建立相应的力学模型就显得十分必要。

现有研究大都假设锈蚀产物沿钢筋表面均匀分布,但上文的破型观测表明,混凝土中钢筋锈蚀层沿钢筋周边的分布并不是均匀的,而是距离混凝土表面较近处的钢筋表面先发生锈蚀,之后锈蚀范围逐步扩大到整个钢筋表面。为了能更真实地模拟钢筋的锈蚀,本书采用光面钢筋作为研究对象,提出钢筋不均匀锈蚀的动态轮廓线模型,根据弹性力学理论分析,提出了混凝土胀裂时刻和胀裂之前的钢筋锈胀力计算公式。

混凝土中钢筋的锈蚀物质包括两个部分，W_P 为需要填充到钢筋和混凝土接触界面孔隙区域的锈蚀物质质量，W_S 为引起钢筋周围混凝土产生拉应力的锈蚀物质质量。由于文献[38]测得钢筋与混凝土界面过渡区的厚度远小于同强度等级混凝土表面尚未开裂锈蚀试件的锈蚀层厚度，为使问题简化，忽略 W_P 对钢筋总锈蚀量的影响。

把混凝土看成匀质弹性材料，v_c 是泊松比，E_{ef} 是混凝土有效弹性模量，$E_{ef} = E_c/(1+\varphi_{cr})$，$E_c$ 是混凝土弹性模量，是混凝土剪切系数。混凝土 d_s 的径向位移是在压力 P 的作用下的。对于这种情况，因为钢筋的弹性模量比混凝土大大约 7 倍，因此，我们可以认为压力 q 下混凝土内部位移是由于锈蚀物质的厚度对混凝土产生的压力引起的。假定锈层沿钢筋外边缘呈椭圆形分布，图 5—20 反映了钢筋、锈蚀物质层、周围混凝土的关系。锈胀压力 q 沿钢筋径向分布，且锈胀力的方向与平行混凝土表面的钢筋直径夹角为 θ，假定锈胀力的大小与 θ 呈线性，其最大值为 q_0，则 $q = 2\theta q_0/\pi$。

5.5.1 钢筋锈胀力分布模型

将模型简化为内半径 $a=R$ 内半径 $b=c+R$ 厚壁混凝土圆柱体，如图 5—16 所示。

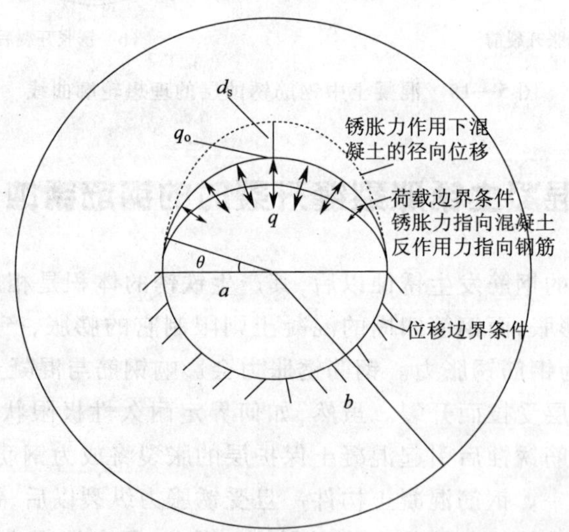

图 5—16　混凝土中钢筋锈胀的简化力学模型

边界条件：$(\sigma_r)_{r=b}=0,(\tau_{r\theta})_{r=b}=0$

$$(\sigma_r)_{r=a}=\begin{cases}\dfrac{2}{\pi}\alpha q_0 & \left(0\leqslant\alpha\leqslant\dfrac{\pi}{2}\right)\\ 0 & \left(-\dfrac{\pi}{2}\leqslant\alpha\leqslant 0\right)\end{cases} \tag{5—15}$$

5.5.2 锈胀力定量分析

因为边界上的荷载是随 θ 变化的，所以设应力函数为

$$\varphi = \varphi(r,\theta) \tag{5—16}$$

由文献[193]，该厚壁圆管的应力函数可以表示为

$$\varphi = (A\ln r + Cr^2)\cdot f(\theta) \tag{5—17}$$

将其代入应力分量表达式

$$\begin{cases} \sigma_r = \dfrac{1}{r}\dfrac{\partial\varphi}{\partial r} + \dfrac{1}{r^2}\dfrac{\partial^2\varphi}{\partial\theta^2} \\ \sigma_\theta = \dfrac{\partial^2\varphi}{\partial r^2} \\ \tau_{r\theta} = -\dfrac{\partial}{\partial r}\left(\dfrac{1}{r}\dfrac{\partial\varphi}{\partial\theta}\right) \end{cases} \tag{5—18}$$

再根据边界条件定出应力函数中的待定系数

$\varphi = \left[\dfrac{2a^2b^2q_0}{\pi(b^2-a^2)}\ln r - \dfrac{a^2q_0}{\pi(b^2-a^2)}r^2\right]\cdot\theta$，满足相容方程

$$\left(\frac{\partial^2}{\partial r^2} + \frac{1}{r}\frac{\partial}{\partial r} + \frac{1}{r^2}\frac{\partial^2}{\partial\theta^2}\right)^2\varphi = 0 \tag{5—19}$$

$$\begin{cases} \sigma_r = \left[\dfrac{2a^2b^2q_0}{\pi(b^2-a^2)r^2} - \dfrac{2a^2q_0}{\pi(b^2-a^2)}\right]\theta = \dfrac{2a^2q_0\theta}{\pi(b^2-a^2)}\left(\dfrac{b^2}{r^2}-1\right) \\ \sigma_\theta = \dfrac{\partial^2\varphi}{\partial r^2} = \left[-\dfrac{2a^2b^2q_0}{\pi(b^2-a^2)r^2} - \dfrac{2a^2q_0}{\pi(b^2-a^2)}\right]\theta = -\dfrac{2a^2q_0\theta}{\pi(b^2-a^2)}\left(\dfrac{b^2}{r^2}+1\right) \\ \tau_{r\theta} = -\dfrac{\partial}{\partial r}\left(\dfrac{1}{r}\dfrac{\partial\varphi}{\partial\theta}\right) = \dfrac{2a^2b^2q_0}{\pi(b^2-a^2)r^2}(1-\ln r) - \dfrac{a^2q_0}{\pi(b^2-a^2)} \end{cases} \tag{5—20}$$

$$\sigma_\theta\left(\theta=\frac{\pi}{2}, r=a\right) = -\frac{a^2q_0}{(b^2-a^2)}\left(\frac{b^2}{a^2}+1\right) = -\frac{(a^2+b^2)q_0}{(b^2-a^2)}$$

$$\sigma_\theta\left(\theta=\frac{\pi}{2}, r=b\right) = -\frac{a^2q_0}{(b^2-a^2)}\left(\frac{b^2}{a^2}+1\right) = -\frac{2a^2q_0}{(b^2-a^2)} \tag{5—21}$$

$$\sigma_r\left(\theta=\frac{\pi}{2}, r=a\right) = q_0,\ \sigma_r\left(\theta=\frac{\pi}{2}, r=b\right) = 0$$

当混凝土保护层中最大压应力 $\sigma_r(\theta=\dfrac{\pi}{2}, r=a)$ 大于混凝土的抗压强度 f_c，最大拉应力 $\sigma_\theta(\theta=\dfrac{\pi}{2}, r=a)$ 大于混凝土的抗拉强度 f_t 时，混凝土保护层发生胀裂，由于混凝土的抗压强度 f_c 大于混凝土的抗拉强度 f_t，而混凝土保护层中的最大锈胀压应力 $\sigma_r(\theta=\dfrac{\pi}{2}, r=a)$ 小于最大锈胀拉应力 $\sigma_\theta(\theta=\dfrac{\pi}{2}, r=a)$。所以，混凝土保护层胀裂

的临界条件为 $\sigma_\theta(\theta=\frac{\pi}{2},r=a)=f_t$,即

$$q_0=\frac{(b^2-a^2)}{(a^2+b^2)}f_t \tag{5—22}$$

由物理方程可得到形变分量,即

$$\begin{cases}\varepsilon_r=\dfrac{1}{E}(\sigma_r-v\sigma_\theta)\\ \varepsilon_\theta=\dfrac{1}{E}(\sigma_\theta-v\sigma_r)\\ \gamma_{r\theta}=\dfrac{2(1+u)}{E}\varepsilon_{r\theta}\end{cases} \tag{5—23}$$

$$\varepsilon_r=\frac{1}{E}(\sigma_r-v\sigma_\theta)=\frac{1}{E}\frac{2a^2q_0\theta}{\pi(b^2-a^2)r^2}[b^2(v+1)+r^2(v-1)] \tag{5—24}$$

再由几何方程可求得位移分量

$$\begin{cases}\varepsilon_r=\dfrac{\partial u_r}{\partial r}\\ \sigma_\theta=\dfrac{u}{r}+\dfrac{1}{r}\dfrac{\partial u_\theta}{\partial\theta}\\ \tau_{r\theta}=\dfrac{1}{r}\dfrac{\partial u_r}{\partial\theta}+\dfrac{\partial u_\theta}{\partial r}-\dfrac{u_\theta}{r}\end{cases} \tag{5—25}$$

$$u_r=\frac{1}{E}\frac{2a^2q_0\theta}{\pi(b^2-a^2)r}[b^2(v+1)+r^2(v-1)] \tag{5—26}$$

锈胀力—位移方程

$$d_s=u_r\left(\theta=\frac{\pi}{2},r=a\right)=\frac{1}{E}\frac{aq_0}{(b^2-a^2)}[b^2(v+1)+a^2(v-1)] \tag{5—27}$$

5.5.3 锈胀开裂时的钢筋锈蚀率(量)预测

(1)混凝土保护层胀裂时的临界锈胀力 q_0

$$q_0=\frac{(b^2-a^2)}{(a^2+b^2)}f_t \tag{5—28}$$

(2)混凝土保护层胀裂时的最大位移量 d_s

$$d_s=\frac{1+\varphi_{cr}}{E_c}\frac{af_t}{(a^2+b^2)}[b^2(v_c+1)+a^2(v_c-1)] \tag{5—29}$$

(3)与锈蚀量相关的锈胀力发展预测模型

$$q_0=\frac{4W_Z}{\pi D\rho_{rust}}\frac{\alpha}{\alpha+1}\frac{E_c}{1+\varphi_{cr}}\frac{(b^2-a^2)}{a[a^2(v_c-1)+b^2(v_c-1)]} \tag{5—30}$$

(4)引起保护层裂缝的锈蚀物质临界质量

$$W_{crit}=\rho_{rust}\frac{(\alpha+1)}{\alpha}\frac{\pi R}{2}\left\{\frac{1+\varphi_{cr}}{E_c}\frac{af_t}{(b^2+a^2)}[b^2(v+1)+a^2(v-1)]\right\} \quad (5—31)$$

可以看出,需要引起保护层裂缝的锈蚀物质临界质量主要取决于混凝土抗拉强度、保护层厚度、混凝土弹性模量。

(5)在已知锈蚀率的基础上计算钢筋混凝土锈蚀开裂的时间 t_1

由法拉第定律:

$$W_{crit}=\int_0^{t_1}\frac{M}{nF}I_i\mathrm{d}t \quad (5—32)$$

5.6 小　结

预计混凝土内钢筋锈胀开裂是研究混凝土结构耐久性失效的一个重要问题。目前国内外学者对混凝土中钢筋锈胀发展进行了广泛的研究,已经取得了不少成果,但由于缺乏对混凝土内钢筋锈蚀量分布规律的深入研究,目前在进行混凝土内钢筋锈胀效应分析时,基本上采用钢筋锈蚀量与锈胀力沿钢筋环向均匀分布的假定。

本书从研究钢筋锈蚀物膨胀对钢筋/混凝土界面区构造的影响着手,通过对混凝土中钢筋锈蚀层形成、发展及其细观构造的研究,分析了实际环境条件下混凝土中钢筋的表面锈蚀特征,确定了钢筋表面锈蚀层的分布轮廓。并在此基础上,采用光面钢筋作为研究对象,提出钢筋不均匀锈蚀的动态轮廓线模型,根据弹性力学理论分析,提出了混凝土胀裂时刻和胀裂之前的钢筋锈胀力计算公式。本章主要结论如下:

(1)氯盐外侵试件靠近混凝土保护层的一面锈蚀比较严重,而背向保护层的一面则锈蚀较轻,甚至几乎没有发生锈蚀。

(2)试件开裂前锈蚀层的理论分布模型为以钢筋圆心为椭圆圆心、钢筋半径为椭圆短轴半径、钢筋半径加上锈蚀层厚度的最大值为椭圆长轴半径的半椭圆曲线模型,开裂后锈蚀层的理论分布模型为面向混凝土保护层一侧的半椭圆曲线+背向保护层一侧的半圆形曲线模型。

(3)混凝土中钢筋的锈层结构分为内外两层,外锈层结构疏松,形成容易剥落的附着层,而内层结构致密,与基体附着性较好。

(4)混凝土中钢筋的锈蚀层由赤铁矿 $\alpha-Fe_2O_3$、磁赤铁矿 $\gamma-Fe_2O_3$、磁铁矿 Fe_3O_4、针铁矿 $\alpha-FeOOH$、纤铁矿 $\gamma-FeOOH$、四方纤铁矿 $\beta-FeOOH$、FeO 等物相组成。

(5)提出锈蚀产物体积膨胀倍数的计算方法,研究表明,自然环境条件下胀裂前后混凝土内锈蚀产物的体积膨胀倍数在 2.20~2.45 之间。

混凝土中钢筋的锈胀过程是一个非常复杂的力学过程，本书在试验研究和理论研究方面进行了初步的探索，还存在很多不足。在以下方面还有待于进一步的研究：①对钢筋不均匀锈胀力分布的研究还不成熟，理论计算的假定较多，直接由试验研究很难实现；②在混凝土胀裂预测研究中，把混凝土和锈蚀产物均看作各向同性的弹性体，没有考虑锈蚀产物向周围混凝土孔隙中的扩散，也没有考虑混凝土在锈胀作用下的力学性能变化；③锈蚀产物体积膨胀倍数和锈蚀物变形模量的实验检测手段尚不完善。

第6章　混凝土内钢筋锈蚀速率的时变预计模型

当混凝土内钢筋表面的钝化膜破坏以后,在有水分和氧气的条件下钢筋即开始锈蚀。当混凝土内钢筋开始锈蚀以后,关于钢筋锈蚀速率的问题即成为大家比较关心的问题。混凝土内钢筋锈蚀速率的快慢直接关系到混凝土结构的使用安全与使用寿命,具有非常重要的研究意义。

混凝土内钢筋的锈蚀不同于暴露于自然大气中的钢铁的锈蚀,也不同于溶液中的钢铁锈蚀,同土壤中的金属锈蚀具有一定的相似性。已有的研究表明[194-200]:混凝土内钢筋的锈蚀速率由混凝土自身的材料性质和外部环境的气候条件共同所决定。混凝土材料方面的性质包括混凝土的材料组成、混凝土的密实程度、混凝土的电阻率等,外部环境气候条件包括环境的温度、相对湿度等。

在自然环境中,混凝土内钢筋锈蚀是一个缓慢过程,所以要建立混凝土内钢筋锈蚀速率模型是很艰巨的工作。为了尽快了解混凝土内钢筋锈蚀速率与相应因素的关系,采用人工气候环境,加速混凝土内钢筋锈蚀,从而有效的研究各种因素对钢筋锈蚀速率的影响。人工气候条件是指通过人工方法所形成的环境的温度、相对湿度以及外侵介质浓度等指标可以根据需要设定并且能够保持恒定的一种气候条件。通过强化人工气候条件中的某些因素比如环境温度、相对湿度等往往可以起到加速混凝土耐久性退化的目的。本章拟利用人工气候条件研究混凝土内钢筋锈蚀过程控制因素,并在此基础上建立和实际环境钢筋锈蚀过程控制因素相对应的钢筋锈蚀速率预计模型,然后通过模型中有关参数的分析,研究锈蚀层的形成和发展以及环境温湿度对钢筋锈蚀速率的影响规律。

6.1　电化学腐蚀基本原理

6.1.1　原 电 池

电化学主要是研究化学能和电能之间相互转化的科学。原电池便是其研究对象之一。若一个系统由两个电极和与电极相接触的电解质组成,当两极间用导线连接起来,导线中有电流通过时,则该系统称为原电池。原电池流过导线的电流可以用来对外做功,如发光等。

金属浸于电解质溶液中所组成的系统叫做电极系统,简称电极,故电极系统包括金属和溶液两个相,在很多情况下“电极”这个术语仅指系统中的金属材料。因为一个原电池是由两个电极系统组成,故又将电极系统称为“半电池”。在电极系统金属和溶液界面上发生的化学反应叫做电极反应,伴随着物质变化的同时在两相之间发生电荷的转移。

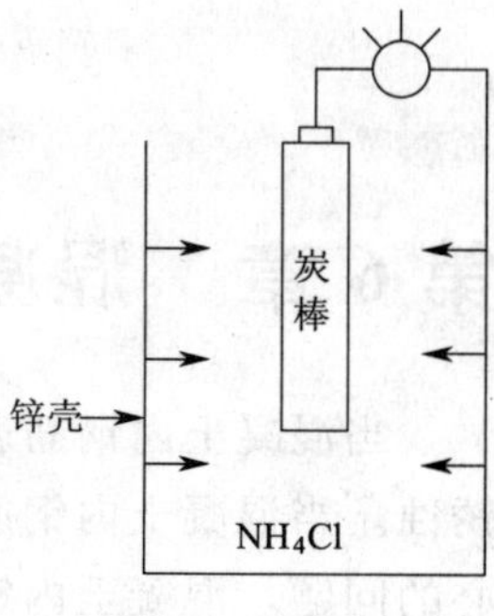

最常见的原电池是中心炭棒(正电极),外围锌皮(负电极)及两极间的电解质(如 NH_4Cl)溶液所组成的,如图 6—1 所示。

当外电路接通,灯泡即通电发光。两电极(正极—阴极,负极—阳极)与电解质之间的电化学反应如下:

阳极锌皮上发生氧化反应,使锌原子离子化:

$$Zn \rightarrow Zn^{2+} + 2e \tag{6—1}$$

图 6—1　原电池

阴极炭棒上发生消耗电子的还原反应:

$$2H^{+} + 2e \rightarrow H_2 \tag{6—2}$$

电池总反应为

$$Zn + 2H^{+} \rightarrow Zn^{2+} + H_2 \tag{6—3}$$

伴随着反应,电池的锌皮不断地被离子化,并给出电子,在外电路中形成电流。金属锌的离子化的结果就是其腐蚀损坏。

在电化学中,把发生氧化反应的位置称为阳极,如 Zn 电极;而把发生还原反应得到电子的反应的位置称为阴极,如炭电极(炭棒)。由此可见整个原电池的电化学过程是由阳极的氧化过程、阴极的还原过程以及电子和离子的流动过程所组成。电子和离子的流动回路构成了电回路。电池中离子的迁移和电子流动的驱动力是电极电位差——电池电动势。

根据法拉第定律,通过原电池的电量是与电极上发生变化的物质量成正比,表示为

$$Q = \frac{n\Delta W}{M}F \tag{6—4}$$

式中,Q 为通过电池的电量(C);ΔW 为电极上 t 时间内物质的变化量(g);M 为该物质的摩尔质量(g/mol);n 为该物质原子参加电极反应时价数的变化值;F 为法拉第常数,其值为 96 500 C/mol 电子。

6.1.2　腐蚀原电池

在图 6—1 所示的原电池中,如果让电子回路的正极与负极之间短路,则直到电池被破坏为止,电流将不停地在回路中流动,只是电流不再对外做功(如发光);电子自耗于电池内阴极还原反应中促进金属阳极锌的离子化。电池工作的结果是 Zn 皮被腐蚀掉,这种外电路短路的电池称为腐蚀原电池。在原电池电解液中,其表面上发生还原反应的电极(或“+”电荷由电解液进入其表面的电极)被称为阴极,其表面上发生氧化反应的电极(或“+”电荷离开其表面进入电解液的电极)被称为阳极。

将锌与铜接触并置于盐酸水溶液中,就构成了以锌为阳极,以铜为阴极的腐蚀原

电池的另一个例子，如图 6—2 所示。阳极 Zn 离子化，锌离子进入溶液中，而电子则流向与 Zn 接触的 Cu 阴极，与 Cu 表面上溶液中的 H^+，形成氢分子并聚合成氢气逸出。锌的不断离子化，使锌遭受腐蚀。像这样依靠腐蚀原电池的作用而进行的腐蚀过程，称作电化学腐蚀。

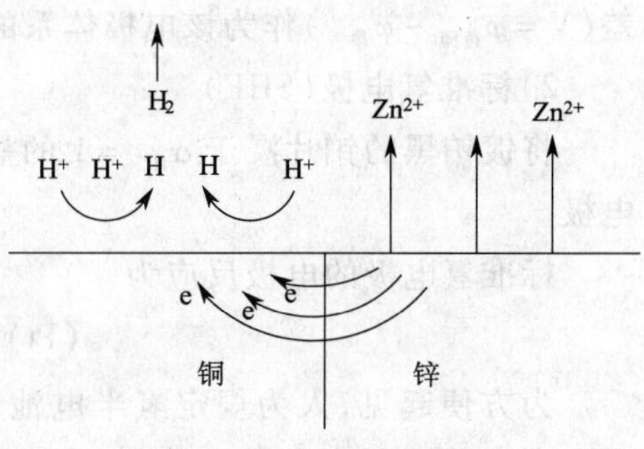

图 6—2　腐蚀原电池

同一块置于电解质中的金属也会发生电化学腐蚀，不过此时腐蚀原电池的阳极和阴极处于这块金属的不同局部区域，腐蚀电池中发生阳极反应的区域称为阳极区，发生阴极反应的区域称为阴极区。混凝土内钢筋的锈蚀就是这种情况，混凝土介质作为电解质，钢筋作为置于电解质中的金属，在钢筋表面形成了阴极区和阳极区，如此便构成了一个腐蚀原电池。在钢筋表面上会形成若干个这样的腐蚀微电池，最终导致整个钢筋的锈蚀。

6.1.3　腐蚀电池的有关参数

1）电极电位

由于金属和溶液的内电位不同，在电极系统的金属相和溶液之间存在电位差，因此两者之间有一个相界区，叫做双电层，如图 6—3 所示。

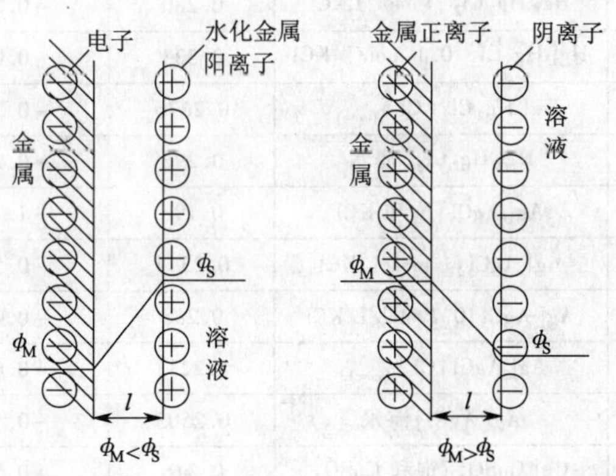

图 6—3　金属在溶液中的双电层及电位分布

双电层使金属和溶液两相之间存在电位差，这个电位差叫做电极系统的电极电位，简称电位，记为 φ。准确地说，这种电位差称为该金属/溶液体系的绝对电极电位。电位的绝对值 φ 是无法测量的，因为 φ 是两相的内电位之差，而内电位是不能测量的。电极电位的相对值是可以进行测量的，为了实际的需要，根据国际惯例，一般采用相对电极电位。即选取一定结构的电极系统，要求其电位恒定作为测量电位时的比较标准，就可以测量一个电极系统相当于选定电极系统的电位。这种选作比较标准的电极系统叫做参比电极。将参比电极和待测电极组成原电池,测量其电位差($V=\varphi_{待测}-\varphi_{参考}$)作为该电极体系的相对电极电位,记为$E$。

2)标准氢电极(SHE)

将镀铂黑的铂片浸于$\alpha_{H^+}=1$的盐酸溶液中,通入1atm的氢气,就构成了标准氢电极。

标准氢电极的电极反应为

$$(Pt)H_2=2H^++2e \tag{6—5}$$

为方便起见,人为规定氢半电池的标准电位为零,即$E_H^0=0$,以标准氢电极为参考电极测出的电位值称为氢标电位,记为E(SHE),括号内的SHE可省略不写。标准氢电极(SHE)是最基准的参比电极,但使用不方便。在生产和科学研究中,为了方便,还常选用饱和甘汞电极(SCE)、银/氯化银电极、铜/硫酸铜电极(CSE)等作为参考电极。相对标准氢电极(SHE)的电位见表6—1。用不同参考电极测量的电位相对值是不同的,故需注明所用参考电极。如不注明,则表示参考电极是SHE。

表6—1　一些常用参比电极的电位值

名　　称	半电池结构	电极电位(V)	温度系数(mV)	一般用途	备注
标准氢电极	$Pt[H_2]_{1atm}H^+_{(\alpha=1)}$	0.000	0	酸性介质	SHE
饱和甘汞电极	$Hg[Hg_2Cl_2]$饱和KCl	0.244	-0.65	中性介质	SCE
1 mol/L甘汞电极	$Hg[Hg_2Cl_2]$1 mol/LKCl	0.280	-0.24	中性介质	NCE
0.1 mol/L甘汞电极	$Hg[Hg_2Cl_2]$0.1 mol/L KCl	0.333	-0.07	中性介质	
标准甘汞电极	$Hg[Hg_2Cl_2]Cl^-_{(\alpha=1)}$	0.2676	-0.32	中性介质	
海水甘汞电极	$Hg[Hg_2Cl_2]$海水	0.296	-0.28	海水	
饱和银/氯化银电极	Ag[AgCl]饱和KCl	0.196	-1.10	中性介质	
1 mol/L银/氯化银电极	Ag[AgCl]1 mol/L KCl	0.2344	-0.58	中性介质	
0.1 mol/L银/氯化银电极	Ag[AgCl]0.1 mol/L KCl	0.288	-0.44	中性介质	
标准银/氯化银电极	$Ag[AgCl]Cl^-_{(\alpha=1)}$	0.2233	-0.65	中性介质	
海水银/氯化银电极	Ag[AgCl]海水	0.2503	-0.62	海水	
饱和铜/硫酸铜电极	$Cu[CuSO_4]$饱和$CuSO_4$	0.316	+0.02	中性介质	CSE
标准铜/硫酸铜电极	$Cu[CuSO_4]SO^{2-}_{4(\alpha=1)}$	0.342	+0.008	中性介质	

注:(1)各电极的电极电位值系指25℃时相对于标准氢电极的电位值;

(2)温度系数是指每变化1℃电极电位变化的数值。

3)平衡电极电位

当电极上发生的电极反应处于热力学平衡状态时,电极所具有的电位称为电极的平衡电极电位。例如,金属失掉电子进入溶液的阳极过程和溶液中的水化金属离子自金属获得电子的阴极过程速度相等,且这两个过程都是可逆的,则产生一个平衡电极电位，以 E_e 表示。在某些条件下也可将电极反应中的氧化态物质和还原态物质注明。如 $Fe = Fe^{2+} + 2e$ 的平衡电位，记为 $E_e(Fe/Fe^{2+})$。

4）能斯特公式

金属的平衡电极电位与溶液中金属离子的活度、温度之间的关系有关，可用能斯特公式计算。

如将电极反应一般式写成

$$aR = bO + ne \tag{6—6}$$

O 和 R 表示反应中的氧化态物质和还原态物质，a 和 b 是化学计量系数，n 为得失电子数，e 表示电子，则平衡电位的计算公式为

$$E_e(O/R) = E_e^{0} + (RT/nF)\ln([O]^a/[R]^b) \tag{6—7}$$

式中，E_e^0 为标准电位；R 是气体常数；T 为绝对温度；F 为法拉第常数；符号[ ]对溶液表示活度，单位 mol，对气体表示分压，单位 atm。

5）标准电位

当参与电极反应的各组分活度（或分压）都等于 1，温度规定为 25℃，这种状态称为标准状态，这种标准状态下的平衡电位称为标准电位，记为 E_e^0。此时，平衡电位 E_e 等于 E_e^0。标准电位是平衡电位的一种特殊情况，标准电位只取决于电极反应的本性，而平衡电位既与电极反应本性有关，又与参与电极反应各组分的活度（或分压），以及温度有关。

6）电位序

在标准条件下（25℃），将其他各种金属的半电位与氢半电位联结成各种相应的原电池，测得的原电池电动势，即为各相应金属半电池的标准电位值 E^0。将这些测得的标准电位 E^0 从正到负、从大到小地排列下来，就得到如表 6—22 所示的标准电位序列表，简称电位序或电动序（Electromotive Force Series）。

EFS 可以清楚地表明各种金属转变为氧化状态的倾向（活泼顺序）。因为氢电极反应的 E^0 规定为零，故在氢之前的金属的 E^0 为负值，称负电性金属；在氢之后的金属的 E^0 为正值，称正电性金属。

表 6—2　金属在 25℃时的标准电极电位 E^0（V，SHE）

电极反应	E^0（V）	电极反应	E^0（V）
$K = K^+ + e$	−2.925	$Ni = Ni^{2+} + 2e$	−0.250
$Na = Na^+ + e$	−2.714	$Mo = Mo^{3+} + 3e$	−0.2
$Mg = Mg^{2+} + 2e$	−2.37	$Sn = Sn^{2+} + 2e$	−0.136
$Al = Al^{3+} + 3e$	−1.66	$Pb = Pb^{2+} + 2e$	−0.126
$Ti = Ti^{2+} + 2e$	−1.63	$Fe = Fe^{3+} + 3e$	−0.036
$Mn = Mn^{2+} + 2e$	−1.18	$H_2 = 2H^+ + 2e$	0.000
$Cr = Cr^{2+} + 2e$	−0.913	$Cu = Cu^{2+} + 2e$	+0.337

续上表

电极反应	E^0(V)	电极反应	E^0(V)
$Zn = Zn^{2+} + 2e$	-0.762	$Cu = Cu^{+} + e$	+0.521
$Cr = Cr^{3+} + 3e$	-0.74	$2Hg = Hg_2^{2+} + 2e$	+0.189
$Fe = Fe^{2+} + 2e$	-0.440	$Ag = Ag^{+} + e$	+0.799
$Cd = Cd^{2+} + 2e$	-0.402	$Hg = Hg^{2+} + 2e$	+0.854
$Mn = Mn^{3+} + 3e$	-0.283	$Pt = Pt^{2+} + 2e$	+1.19
$Co = Co^{2+} + 2e$	-0.277	$Au = Au^{3+} + 3e$	+1.50

标准电位序可以用来粗略地判断金属的腐蚀倾向,以进行比较。比如,当将铜和锌两种金属半电池联结成原电池时,由表6—2可知,标准电位较低(代数值较小)的金属 Zn 极必为阳极,而标准电位较高的金属 Cu 极则必为阴极,这就是判断腐蚀电池中阴、阳极的准则。

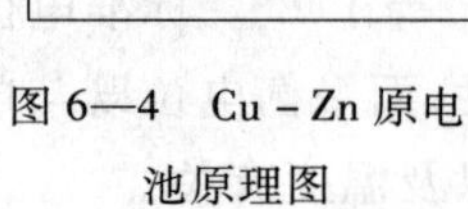

图6—4 Cu-Zn 原电池原理图

如,在铜—锌原电池中(见图6—4),铜极上:

$$Cu^{2+} + 2e^{-} \rightarrow Cu \quad E_{Cu}^0 = 0.337\ V$$

锌极上:

$$Zn^{2+} + 2e^{-} \rightarrow Zn \quad E_{Zn}^0 = -0.763\ V$$

所以铜极为阴极,不发生腐蚀。相反,铜离子 Cu^{2+} 得电子后沉积在铜极上,锌极为阳极,发生腐蚀,锌原子失去电子变为锌离子溶入电解液。原电池的电动势(电压)为 0.337-(-0.763)=1.1 V。运用这一判断原电池阴、阳极的准则,不仅可以推断在腐蚀电池中金属腐蚀的趋势大小,而且还可作为选择钢筋锈蚀阴极保护系统中牺牲阳极材料的依据。

电化学腐蚀中一些常见电极反应的标准电位见表6—3。

表6—3 电化学腐蚀中一些常见电极反应的标准电位 E^0(25℃,SCE)

电极反应	E^0(V)	电极反应	E^0(V)
$Fe + 2OH^{-} = Fe(OH)_2 + 2e$	-0.876	$Fe^{2+} = Fe^{3+} + e$	+0.771
$Cd + 2OH^{-} = Cd(OH)_2 + 2e$	-0.809	$HNO_2 + H_2O = NO^{3-} + 3H^{+} + 2e$	+0.94
$H_2 = 2H^{+} + 2e$	0.000	$4OH^{-} = O_2 + 2H_2O + 4e$	+0.401
$Ag + Cl^{-} = AgCl + e$	+0.224	$2H_2O = O_2 + 4H^{+} + 4e$	+1.229
$2Hg + 2Cl^{-} = Hg_2Cl_2 + 2e$	+0.27	$Fe = Fe^{2+} + 2e$	-0.440

6.1.4 Fe-H_2O 体系的电位—pH 图

比利时学者研究了各种金属产生腐蚀的条件,建立了电位—pH 图。由于在金属腐蚀过程中,电位是控制金属离子化过程的因素,pH 值是控制金属氧化膜稳定性的因素,应用这两个因素,可以将金属与水溶液之间大量的复杂均相和非均相化学反应及电化学反应在给定条件下的平衡关系简明地表示在平面图上，比较直观地显示了金属在不同电位和值条件下，可能产生的各种物质及热力学稳定性。通过电位—pH图可推断发生腐蚀的可能性，并可启发人们用控制电位或者改变介质 pH 值的方法防止金属腐蚀。

1）电位—pH 图的绘制

电位—pH 图中曲线的三种类型为

①氢电极（或氧电极）及有电子参与反应的电极，如氢电极的电极反应

$$2e + 2H^+ \rightarrow H_2 \tag{6—8}$$

电极电位为

$$E = E^0 - \frac{RT}{F}\ln\frac{p_{H_2}}{\alpha_H p^0} \tag{6—9}$$

若在 25℃，$p_{H_2} = 101\ 325$ Pa 时（$p^0 = 101\ 325$ Pa）

$$E = (E^0 - 0.059\text{pH})\text{V} = -0.059\text{pH V} \tag{6—10}$$

该式在电位—pH 图（图 6—6）中为一直线。a 表示可逆氢电极电位和溶液酸度的对应关系。

氧电极的电极反应

$$4e + 4H^+ + O_2 \rightarrow H_2O \tag{6—11}$$

电极电位为

$$E = E^0 - \frac{RT}{4F}\ln\frac{\alpha^2_{H_2O}p^0}{\alpha^4_{H+}p_{O_2}} \tag{6—12}$$

在 25℃，已知 $\alpha_{H_2O} = 1$，$p_{O_2} = 101\ 325$ Pa 时的 $E^0 = 1.229$ V

$$E = (1.229 - 0.059\ \text{pH})\ \text{V} \tag{6—13}$$

该式在电位—pH 图（图 6—6）中为一直线。b 表示可逆氧电极电位和溶液酸度的对应关系。

氢电极和氧电极的电位—pH 直线，总称为水的电位—pH 图，它们有共同的斜率（−0.059 V），所以这是两条相互平行的直线。当体系处于两条直线之间的条件时，会分别在两个电极进行反应。低电位的氢电极作为氧化极而放出电子

$$4H_2 \rightarrow 4H^+ + 4e \tag{6—14}$$

高电位的还原电极反应为

$$4e + 4H^+ + O_2 \rightarrow 2H_2O \tag{6—15}$$

总反应为

$$2H_2 + O_2 \rightarrow 2H_2O \tag{6—16}$$

表示 H_2 及 O_2 将自动地进行反应产生 H_2O，所以这是 H_2O 的稳定区。

②没有 H^+、OH^- 参与，而有电子参与的反应，如

$$e + Fe^{3+} \rightarrow Fe^{2+} \tag{6—17}$$

$$2e + Fe^{2+} \rightarrow Fe \tag{6—18}$$

电极电位为

$$E = E^0 - 0.059\ln\frac{a(\text{还原态物质})}{a(\text{氧化态物质})} \tag{6—19}$$

在这类金属的离子溶液中,电极电位仅与金属离子浓度有关,而和溶液的 pH 无关。确定还原态物质和氧化态物质的话度以后.对应于电位—pH 图中,将是平行于横轴坐标的直线,如图 6—6 中的(1)线。在水平线(1)以上是氧化态物质的稳定区,下方是还原态物质的稳定区。

当溶液中还原态物质活度和氧化态物质活度比值改变时,水平线的高度将随之变化。

③有 H^+,OH^- 参与而无电子得失的反应,如水解反应

$$Fe^{3+} + 3H_2O \rightarrow Fe(OH)_2 + 3H^+ \tag{6—20}$$

反应中,没有电子参与,写不出电极电位关系式,但反应中有 H^+ 或 OH^- 参与,所以反应的条件和方向与 pH 值有关。在此反应中平衡常数表示式为

$$K = \frac{\alpha_{H^+}^3}{\alpha_{Fe^{3+}}} \tag{6—21}$$

当 $\alpha_{Fe^{3+}} = 1$ 时,由 25℃时的 K 值算得平衡时的 pH = 1.54,是一条与纵轴平行的竖线。当 Fe^{3+} 的浓度改变时,平衡的 pH 值也将改变,竖线的位置将向左右移动。在该竖线 d 的左方是 Fe^{3+} 稳定区,右方是 $Fe(OH)_2$ 的稳定区。如同时考虑几个反应,如以下两个反应

$$e + Fe^{3+} \rightarrow Fe^{2+} \tag{6—22}$$

$$Fe^{3+} + 3H_2O \rightarrow Fe(OH)_3 + 3H^+ \tag{6—23}$$

则 Fe^{3+} 的稳定区在图的左上角。在这个区域以外的任何条件下,Fe^{3+} 都是不稳定的,将会自动发生反应生成 Fe^{2+} 或 $Fe(OH)_2$。

更复杂的体系中,可能存在有更多的电池反应时,可按上述方法先写出电极反应和电极电位方程式、按其方程式作电位—pH 曲线图,进而分析各种物质稳定存在的区域。

从已给出的电位—pH 图中,可以直观地判断反应进行的方向和物质稳定存在的条件。改变溶液的 pH 及参加反应物质的浓度,可改变各曲线的位置,进而达到控制反应及改变反应产物等目的。

2)铁—水体系在 25℃的电位—pH 平衡图

铁—水体系中发生的 7 个电极反应见表 6—4,文献[201]给出了 $\alpha_{Fe^{2+}} = 1$,$\alpha_{Fe^{3+}} = 1$ 时各电极反应的平衡电位。依据铁—水体系下的化学和电化学的平衡条件,分别求出中各反应平衡线的交点,然后依次将各交点连线,从而得到完整的电位—pH 图(如图 6—5 所示)。图中数字 1 ~ 7 分别代表表中各平衡反应。

这个电位—pH 图将坐标面分成了五个区域,分别为 Fe、Fe^{2+}、Fe^{3+}、$Fe(OH)_2$ 及 $Fe(OH)_3$ 的热力学稳定区。在直线(1)下方和直线(4)的左下方的区域内为 Fe 稳定

区，直线(2)、(3)、(6)、(1)所包含的区域内为 Fe^{2+} 的稳定区，直线(2)、(7)的左上角为 Fe^{3+} 的稳定区，这两个区域统称 Fe 的腐蚀区，(4)、(6)、(5)线所包围的区域为 $Fe(OH)_2$ 的稳定区、而(5)、(3)、(7)线的右上方为 $Fe(OH)_3$ 的稳定区。最后两个区域为钝化区。图中虚线为 H_2O 的电位—pH 图。

表 6—4 铁—水体系中的电极反应及其电极电位

序号	电极反应	电极电位(V)
1	$2e + Fe^{2+} \rightarrow Fe$	$E = -0.44 + 0.0295\lg\alpha_{Fe^{2+}}$
2	$e + Fe^{3+} \rightarrow Fe^{2+}$	$E = -0.771 + 0.059\lg\frac{\alpha_{Fe^{3+}}}{\alpha_{Fe^{2+}}}$
3	$Fe(OH)_3 + 3H^+ + 2e \rightarrow Fe^{2+} + 3H_2O$	$E = 1.045 - 0.177pH + 0.059\lg\alpha_{Fe^{2+}}$
4	$Fe(OH)_2 + 2H^+ + 2e \rightarrow Fe + 2H_2O$	$E = -0.047 - 0.059pH$
5	$Fe(OH)_3 + H^+ + e \rightarrow Fe(OH)_2 + H_2O$	$E = 0.260 - 0.059pH$
6	$Fe(OH)_2 + 2H^+ \rightarrow Fe^{2+} + 2H_2O$	$pH = 6.65$
7	$Fe(OH)_3 + 3H^+ \rightarrow Fe^{3+} + 3H_2O$	$pH = 1.54$

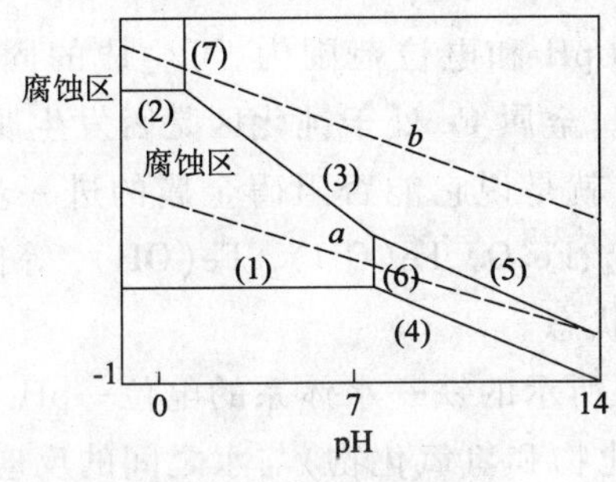

图 6—5 铁—水体系的电位—pH 图($\alpha_{Fe^{2+}} = 1, \alpha_{Fe^{3+}} = 1$)

应用电位—pH 图在腐蚀科学上有很重要的用途，可以预测反应的自发方向；估计腐蚀产物的种类；预测可防止或减轻腐蚀的环境变化。由于所考虑的稳定平衡固相的不同，其热力学数据及其平衡关系式也不相同，因此，铁—水体系的电位—pH 图一般有两种形式。一种是稳定平衡固相考虑为 Fe、Fe_3O_4、Fe_2O_3 所得到的铁—水体系的电位—pH 图，另一种是将稳定平衡固相考虑为 Fe、$Fe(OH)_2$、$Fe(OH)_3$ 所得到的铁—水体系的电位—pH 图。如果假定以铁及其离子浓度等于 10^{-6} mol/L 作为金属腐蚀与否的界限，则可以获得一种简化的电位—pH 图如图 6—6a 所示。通常可以把铁—水体系的电位—pH 图分成三个区域。

金属热力学稳定区：在此区涉及的 pH 和电位范围内，金属 Fe 处于热力学稳定状态，不发生腐蚀。

腐蚀区：在此区涉及的 pH 和电位范围内，可溶性离子和络合离子，如 Fe^{2+}、Fe^{3+}、$HFeO_2^-$、FeO_4^{2-} 等离子处于热力学稳定状态，而金属 Fe 处于热力学不稳定状态，可能发生腐蚀而变成相应的可溶性离子。如铁在 pH 值为 2 的酸性溶液中其腐

蚀电位为 -400 mV，则铁的腐蚀状态处于电位—pH 图中腐蚀区的 A 点，主要发生析氢腐蚀，其阴阳极反应的极化曲线如图 6—6b 所示。如果铁在 pH 值为 7 的中性溶液中其腐蚀电位也为 -400 mV，则铁的腐蚀状态处于电位—pH 图中腐蚀区的 B 点，主要发生吸氧腐蚀，其阴阳极反应的极化曲线如图 6—6c 所示。

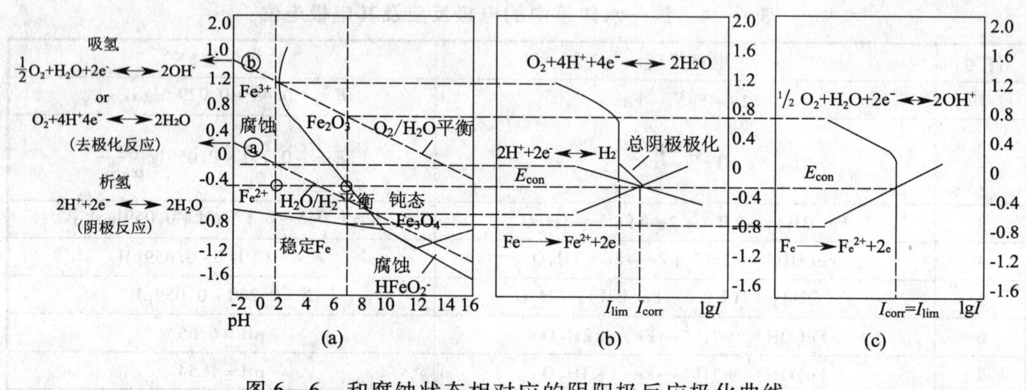

图 6—6　和腐蚀状态相对应的阴阳极反应极化曲线

钝化区：在此区涉及的 pH 和电位范围内，可生成的固态氧化物，氢氧化物以及盐等处于热力学稳定状态。金属 Fe 处于钝化区是否发生腐蚀，取决于金属表面所生成的固态膜具有保护性，也就是说它能否阻碍金属的进一步溶解。如果 Fe 在此区，其表面可形成相应的 Fe_3O_4、Fe_2O_3、$Fe(OH)_2$、$Fe(OH)_3$ 等保护膜，使 Fe 与介质隔离开来，则金属 Fe 处于钝化状态。

值得注意的是图 6—6 所示的铁—水体系的电位—pH 平衡图仅局限于金属基体 Fe 因素自身(包括铁的氧化物和氢氧化物)与水之间的反应。对于钢筋混凝土结构，由于氯离子的侵入，钢筋—水的电位—pH 平衡体系将完全被打破。文献[202]提供了含 3.5% Cl^- 的溶液中的铁—水体系的电位—pH 平衡图如图 6—7 所示，氯离子侵蚀引起混凝土中钢筋的锈蚀可以根据此图进行分析。

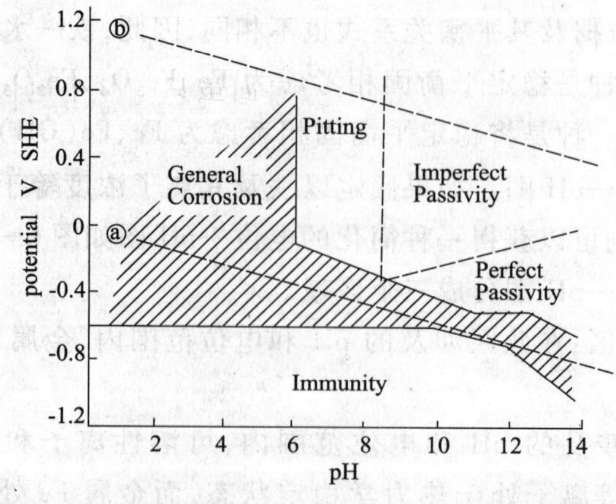

图 6—7　改进的 3.5% Cl^- 溶液中铁—水体系的 Pourbaix 图[202]

实际上，假定的平衡条件受到混凝土的非匀质性限制。在钢筋混凝土界面条件的 Pourbaix 图中假定的 pH 值不一定和钢筋中的混凝土基体相同，也不可能在钢筋表面分布均匀。既然钢筋表面各种锈蚀产物的平衡条件和溶解度可能随环境温度而变化，所以必须注意试验温度可能不是25℃。

6.1.5 腐蚀电池的极化

1）腐蚀原电池的极化

在图6—4所示的腐蚀原电池装置中，在电键K未闭合时，测得Zn电极和Cu电极的电位分别为 E_{0a} 和 E_{0c}，如果电流回路的欧姆电阻为 R，那么电键K闭合时，通过Zn电极和Cu电极的电流是否等于 $(E_{0c}-E_{0a})/R$ 呢？

试验发现，电键K闭合，电极上有电流通过时，Zn电极和Cu电极的电极电位都显著地偏离了未通电流时的起始电位值，腐蚀电流迅速减小。这种现象称为原电池的极化。腐蚀电池的极化是电化学腐蚀动力学中的基本概念。极化使腐蚀电流减小，极化性越强，腐蚀电流减小越厉害。

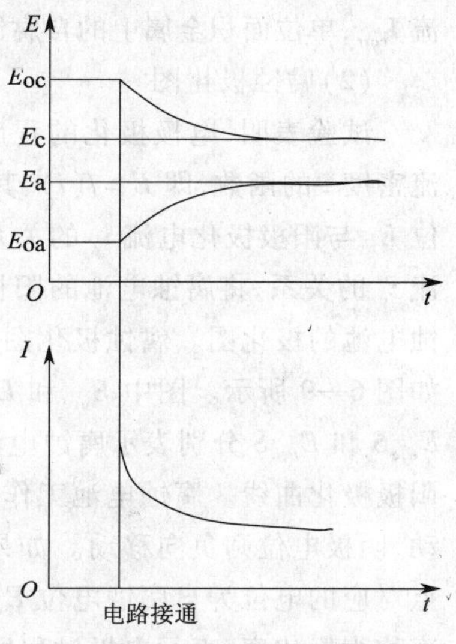

图6—8 原电池的极化

试验表明，有电流通过电池时，阳极电位升高（正移），阴极电位降低（负移），阴极和阳极的电位差（电池的电动势）减小。电位偏离初始电位 E_0 正移称为阳极极化，电位偏离初始电位 E_0 负移称为阴极极化。因此，腐蚀电池的极化包括阳极的阳极极化和阴极的阴极极化。由于极化作用的结果，使阴阳两极之间的实际电位差比初始电位差要小得多。因此，计算锈蚀速率时，应采用产生电流以后阴阳两极之间的实际电位差。

极化后的电极反应不处于平衡状态，此时电极系统的电位称为非平衡电位，记为 E。电极电位偏离平衡的原因有：①电极界面虽只有一个电极反应，但有外电流流入或流出，使平衡状态被打破。②电极表面不只一个电极反应，它们的电位都将偏离平衡电位。因为金属腐蚀有阴阳极反应要进行，所以阴阳极的电极反应必然偏离平衡。

极化后的电位 E 和未极化时的电位 E_0 之差叫做极化值，计为 ΔE，即

$$\Delta E = E - E_0 \tag{6—24}$$

如果 E_0 是电极反应的平衡电位 E_e，则这个极化值常称为过电位，记为 η，即

$$\eta = E - E_0 \tag{6—25}$$

式中，ΔE 和 η 表示电极极化的程度。

2）腐蚀极化图

(1)自腐蚀电位和自腐蚀电流

在 Fe 基体的腐蚀体系中,金属 Fe 的阳极溶解必然伴随着某种去极化剂(氧或锈蚀产物)的还原。铁溶解的阳极氧化反应所释放出来的电子将全部被去极化剂(氧或锈蚀产物)的阴极还原反应所消耗,体系达到了电荷平衡,且无净电荷积累。氧化反应的总电流与还原反应的总电流在数值上相等,这些电流的作用将使局部阳极和局部阴极发生极化,在忽略溶液电阻的情况下,它们将偏离各自的平衡电位而极化到一个共同的电位 E_{corr},是一个非平衡的稳定电位,其数值介于两个电极反应的平衡电位之间,称为混合电位,也叫自腐蚀电位。与之相对应,此时的阴极氧化反应总电流称为自腐蚀电流 I_{corr},单位面积金属上的自腐蚀电流称为自腐蚀电流密度,即 i_{corr}。

(2)腐蚀极化图

试验表明,电极极化的程度取决于通过电极的电流密度,即极化后电位 E 是电流密度 i 的函数,即 $E=f(i)$,其图形叫做极化曲线。阳极极化曲线表示阳极极化电位 E_a 与阳极极化电流 i_a 的关系,阳极极化曲线表示阳极极化电位 E_c 与阳极极化电流 i_c 的关系,将腐蚀电池的阳极极化曲线和阴极极化曲线画在一张图上,便得到腐蚀电池的极化图。腐蚀极化图是一种表征腐蚀电池极化状态和趋势的简明示意图,如图 6—9 所示。图中 $E_{e,c}$ 和 $E_{e,a}$ 分别为阴极电极反应和阳极电极反应的平衡电位,$E_{e,c}S$ 和 $E_{e,a}S$ 分别表示腐蚀电池中去极化剂还原的阴极极化曲线和金属阳极溶解的阳极极化曲线。腐蚀电池工作时,局部阳极和局部阴极均发生极化,阳极电位正向移动,阴极电位则负向移动。如果溶液电阻可予忽略,此两条曲线必定相交于 S 点,S 点对应的电位为自腐蚀电位 E_{corr},对应的电流为自腐蚀电流密度 i_{corr},极化曲线的斜率称为极化率,表示电极过程所受阻力的大小,图中 p_c 和 p_a 分别为阴极电极反应和阳极电极反应的极化率。

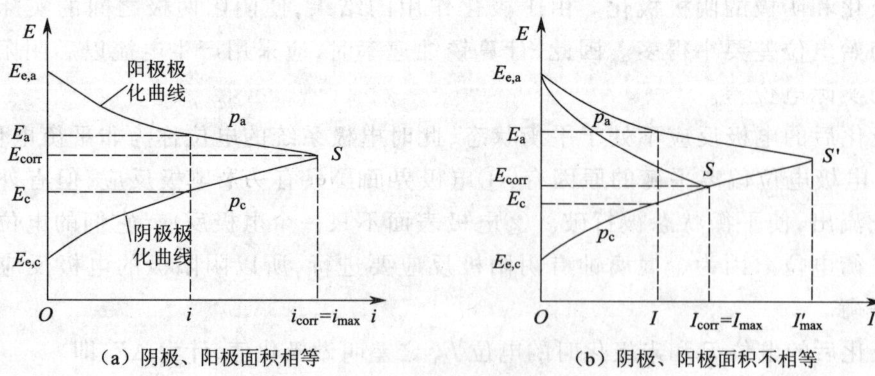

(a)阴极、阳极面积相等　(b)阴极、阳极面积不相等

图 6—9　由图 6—4 的装置测量的极化曲线

如果阳极和阴极的工作面积相等,那么在任何时刻流过阳极和阴极的电流密度都相等,画出的极化图如图 6—9a 所示。极化曲线的形状和电极面积无关,只取决于阳极反应和阴极反应的特征。

如果阳极和阴极的工作面积不相等，那么在任何时刻流过阳极和阴极的电流强度都相等，但电流密度并不相等。在 E—i 坐标系中，阳极极化曲线和阴极极化曲线并无直接的关系，故常使用电流强度在 E—I 坐标系中画极化图，如图 6—9b 所示。如果忽视极化曲线的具体形状而用直线表示，便得到 Evans 极化图，如图 6—10 所示。

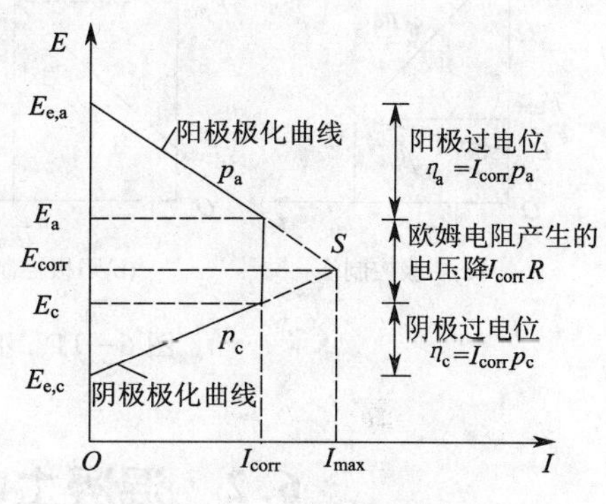

图 6—10　Evans 极化图

3）腐蚀过程的控制因素

腐蚀极化图可用于分析腐蚀过程的主要控制因素，说明不同体系自腐蚀电位的物理意义。金属的腐蚀过程是一个电化学反应过程。由于金属的腐蚀是由阴极反应和阳极反应组成的，其阴阳极反应的平衡电位分别为 $E_{e,c}$ 和 $E_{e,a}$。当这两个电极反应耦合在一起时，由金属测得的电极电位 E_{corr} 是不平衡电位。它的数值落在两个电极反应的平衡电位之间：

$$E_{e,a} < E_{corr} < E_{e,c}$$

电极电位 E_{corr} 既是阳极电极反应的不平衡电位，也是阴极电极反应的不平衡电位，我们称之为金属的腐蚀电位。腐蚀电位与平衡电位之差为过电位 η，阴极电极反应和阳极电极反应的过电位分别为 η_c 和 η_a。

金属腐蚀的电化学反应过程可以通过图 6—10 腐蚀极化图进行解释：

$$E_{e,c} - E_{e,a} = \eta_a + \eta_c + I_{corr}R \tag{6—26}$$

$$\eta_a = I_{corr}p_a \tag{6—27}$$

$$\eta_c = I_{corr}p_c \tag{6—28}$$

由式（6—26）~（6—28）得

$$I_{corr} = \frac{E_{e,c} - E_{e,a}}{p_a + p_c + R} \tag{6—29}$$

式中　$E_{e,a}$——阳极电极反应的平衡电位，可由 Nernst 方程求得；

$E_{e,c}$——阴极电极反应的平衡电位，也可由 Nernst 方程求得；

E_{corr}——阴阳极电极反应耦合后的混合电位。

由式（6—29）可知，金属的腐蚀电流 I_{corr} 不但取决于腐蚀电池阴阳极间的起始电位差（$E_{e,c} - E_{e,a}$），这是腐蚀的推动力，而且取决于阴极极化率 p_c、阳极极化率 p_a 以及阴阳极间的欧姆电阻 R，这是腐蚀的阻力。当这三相阻力中任意一项明显地超过另两项时，这一阻力就将在腐蚀过程中对速率起控制作用，称为控制因素。利用极化图可以非常直观地判断腐蚀的控制因素。例如，当 R 很小时，若 $p_c \gg p_a$，I_{corr} 主要取决于阴极极化率 p_c 的大小，称为阴极控制（图 6—11a）；反之，若 $p_a \gg p_c$，I_{corr} 主要取决于阳极极化率 p_a 的大小，称为阳极控制（图 6—11b）。如果 p_a 和 p_c 接近，同时决定锈蚀速率的大小，则称为混合控制（图 6—11c），如果腐蚀系统的欧姆电阻很大，

$R \gg (p_a + p_c)$，则腐蚀主要由电阻决定，称为欧姆控制（图 6—11d）。

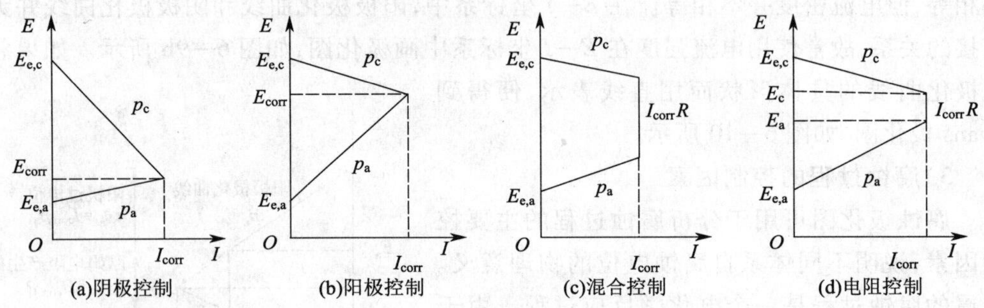

图 6—11　不同因素控制的腐蚀极化图

6.2　混凝土中钢筋的锈蚀速率检测

钢筋在混凝土中锈蚀过程的研究与测试，包括钢筋锈蚀的发生、发展过程的研究，破坏程度、混凝土保护参数的测试，对了解钢筋混凝土结构的载荷能力，估计锈蚀发展趋势和结构的剩余使用寿命，防止事故的发生，制定必要的修复措施，经济高效地延长使用寿命具有至关重要的作用。因此，基于安全、耐久和经济的考虑，有必要尽早检测钢筋的锈蚀状态，以便及时地制定修补保护措施。发展成熟、可靠的钢筋锈蚀的无损检测技术对社会经济的发展具有迫切的现实意义，也是当前钢筋混凝土锈蚀与保护研究中的一个重要课题。

目前常用的混凝土中钢筋锈蚀的非破损检测方法有分析法、物理法和电化学方法三大类。

物理方法主要通过测定钢筋锈蚀引起电阻、电磁、热传导、声波传播等物理性质的变化来反映钢筋锈蚀情况[203]。用于混凝土中钢筋锈蚀检测的物理方法有电阻法、涡流法、射线法、红外热像法、声发射法[204]、超声波、冲击—回声法[205]和磁场[206]等。

钢筋的锈蚀速率通常指单位时间内钢筋的锈蚀量。由于钢筋的锈蚀是一个电化学反应过程，遵守法拉第定律（Faraday's Law）。也就是说，对于某一特定金属，锈蚀速率与自腐蚀电流成正比。因此，也可用自腐蚀电流或自腐蚀电流密度来表示钢筋的锈蚀速率。

分析法和物理法仅能测定混凝土中钢筋的锈蚀程度，不能测得钢筋锈蚀的瞬时速率，虽然根据钢筋的锈蚀程度（锈蚀量或锈蚀深度）处于钢筋的锈蚀时间可以得到钢筋的锈蚀速率，但这个锈蚀速率只是钢筋开始锈蚀至测量时的平均速率，不是钢筋锈蚀的瞬时速率，无法用于钢筋混凝土结构的使用寿命预测。

由于混凝土中钢筋的锈蚀过程是一个电化学反应过程，混凝土中钢筋的锈蚀速率可以用电流来表示，腐蚀电流可以采用电化学检测方法测得，它是通过测定钢筋混凝土腐蚀体系的电化学特性来确定混凝土中钢筋锈蚀程度或速率。电化学方法已大量用于试验室混凝土试样中钢筋的锈蚀状况和瞬时锈蚀速率的检测,并已开始尝试用于现场检测,是混凝土中钢筋锈蚀无损检测的发展方向。因此,这里主要介绍几种较常用的电化学检测方法,如半电池电位法、交流阻抗谱法和线性极化法等。

6.2.1 半电池电位法

1)基本原理

混凝土中钢筋上的钝化和活化区域会形成一个小型宏电池,这个宏电池的开路电位大约600 mV,它们之间的腐蚀电流由钢筋中的电子和混凝土中的离子产生。电场中的电流随阳极到阴极之间电位的改变而不断形成(见图6—12)。处于不同电化学状态的钢筋,其腐蚀电位是不同的。钢筋在钝化时,其腐蚀电位升高,而由钝态转入活化态时,其腐蚀电位降低,据此,可以判断钢筋的锈蚀状态。半电池电位法是通过测定钢筋电极与参比电极(一般现场常用的参比电极为银/氯化银电极或铜/硫酸铜电极)的相对电位差来判断钢筋的锈蚀状况。

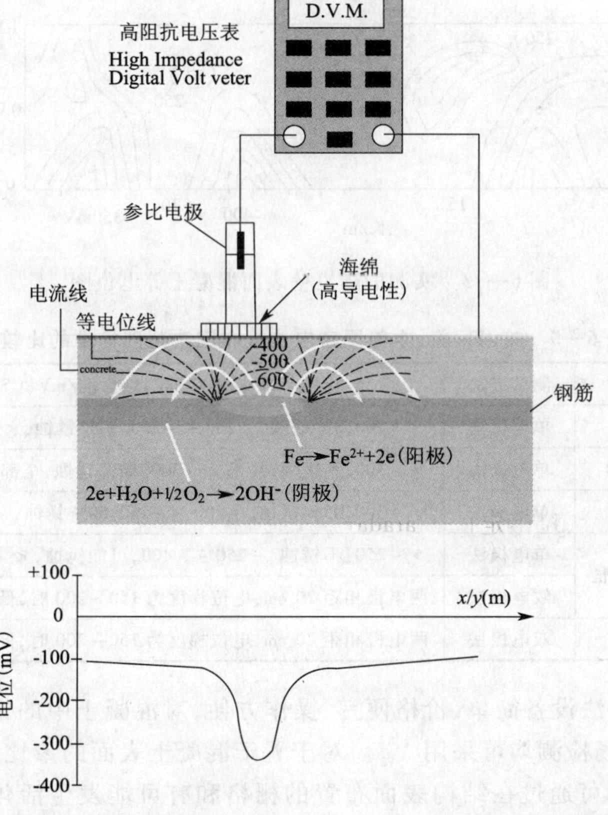

图6—12 混凝土中钢筋局部锈蚀点上的电场分布及钢筋锈蚀电位测量示意图[18]

针对半电池电位法,不论从理论还是实践上,各国学者都已经做了大量的工作,并且已经开发出了相应的设备,可以在现场电位检测时进行相应数据的采集。对半电池电位检测方法的主要要求是要与钢筋有一个良好的电接触以及一个高量度范围的电压表。将电压表与已知的标准半电池参比电极和混凝土中的钢筋相连接,然后使测量触点在混凝土表面上移动,假如各处钢筋表面的状态不同,该标准半电池与混凝土中各处钢筋表面存在的 $Fe/Fe(OH)_2$ 半电池之间的电位差就不同,这样就可测出混凝土结构中各处半电池电位的变化。

半电池电位法已普遍地应用于测量实际混凝土结构中钢筋的锈蚀状态。美、日、德、英、印度等国家都制定了相应的标准,我国冶金部也公布了部颁标准。根据制订的钢筋锈蚀的概率准则,可以判别钢筋在相应位置的锈蚀状态。表 6—5 给出了一些国家自然电位法的判别标准。以 ASTM C 876 为例,电位高于 -0.2 V 时,钢筋处于活化锈蚀状态的概率为 5%;电位低于 -0.35 V 时,钢筋处于活化锈蚀状态的概率为 95%;处理半电池电位数据的另一个方法是绘制等电位图(如图 6—13 所示)。等电位图上等电位线较密集即电位梯度较大的位置是阳极区,周围是阴极区。等电位图不仅可以定位锈蚀区域,还可能区分局部锈蚀和均匀锈蚀。

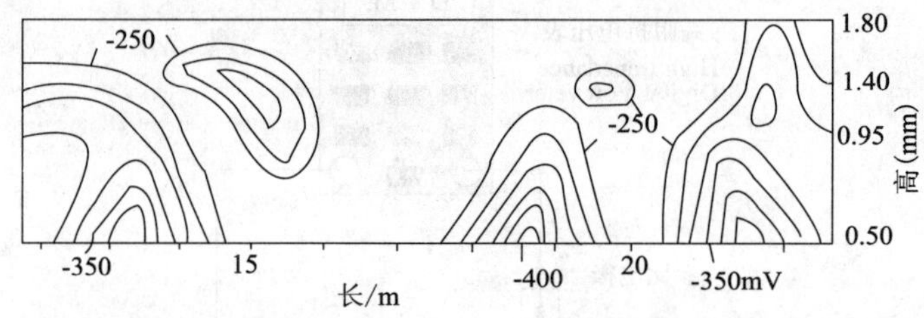

图 6—13　实测的隧道壁表面混凝土等电位图[10]

表 6—5　美、日、德、中等国家电位分布图法判别标准的比较[207]

标准名称	测试方法	标准名称判别标准/mV(CSE)
ASTMC876	单电极法	> -200,5% 锈蚀,-200 ~ -350,50% 锈蚀,< -350,95% 锈蚀
日本锈蚀诊断草案	单电极法	> -300,不锈蚀,局部 < -300,局部锈蚀,全部 < -300,全部锈蚀
印度	单电极法	> -300,95% 锈蚀,-300 ~ -450,50% 锈蚀,< -450,5% 锈蚀
中国冶金部部颁标准	单电极法	> -250,不锈蚀,-250 ~ -400,可能锈蚀,< -400,锈蚀
	双电极法	两电极相距 20 cm,电位梯度为 150 ~ 200 时,低电位处锈蚀
西德标准	双电极法	两电极相距 20 cm,电位梯度为 150 ~ 200 时,低电位处锈蚀

半电池电位法设备简单、价格便宜、操作方便,对混凝土中的钢筋锈蚀体系无干扰,实验室与现场检测均可采用[208]。对于置于混凝土表面的参比电极(与埋入式相反),电位的检测可通过在结构表面布置的栅格和有可能发生活化锈蚀的区域的等电位图技术来获得[209]。此外,也可以用两个标准半电池测定比较电位,即将一个标准半电池在混凝土结构表面固定不动,使另一个标准半电池沿混凝土结构表面移动。分析使用两个标准半电池测得的半电位比较值比分析一个标准半电池测得的半电位

绝对值难度更大,但仍可绘制出半电池电位图进行分析[209]。1990 年国外已将这套测量系统微机化,以干电池供电,可单人便捷地进行多电极同步多点测量和数据自动采集贮存,并绘出彩色等电位图。如英国 Taywood - CNS 电子仪表公司联合研制和经销的电位轮和数据处理包[186]。

2)存在问题与注意事项

半电池电位法最大的缺点是只能从热力学角度定性判断钢筋发生锈蚀的可能性,不能提供锈蚀速率方面的信息;而且,当测量的腐蚀电位数值处于活性区和钝化区之间的电位,如 -0.2 ~ -0.35 Vvs. CSE(ASTM C 876)时,并不能根据电位确定钢筋的锈蚀状态。混凝土干燥或表面有非导电性覆盖层时,因不能形成回路不宜采用半电池电位法;钢筋电极电位受环境相对湿度、水泥品种、水灰比、保护层厚度、氯离子含量、碳化深度等因素的影响,因此这种评定方法比较粗糙[208]。半电池电位法对饱水混凝土和特别密实的混凝土构件不能适用,因为在这两种情况下,氧难以透过混凝土达到钢筋表面,使钢筋表面阴极过程受阻,钢筋/混凝土界面富集电子,电位可达 -1 000 mV,但钢筋表面并不一定发生锈蚀。

半电池电位法测量的仅是对锈蚀的几率判断,具有一定的不确定性,因此还应结合其他锈蚀方法进行定性、定量判断。另外,要注意必须对钢筋混凝土构件的表面进行预先润湿,测试时,要求混凝土保持湿润,但表面不能存有自由水[210]。

6.2.2 混凝土电阻率检测法

电位监控只能给出一些钢筋是否可能发生锈蚀的信息,而不能表明钢筋的锈蚀速率。因此,可以采用更进一步的技术将电位量测及混凝土电阻率的量测联系起来。如果量测到的电位表明钢筋发生了剧烈的锈蚀,就可以进一步通过混凝土电阻率的量测得到有关钢筋锈蚀速率的更多信息。

由于钢筋锈蚀是一个电化学的过程,它包括以离子形式流动于阳极与阴极反应区域之间混凝土的电流,因此混凝土的电阻率越大,则离子电流越低,锈蚀速率越低。

如图 6—14 所示量测混凝土电阻率的方法,称之为 Wenner 法。在混凝土表面放置 4 个等距探头,在最外边两个触头之间加 1 ~ 20 Hz 的可变电流,这样就量测到了最里边两个触头之间的电位差。如果相邻触头之间的距离为 a,则混凝土电阻率 ρ 可通过下面的式子得出

$$\rho = 2\pi aV/I \qquad (6—30)$$

另外,也可以采用两探头的方法对混凝土的电阻率进行检测,其工作原理基本相同。

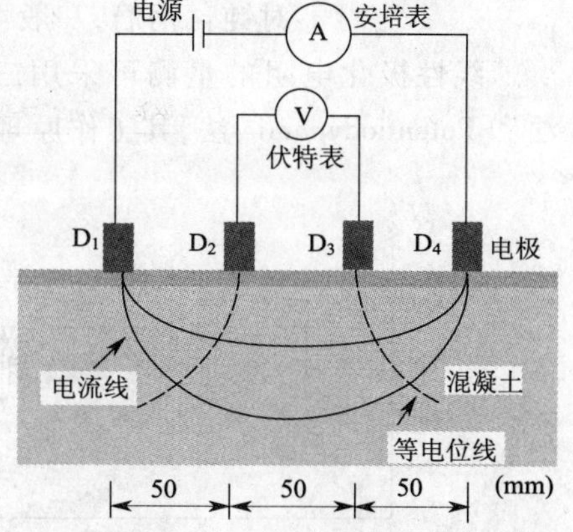

图 6—14 Wenner 法测定混凝土电阻率

在混凝土结构实际检测工作的基础上,钢筋的可能锈蚀速率与混凝土电阻率之

间的关系可总结如表 6—6 所示。

表 6—6　混凝土电阻率与钢筋锈蚀速率间的关系

混凝土电阻率（kΩ·cm）	钢筋可能的锈蚀速率	混凝土电阻率（kΩ·cm）	钢筋可能的锈蚀速率
<5	很高	10～20	中等/低
5～10	高	>20	很低

在实际检测中，保证仪器和混凝土之间良好的电接触性是很重要的。这一般可通过采用一种可导性乳剂或冻胶来保证，有时还须采用在混凝土表面钻孔的方法。

为了最大限度地降低具有不同电阻率地混凝土面层对量测精确度地影响，触头之间地距离至少需要 4 cm。触头之间地间距不应超过混凝土厚度地 1/4，这是由于盐分地渗入或碳化作用会产生这样地表面层。在下雨或其他情况下，当混凝土表面有水覆盖层时对其进行混凝土电阻率地量测，也会造成不精确地结果，应尽量避免。

6.2.3　线性极化法

1）基本原理

线性极化法是 Stern 和 Geary 于 1957 年提出并发展起来的一种快速而有效的锈蚀速率测试方法。这一方法以过电位很小时（$\eta<10$ mV），过电位与极化电流成线性关系作为理论依据。这种方法通过向测量区域施加一个小电流 δI，测量由 δI 引起的电位变化 δE，$\delta E/\delta I$ 称为极化电阻 R_p。Stern-Geary 方程：

$$i_{corr}=\frac{b_a b_c}{2.303(b_a+b_c)}\cdot\frac{1}{R_P}=\frac{B}{R_P} \tag{6—31}$$

式中　β_a、β_c——阳极和阴极的 Tafel 常数；

R_p——实际极化电阻；

B——Stern-Geary 常数，对混凝土中发生锈蚀的钢筋，B 一般可取26 mV，对钝化钢筋，一般可取 52 mV。

线性极化电阻的量测可采用三种不同的方法，即 Potentiostatic 法、Galvanostatic 法和 Potentiodynamic 法，其工作原理分别如图 6—15 和图 6—17 所示。

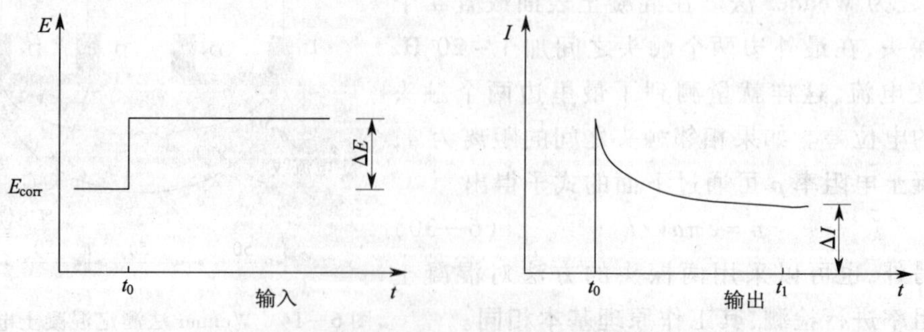

图 6—15　Potentiostatic 法检测原理

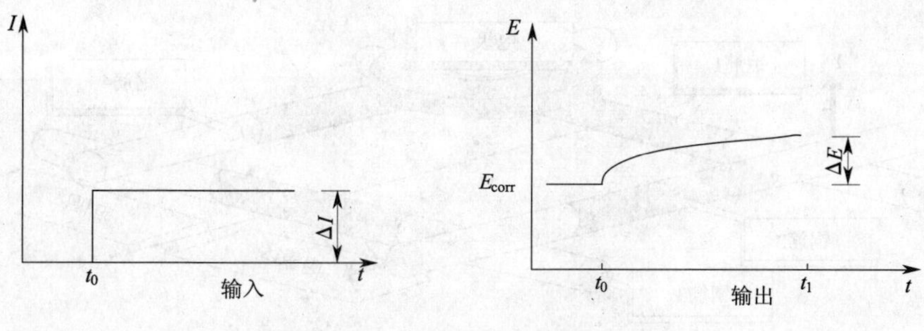

图 6—16　Galvanostatic 法检测原理

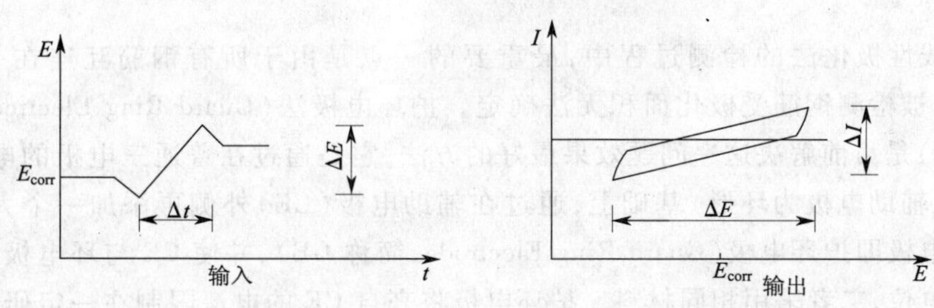

图 6—17　Potentiodynamic 法检测原理

线性极化技术的灵敏度很高,可以检测出很低的锈蚀速率的。任何质量损失法或其他方法都难以达到这种精度[186]。文献[208]作者也指出,线性极化技术在试验研究与现场检测中应用广泛,测量方便快捷,试验室测试精度可与失重法不相上下,是主要的电化学检测手段。

英国研制了程式化的线性极化测试设备,并用于现场检测,并给出了线性极化技术现场检测装置示意图(见图 6—18)。对于新建建筑物而言,可以预埋已知钢筋面积的钢筋作为日常检测用,最近保护环技术和外加参考电极技术的应用又为其推广创造了条件,但对其可靠性褒贬不一。线性极化技术不能区分各个因素的影响,也就不能把电化学过程中的各个步骤清晰地分辨出来,但这并不影响其现场检测中的应用。

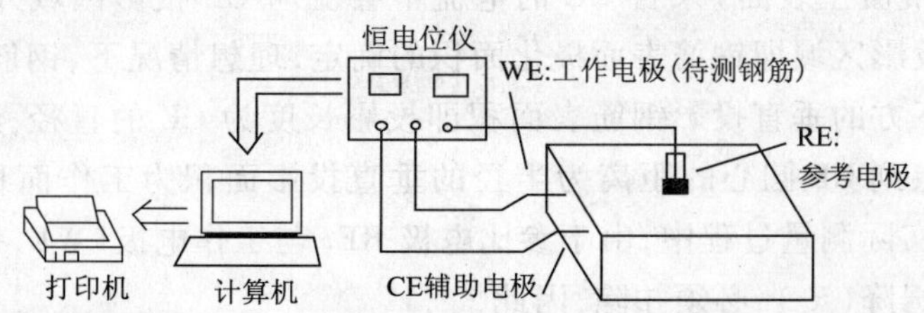

图 6—18　线性极化技术现场检测装置示意图[188]

2)存在问题与注意事项

线性极化法虽然具有上述优点,但也有一些缺点。比如,由于过电位小,相应的极化电流也小,混凝土孔隙溶液欧姆压降引起的误差较大,因此要求测试仪器精度较高且能补偿欧姆压降。

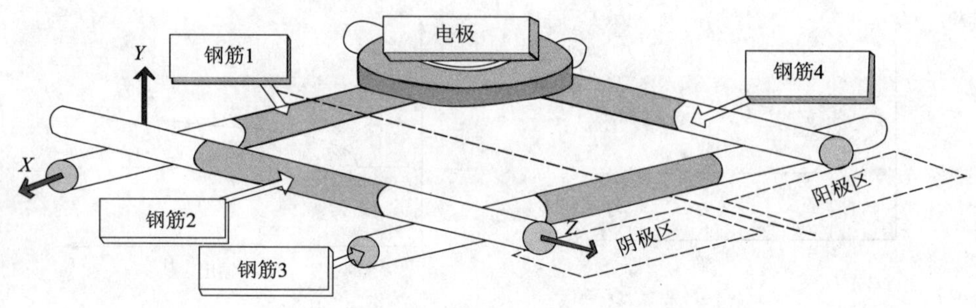

图 6—19 纵横钢筋的交互连接

在线性极化法的检测过程中，最重要的一点是由于所有钢筋互连在一起(图6—19)，被检测钢筋受极化面积无法确定。护环电极法(Guard Ring Electrode Method，GEM)是目前解决这一问题效果最好的方法，它是通过在普通三电极的电化学测量体系(辅助电极为环形)基础上，通过在辅助电极(CE)外侧再添加一个大尺寸同心环形电极即护环电极(Guard Ring Electrode，简称 GE)，并使 CE 与环电极(GE)保持同一电位，二者采用相同材料。护环电极将来自 CE 的电流限制在一定研究区域，从而确定钢筋极化面积。

测量过程中，GE 发出的电力线将补偿弥散的 CE 电力线，使 CE 电力线主要分布在其正下方的钢筋上，并测量流过 CE 的电流。如图 6—20 所示，图 6—20a 是护环电极探头平面图(工作面)，图 6—20b 是置于混凝土表面饱水海绵上的护环探头工作截面图，RE_1、RE_2、RE_3 均为 Cu/饱和 $CuSO_4$ 参比电极(CSE)。RE_1 位于 CE 圆心，作为电化学测量系统的参比电极，RE_2 与 RE_3 位于 CE 与 GE 之间，两参比电极之间的任何电位差均可监测到，通过二者电位差来监控 GE 对 CE 电流的补偿情况。CE 极化以后，一部分电流必然会流到 CE 投影区域的外侧，这一部分电流在混凝土表面流过时会造成 RE_2 与 RE_3 之间电位差发生变化，通过另外一个 GE 反馈极化电路，使 GE 流出与 CE 同极性的电流，促使 RE_2 与 RE_3 之间的电位差回到 CE 极化前初始值，保证(只是混凝土表面)来自 CE 的电流不会流向 CE 投影区域外侧的钢筋。关于 CE 电力线投影区域即钢筋表面极化面积的确定，理想情况下，钢筋的极化表面积为处在 CE 正下方的垂直投影钢筋表面积即投影长度为 CE 的直径；经验上取以 CE 与 GE 间隙中点到 CE 圆心的距离为半径的垂直投影面积为工作面积，即图 6—20b 中 X-Y 长度。实际测量过程中，由于参比电极 RE_1 与工作电极(WE，钢筋)之间存在较大混凝土欧姆降(R_c)，必须扣除，因此，

$$R_p = (\frac{\Delta E}{\Delta I} - R_c) \times \pi D L_{X\text{-}Y} \tag{6—32}$$

由 Stern－Geary 方程[69]，式(6—32)可变为

$$i_{corr} = \frac{B}{(\frac{\Delta E}{\Delta I} - R_c) \times \pi D L_{X-Y}} \tag{6—33}$$

式中　D 表示钢筋的直径；L_{X-Y} 表示 X 与 Y 距离；B 是 Stern－Geary 常数，一般而言，当钢筋处于活化状态时，B 值取 26 mV，钝化状态时，B 取 52 mV。

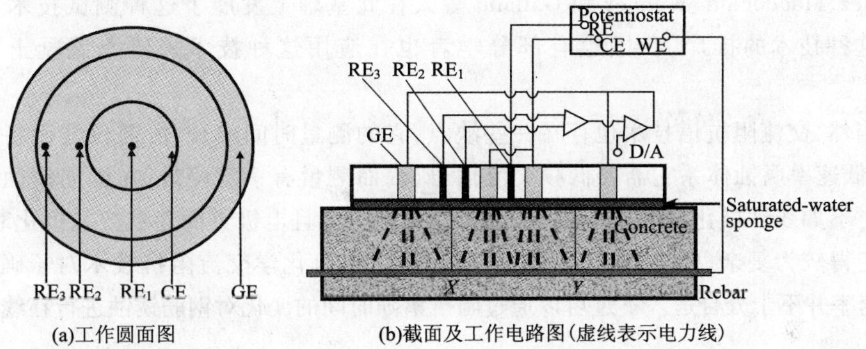

(a)工作圆面图　　(b)截面及工作电路图(虚线表示电力线)

图 6—20　护环电极(GE)工作示意图

6.2.4　交流阻抗谱法

交流阻抗谱法的基本原理是基于混凝土-钢筋简化模型，通过在不同频率上(频率范围一般在 1 kHz～10 mHz)外加振幅为 $\Delta E=20$ mV 左右的正弦波，来对钢筋的锈蚀情况进行量测。其中，在高频段的量测中，可获得混凝土的溶液电阻 R_{con}；在中频段，则可获得钢筋表面的双层电容 C_{dl}；在低频段，可获得 R_p+R_{con} 值，其中，R_p 为控制钢筋锈蚀速率的实际极化电阻。该方法的工作原理如图 6—21 所示。

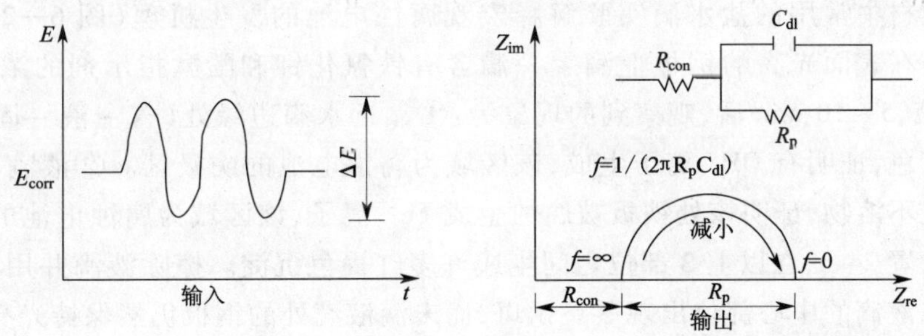

图 6—21　交流阻抗法工作原理

若对该电极施加足够小的正弦交流电压信号，保证不改变电极体系的性质，则等效电路的阻抗为

$$Z=R_{con}+\frac{R_p}{1+j\omega R_p C_{dl}} \tag{6—34}$$

将上式整理可得

$$\left[Z_{\infty}-\left(R_{con}+\frac{R_p}{2}\right)\right]^2+Z_{im}^2=\left(\frac{R_p}{2}\right)^2 \tag{6—35}$$

此即一个圆的方程，若以横坐标表示阻抗实部 Z_{re}，以纵坐标表示阻抗虚部 Z_{im}，那么等效电路的阻抗如图 6—21 所示。这种阻抗图一般叫做 Nyquist(或 Sluyter)图。

由此可以直接解出 R_p、R_{con} 与 C_{dl}，从而可以对研究对象的锈蚀状态作出评价。

John 等人最先将交流阻抗测试技术应用于混凝土中钢筋锈蚀的研究[211]，后来 Gonzalez、Macdonald、Wenger 和 Galland 等人在此基础上发展了这种测试技术[212-215]。随着这种技术的推广，我国也有部分学者也在应用这种技术来研究混凝土中钢筋锈蚀[216-218]。

当然，交流阻抗谱技术也存在一些缺点，它的测量时间较长，所需仪器设备也较昂贵；对低速率腐蚀体系它需要低频交流信号，因而测量有一定困难；在钢筋锈蚀的定量测量上不如线性极化法准确方便；当电极是腐蚀电极且电极界面存在浓差极化时，等效电路变得较为复杂，要想得到 R_p 就十分困难，所以电化学交流阻抗技术对于确定钢筋锈蚀速率并不十分合适。不过可以通过阻抗谱随时间的变化对钢筋锈蚀进行在线监测。

6.3 混凝土内钢筋的锈蚀特征及机理分析

6.3.1 腐蚀电池的类型和腐蚀形态

1)腐蚀电池的类型

腐蚀电池中发生氧化反应的区域称为阳极，发生还原反应得到电子的反应的区域称为阴极。根据腐蚀电池阴阳极区域宏观上的可辨性，腐蚀电池可分为“宏观腐蚀电池”和“微观腐蚀电池”。

宏观腐蚀电池通常是指阳极区和阴极区的尺寸较大，区分明显，肉眼可辨。金属腐蚀学教材中常用的盐水滴实验解释宏观腐蚀电池的发生机理(图 6—22 所示)。其方法是在表面光亮的钢板上滴上一滴含有铁氰化钾和酚酞指示剂的浓度 3% 的 NaCl 溶液，5 ~ 10 min 后，观察到的现象为：①靠近水滴边缘处(气 - 液 - 固交界处)溶液显红色，证明有 OH^- 离子生成，该区域为腐蚀电池的阴极区。②液滴的中心处生成蓝色不溶物，证明该处铁板被腐蚀生成 Fe^{2+} 离子，该区域为腐蚀电池的阳极区。③继续放置 24 h，在以上 2 部位之间生成许多红褐色沉淀。擦除液滴并用清水冲洗后发现在液滴的中心部位出现零星锈斑，而未滴液滴处的钢板仍然保持光亮。

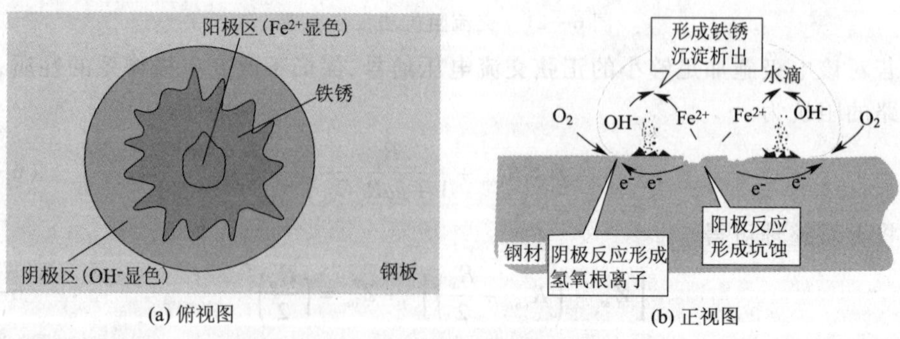

图 6—22 盐水滴实验(宏观腐蚀电池)

当混凝土中钢筋的钝化膜因混凝土碳化或氯离子侵蚀而发生局部破坏时，混凝土中钢筋钝化膜破坏的区域和周围的钝化区域就构成宏观腐蚀电池。去钝化的区域成为阳极区，在那里发生阳极反应，即钢筋锈蚀（铁离子溶于混凝土孔隙液中），铁失去电子变成二阶铁离子，同时放出自由电子，其反应式为

$$2Fe \rightarrow 2Fe^{2+} + 4e \tag{6—36}$$

而仍然钝化的钢筋表面，则成为阴极区。在阴极，水与溶解于水中的氧得到电子反应生成氢氧根离子，其反应式如下：

$$4e + 2H_2O + O_2 \rightarrow 4HO^- \tag{6—37}$$

基于正在腐蚀的阳极区与不进行腐蚀的阴极区之间具有电位差 $E_c - E_a$，它们紧密相连，构成一个短路的腐蚀电偶，它使阳极区和阴极区之间在钢筋上有电子流动，而在混凝土中有离子流动。这种电子流和离子流，耦合成一个电场。阴极区接受来自阳极区的自由电子，进行阴极反应，使上述阳极反应（钢筋锈蚀）得以继续进行，如图 6—23 所示。

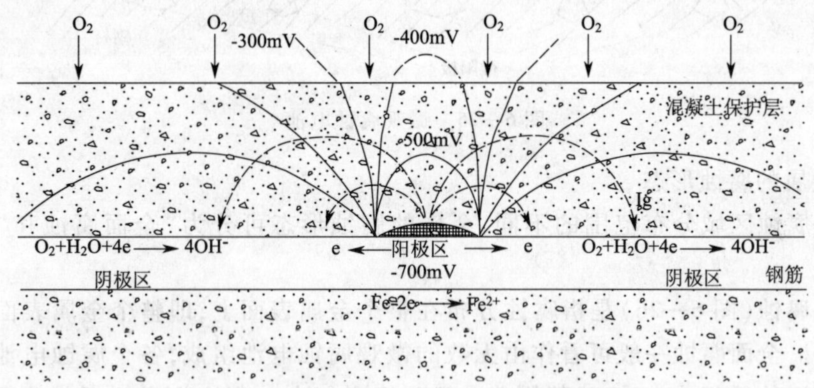

图 6—23　混凝土中钢筋的宏观腐蚀电池

这种情况的宏观腐蚀电池可通过图 6—24 所示的等效电路图表示。

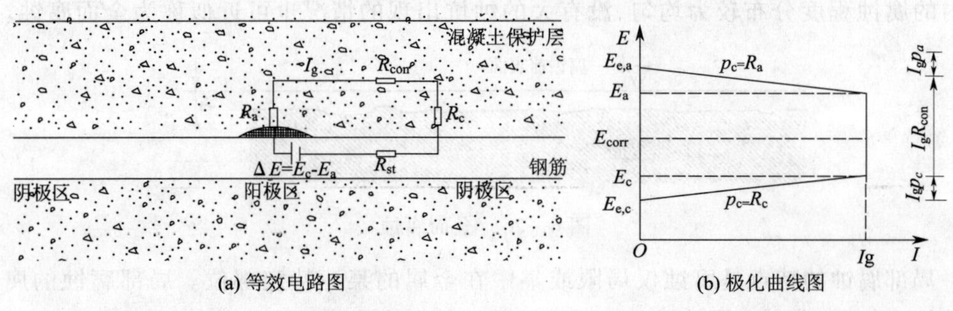

图 6—24　宏电池腐蚀的等效电路图

图中，R_a、R_c、R_{con}、R_{st} 分别为阳极极化电阻、阴极极化电阻、阴阳极间混凝土的电阻和钢筋的电阻；ΔE 为阴阳极间的腐蚀电位差；I_g 为宏观腐蚀电流，可以表示为

$$I_g = \frac{E_{e,c} - E_{e,a}}{R_a + R_c + R_{con}} = \frac{E_{e,c} - E_{e,a}}{p_a + p_c + R_{con}} \tag{6—38}$$

微观腐蚀电池是和宏观腐蚀电池相对而言的，是指腐蚀电池的阴、阳极面积非常小，甚至在显微镜下也难以区分。比如，置于氯盐溶液中的钢棒，由于钢材的金相组织（如碳素体、铁素体、杂质等）和钢表面状况有不均匀性（高温氧化皮或锈层的不完整），铁素体中的铁失去电子变成二阶铁离子，同时放出自由电子，成为腐蚀电池的阳极，水和溶解其中的氧在钢材表面的惰性区域（碳素体、杂质）上得到电子反应生成氢氧根离子，成为腐蚀电池的阴极。这种腐蚀电池的阴、阳极面积非常小，为微观腐蚀电池（如图 6—25 所示）。

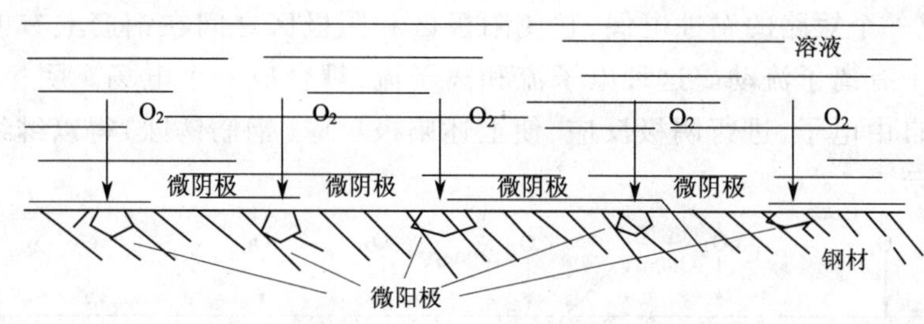

图 6—25　微观腐蚀电池

2）金属的腐蚀形态

根据腐蚀区域分布范围的不同，金属的腐蚀形态可分为“全面腐蚀和“局部腐蚀”。

全面腐蚀（图 6—26）是指腐蚀分布在整个金属表面上，即整个金属表面都处于活化状态。全面腐蚀一般可看作由无数的微观腐蚀电池组成，各个腐蚀电池的阴极区和阳极区的面积非常小，一般用普通微观检测方法也难以辨识，并且微阴极区和微阳极区的位置变幻不定，从而导致金属发生均匀减少，所以一般也称为均匀腐蚀。由于腐蚀分布在整个金属表面的情况并不多见，所以当腐蚀区域相对较大，而且腐蚀范围内的腐蚀程度分布较为均匀，没有大的蚀坑出现的情况也可近似称为全面腐蚀。

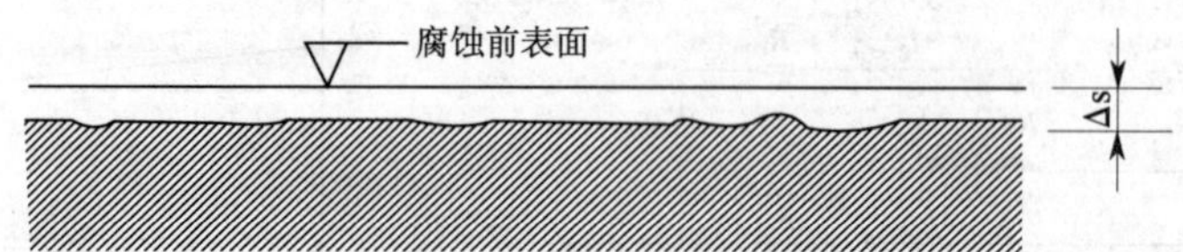

图 6—26　全面腐蚀

局部腐蚀的特点是腐蚀仅局限或集中在金属的某一特定部位。局部腐蚀的腐蚀机理较为复杂，由于金属的活化区域和钝化区域间存在腐蚀电位差，活化区和钝化区间形成宏观腐蚀电池，活化的钢筋外表面充当宏阳极，钝化的钢筋内表面充当宏阴极。另外，在金属的活化区域的内部则包含无数的微观腐蚀电池。其腐蚀过程电化学示意如图 6—27 和图 6—28 所示，局部腐蚀的显著特征为微电池腐蚀和宏电池腐蚀并存。

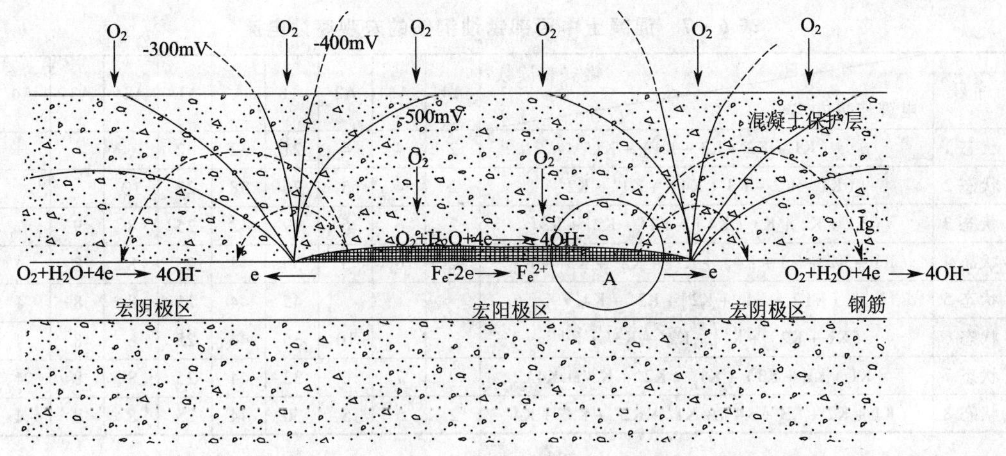

图 6—27　混凝土中钢筋的局部锈蚀

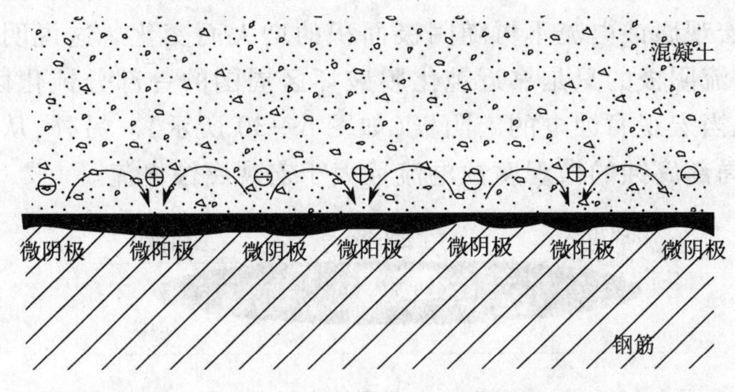

图 6—28　图 6—27 中的 A 区域放大

目前的研究普遍认为，局部腐蚀的腐蚀区域（宏阳极）面积相对很小，而周围未腐蚀区域的面积相对很大，形成小阳极大阴极的宏观电池腐蚀，结果是腐蚀高度集中在局部位置上，腐蚀以及危害程度严重。中国矿业大学对混凝土中钢筋局部锈蚀的宏观腐蚀电流的分布规律进行了试验研究[219]，其试验装置如图 6—29 所示，试验结果见表 6—7。

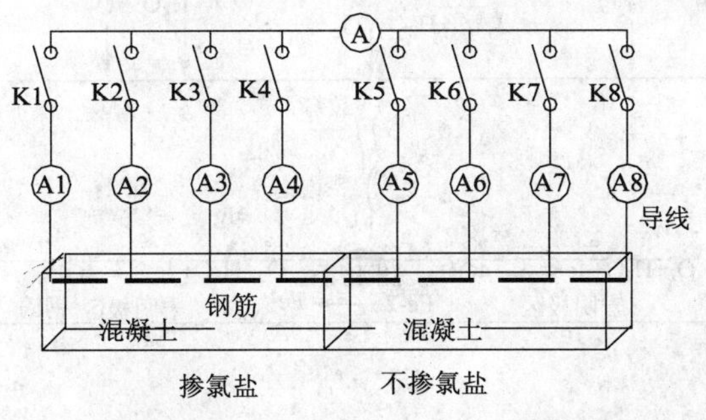

图 6—29　氯盐局部侵蚀试块中钢筋宏观腐蚀电流的测定

表 6—7 混凝土中局部锈蚀钢筋的宏观腐蚀电流

序号	微安表读数 / 电键连接方式	A4	A3	A2	A1	A	A1′	A2′	A3′	A4′
状态 1	(K1 + K2 + K3 + K4) + K1′	2	4	4	21	32	32			
状态 2	(K1 + K2 + K3 + K4) + K1′ + K2′	2	4	5	26	38	27	10		
状态 3	(K1 + K2 + K3 + K4) + K1′ + K2′ + K3′	2	6	6	29	42	25	8	9	
状态 4	(K1 + K2 + K3 + K4) + K1′ + K2′ + K3′ + K4′	2	6	5	30	44	25	8	8	4
状态 5	(K1) + K1′ + K2′ + K3′ + K4′				45	44	25	8	8	4
状态 6	(K1 + K2) + K1′ + K2′ + K3′ + K4′			10	35	44	25	8	8	4
状态 7	(K1 + K2 + K3) + K1′ + K2′ + K3′ + K4′		7	6	33	44	25	8	8	4
状态 8	(K1 + K2 + K3 + K4) + K1′ + K2′ + K3′ + K4′	2	5	5	30	44	25	8	8	4

从表 6—7 中可以看出，当锈蚀钢筋的活化区域较大而相邻钝化区面积很小时，宏观腐蚀电流 I_g 随钝化区面积的增大而增大，增长的幅度逐渐减弱，当阴极面积增大到一定程度，宏观腐蚀电流不再随阴极面积的增大而变化。这说明充当局部锈蚀钢筋宏观腐蚀电流阴极的只是靠近钝化膜破坏区周围的一部分钝化区，而不是整个钝化区域全部充当宏观腐蚀电的宏阴极(如图 6—30 所示)。另外，从本书 6.4 节的研究结果来看，局部腐蚀的微观腐蚀电流远大于宏观腐蚀电流。

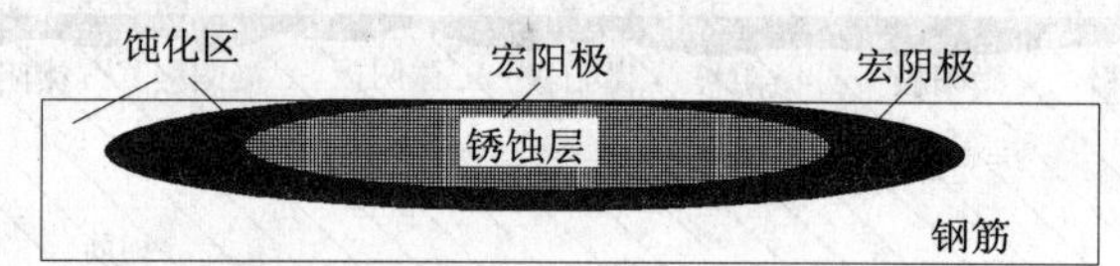

图 6—30 锈蚀钢筋的宏观腐蚀电池的宏阳极和宏阴极

荷载引起的横向裂缝区钢筋的锈蚀是一种典型的局部腐蚀(如图 6—31 所示)。环境侵蚀介质可以沿裂缝直达钢筋表面，所以裂缝处的钢筋率先脱钝，成为宏观腐蚀电池的宏阳极，周围的区域作为宏观腐蚀电池的宏阴极，同时，裂缝处锈蚀区域钢筋的内部包含无数的微观腐蚀电池。由于腐蚀电池阴极反应需要的氧和水沿裂缝可直达钢筋表面，比透过周围密实的混凝土保护层要容易得多，所以，横向裂缝区钢筋的锈蚀为微电池腐蚀和宏电池腐蚀并存，微观电池锈蚀速率远大于宏观电池腐蚀电流。

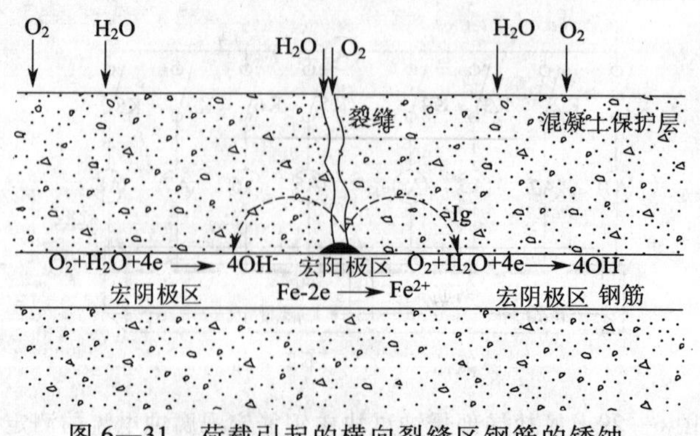

图 6—31 荷载引起的横向裂缝区钢筋的锈蚀

6.3.2　混凝土中钢筋的表观锈蚀形态

为了进一步分析混凝土中钢筋的表观锈蚀形态和锈蚀机理，中国矿业大学将实验室自 1998 年以来积存的混凝土碳化和外部氯盐侵蚀引起的锈蚀钢筋混凝土试件破型，用数码相机记录钢筋的锈蚀表观形貌，然后将钢筋除锈观察表面锈蚀坑的分布形态。混凝土中钢筋的表观锈蚀形态如图 6—32 所示。从图中可以看出，无论是氯盐侵蚀引起还是混凝土碳化引起的钢筋锈蚀，均是钢筋的外表面锈蚀，而内表面则几乎没有锈蚀。从试件的纵剖面可以看到，在试件发生锈胀开裂前，钢筋的锈蚀状态靠近混凝土保护层的一面锈蚀比较严重，而背向保护层的一面则几乎没有发生锈蚀。从试件的横断面可以看到，锈层沿钢筋外表面（活化区）周边的分布近似呈椭圆形，混凝土保护层一侧的锈蚀量最大，向内逐渐递减，变化较为均匀连续，没有大而明显的蚀坑出现；将钢筋表面除锈后可以看到，氯盐外侵试件中钢筋的外表面有较多的锈蚀凹坑和密集的锈蚀麻点，而混凝土碳化试件中钢筋的外表面全是密集的锈蚀麻点而没有锈蚀凹坑出现，这说明氯盐外侵引起的钢筋锈蚀应该近似看成由大面积的均匀锈蚀与稀疏的局部点蚀共同组成的全面锈蚀，而混凝土碳化引起的钢筋锈蚀可以看成由大面积的相对均匀的全面锈蚀。

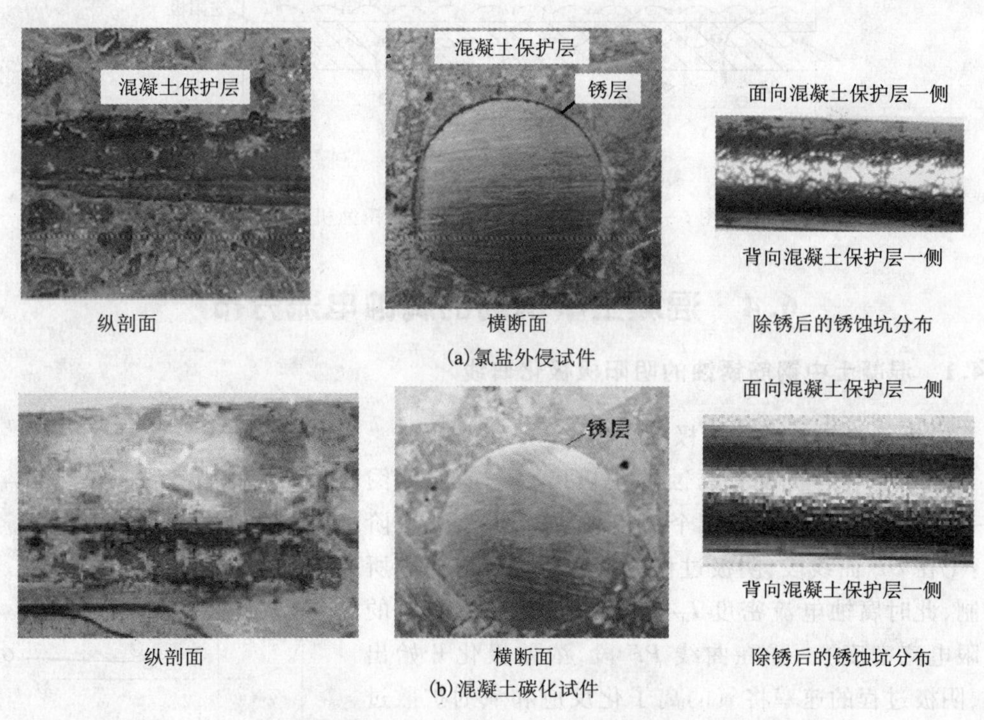

图 6—32　混凝土中钢筋的表观锈蚀形态

6.3.3　混凝土中钢筋锈蚀形态的机理分析

因为无论是氯盐侵蚀还是混凝土碳化均是自混凝土表面由外向里进行的，这样，钢筋的外表面将因为率先达到氯离子临界浓度或混凝土碳化深度，从而造成钢筋脱钝而发生锈蚀。在脱钝的活化区范围内形成无数微小的锈蚀坑。这些微小的锈蚀坑处的钢筋和周围的微区域形成微观腐蚀电池，无数的微电池在钢筋外表面的活化区形成密集的微观腐蚀电偶。这些腐蚀电偶的尺寸是微小的，因此从宏观上看，它们在钢筋活化区造成的锈蚀是较为全面的。

由于活化的钢筋外表面和钝化的钢筋内表面间存在腐蚀电位差，钢筋的内外表面间形成宏观腐蚀电池，活化的钢筋外表面充当阳极，钝化的钢筋内表面充当阴极。钢筋的内外表面间的宏观腐蚀电流 I_g 进一步促进了钢筋的外表面（活化区）锈蚀的发展。另外，即使钢筋内表面也达到氯离子临界浓度，也会因为受到外表面锈蚀钢筋的阴极保护，钢筋内表面可能锈蚀较轻，甚至不会发生锈蚀。其锈蚀过程电化学示意如图 6—33 所示。钢筋的锈蚀为微电池腐蚀和宏电池腐蚀并存，铁锈的生成在钢筋的外表面积聚，随着铁锈生成的增多，产生膨胀应力，导致混凝土保护层开裂。

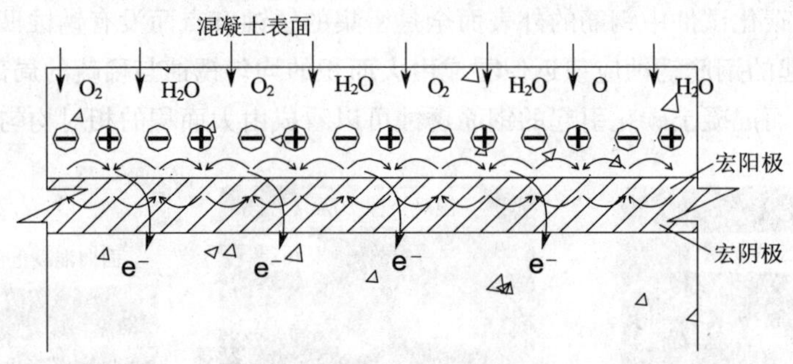

图 6—33　混凝土试件中钢筋的锈蚀机理

6.4　混凝土中钢筋的腐蚀电流分布

6.4.1　混凝土中钢筋锈蚀的阴阳极极化曲线

1）钢筋吸氧锈蚀的阴极极化曲线

混凝土中钢筋吸氧锈蚀的阴极极化全曲线如图 6—34 所示，它可以分成四个互相联系、不断变化的阶段：①在 OP 曲线段，阴极过程由氧离子化反应速率所控制，此时腐蚀电流密度 $I_d/2$（I_d 为氧扩散控制时的极限电流密度）。②在曲线 PF 段，浓差极化开始出现，阴极过程的速率将氧的离子化反应和氧的扩散过程都有关系，即由氧的离子化反应和氧的扩散混合控制。③曲线 FS 段，阴极过程由氧的扩散过程所控制，此时阴极腐蚀电流密度等于氧的极限扩散电流密度。④当阴极腐蚀电流密度等于氧扩散极限电流密度时，

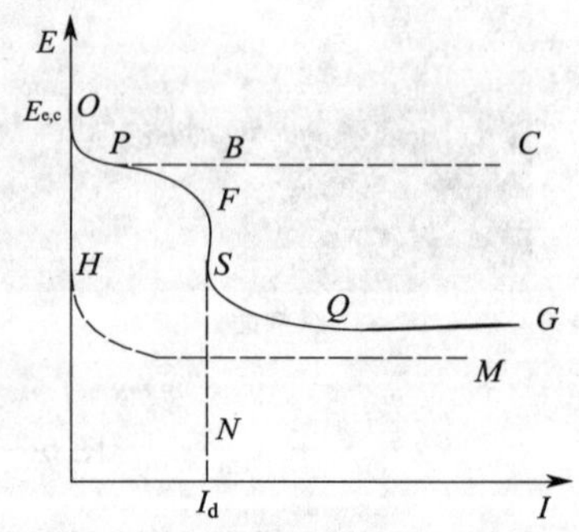

图 6—34　氧去极化阴极极化曲线示意图

极化曲线将有着 FSN 的走向，但实际上，电位向负方向移动不可能无限制的继续下去，因为当电位负到一定程度时，在电极上除了氧的还原外，还将有新的电极过程（一般是析氢反应）可以进行。因此阴极极化曲线将沿 SQG 进行，即阴极过程由氧去极化和氢去极化共同组成并逐渐趋向于氢去极化曲线 OHM。由于混凝土是一种碱性材料，混凝土中钢筋锈蚀一般不可能发生析氢反应，因此钢筋锈蚀的阴极极化曲线应只可能有 $OPFS$ 曲线所示的三个部分。

2）钝化钢筋的阳极极化曲线

对于普通混凝土，其孔隙液的 pH 值在 12.5 ~ 13，在高碱环境条件下，钢筋的表面形成一层钝化膜保护钢筋免于锈蚀。碱性环境条件下钢筋的锈蚀动力学可通过 Evans 图如图 6—35 所示[201]。曲线 A 是混凝土中钢筋的阳极极化曲线，在没有侵蚀介质作用的碱性环境里，阳极极化曲线分为三个部分：活化区、钝化区和过钝化区。曲线 C 是代表氧化还原反应的阴极极化曲线。在曲线 A 与曲线 C 的交点处，阳极反应和阴极反应的速率达到平衡，交点所对应的电位值和电流值即为腐蚀电位 E_{corr} 和腐蚀电流 I_{corr}。通常混凝土中的钢筋处于稳定状态，因为阴极曲线和阳极曲线的交点落在阳极曲线的钝化区。这样，钢筋受到表面一层钝化膜的保护，腐蚀电流 I_{corr} 很小，可以忽略不计。

3）pH 值对钢筋锈蚀速率的影响

图 6—36 说明了 pH 值对钢筋锈蚀速率的影响。图中曲线 C 是阴极极化曲线，曲线 A 是不同 pH 值的钢筋阳极极化曲线。随着钢筋表面 pH 值的降低，阳极极化曲线的钝化区缩短，阳极极化曲线从 A_1 到 A_3 转变。当钢筋表面的 pH 值钢筋脱钝的临界值，阳极极化曲线的钝化区消失（如 A_4）。随着钢筋表面 pH 值的降低，腐蚀电位不断下降（$E_{corr1} > E_{corr2} > E_{corr3} > E_{corr4}$），腐蚀电流则不断提高（$I_{oorr1} < I_{oorr2} < I_{corr3} < I_{corr4}$）。

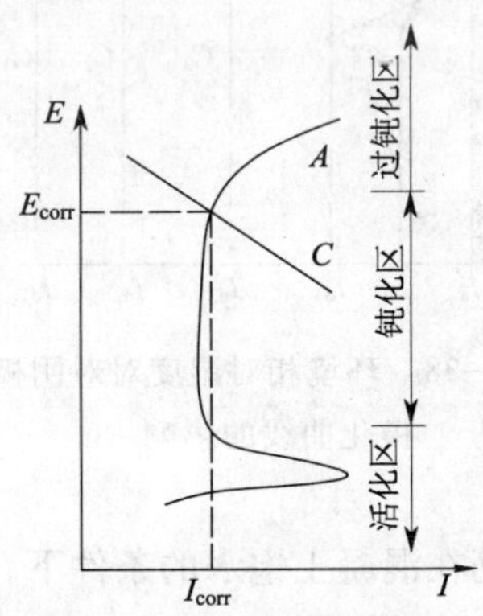

图 6—35　钝化钢筋的阴阳极极化曲线

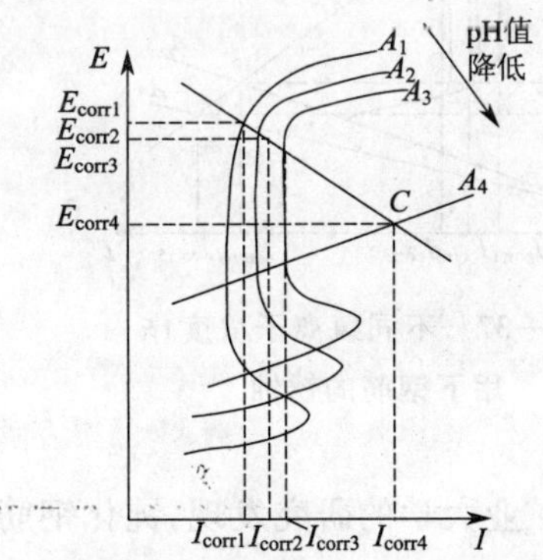

图6—36　不同 pH 值条件下钢筋的锈蚀极化曲线

4）氯离子浓度对钢筋锈蚀速率的影响

图 6—37 说明了氯离子浓度对钢筋锈蚀速率的影响[186,200]。氯离子具有破坏钢筋钝化膜保护的作用。图中曲线 C 是阴极极化曲线，曲线 A 是各种浓度的氯离子作

用的钢筋阳极极化曲线。随着钢筋表面氯离子浓度的提高，阳极极化曲线的钝化区缩短，阳极极化曲线从 A_1 到 A_3 转变。当钢筋表面的氯离子浓度达到一定程度，阳极极化曲线的钝化区消失（如 A_4）。同时，随着钢筋表面氯离子浓度的进一步提高，腐蚀电位不断下降（$E_{corr1} > E_{corr2} > E_{corr3} > E_{corr4} > E_{corr5}$），腐蚀电流则不断提高（$I_{corr1} < I_{corr2} < I_{corr3} < I_{corr4} < I_{corr5}$）。

5）环境相对湿度对阴极极化曲线的影响

图6—38说明了环境相对湿度对对阴极极化曲线的影响。图中曲线 A 是钝化钢筋的阳极极化曲线，曲线 C 是不同环境相对湿度作用下钢筋吸氧锈蚀的阴极极化曲线。从图中可以看出，随着环境相对湿度的提高，混凝土内部的孔隙逐渐被水填充，氧的扩散通道被阻塞，氧的扩散系数逐渐减小，阴极极化率逐步增大，阴极极化曲线从 C_1 到 C_5 转变。当环境相对湿度达到100%时，大气环境中混凝土内部的孔隙被水填充的程度达到最大。文献[75]的研究表明对于C20混凝土即使环境相对湿度达到100%，混凝土的孔隙并未充满，其孔隙水饱和度也仅有80%作用；另外环境中的氧不仅可以通过气孔向混凝土中传输，而且可以以溶解氧的方式进行，所以氧仍然可以到达钢筋表面，此时钢筋表面氧的极限扩散电流不会趋近于0，而是达到一个最小值 I_{d5}。对于钝化钢筋而言，随着环境相对湿度的提高，腐蚀电位不断下降（$E_{corr1} > E_{corr2} > E_{corr3} > E_{corr4} > E_{corr5}$）。

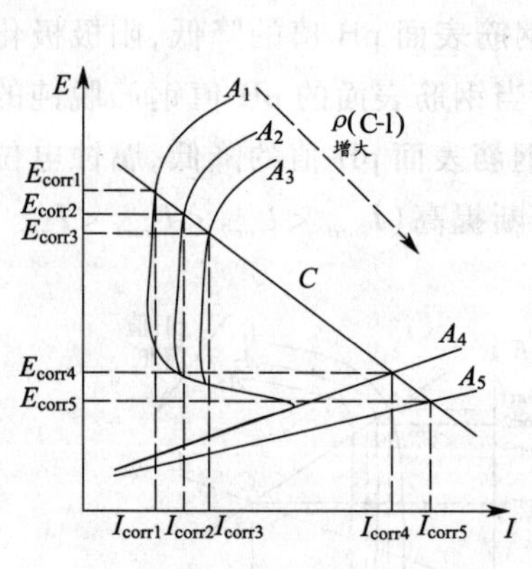

图6—37　不同氯离子浓度作用下钢筋的锈蚀

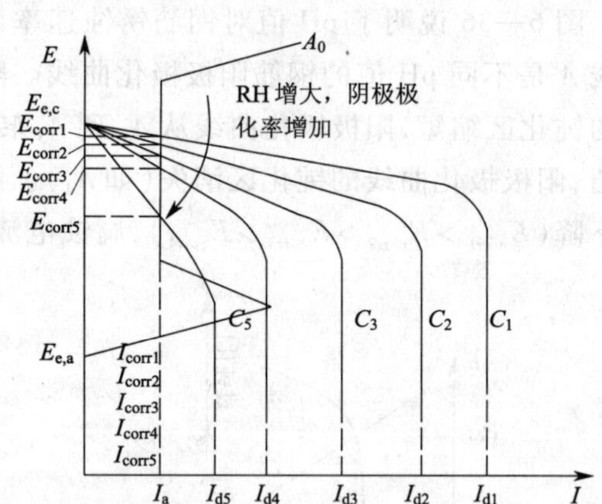

图6—38　环境相对湿度对对阴极极化曲线的影响

中国矿业大学的研究发现，钝化钢筋在钝化钢筋在混凝土饱水的条件下，其腐蚀电位将降至 -600 ~ -800 mV。由于钢筋处于钝化状态，所以无论环境相对湿度如何变化，钢筋腐蚀电流始终很低，甚至趋近于0（$I_{corr1} = I_{corr2} = I_{corr3} = I_{corr4} = I_{corr5} = I_a \to 0$），钢筋的锈蚀过程受阳极反应控制。

6.4.2　混凝土中钢筋的腐蚀电流分布

1）活化钢筋的腐蚀电流

当钢筋表面的氯离子浓度达到临界浓度后，钢筋将处于活化状态。和钝化钢筋相比，活化钢筋的锈蚀电位较负，其腐蚀电流也大得多。对于这两类锈蚀过程，其阳极区失去的所有电子必将被阴极反应所消耗，其阳极反应的腐蚀电流 I_a 和阴极反应的腐蚀电流 I_c 必然相等，即

$$I_a = I_c \tag{6—39}$$

阴阳极反应可以共存在一个微小的区域，这个微小的区域甚至是原子级的。由于阳极反应的腐蚀电流和阴极反应的腐蚀电流相等，所以没有多余的腐蚀净电流存在。和这一腐蚀电位相对应的金属溶解速率被称为锈蚀速率，用腐蚀电流 I_{corr} 表示（图 6—39），并有下面的关系存在：

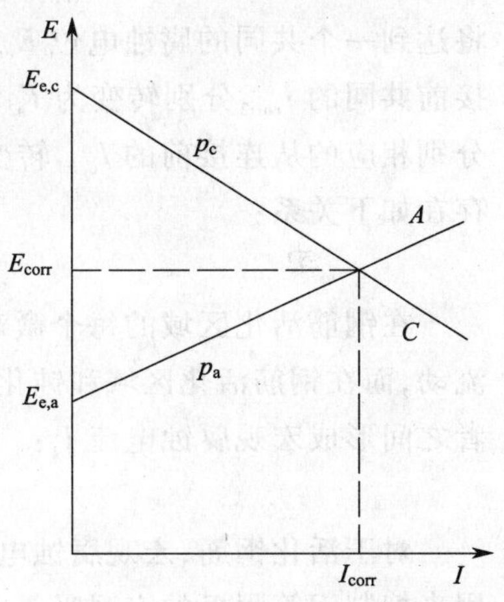

图 6—39　锈蚀钢筋的阴阳极极化曲线

$$I_{corr} = I_a = I_c \tag{6—40}$$

2）钢筋钝化区与活化区间的宏观腐蚀电流

由钢筋钝化膜破坏的活化区（面向混凝土保护层一侧）和周围的钝化区（背向混凝土保护层一侧）组成的双电极宏电流腐蚀系统可通过图 6—40 加以说明。图中 A_1，A_2 分别为活化区和周围的钝化区处钢筋的阳极极化曲线，C_1，C_2 分别为活化区和周围的钝化区处钢筋的阴极极化曲线。当两个电极相互绝缘时，钝化钢筋的腐蚀电流是 I_{corr1}，活化钢筋的腐蚀电流是 I_{corr2}，从图 6—40 可以看出，钢筋内表面活化钢筋的腐蚀电流 I_{corr2} 比和钢筋内表面钝化钢筋的微观腐蚀电流 I_{corr1} 大得多。这时钢筋的总腐蚀电流可以表示为

$$I_{total} = I_{corr1} + I_{corr2} \tag{6—41}$$

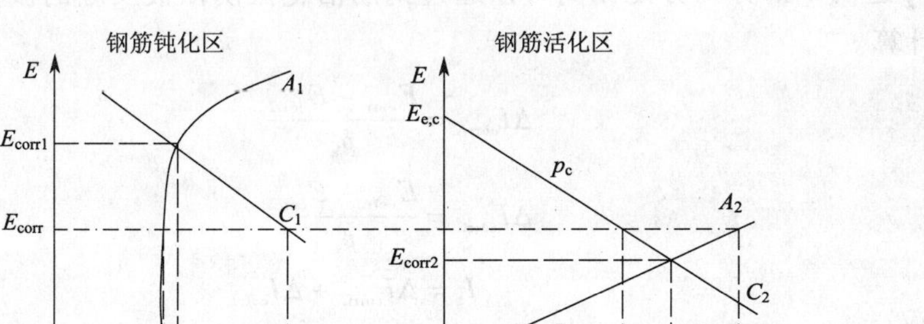

图 6—40　混凝土中钢筋钝化区与活化区间的宏观腐蚀电流

另外，外表面活化钢筋的锈蚀电位 E_{corr2} 较内表面钝化钢筋的锈蚀电位 E_{corr1} 为

负,所以这两个腐蚀电极之间必然存在腐蚀电位差。由于实际上这两个电极不是相互绝缘,而是通过混凝土介质连接在一起的,在腐蚀电位差作用下,钢筋的内、外表面(钝化区和活化区之间)必然形成总的宏观腐蚀电池,外表面的活化钢筋充当阳极,内表面的钝化钢筋充当阴极,在钢筋的内外表面(钝化区和活化区)间产生宏观腐蚀电流 I_g。此时钢筋外表面(活化区)的腐蚀电位 E_{corr2} 因极化而正向移动,而钢筋内表面(钝化区)的腐蚀电位 E_{corr1} 则负向移动,如果忽略混凝土介质的电阻,双电极系统将达到一个共同的腐蚀电位 E_{corr}。活化钢筋的阳极溶解电流和阴极电流相应的从连接前共同的 I_{corr2} 分别转变为 I'_{a2} 和 I'_{c2}。而对于钝化钢筋,其阳极溶解电流和阴极电流分别相应的从连接前的 I_{corr1} 转变为 I'_{a1} 和 I'_{c1}。当达到新的平衡后,整个腐蚀电极系统存在如下关系:

$$I'_{c1} + I'_{c2} = I'_{a1} + I'_{a2} \tag{6—42}$$

在钢筋活化区域的每个微观腐蚀电池内部,电子从各自电池的阳极区向阴极区流动,而在钢筋活化区域和钝化区域之间,电子则从活化区向钝化区流动,从而在两者之间形成宏观腐蚀电流 I_g:

$$I_g = I'_{c1} - I'_{a1} = I'_{a2} - I'_{c2} \tag{6—43}$$

对于活化钢筋,宏观腐蚀电流一部分用来提高钢筋的阳极溶解速率,另一部分则用来抑制钢筋阴极的宏观吸氧腐蚀反应。宏观腐蚀电池引起的钢筋锈蚀速率的提高可以通过下式计算:

$$\Delta I_{corrA} = I_{a2} - I_{corr2} \tag{6—44}$$

式(6—43)和式(6—44)清楚地说明阳极溶解电流的增大值(ΔI_{corrA})小于钢筋的宏观腐蚀电流 I_g。这是因为宏观腐蚀电流 I_g 的一部分 ΔI_{corrC} 必须用于补偿活化钢筋阴极腐蚀电流的降低,只有 I_g 的剩余部分 ΔI_{corrA} 用来提高阳极溶解电流。宏观腐蚀电流 I_g 这两个部分的分配比例可以通过钢筋活化区阴阳极反应的极化电阻 p_a 和 p_c 进行计算。

$$\Delta I_{corrA} = \frac{E_{corr} - E_{corr2}}{p_a} \tag{6—45}$$

$$\Delta I_{corrC} = \frac{E_{corr} - E_{corr2}}{p_c} \tag{6—46}$$

$$I_g = \Delta I_{corrC} + \Delta I_{corrA} \tag{6—49}$$

$$p_c = \frac{E_{corr2} - E_{e,a}}{I_{corr2}} \tag{6—48}$$

$$p_a = \frac{E_{e,c} - E_{corr2}}{I_{corr2}} \tag{6—49}$$

式中,$E_{e,a}$、$E_{e,c}$——活化区钢筋阴阳极反应的腐蚀平衡电位,可以通过 Nernst 方程计算;

p_a、p_c——活化区钢筋阴阳极反应的极化电阻。

根据式(6—45)~(6—49),阳极溶解电流的增大值(ΔI_{corrA})可以通过下式计算:

$$\Delta I_{\text{corrA}}=\left(\frac{E_{\text{corr2}}-E_{\text{e,a}}}{E_{\text{e,c}}-E_{\text{e,a}}}\right)I_{\text{g}}<I_{\text{g}} \tag{6—50}$$

这样,活化区钢筋的腐蚀电流可以表示为

$$I'_{\text{a2}}=I_{\text{corr2}}+\Delta I_{\text{corrA}}=I_{\text{corr2}}+\left(\frac{E_{\text{corr2}}-E_{\text{e,a}}}{E_{\text{e,c}}-E_{\text{e,a}}}\right)I_{\text{g}} \tag{6—51}$$

由于钝化区钢筋的腐蚀电流较小,且受到活化区钢筋腐蚀电流的阴极保护,和活化区钢筋相比可以忽略不计,所以钢筋的总腐蚀电流近似等于活化区钢筋的腐蚀电流

$$I_{\text{total}}=I'_{\text{a2}}=I_{\text{corr2}}+\Delta I_{\text{corrA}}=I_{\text{corr2}}+\left(\frac{E_{\text{corr2}}-E_{\text{e,a}}}{E_{\text{e,c}}-E_{\text{e,a}}}\right)I_{\text{g}} \tag{6—52}$$

6.4.3 腐蚀平衡电位

1)阳极电极反应

由 Nernst 方程,阳极电极反应的平衡电位:

$$E_{\text{e,a}}=E_{\text{Fe}^{2+}/\text{Fe}}=E^{0}_{\text{Fe}^{2+}/\text{Fe}}+\frac{RT}{n^{\text{A}}\text{F}}\ln\frac{[\text{Fe}^{2+}]}{[\text{Fe}]} \tag{6—53}$$

从标准电位序[201]中查得,此反应的标准电势 $E^{0}_{\text{Fe}^{2+}/\text{Fe}}=-0.440$;Fe 为单质,其活度[Fe]=1。

在阳极区,铁溶解生成的 Fe^{2+} 离子与 OH^- 离子相遇,当它们的浓度积大于 $Fc(OH)_2$的溶度积时生成沉淀:

$$\text{Fe}^{2+}+2\text{OH}^-\rightarrow\text{Fe(OH)}_2\downarrow \tag{6—54}$$

由文献[221],此反应的溶度积 $K_{sp}=1.65\times10^{-15}$,即 $K_{sp}=[\text{Fe}^{2+}][\text{OH}^-]^2=1.65\times10^{-15}$,未碳化的混凝土 pH 约等于 13[186],则$[\text{OH}^-]=10^{-1}\ \text{mol/m}^3$。

$$[\text{Fe}^{2+}]=\frac{K_{sp}}{[\text{OH}^-]^2}=\frac{1.65\times10^{-15}}{(10^{-1})^2}=1.65\times10^{-13}\ \text{mol/m}^3 \tag{6—55}$$

由 Nernst 方程得

$$\begin{aligned}E_{\text{e,a}}&=E_{\text{Fe}^{2+}/\text{Fe}}=E^{0}_{\text{Fe}^{2+}/\text{Fe}}+\frac{RT}{n^{\text{A}}\text{F}}\ln[\text{Fe}^{2+}]\\&=-0.44+\frac{0.0591}{2}\ln(1.65\times10^{-13})=-0.818\ \text{V(SHE)}\end{aligned} \tag{6—56}$$

因 $Cu/CuSO_4$ 参比电极(CSE)的电位为 316 mV,所以,阳极电极反应的平衡电位 $E_{\text{e,a}}$相对于 $Cu/CuSO_4$ 参比电极的电位为 $-0.818-0.316=-1.134$ V(CSE)。

2)阴极电极反应的平衡电位

由 Nernst 方程,阴极电极反应的平衡电位

$$E_{\text{O}_2/\text{OH}^-}=E^{0}_{\text{O}_2/\text{OH}^-}+\frac{RT}{n^{\text{c}}F}\ln\frac{[\text{O}_2][\text{H}_2\text{O}]^2}{[\text{OH}^-]^4} \tag{6—57}$$

从标准电位序[201]中查得，此反应的标准电势 $E^0_{O_2/OH^-}=0.401$。

因大气中氧气的分压$[O_2]=0.21\times10^5$ Pa，混凝土的 pH = 13，取$[H_2O]=1$。

由 Nernst 方程可得

$$E_{O_2/OH^-}=E^0_{O_2/OH^-}+\frac{RT}{n^c F}\ln\frac{[O_2][H_2O]^2}{[OH^-]^4}=0.450\text{V(SHE)} \qquad (6—58)$$

阳极电极反应的平衡电位 $E_{e,c}$ 相对于 $Cu/CuSO_4$ 参比电极的电位为 0.450 − 0.316 = 0.134 V(CSE)。

6.4.4 混凝土内腐蚀电流分布的试验验证

文献[222]对氯盐侵蚀引起的混凝土内腐蚀电流分布规律进行了试验验证。试件制作中，将钢筋除锈后从中间劈开，在两片钢筋上分别焊接导线(图 6—41)，然后用 502 胶将其粘在 0.5 mm 厚的绝缘塑料片上，内外各半边钢筋合为一组，浇注在 C20 混凝土试件中(图 6—42)。

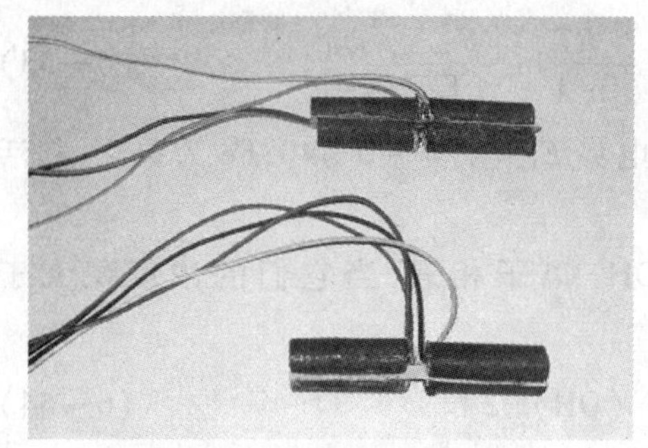

图 6—41 钢筋的连接

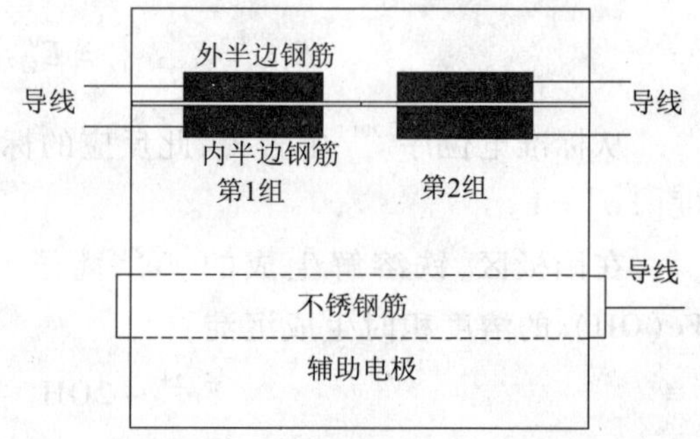

图 6—42 配筋混凝土试件

试件中内外半边钢筋连接前后钢筋的腐蚀电流和相关参数如表 6—8 和图6—43 所示。钢筋的腐蚀电流的实测值和计算值的比较如图 6—44 所示。

表 6—8 腐蚀电流及其相关参数

试件编号			腐蚀电位(mV)	腐蚀电流(μA)	I_{total}(μA)
第 1 组	连接前	面向保护层一侧	$E_{corr1}=-383$	$I_{corr1}=2.6$	计算值:17.8*
		背向保护层一侧	$E_{corr2}=-445$	$I_{corr2}=15.1$	
	内外半边钢筋连接后		$E_{corr}=-431$	$I_g=9$ $\Delta I_{corrA}=4.9$ $I'_{a1}=0$ $I'_{a2}=20.1$*	计算值:20.1* 实测值:19.8
第 2 组	连接前	面向保护层一侧	$E_{corr1}=-415$	$I_{corr1}=3.5$	计算值:17.5*
		背向保护层一侧	$E_{corr2}=-486$	$I_{corr2}=14.0$	
	内外半边钢筋连接后		$E_{corr}=-467$	$I_g=10$ $\Delta I_{corrA}=5.1$ $I'_{a1}=0$* $I'_{a2}=19.1$*	计算值:19.1* 实测值:20.4

续上表

试件编号			腐蚀电位(mV)	腐蚀电流(μA)	I_{total}(μA)
第 3 组	连接前	面向保护层一侧	$E_{corr1}=-327$	$I_{corr1}=1.2$	计算值:10.5*
		背向保护层一侧	$E_{corr2}=-398$	$I_{corr2}=9.3$	
	内外半边钢筋连接后		$E_{corr}=-374$	$I_g=4$ $\Delta I_{corrA}=2.3$ $I'_{a1}=0$ $I'_{a2}=11.6^*$	计算值:11.6* 实测值:12.1
第 4 组	连接前	面向保护层一侧	$E_{corr1}=-382$	$I_{corr1}=1.7$	计算值:15.5*
		背向保护层一侧	$E_{corr2}=-465$	$I_{corr2}=13.8$	
	内外半边钢筋连接后		$E_{corr}=-438$	$I_g=7\Delta I_{corrA}=3.7$ $I'_{a1}=0^*$ $I'_{a2}=17.5^*$	计算值:17.5* 实测值:17.2

注:(1)表中带“*”的数据为由公式(6—41)和(6—52)计算得到,其余数据为实测数据。

(2)为保证试验的准确性,每组试件均测定多次,因各次结果除数字略有区别,其规律基本一致,本表仅列出一次的测定结果。

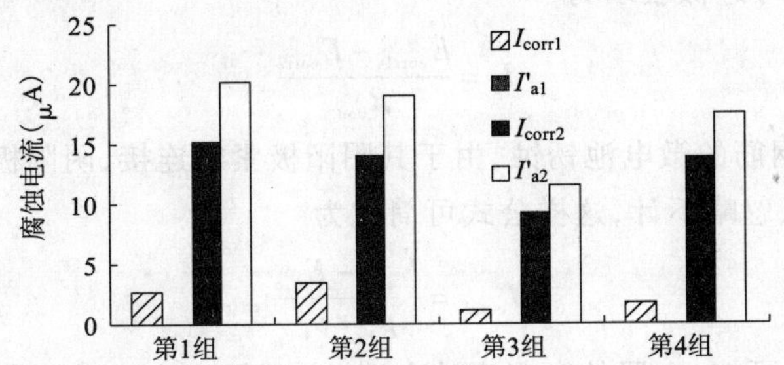

图 6—43　钢筋片连接前后的钢筋腐蚀电流

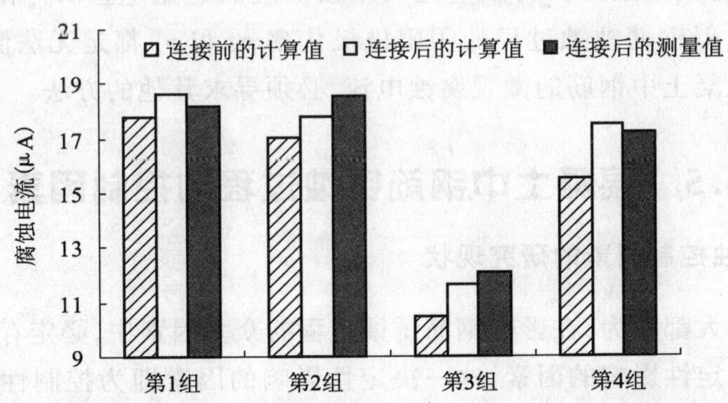

图 6—44　钢筋片连接前后钢筋腐蚀电流实测值和计算值的比较

从表 6—8 可以看出,钢筋的内外表面存在明显的腐蚀电位差,从而在钢筋的内外表面形成较大的宏观腐蚀电流 I_g,由图 6—43 可以看出,连接后活化钢筋的腐蚀电流 I'_{a2} 大于连接前的腐蚀电流 I_{corr2},而连接后钝化钢筋的腐蚀电流 I'_{a1} 大于连接前的腐蚀电流 I_{corr1}。这表明 I_g 不仅加速了钢筋外表面的锈蚀,而且对钢筋内表面形成了阴极保护，抑制了钢筋内表面的锈蚀，其锈蚀速率趋近于0，这和试件破型观测结果是一致的。

从图6—44和表6—8可以看出，内外半边钢筋连接后的总腐蚀电流 I_{total} 大于连接前的钢筋外半边钢筋的腐蚀电流之和，这说明宏观腐蚀电流 I_g 不仅影响了腐蚀电流的分布，而且促进了混凝土中整个钢筋的锈蚀；内外半边钢筋连接后总腐蚀电流计算值和实测值较为接近，且均小于活化钢筋的微观腐蚀电流 I_{corr2} 和宏观腐蚀电流 I_g 之和。这表明前述 I_g 必须消耗一部分用来补偿钢筋活化区阴极腐蚀电流的降低，只有剩余部分(ΔI_{corrA})用来提高钢筋的阳极溶解腐蚀电流的理论分析是正确的。

由上述分析，混凝土中钢筋锈蚀为微电池腐蚀和宏电池腐蚀并存，忽略其中任何一个都将使计算的腐蚀电流偏低。钢筋的总腐蚀电流可以通过式(6—54)计算。式中的宏观腐蚀电流 I_g 由钢筋内外表面间的宏观锈蚀电池引起，目前的研究普遍认为，对于宏电池腐蚀，混凝土电阻起控制作用，可忽略阴阳极极化对宏观腐蚀电流 I_g 的影响。这样，I_g 可近似表示为

$$I_g = \frac{E_{corr1} - E_{corr2}}{R_{con}} \tag{6—59}$$

对于活化区钢筋的微电池锈蚀，由于其阴阳极紧密连接，阴阳极间的混凝土电阻 R_{con} 趋近于0，可以忽略不计，这样公式可简化为

$$I_{corr2} = \frac{E_{e,c} - E_{e,a}}{p_a + p_c} \tag{6—60}$$

由式(6—60)可知，金属的微观腐蚀电流 I_{corr} 不但取决于腐蚀电池阴阳极间的起始电位差($E_{e,c} - E_{e,a}$)，这是腐蚀的推动力，而且取决于阴极极化率 p_c 和阳极极化率 p_a 的大小，这是腐蚀的阻力。腐蚀电池阴阳极反应的起始电位 $E_{e,c}$ 和 $E_{e,a}$ 可以通过Nenst方程计算，但钢筋锈蚀过程的阴阳极极化率 p_c 和 p_a 都是无法测定和计算的。所以为了计算混凝土中钢筋的微观腐蚀电流，必须寻求其他的方法。

6.5 混凝土中钢筋锈蚀过程的控制因素

6.5.1 钢筋锈蚀控制因素的研究现状

目前的研究大都认为，在影响钢筋锈蚀过程的众多因素中，必定存在某个对钢筋锈蚀反应有着决定性影响的因素，这一决定性影响的因素即为控制性因素。只要明确钢筋锈蚀过程的控制性因素，即可根据这一因素的变化规律建立钢筋锈蚀速率的预测模型。

国内外学者对混凝土中钢筋锈蚀过程的控制因素进行了广泛的研究。由于钢筋的锈蚀需要两种物质的参与，那就是氧和水。混凝土中氧和水的供应均和混凝土湿度有关(如图6—45所示)，氧在混凝土中的传输随混凝土湿度的增大而降低，这已为许多学者的研究所证实。文献[226]的研究发现氧在水中的扩散系数大约比在空气

中的低四十倍(在水中0.01 ~0.005 cm^2/s,在空气中0.2 cm^2/s)。而混凝土中的湿含量则随环境相对湿度的增大而增大。如果环境过于干燥,钢筋锈蚀将由于缺少水分而无法进行,同样,环境湿度过大,钢筋锈蚀也会因为缺少氧的参与而中止。而在混凝土的湿含量适中的条件下,钢筋锈蚀速率较大。比如海工工程的水下区因为缺少氧气而无法锈蚀,而在经受干湿循环作用的潮差区和浪溅区,氧和水的供应都较为充分,钢筋的锈蚀程度最大。

基于以上的认识,目前国内外学者普遍认为,混凝土中钢筋的阴阳极反应在钢筋锈蚀过程的控制程度取决于环境的相对湿度,在某个临界湿度下,控制因素将发生转变(如图6—45所示),这一环境相对湿度称为临界相对湿度 RH_{cr},与之相对应的混凝土孔隙饱和度称为临界孔隙饱和度 PS_{cr}。当环境大气相对湿度大于 RH_{cr} 时,混凝土中钢筋的锈蚀速率随环境相对湿度的增大而降低,此时钢筋的锈蚀过程主要受氧扩散控制;当环境大气相对湿度小于 RH_{cr} 时,混凝土中钢筋的锈蚀速率随相对湿度的增大而增大,此时钢筋的锈蚀过程主要由阳极反应控制或混凝土电阻控制。

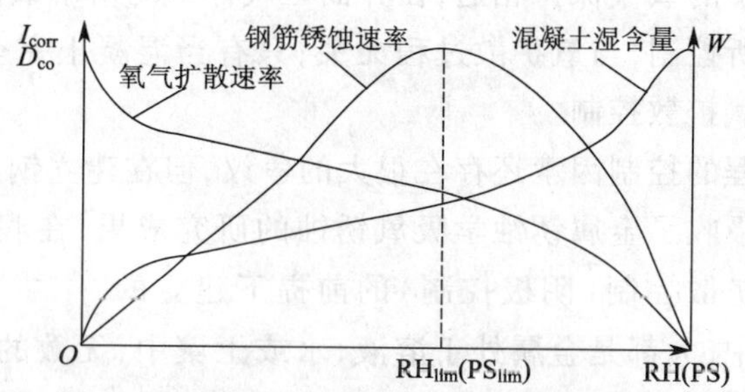

图6—45　混凝土孔隙水饱和度(或大气相对湿度)与钢筋锈蚀速率

对于临界相对湿度 RH_{cr}(或临界孔隙饱和度 PS_{cr})的大小,目前尚存在较大分歧。文献[223]认为混凝土孔隙水饱和度约为70%对应着最大的锈蚀速率,超过此值即为氧扩散控制,锈蚀速率下降;文献[224]认为对于混凝土中处于活化状态的钢筋,对混凝土中钢筋的锈蚀速率转换的临界相对湿度值约为80%,低于此值腐蚀电流可以忽略不计,而高于90%,由于混凝土内孔隙水趋于饱和,氧的扩散速率降低,故腐蚀电流也下降。清华大学肖从真[225]的研究认为:在不含氯离子的混凝土中,相对湿度在80%时混凝土内钢筋锈蚀速率最快,而在含有氯离子的混凝土中,相对湿度在65%时锈蚀速率最快。Hunkeler[226]认为环境相对湿度对混凝土中钢筋锈蚀速率的影响如图6—46,从图中可以看出临界相对湿度为99%。

文献[227]的实验研究认为即使在大气相对湿度很高的环境中,混凝土的含水率也不是很大的,远未达到饱水的程度,氧扩散对钢筋锈蚀过程并不起控制作用。混凝土内钢筋的锈蚀速率同环境相对湿度基本呈线性关系,钢筋的锈蚀速率均随相对湿度的提高呈现大幅度的提高(如图6—47所示)。

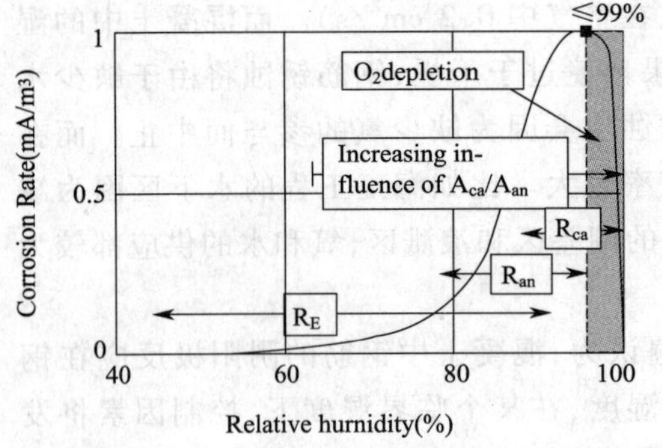

图 6—46　环境相对湿度对混凝土中钢筋锈蚀速率的影响

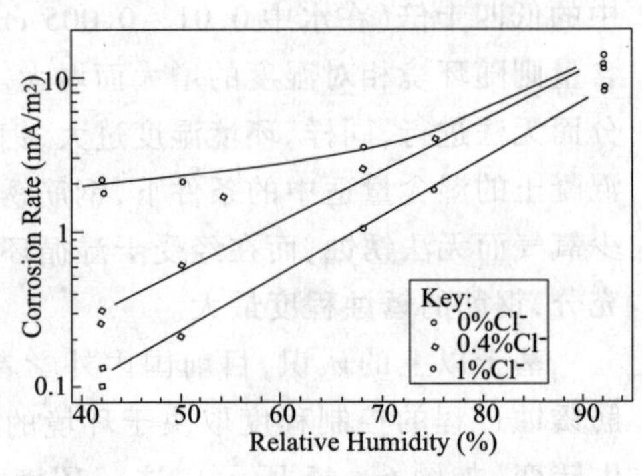

图 6—47　混凝土内钢筋腐蚀电流密度与环境相对湿度关系曲线

清华大学的阎培瑜[228]对高含氯离子混凝土中钢筋宏电池锈蚀进行研究后认为，混凝土中钢筋的锈蚀反应在不同湿度下存在着两个不同的控制因素——氧气扩散能力和混凝土电阻：当混凝土不是完全浸入水溶液或表面完全饱水时，混凝土内部气体氧与外部空气中的氧气保持相通，在界面区气体氧与溶解氧的浓度都很高，锈蚀反应为混凝土电阻所控制，与氧扩散过程无关；只有当混凝土完全饱水一段时间后，钢筋锈蚀速率才由氧扩散控制。

虽然对锈蚀过程的控制因素还存在很大的争议，但在建立钢筋锈蚀速率模型时，国内外学者均普遍吸收了金属锈蚀学吸氧锈蚀的研究成果，在假定混凝土中钢筋的整个锈蚀行为受氧扩散控制（阴极控制）的前提下建立的[229~233]。因为在金属锈蚀学吸氧锈蚀的研究中，大都是金属处于溶液、水或土壤中，无数的研究已证明其整个锈蚀行为确实为氧扩散所控制（阴极控制）。而大气中的混凝土中钢筋锈蚀和前几种不同，钢筋的锈蚀行为可能受氧扩散控制，也可能受混凝土电阻、阳极反应过程控制或非单一因素占主导地位的混合控制。因此，确定混凝土中钢筋锈蚀过程的控制因素是建立合理、准确的钢筋锈蚀速率模型的先决条件。

钢筋锈蚀过程的控制性因素可以根据腐蚀极化图非常直观地判断。由式（6—28）和图 6—11 可见，在混凝土中钢筋锈蚀过程中，阴极反应过程和阳极反应过程是一个串联的关系，这两者对钢筋的锈蚀速率共同发挥作用，任一个过程的变化，都对整个反应过程产生影响。在腐蚀极化图中两项腐蚀阻力阴极极化率 p_c 和阳极极化率 p_a 的相对大小，反映了阴阳极反应对腐蚀过程的控制程度。当任意一项远大于另一项时，这一阻力就将在腐蚀过程中对锈蚀速率起控制作用，称为控制因素。比如，当 $p_c \gg p_a$ 时，I_{corr} 主要取决于阴极极化率 p_c 的大小，称为阴极控制（图 6—11a）；反之，若 $p_a \gg p_c$，I_{corr} 主要取决于阳极极化率 p_a 的大小，称为阳极控制（图 6—11b）。如果不满足上述两种情况，p_a 和 p_c 同时决定锈蚀速率的大小，则称为混合控制（图 6—11c）。

在真实钢筋混凝土结构的腐蚀系统中，上述极限情况的发生只会出现在两种极端的条件下。一种是混凝土中的钢筋处于钝化状态,或钢筋虽然处于活化状态但环境条件十分干燥,此时钢筋的锈蚀过程受阳极反应控制;另一种是没有初始锈层的活化钢筋处于饱水的混凝土中,此时氧是唯一的去极化剂,而氧气的供应困难,此时钢筋的锈蚀过程受阴极反应控制。

6.5.2 混凝土中钢筋锈蚀过程控制因素的试验研究

本书作者对混凝土中钢筋锈蚀过程控制因素进行了试验研究。其试验方法为浇注尺寸为100 mm×100 mm×20 mm 的配筋混凝土试件(图6—48),试件为薄片状的目的是为了消除湿度滞后效应的影响,以保证当环境相对湿度变化时钢筋表面和混凝土表面的湿度基本保持一致。将试件标准养护28 d后放于10%的NaCl溶液中浸泡直至试件中的钢筋均已处于活化状态,试件较薄的目的是使试件中的钢筋达到全面锈蚀。然后让试件在人工气候室的恒温恒湿条件(温度20℃±2℃、湿度30%±5%)下自然风干,并按一定的时间间隔测得混凝土中钢筋的腐蚀电流 I_{corr} 随混凝土孔隙水饱和度的变化,如图6—49所示。

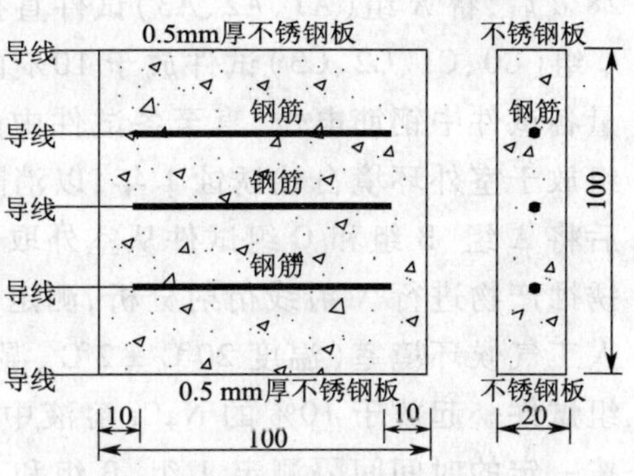

图6—48 钢筋混凝土试件(单位:mm)

从图6—49中可以看出,在开始的饱水阶段,钢筋的腐蚀电流最大。随着干燥过程的进行,混凝土孔隙水饱和度不断下降,然而混凝土中钢筋的锈蚀速率依然维持在较高的水平,没有发生显著降低。直至试件D1、D2、D3中混凝土孔隙水饱和度分别下降到87%、94%、91%时,钢筋的腐蚀电流强度才发生明显转变。随着混凝土孔隙水饱和度的进一步降低,钢筋的锈蚀速率急剧下降。所以在恒温条件下,混凝土中钢筋的锈蚀速率随混凝土孔隙水饱和度的降低分为两个阶段:短暂的平稳阶段和大幅的下降阶段。

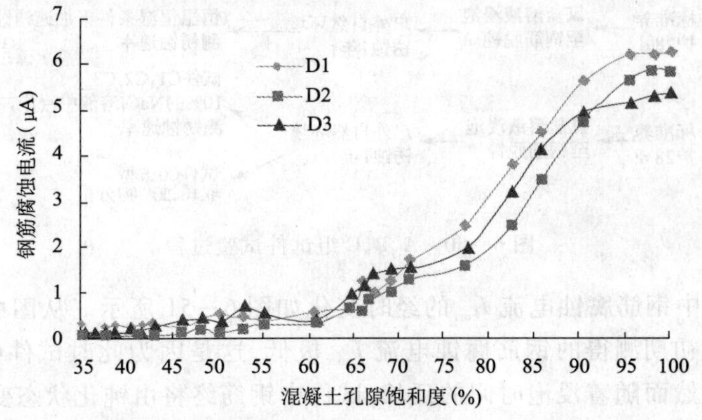

图6—49 混凝土中钢筋腐蚀电流随混凝土孔隙水饱和度的变化规律

目前的研究普遍假定，混凝土中钢筋的锈蚀过程主要受氧扩散的阴极反应所控制，也就是 I_{corr} 主要取决于阴极极化率 p_c 的大小。依照这种观点，在整个干燥过程中，随着混凝土孔隙水饱和度的不断下降，氧在混凝土中的扩散速率也不断增大，阴极极化率 p_c 降低，混凝土中钢筋锈蚀速率应该不断增大，这种假定显然和实际情况不符。从图 6—49 中可以看出，钢筋锈蚀速率与中氧在混凝土中的扩散速率的变化趋势是截然相反的。这充分说明氧虽然是钢筋持续锈蚀的必备因素之一，却绝对不是钢筋锈蚀过程的控制因素，即使在高湿环境供氧困难的条件下，钢筋锈蚀速率不但没有降低反而变得更大，氧对混凝土中钢筋锈蚀过程也没有起到控制作用。所以用氧在混凝土中的扩散速率来计算混凝土中钢筋锈蚀速率显然是错误的。

为了确定混凝土中钢筋锈蚀过程的控制因素，本书作者作了进一步的试验研究。浇注 200 mm × 150 mm × 120 mm 的配筋混凝土试件 3 组。各组试件标准养护 28 d 后，将 A 组（A1、A2、A3）试件直接放于室外自然环境静置，B 组（B1、B2、B3）、C 组（C0、C1、C2、C3）试件放于 10% 的 NaCl 溶液中浸泡，定期用半电池电位仪测量各试件中钢筋电位，直至各试件中的钢筋均已处于活化状态。然后将 B 组和 C 组放于室外环境自然锈蚀 1 年，以消除时变效应对钢筋锈蚀速率的影响。12 个月后将 A 组、B 组和 C 组试件从室外取回。将 C0 试件破型，用锉刀刮取钢筋表面的锈蚀产物进行 X 射线衍射分析，测定锈蚀产物的物质组成。同时将 B 组试件放于人工气候环境室（温度 20℃ ±2℃、湿度 70% ±5%）内静置，C 组的其他试件和 A 组试件一起放于 10% 的 NaCl 溶液中浸泡，整个试验过程保持恒温（20℃ ±2℃）。按一定的时间间隔测定 A 组、B 组和 C 组 3 组试件中钢筋的腐蚀电流 I_{corr} 的经时变化。试验结束后用和 C0 试件同样的方法将 C 组剩余试件破型并测定锈蚀产物的物质组成。A 组、B 组、C 组试件试验过程如图 6—50 所示。

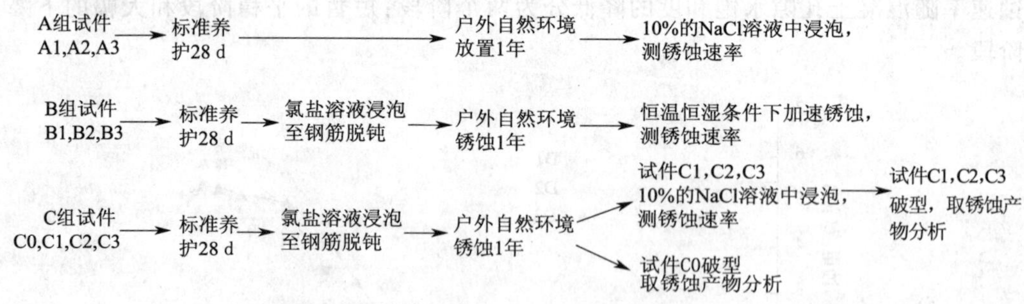

图 6—50　A、B、C 组试件试验过程

A 组试件中钢筋腐蚀电流 I_{corr} 的经时变化如图 6—51 所示。从图中可以看出，A 组试件在浸泡初期测得的钢筋腐蚀电流 I_{corr} 极低，这是因为此时试件中的钢筋尚处于钝化状态。然而随着浸泡时间的延长，试件中钢筋终将由钝化状态变为活化状态，但是在整个试验过程中，钢筋腐蚀电流 I_{corr} 并未发生明显的变化，一直保持在极低的

水平，直至试验结束。这是因为在饱水状态下，即使试件中钢筋处于活化状态，混凝土孔隙中的气体通道被水分堵塞，腐蚀反应不可缺少的原料——氧气无法扩散到钢筋表面，钢筋的锈蚀过程进展极其困难，钢筋的腐蚀电流 I_{corr} 极低。这和实际海工工程水下浸泡区由于缺氧而没有锈蚀的机理是一样的。

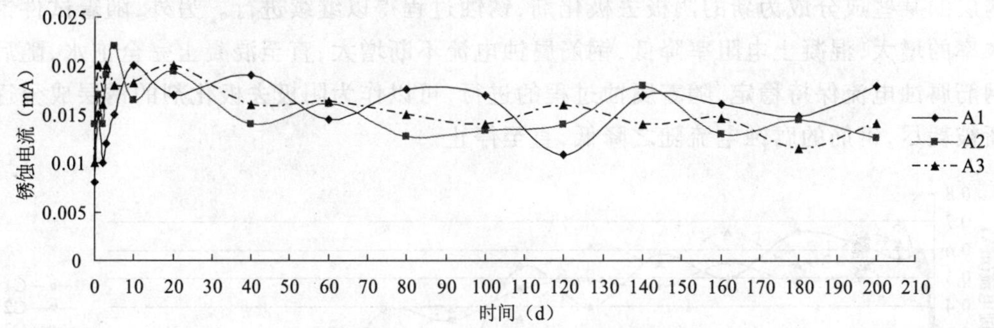

图 6—51　A 组试件中钢筋腐蚀电流 I_{corr} 的经时变化

B 组试件在自然环境中已经锈蚀了 1 年，已经度过了钢筋锈蚀时变过程的初期下降阶段，处于钢筋腐蚀电流时变过程的稳定阶段。B 组试件中钢筋腐蚀电流 I_{corr} 的经时变化如图 6—52 所示。从图中可以看出，在不变的人工气候环境条件下活化钢筋腐蚀电流 I_{corr} 较为稳定，在整个试验过程没有发生明显的变化。但和 A 组试件相比，人工气候环境供氧相对较为充足，钢筋的腐蚀电流维持在较高的水平。

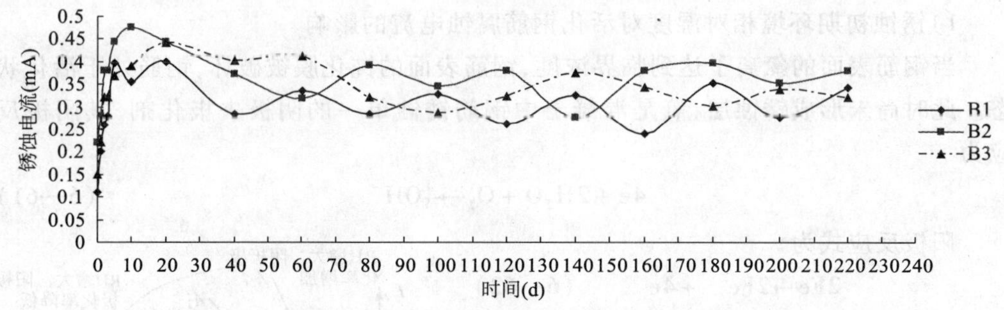

图 6—52　B 组试件中钢筋腐蚀电流 I_{corr} 的经时变化

C 组试件中钢筋腐蚀电流 I_{corr} 的经时变化如图 6—53 所示。从图中可以看出，C 组试件在刚刚放入浸泡溶液时腐蚀电流 I_{corr} 和 B 组试件较为接近，我们不妨认为此时钢筋表面尚有残余的溶解氧存在。依照人们长期以来一直认为混凝土中活化钢筋的锈蚀受氧扩散控制的观点，随着钢筋表面残余的溶解氧的耗尽，钢筋的腐蚀电流应该急剧下降，并在很短的时间内停止锈蚀。但实测的结果恰恰相反（如图 6—53 所示），钢筋腐蚀电流不但没有降低反而急剧增大，1 周后逐渐趋于稳定，并长期保持在这一很高的水平，约 3 个月后钢筋的腐蚀电流才逐渐降低，直至钢筋的锈蚀近乎停止。这是传统的氧扩散控制观点所无法解释的。那么在没有氧参与的情况下钢筋锈蚀过程仍然可以继续进行的原因是什么呢？文献[234~236]的研究发现大气中的钢在湿润条件下锈层的某些成分可以成为新的强烈的阴极去极化剂。依据此观点可以对C组试件的试验过程进行解释：C组试件浸泡于氯盐溶液后，虽然供氧困难，但钢筋锈层的某些成分成为新的阴极去极化剂，锈蚀过程得以继续进行。另外，随着试件饱水率的增大，混凝土电阻率降低，钢筋腐蚀电流不断增大，直至混凝土完全饱水，随后钢筋腐蚀电流保持稳定，随着腐蚀过程的进行，可以作为阴极去极化剂的锈层成分逐渐被耗尽，钢筋的腐蚀电流随之降低，直至停止。

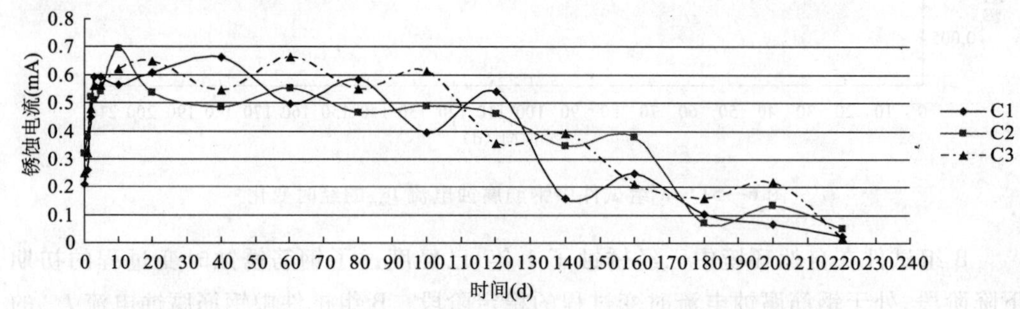

图 6—53　C 组试件中钢筋腐蚀电流 I_{corr} 的经时变化

6.5.3　混凝土中钢筋锈蚀过程控制因素变化的机理分析

1）锈蚀初期环境相对湿度对活化钢筋腐蚀电流的影响

当钢筋表面的氯离子达到临界浓度，钢筋表面的钝化膜被破坏，钢筋处于活化状态。此时尚未形成锈蚀层，氧是混凝土中钢筋锈蚀单一的阴极去极化剂，其阴极反应为

$$4e + 2H_2O + O_2 \rightarrow 4OH^- \tag{6—61}$$

阳极反应式为

$$2Fe \rightarrow 2Fe^{2+} + 4e \tag{6—62}$$

锈蚀初期活化钢筋腐蚀电流随环境相对湿度的变化如图 6—54 所示。从图中可以看出，在干燥的条件下，混凝土中钢筋的腐蚀电流很低，随着环境相对湿度的提高，钢筋锈蚀的阴极极化率逐步增大，极化曲线从 C_1 到 C_5 转变，而阳极极化率逐步降低，极化曲线从 A_1 到 A_5 转变，阴阳极极化曲线的交点逐步降低，腐蚀电位不断下降（$E_{corr1} > E_{corr2} > E_{corr3} > E_{corr4} > E_{corr5}$）。腐蚀

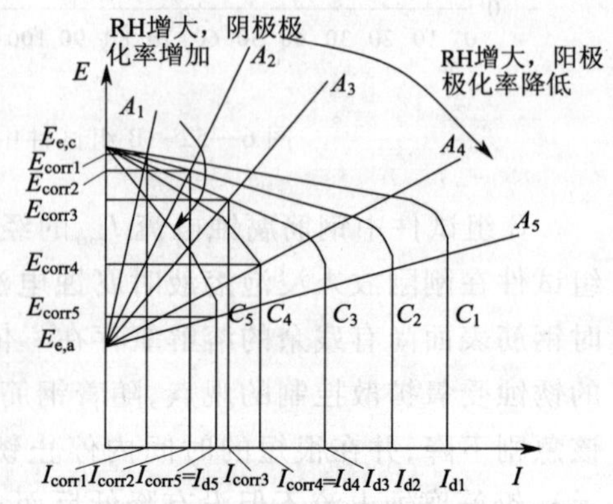

图 6—54　锈蚀初期环境相对湿度对活化钢筋腐蚀电流的影响

电流开始随着环境相对湿度的提高($I_{corr1} < I_{corr2} < I_{corr3} < I_{corr4}$),钢筋的锈蚀过程受阳极反应控制。到达某一临界相对湿度值 RH_{cr},钢筋的腐蚀电流达到最大值 $I_{max} = I_{corr4}$。随着环境相对湿度的进一步提高,混凝土中钢筋的锈蚀速率随之降低,此时钢筋的锈蚀过程主要由氧扩散控制,当混凝土完全饱水时钢筋的锈蚀速率达到最小值。

2)锈蚀产物生成后环境相对湿度对活化钢筋腐蚀电流的影响

图 6—54 的情况对于锈蚀初期(初始的锈蚀产物的生成过程)是成立的,然而在钢筋表面生成锈蚀产物后环境相对湿度对活化钢筋腐蚀电流的影响规律则发生了变化。在钢筋表面生成锈蚀产物后,在相对干燥的条件下,钢筋腐蚀电流随环境相对湿度的变化规律和锈蚀初期相同(如图 6—55 所示)。随着环境相对湿度的提高,阴极极化率增大,阳极极化率降低,腐蚀电位不断下降($E_{corr1} > E_{corr2} > E_{corr3}$),腐蚀电流逐步提高($I_{corr1} < I_{corr2} < I_{corr3}$),氧是混凝土中钢筋锈蚀单一的阴极去极化剂,锈蚀过程为阳极反应所控制。

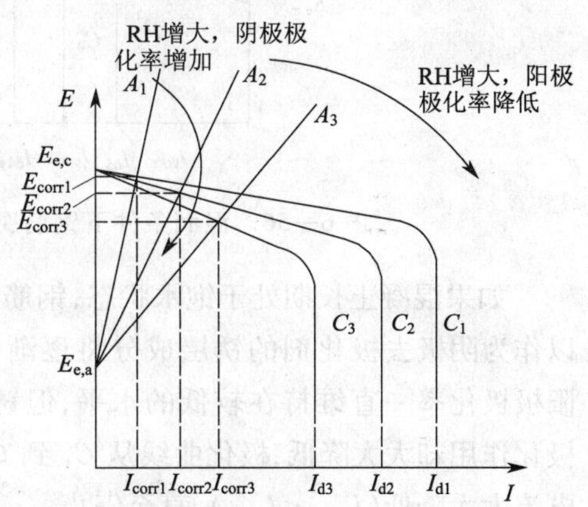

图 6—55　干燥条件下钢筋腐蚀电流随环境相对湿度的变化规律

随着环境相对湿度的进一步提高,氧向混凝土内传输的阻力增加,混凝土中的氧气扩散系数继续下降。当环境相对湿度超过临界相对湿度时,由氧作为阴极去极化剂的钢筋锈蚀速率降低,然而此时除了氧这一阴极去极化剂外,钢筋的锈蚀产物充当了新的强烈的阴极去极化剂,在钢筋与 Fe_3O_4 界面上发生阳极氧化反应:

$$Fe - 2e \rightarrow Fe^{2+} \tag{6—63}$$

而在 Fe_3O_4 与 FeOOH 界面上发生阴极还原反应:

$$6FeOOH + 2e \rightarrow 2Fe_3O_4 + 2H_2O + 2OH^- \tag{6—64}$$

式(6—66)的进行充分弥补了缺氧所引起的阴极极化,钢筋的锈蚀产物阴极反应的极化曲线为 C'_4,阴极电极反应的平衡电位为 $E'_{e,c}$,和阳极极化曲线从 A_4 的交点对应的腐蚀电位为 E'_{corr4},腐蚀电流为 I'_{corr4}。钢筋的总腐蚀电流 I_{corr} 为 I_{corr4} 与 I'_{corr4} 之和。

随着环境相对湿度的提高,钢筋腐蚀电流的变化规律如图 6—56 所示。氧气的供应已经十分困难,氧的阴极去极化作用大大降低,极化曲线从 C_4 到 C_5 转变,而阳极极化率逐步降低,极化曲线从 A_1 到 A_5 转变,氧去极化引起的腐蚀电流进一步降低($I_{corr5} < I_{corr4}$),而锈层的阴极去极化作用大大增强,极化曲线从 C'_4 到 C'_5 转变,锈层去极化引起的腐蚀电流进一步提高($I'_{corr4} < I'_{corr5}$)。

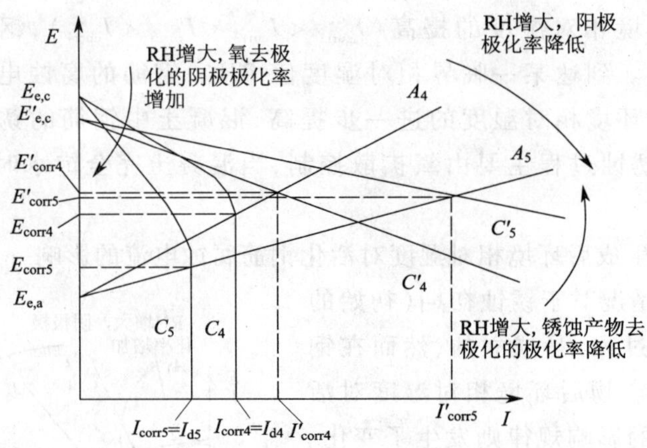

图 6—56 湿润条件下钢筋腐蚀电流随环境相对湿度的变化规律

如果混凝土长期处于饱水状态,钢筋腐蚀电流的变化规律如图 6—57 所示。此时可以作为阴极去极化剂的锈层成分将逐渐被耗尽,虽然阳极极化率一直维持在较低的水平,但锈层的阴极去极化作用却大大降低,极化曲线从 C_4 到 C_5 转变,腐蚀电流大大降低($I_{corr5}<I_{corr4}$),直至停止。

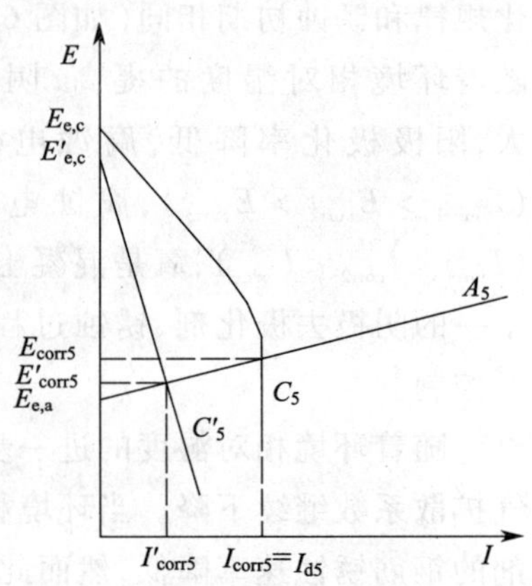

图 6—57 长期浸泡后钢筋腐蚀电流的变化规律

从以上分析可以看出,对于海工混凝土结构的水下区,如果建设时混凝土中钢筋没有锈蚀,虽然钢筋终将因氯盐的侵蚀而活化,由于没有氧的供给,混凝土中的钢筋不会锈蚀。建设时混凝土中钢筋已经锈蚀,虽然初期钢筋的锈蚀速率很大,但可以作为阴极去极化剂的锈层成分很快将被耗尽,腐蚀过程也将停止。对于海工混凝土结构的潮差区和浪溅区,钢筋混凝土结构长期处于干湿循环状态,不仅混凝土中氧和水的供应充分,而且氧和锈蚀产物交替充当钢筋锈蚀反应阴极去极化剂,使钢筋的锈蚀速率一直处于较高的水平。

干湿循环条件下混凝土内钢筋的锈蚀机理如下:

在钢筋与 Fe_3O_4 界面上发生阳极氧化反应:

$$Fe-2e \rightarrow Fe^{2+} \quad (6—65)$$

在湿润条件下,钢筋的锈层中 FeOOH 成为强烈的阴极去极化剂,在 Fe_3O_4 与 FeOOH 界面上发生阴极还原反应:

$$6FeOOH(rust)+2e \rightarrow 2Fe_3O_4(rust)+2H_2O+2OH^- \quad (6—66)$$

亚铁离子和锈层中的 FeOOH 反应生成 Fe_3O_4:

$$2FeOOH(rust)+Fe^{2+}(rust)+2OH^- = Fe_3O_4(rust)+2H_2O \quad (6—67)$$

总反应式可以表示为

$$8FeOOH(rust) + Fe(metal) = 3Fe_3O_4(rust) + 4H_2O \tag{6—68}$$

氧化 1 mol 的金属铁需要还原 8 mol 的 FeOOH。

式(6—68)的进行不仅弥补了缺氧所引起的阴极极化,而且随着钢筋表面 FeOOH 附着层的溶解,水化铁离子的传质过程的阻力得到释放,在紧靠钢筋表面的溶液层中较高浓度的 Fe^{2+} 溶出,阳极铁溶解速率增大,钢筋锈蚀的阳极极化率 p_a 降低,使钢筋的锈蚀速率达到最大。

当环境由湿到干变化时,在湿润条件下被还原的锈蚀层又重新被空气中的氧所氧化:

$$4Fe_3O_4(rust) + O_2(air) + 6H_2O = 12FeOOH(rust) \tag{6—69}$$

从上述反应可以看出,一个干湿循环的反应式可以概括如下:

$$8FeOOH(rust) + Fe(metal) + (3/4)O_2(air) + (1/2)H_2O = 9FeOOH(rust) \tag{6—70}$$

从上述反应可以看出,一个干湿循环期间每 8 molFeOOH 增加 1 molFeOOH。

干湿循环条件下钢筋表面锈层的增长如图 6—58 所示。

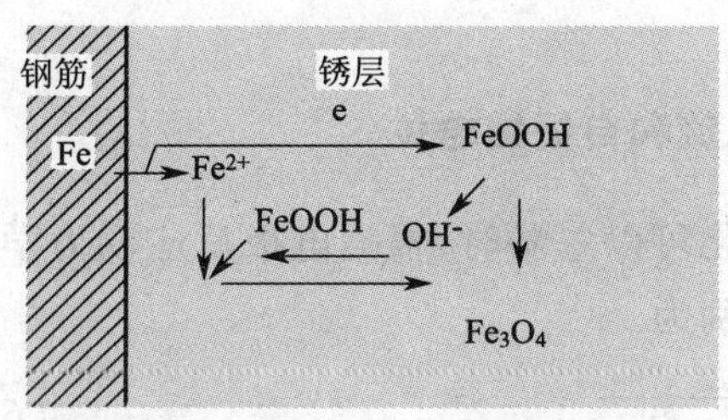

(a) 湿润条件下锈层充当阴极去极化剂引起的锈层中FeOOH的还原和铁基体的氧化

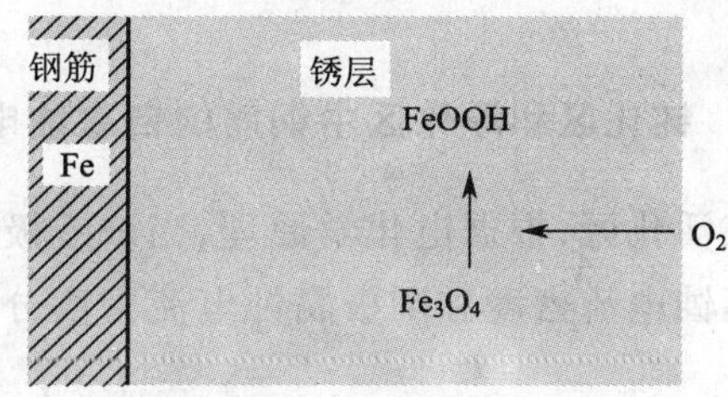

(b) 干燥条件下,部分被还原的锈层重新被O_2所氧化

图 6—58 干湿循环条件下钢筋表面锈层的增长

6.6 阴阳极反应共同控制的钢筋锈蚀速率预计模型

由上述分析可以得出,在正常的大气环境中,混凝土中钢筋的锈蚀过程并非由氧扩散的阴极反应所控制,而是由阴阳极反应共同控制。本节将在此基础上,根据腐蚀电化学基本原理,建立阴阳极反应共同控制的钢筋锈蚀速率预计模型。

6.6.1 锈蚀钢筋阴阳极面积的确定

大量锈蚀钢筋混凝土结构破型表明,无论是人工气候环境还是实际自然环境下混凝土中钢筋的锈蚀并不是全面的锈蚀,而是面向混凝土保护层的一侧锈蚀比较严重,而背向保护层的一侧则几乎没有发生锈蚀。这样,单位长度锈蚀钢筋的总面积 S 由钢筋面向混凝土保护层一侧的活化区域面积 S_h 和背向保护层一侧的钝化区域的面积 S_d 组成。经试件的破型观察发现(如图 6—59a),对于氯盐外侵引起的钢筋锈蚀,在混凝土保护层胀裂前，$S_h \approx S_d \approx S/2 \approx \pi d/2$。在活化区域内部发生微电池锈蚀，在活化区域与钝化区域间发生宏电池锈蚀，这样，活化区域的面积 S_h 又可以分为微电池的阳极面积 S_{ha} 和阴极面积 S_{hc}。由文献[221]，对于微电池，在整个活化区域阳极面积 S_{ha} 和阴极面积 S_{hc} 相等。所以锈蚀钢筋的总面积 S 可以表示为 $S = S_h + S_d = S_{ha} + S_{hc} + S_d$。

（a）混凝土中钢筋的锈蚀特征

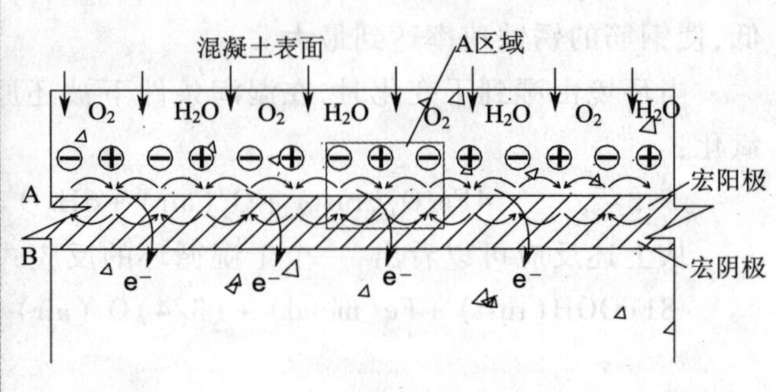

（b）钢筋的锈蚀理论模型

图 6—59　锈蚀钢筋阴阳极面积的分配

6.6.2　钝化区和浮化区中钢筋的自腐蚀电流和自锈蚀电位

在活化区，根据电化学原理，当浓差极化可以忽略时，根据电极反应动力学方程，阳极腐蚀电流密度和阴极腐蚀电流密度分别为

$$i_a = i_{0,a}[\,e^{\frac{E_{corr(A)} - E_{e,a}}{\beta_a}}\,] \tag{6—71}$$

$$i_c = i_{0,c}[\,e^{\frac{E_{e,c} - E_{corr(A)}}{\beta_c}}\,] \tag{6—72}$$

其中

$$\beta_a = 0.434 b_a = \frac{RT}{\alpha_a nF} \tag{6—73}$$

$$\beta_c = 0.434 b_c = \frac{RT}{\alpha_c nF} \tag{6—74}$$

$$i_{0,a} = n_a F k_a e^{\frac{\alpha_a n_a F E_{e,a}}{RT}} = n_a F k_a e^{-\frac{9\,600}{T}} \tag{6—75}$$

$$i_{0,c} = n_c F k_c e^{\frac{\alpha_c n_c F E_{e,c}}{RT}} = n_c F k_c e^{\frac{2\,667}{T}} \tag{6—76}$$

如果 $i^0_{0,a}$ 和 $i^0_{0,c}$ 分别为 25℃ 时氯盐溶液中钢筋锈蚀阴阳极反应的交换电流密度，则

$$i_{0,a} = i^0_{0,a} e^{9\,600\left(\frac{1}{298} - \frac{1}{T}\right)} \tag{6—77}$$

$$i_{0,c} = i^0_{0,c} e^{2\,667\left(\frac{1}{T} - \frac{1}{298}\right)} \tag{6—78}$$

由电化学基本原理，阴极电流必须和阳极电流相等，则

$$I_{corr(A)} = i_a \times S_{ha} = i_c \times S_{hc} \tag{6—79}$$

由方程(6—71)~(6—79),解得

$$I_{corr(A)}=(i_{0,a}S_{ha})^{\frac{\beta_a}{\beta_a+\beta_c}}(i_{0,c}S_{hc})^{\frac{\beta_c}{\beta_a+\beta_c}}e^{\frac{E_{e,c}-E_{e,a}}{\beta_a+\beta_c}} \tag{6—80}$$

$$E_{corr(A)}=\frac{\beta_c}{\beta_c+\beta_a}E_{e,a}+\frac{\beta_a}{\beta_c+\beta_a}E_{e,c}+\frac{\beta_a\beta_c}{\beta_c+\beta_a}\ln\frac{S_c i_{0,c}}{S_a i_{0,a}} \tag{6—81}$$

在钝化区,钢筋锈蚀过程受阳极极化控制,$\beta_a=\infty$,则

$$I_{corr(C)}\approx 0 \tag{6—82}$$

$$E_{corr(C)}=E_{e,c}+\beta_c\ln\frac{S_c i_{0,c}}{S_a i_{0,a}} \tag{6—83}$$

6.7 钢筋锈蚀全过程的时变模式

6.7.1 钢筋锈蚀全过程的时变模式

在目前的研究中一般都认为在恒定气候环境下,钢筋锈蚀速率是不变的。然而中国矿业大学的长期研究发现:混凝土内钢筋的锈蚀是一个动态的过程,随着锈蚀时间的推移,钢筋的锈蚀速率是逐渐变化的,即使其他条件恒定,钢筋的锈蚀速率也并非恒定不变。

根据目前所发表的文献资料,钢筋锈蚀速率模型一般通过以下方法进行研究:①根据混凝土内钢筋锈蚀的电化学原理,建立钢筋腐蚀电流强度公式,并分别通过理论分析确定公式中的参数[117-119];②通过实验研究,考虑影响钢筋锈蚀速率的主要因素对钢筋锈蚀速率的影响,并通过统计方法确定钢筋锈蚀速率模型[120-122];③将上述两种方法结合起来,以电化学基本原理建立钢筋锈蚀速率的基本模型,其主要参数通过实验研究确定[76,213]。但是,上述文献资料所建立的钢筋锈蚀速率模型,尚未见到与锈蚀时间相关的讨论。文献[120]在讨论氯盐侵蚀条件下混凝土内钢筋锈蚀的动力过程时,已发现了钢筋锈蚀速率随时间下降的现象,并在钢筋锈蚀速率模型中增加了一项钢筋锈蚀时间的影响。本书作者通过试验研究了恒定气候环境下混凝土内钢筋锈蚀速率的时变特征,其设计的试验方案如表6—9,试验结果如图6—60所示。

表6—9 试验试件统计

试验顺序	试件编号	钢筋		混凝土保护层厚度(mm)	混凝土强度等级	锈蚀诱因	锈蚀环境	
		种类	d(mm)				温度(℃)	相对湿度(%)
第1批	B1、B2、B3、CorExp	HPB235	10	15	C20	W(NaCl)=10%溶液浸泡	20±1	90±5
第2批	C1、C2、C3 D1、D2、D3 E1、E2、E3	HRB335	16 20 25	20	C25	内掺占水泥质量5%的NaCl	35±1	90±5

注:CorExp试样用于混凝土内钢筋锈蚀层构造与发展的细观试验。

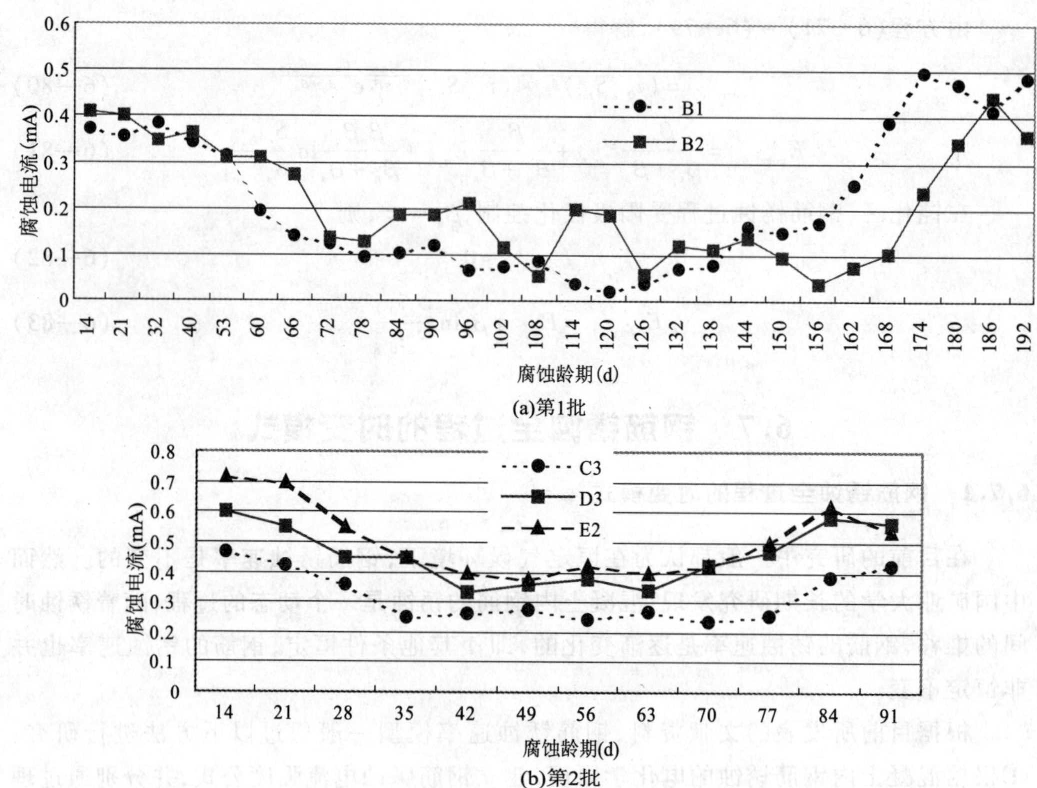

图 6—60　部分钢筋腐蚀电流强度的时变过程

第 1 批试件中钢筋腐蚀电流强度随锈蚀龄期的变化如图 6—60a 所示。从图中可以看出,混凝土中的腐蚀电流强度随锈蚀龄期的延长而下降,且开始腐蚀电流强度下降较快,随后下降的速率逐渐减慢,100 d 左右基本趋于稳定;随着锈蚀过程的发展,试件 B1 在锈蚀龄期第 141 d 混凝土保护层胀裂,试件 B2 在锈蚀龄期第 156 d 混凝土保护层胀裂。胀裂之后钢筋的腐蚀电流强度没有明显的突变,但随着锈蚀龄期的延长,钢筋腐蚀电流强度逐渐增大,赶上甚至超过开裂前锈蚀过程的最大腐蚀电流强度,一段时间后逐渐趋于稳定。

第 2 批试件中部分钢筋的腐蚀电流强度随锈蚀龄期的变化如图 6—60b 所示。其中试件 C2 尚未开裂,试件 E2、C3 和 D3 都已开裂,其中试件 E2 的锈胀裂缝宽度最大,达 1.2 mm 左右。由图 6—60b 可见,锈蚀速率在最初也经历了约 20 d 左右的下降段,然后趋于平稳,试件 E2,C3 和 D3 在平稳发展阶段的最后开裂。之后锈蚀速率逐渐增大,到一定程度,又变为缓慢降低。

第 2 批试件钢筋锈蚀速率大于第 1 批钢筋锈蚀速率,其主要原因有:①相同条件下,变形钢筋(HRB335)锈蚀速率大于光圆钢筋(HPB235)[237];②第 2 批试件内氯离子含量大;③第 2 批试件的温度较高。

根据上述 2 批钢筋锈蚀速率的变化过程可以看出,钢筋的锈蚀速率发展经历了以下 3 个阶段：锈蚀初期的下降阶段；平稳发展阶段；混凝土锈胀开裂后的再上升阶段。文献[238]进一步对锈胀开裂前后的钢筋锈蚀速率变化过程进行了研究。研究表明混凝土锈胀开裂之初，钢筋锈蚀速率缓慢上升，并很快达到平稳，再次进入平稳发展阶段。锈胀开裂后期的钢筋锈蚀速率变化过程有待深入研究。文献[239]对锈蚀初期混凝土内钢筋锈蚀速率时变特征进行了研究，研究发现文献表述的钢筋锈蚀速率时变规律的起点并非钢筋锈蚀的初始点（脱钝临界点），对于混凝土碳化或氯盐外侵所造成的钢筋锈蚀，由于混凝土的非匀质性，钢筋脱钝从一点开始，锈蚀麻点逐渐增多，并由点及面，腐蚀的面积逐步扩大，钢筋锈蚀速率从脱钝开始首先经历一个上升阶段，直至腐蚀面积基本稳定。综合以上研究成果，钢筋锈蚀速率的时变过程阶段可划分为锈蚀初期的上升阶段；下降阶段；开裂前的平稳发展阶段；混凝土锈胀开裂初期的再上升阶段；开裂后的平稳发展阶段。

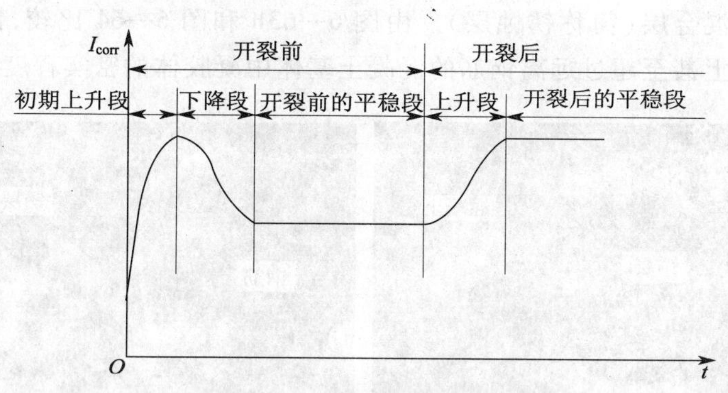

图 6—61　钢筋锈蚀速率的时变过程阶段划分

6.7.2　钢筋锈蚀层构造与发展

在恒定的环境条件下，混凝土中钢筋锈蚀速率的时变过程伴随着混凝土中钢筋锈蚀层的形成、发展和密实。所以研究钢筋锈蚀速率的时变过程，必须首先研究钢筋锈蚀层构造与发展。

1）未锈蚀时钢筋与混凝土界面的过渡区

图 6—62 为 SEM 图，显示了未锈蚀钢筋-混凝土界面构造，根据混凝土硬化原理，混凝土在粗骨料、钢筋界面会形成较薄弱的过渡区，又称界面层；该界面区的特点是：混凝土硬化是水灰比较大，硬化后，形成较疏松、孔隙率较大的薄弱的过渡区。从混凝土学观点分析：界面层是氢氧化钙晶体的富集区，从而增大了其孔隙率。界面层比水泥基

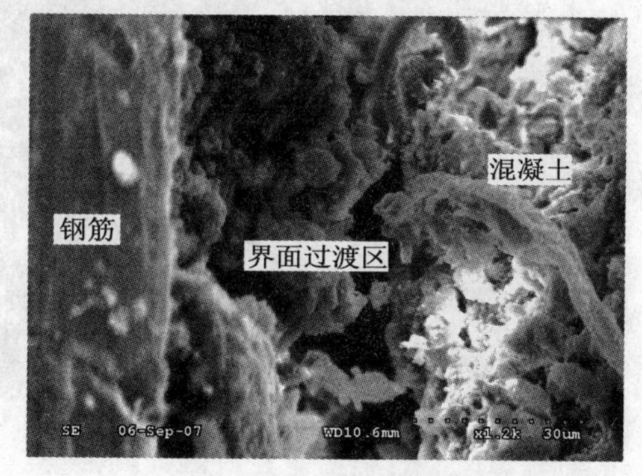

图 6—62　未锈蚀钢筋混凝土试件界面过渡区（900 倍）

体高的孔隙率,也有碍于C-H-S凝胶与骨料或钢筋表面的接触,同时因界面层中离子浓度低,从而使水泥凝胶与钢筋表面的接触点减少,故界面层结构是疏松的网络结构。

2)锈胀开裂前锈蚀引起的钢筋与混凝土界面区变化

混凝土中钢筋从开始锈蚀到锈胀开裂前的全过程的钢筋锈蚀层发展如图6—63。从图中可以看出,在钢筋锈蚀初期,锈蚀过程中生成的锈蚀产物不断扩充于钢筋周围的混凝土孔隙中,并在钢筋表面积聚,形成锈蚀层。随着锈蚀时间的发展,锈蚀产物不断增多,锈蚀层逐渐增厚和密实,锈蚀层在周围混凝土的约束下逐渐呈压密的网状结构,如图6—63h所示,钢筋与混凝土界面区逐渐被钢筋锈蚀物所填充。由于铁锈蚀后的体积膨胀,在界面区的锈蚀物具有一定的膨胀力,铁锈物的扩散、填充会向混凝土深处发展,随锈蚀程度增加,原钢筋/混凝土的疏松界面区逐渐变成了密实的混凝土与铁锈的混合层(简称锈蚀层)。由图6—63h和图6—64比较,锈蚀层的密实程度将逐渐赶上甚至超过远离钢筋的混凝土基体中凝胶体的密实程度。

(a)600×　　(b)3000×

CorExp-1(1个月)

(c)600×　　(d)3000×

CorExp-2(2个月)

图　6—63

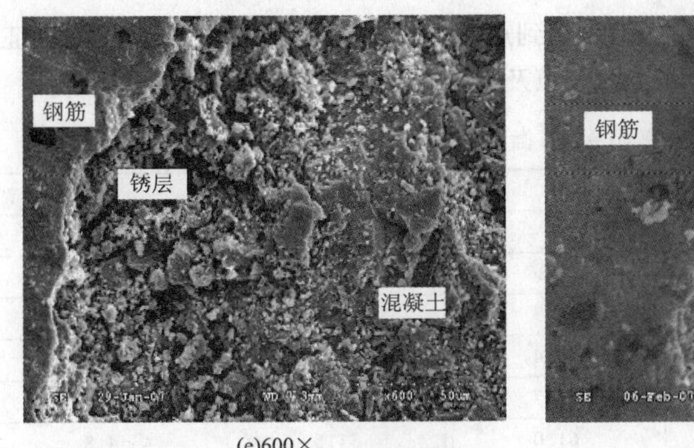

(e)600×　　(f)3000×

CorExp－3(3 个月)

(g)600×　　(h)3000×

CorExp－4(4 个月)

图 6—63　试件横断面钢筋锈蚀层的 SEM 图

根据电子探针检测结果,图 6—65 表示了钢筋/混凝土界面不同位置的“混凝土与铁锈的混合层”的化学成分,分别表示了从钢筋(1 点)逐渐通过界面区到达混凝土(6 点)的

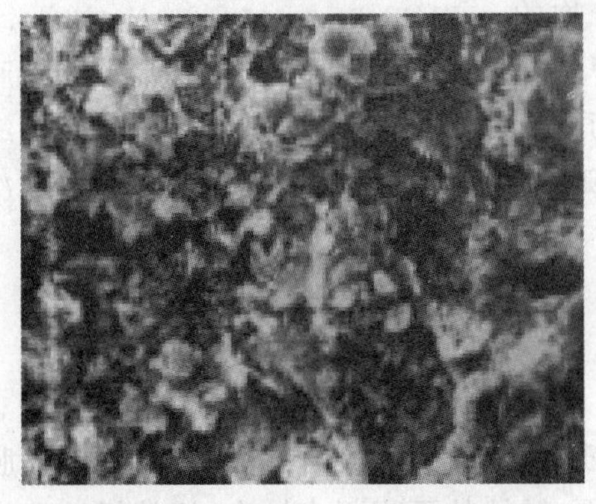

图 6—64　水泥凝胶体的 SEM 图(3 000 ×)

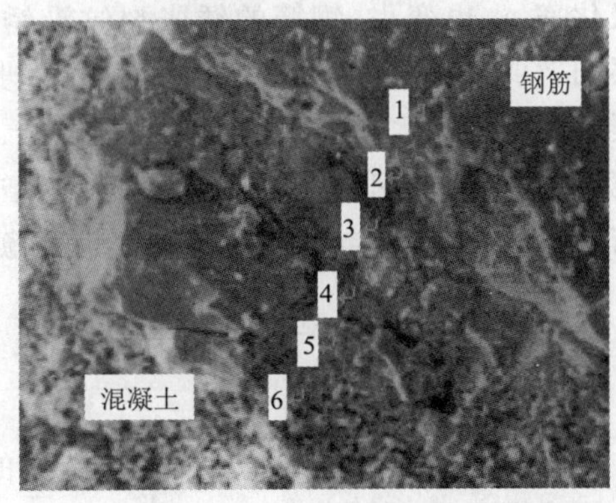

图 6—65　CorExp－2 测区 SEM 照片(900 倍)

化学成分变化。由表6—10可见,根据点2到点5检测数据,铁元素成分逐渐减少,证实了钢筋表面铁锈物向混凝土内扩散的过程以及钢筋/混凝土界面区逐渐密实的过程。

表6—10　CorExp-2各微区检出元素的相对含量

微区编号	Fe	Ca	Si	K
1	100.0			
2	88.9	4.2	4.9	1.0
3	74.2	14.3	6.3	3.2
4	34.8	43.4	14.4	6.4
5	18.0	44.7	31.2	4.1
6	1.7	61.0	31.5	4.8

钢筋-混凝土界面区的逐渐密实使混凝土孔隙中的气体通道被堵塞,氧气在混凝土中的扩散速率减慢,阴极极化率 p_c 增大;同样,由文献[38],钢筋的锈层结构分为内外两层,外锈层结构疏松,而内层结构致密,与钢筋基体紧密相连。致密的内锈层使钢筋锈蚀的阳极反应过程(水化铁离子的传质过程)受阻,在紧靠钢筋表面的溶液层中的离子浓度可以达到较高的数值,反应中形成的不可溶氧化物可能附着于钢筋表面,从而阻碍阳极反应,进而限制锈蚀速率。

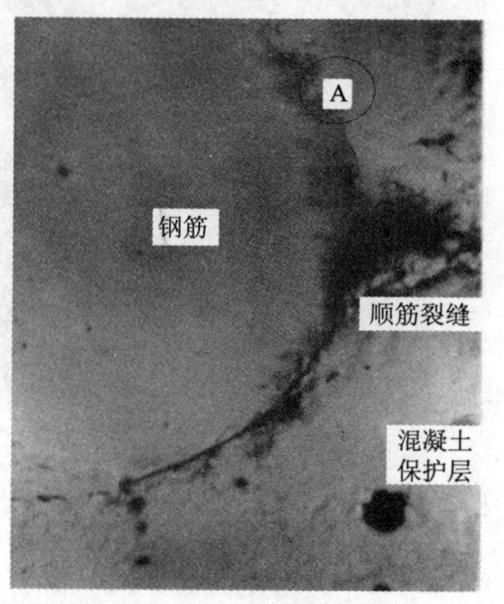

图6—66　锈蚀钢筋混凝土试件锈胀顺筋裂缝及其扩展的SEM图(CorExp-5(5个月))(10×)

3)锈胀开裂后锈蚀引起的钢筋与混凝土界面区变化

胀裂之初,在恒温恒湿条件下,钢筋表面锈蚀层的微环境不会马上产生明显的变化,因而胀裂前后,钢筋的锈蚀速率没有明显的突变。但由于锈蚀层受到扰动,混凝土对钢筋的握裹力受到削弱,原来紧密的锈蚀层得到释放,阳极反应的阻力—阳极极化率 p_a 也变小,钢筋的锈胀裂纹沿锈蚀产物的层间薄弱区域向内扩展,锈蚀面积进一步扩大(如图6—66和图6—67所示),且胀裂之后,空气、水和侵蚀介质的通道形成,因而,随着锈蚀龄期的延长,钢筋顺筋裂缝宽度不断增大,钢筋腐蚀电流强度逐渐增大,随着钢筋表面锈蚀层不断发展和再一次密实,钢筋的腐蚀电流强度再一次趋于稳定。

6.7.3　钢筋锈蚀速率时变机理分析

1)锈蚀初期的上升阶段

对于混凝土碳化或氯盐外侵所造成的钢筋锈蚀,由于混凝土的非匀质性,钢筋脱钝从一点开始,锈蚀麻点逐渐增多,并由点及面,锈蚀的面积逐步扩大,钢筋锈蚀速率从脱钝开始首先经历一个上升阶段,直至锈蚀面积基本稳定。

(a)300×　(b)600×　(c)1500×　(d)4000×

图 6—67　A 区域(图 6—66 内)放大图

2)锈蚀层形成的下降阶段

随着钢筋锈蚀的发生和发展,原有的疏松、孔隙率高的钢筋与混凝土界面层逐渐形成了致密的"混凝土与铁锈混合层"。锈蚀层的逐渐形成和密实不仅为氧气扩散到阴极表面起了阻碍作用;同时密实的锈蚀层又将阻碍锈蚀反应物质和锈蚀产物的传输,从而抑制了混凝土中锈蚀钢筋的阳极反应过程;由此导致了钢筋锈蚀速率下降。

3)钢筋锈蚀速率的平稳发展阶段

锈蚀速率下降到一定程度,锈蚀反应的速率与离子的传输速率、锈蚀反应的耗氧速率与外部环境的供氧速率达到平衡,锈蚀反应即平稳发展,在混凝土锈胀开裂前,如果其他环境因素条件不变,此阶段钢筋的锈蚀速率间基本保持在一个水平上。

4)锈胀开裂后的钢筋锈蚀速率的上升阶段

由于钢筋锈蚀的膨胀作用,混凝土保护层的拉应力不断增大,以致开裂。锈胀开裂导致紧密的锈蚀层得到应力释放,为氧气和水分的传输提供了新的通道,供氧速率大于耗氧速率,锈蚀反应加快;随锈胀裂缝宽度的增大,钢筋锈蚀速率会有一个不断增大的过程。

在锈胀开裂后期,锈蚀产物不断往裂缝中充填,同时积聚在钢筋表面,到一定程度,锈蚀产物在裂缝中的填充和在钢筋表面的积聚使得氧气和水分的传输又受到阻滞。初步研究表明:在锈胀开裂后期,钢筋锈蚀速率增大速率逐趋平稳,甚至还会发生下降趋势;锈胀开裂后期钢筋时变过程尚有待进一步深入研究。

6.8 钢筋锈蚀速率时变计算模型

6.8.1 时间效应和环境温湿度对阳阴极反应 Tafel 斜率的影响

混凝土中钢筋的锈蚀速率可以通过式(6—80)计算。在实际自然环境中影响钢筋锈蚀速率变化的因素较多,不仅包含时间效应的因素,而且还受到环境温度和湿度的影响,这些因素通过影响公式中某些参数的变化从而决定钢筋锈蚀速率的大小。

通过式(6—73)、(6—74)可见,Tafel 斜率 β_a 和 β_c 随环境温度 T 线形变化,而 $i_{0,a}$ 和 $i_{0,c}$ 随环境温度 T 指数变化。由于公式中的温度 T 为绝对温度,所以温度变化对其影响较小(比如从 20℃($T=293$K)提高到 30℃($T=303$K),β_a 和 β_c 均约提高了 3%)。但是温度变化对 $i_{0,a}$ 和 $i_{0,c}$ 依然影响很大(比如从 20℃($T=293$K)提高到 30℃($T=303$K),$i_{0,a}$ 和 $i_{0,c}$ 约提高了 3 倍)。表 6—11 为中国矿业大学测定的 Tafel 斜率 β_a 和 β_c 随环境温度 T 和混凝土孔隙水饱和度的变化。从表中可以明显看出,温度对 β_a 和 β_c 影响并不明显(这和 Kriksunov[240] 的实验结果是一致的),而孔隙水饱和度对 β_a 和 β_c 影响很大。

表 6—11 环境温度和混凝土孔隙水饱和度对 β_a 和 β_c 的影响

温度	试件	孔隙水饱和度(%)	β_a	β_c	I_{corr}
20℃	试件 1	98.95	518	366	6.88
	试件 2	99.12	513	361	6.96
40℃	试件 1	98.2	549	387	10.52
	试件 2	98.58	545	385	10.79
20℃	试件 1	70.2	895	511	1.28
	试件 2	71.75	808	561	1.66
40℃	试件 1	70.83	871	558	2.92
	试件 2	72.07	793	524	3.18

另外从公式(6—80)可以看出,由于 β_a 和 β_c 均随环境的温度 T 线性变化,所以 $\beta_a/(\beta_a+\beta_c)$ 和 $\beta_c/(\beta_a+\beta_c)$ 几乎不随环境的温度 T 变化而变化。所以,可以初步推断,在环境的温度 T、混凝土孔隙水饱和度 PS(环境相对湿度 RH)和时间 t 这三个影响因素中,环境的温度 T 对 β_a 和 β_c 随的影响相对较小。

从以上分析可以看出,温度主要影响 $i_{0,a}$ 和 $i_{0,c}$ 的大小,而时间效应和环境湿度则主要影响锈蚀阻力——阳阴极反应的 Tafel 斜率 β_a 和 β_c 的大小[154]。由于外部环境相对湿度的变化是通过引起混凝土中液态水含量的变化,进而影响阳阴极反应的 Tafel 斜率 β_a 和 β_c 的大小,混凝土中液态水含量一般用混凝土孔隙水饱和度表示,中国矿业大学通过试验研究了阳阴极反应的 Tafel 斜率 β_a 和 β_c 随混凝土孔隙水饱和度及锈蚀时间的变化规律。

1)试验方案设计

制作氯盐外侵钢筋混凝土试件 3 组,试件编号及分组见表 6—12。第 1 组试件放于恒温恒湿箱中加速锈蚀,研究阳阴极反应 Tafel 斜率 β_a 和 β_c 的时变模型。试验过程每隔 10 ~ 14 d 测定钢筋锈蚀速率 I_{corr}、阳阴极反应 Tafel 斜率 β_a 和 β_c 各一次,直至试件开裂后的锈蚀速率达到相对平稳。

第 2 组、第 3 组试件分别于锈蚀之初(第一阶段——钢筋锈蚀速率下降段的起点)和自然锈蚀 2 年后(第二阶段——钢筋锈蚀速率平稳段)的锈蚀阶段,经饱水后,放入干燥皿中恒温快速干燥,测定干燥过程中钢筋的腐蚀电流 I_{corr} 和阳阴极反应的 Tafel 斜率 β_a 和 β_c 随混凝土孔隙水饱和度的变化规律。

表 6—12 试验试件统计

试验顺序	试件编号	锈蚀诱因	温度(℃)	所处锈蚀阶段	初始含水状态	试验条件	试验目的
第 1 批	F1 F2 F3			从钢筋脱钝至锈胀开裂的全过程	和环境(相对湿度为 90% ± 5%)达到平衡	恒温恒湿	β_a 和 β_c 的时变规律
第 2 批	G1 G2 G3	W(NaCl) = 10% 溶液浸泡	25 ± 1	锈蚀之初(第一阶段——下降段的起点)	饱水	由饱水到干燥	锈蚀之初,β_a 和 β_c 随混凝土孔隙水饱和度的变化规律
第 3 批	H1 H2 H3			自然锈蚀 2 年(第二阶段——平稳段)	饱水	由饱水到干燥	锈蚀平稳阶段,β_a 和 β_c 随混凝土孔隙水饱和度的变化规律

2)时间效应对阳阴极反应 Tafel 斜率的影响

由第一组试件测得钢筋锈蚀速率 I_{corr}、阳阴极 Tafel 斜率的经时变化如图6—68 ~ 图 6—70。

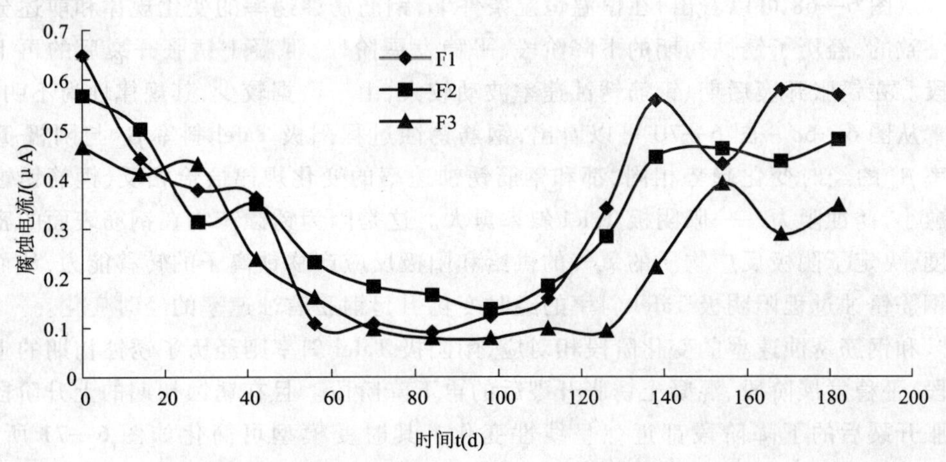

图 6—68 部分钢筋腐蚀电流强度的时变过程

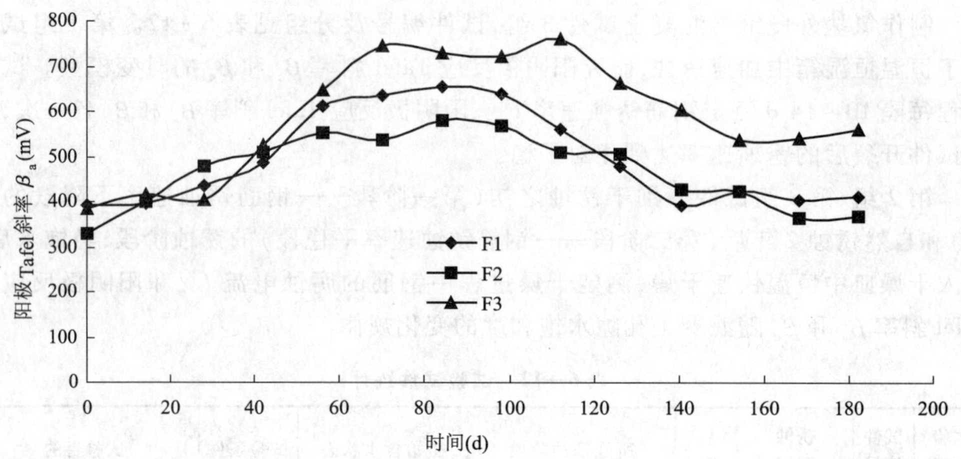

图 6—69　部分钢筋锈蚀阳极 Tafel 斜率 β_a 的时变过程

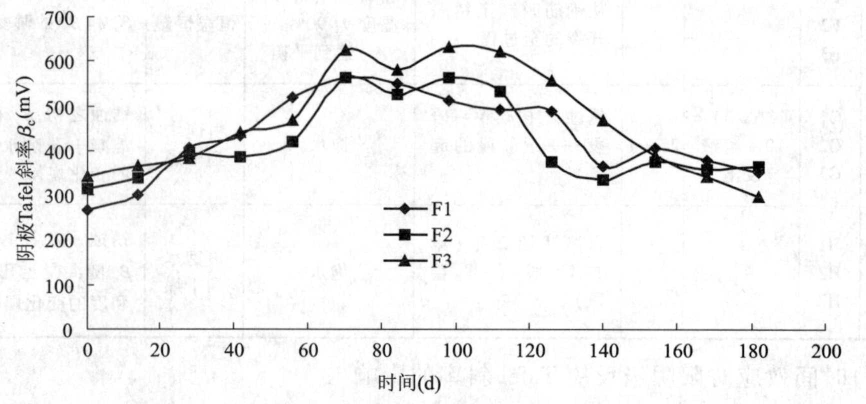

图 6—70　部分钢筋锈蚀阴极 Tafel 斜率 β_c 的时变过程

从图 6—68 可以看出，在恒温恒湿条件下，钢筋锈蚀速率的变化规律和前述分析是一致的，经历了锈蚀初期的下降阶段、平稳发展阶段、混凝土锈胀开裂后的再上升阶段。在锈胀开裂后期，钢筋锈蚀速率波动较大，由于数据较少，其规律性尚不明显。

从图 6—68 ~ 图 6—70 可以看出，钢筋锈蚀过程阳极 Tafel 斜率 β_a 与阴极 Tafel 斜率 β_c 的经时变化趋势相同，都和钢筋锈蚀速率的变化规律恰恰相反，钢筋锈蚀速率愈小，锈蚀阻力——阳阴极 Tafel 斜率愈大。这是因为锈蚀产物在钢筋表面的密实程度，决定了阴极反应物质的氧气的供给和阳极反应产物铁离子的转移能力，从而通过钢筋锈蚀过程阳阴极 Tafel 斜率的经时变化引起钢筋锈蚀速率的经时变化。

和钢筋锈蚀速率的变化阶段相对应，阳阴极 Tafel 斜率则经历了锈蚀初期的上升阶段、平稳发展阶段、混凝土锈胀开裂后的再下降阶段。且在锈蚀初期的上升阶段和锈胀开裂后的下降阶段都近似呈线性变化。其时变模型可简化如图 6—71 所示。β_0、β_1、β_2 分别表示开始锈蚀、平稳发展阶段和开裂后下降末端所对应的锈蚀 Tafel 斜率。这样，恒温恒湿条件下，钢筋锈蚀 Tafel 斜率的时变数学模型可表示为

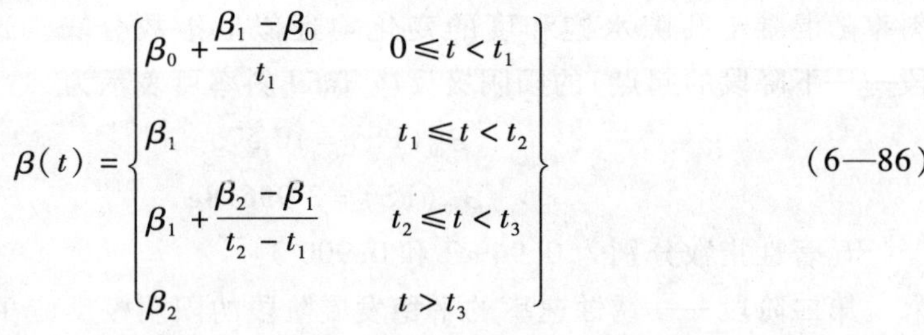

$$\beta(t)=\begin{cases}\beta_0+\dfrac{\beta_1-\beta_0}{t_1} & 0\leqslant t<t_1\\ \beta_1 & t_1\leqslant t<t_2\\ \beta_1+\dfrac{\beta_2-\beta_1}{t_2-t_1} & t_2\leqslant t<t_3\\ \beta_2 & t>t_3\end{cases} \tag{6—86}$$

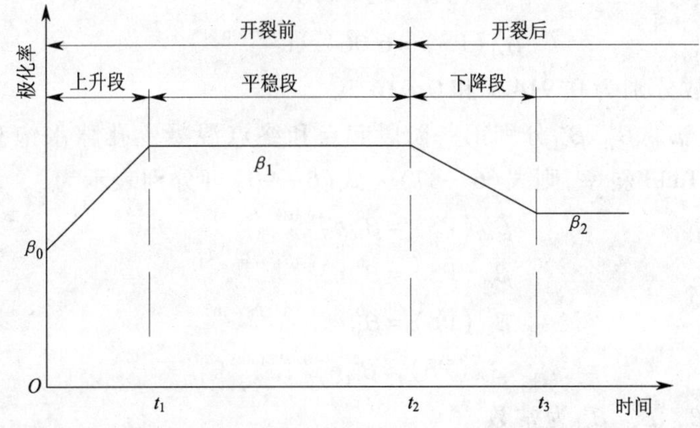

图 6—71　钢筋锈蚀 Tafel 斜率的时变过程阶段划分

3）混凝土孔隙水饱和度对阳阴极反应的 Tafel 斜率的影响

第二批试件 G1、G2、G3 在混凝土孔隙水饱和度为 70% 时的阳阴极反应 Tafel 斜率 β_a 和 β_c 分别为 680 mV 和 560 mV、750 mV 和 510 mV、745 mV 和 518 mV，其平均值分别为 725 mV 和 530 mV。依次将第二批和第三批试件在不同混凝土孔隙水饱和度的阳阴极反应 Tafel 斜率 β_a 和 β_c 取平均，经数据回归分析可以阳阴极反应 Tafel 斜率随混凝土孔隙水饱和度的变化，如图 6—72。从图中可以看出，阳阴极反应 Tafel

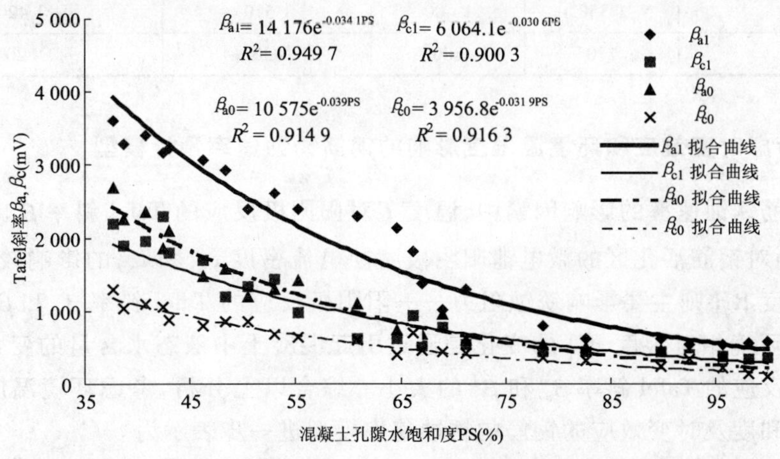

图 6—72　混凝土中钢筋锈蚀阳阴极反应 Tafel 斜率变化的回归分析

斜率随混凝土孔隙水饱和度的变化均近似呈指数分布。这样,锈蚀之初(第一阶段——下降段的起点)的阳阴极反应 Tafel 斜率可表示为

$$\beta_{a0}(\mathrm{PS}) = 10\ 575e^{-0.039\mathrm{PS}} \tag{6—87}$$

$$\beta_{c0}(\mathrm{PS}) = 3\ 956.8e^{-0.0319\mathrm{PS}} \tag{6—88}$$

显著性指数分别为 0.949 7 和 0.900 3。

第二阶段——锈蚀速率的平稳发展阶段的阳阴极反应 Tafel 斜率可表示为

$$\beta_{a1}(\mathrm{PS}) = 14\ 176e^{-0.034\mathrm{PS}} \tag{6—89}$$

$$\beta_{c1}(\mathrm{PS}) = 6\ 064.1e^{-0.030\ 6\mathrm{PS}} \tag{6—90}$$

显著性指数分别为 0.914 9 和 0.916 3。

如果令 β_{a0}^0、β_{c0}^0、β_{a1}^0、β_{c1}^0 分别第一阶段起点和终点混凝土孔隙水饱和度为 70% 时的阳阴极反应 Tafel 斜率,则式(6—87) ~ 式(6—90)可分别表示为

$$\beta_{a0}(\mathrm{PS}) = \beta_{a0}^0 e^{-0.039(\mathrm{PS}-70)} \tag{6—91}$$

$$\beta_{c0}(\mathrm{PS}) = \beta_{c0}^0 e^{-0.031\ 9(\mathrm{PS}-70)} \tag{6—92}$$

$$\beta_{a1}(\mathrm{PS}) = \beta_{a1}^0 e^{-0.034(\mathrm{PS}-70)} \tag{6—93}$$

$$\beta_{c1}(\mathrm{PS}) = \beta_{c1}^0 e^{-0.030\ 6(\mathrm{PS}-70)} \tag{6—94}$$

式中,β_{a0}^0、β_{c0}^0、β_{a1}^0、β_{c1}^0 为常数。

由图 6—72 可得混凝土孔隙水饱和度为 70% 时的阳阴极反应 Tafel 斜率如表 6—13,从表中取其平均值,则 $\beta_{a0}^0 = 725$,$\beta_{c0}^0 = 530$,$\beta_{a1}^0 = 1420$,$\beta_{c1}^0 = 820$。

表 6—13 混凝土孔隙水饱和度为 70% 时的阳阴极反应 Tafel 斜率

试件	G1	G2	G3	平均值
β_{a0}^0	680	750	745	725
β_{c0}^0	560	510	518	530
试件	H1	H2	H3	平均值
β_{a1}^0	1 350	1 400	1 510	1 420
β_{c1}^0	770	860	830	820

6.8.2 考虑时变效应和环境温湿度影响的钢筋锈蚀速率预计模型

在钢筋锈蚀速率的影响因素中,温度 T 对阳阴极反应的 Tafel 斜率 β_a 和 β_c 的影响较小,而对钢筋活化区的微电池阳阴极腐蚀电流密度 $i_{0,a}$ 和 $i_{0,c}$ 的影响较大;时间 t 和环境湿度 RH 则主要影响锈蚀阻力——阳阴极反应的 Tafel 斜率 β_a 和 β_c 的大小。由于外部环境相对湿度 RH 的变化是通过引起混凝土中液态水含量的变化,进而影响阳阴极反应的 Tafel 斜率 β_a 和 β_c 的大小。综合以上分析,考虑环境温度、混凝土孔隙水饱和度及时变效应的钢筋的锈蚀速率模型进一步表示为

$$I_{\mathrm{corr(A)}} = (i_{0,a}S_{\mathrm{ha}})^{\frac{\beta_a(t,\mathrm{PS})}{\beta_a(t,\mathrm{PS})+\beta_c(t,\mathrm{PS})}}(i_{0,c}S_{\mathrm{hc}})^{\frac{\beta_c(t,\mathrm{PS})}{\beta_a(t,\mathrm{PS})+\beta_c(t,\mathrm{PS})}}e^{\frac{E_{e,c}-E_{e,a}}{\beta_a(t,\mathrm{PS})+\beta_c(t,\mathrm{PS})}} \tag{6—95}$$

$$i_{0,a} = i_{0,a}^{0} e^{9\,600\left(\frac{1}{298} - \frac{1}{T}\right)}$$

$$i_{0,c} = i_{0,c}^{0} e^{2\,667\left(\frac{1}{T} - \frac{1}{298}\right)}$$

$$\beta(t,PS) = \begin{cases} \beta_0(PS) + \dfrac{\beta_1(PS) - \beta_0(PS)}{t_1} & 0 \leqslant t < t_1 \\ \beta_1(PS) & t_1 \leqslant t < t_2 \\ \beta_0(PS) + \dfrac{\beta_2(PS) - \beta_1(PS)}{t_2 - t_1} & t_2 \leqslant t < t_3 \\ \beta_2(PS) & t > t_3 \end{cases} \tag{6—96}$$

$$\beta_{a1}(PS) = \beta_{a1}^{0} e^{-0.034(PS-70)}$$

$$\beta_{c1}(PS) = \beta_{c1}^{0} e^{-0.030\,6(PS-70)}$$

$$\beta_{a0}(PS) = \beta_{a0}^{0} e^{-0.039(PS-70)}$$

$$\beta_{c0}(PS) = \beta_{c0}^{0} e^{-0.031\,9(PS-70)}$$

6.9 小　　结

混凝土中钢筋的锈蚀是一个非常复杂的电化学过程,影响混凝土内钢筋锈蚀速率的因素很多,而且混凝土内钢筋锈蚀又是一个缓慢过程,所以建立混凝土内钢筋锈蚀速率模型是非常艰巨的工作。国内外学者对混凝土内钢筋的锈蚀过程做了大量相关研究,并建立了一些钢筋腐蚀速率模型,然而这些模型大都是建立假定混凝土中钢筋的整个腐蚀行为受氧扩散控制的基础上的,这种假定的正确和合理性直接决定了由此建立的理论模型的适用程度。

本章深入研究了混凝土中钢筋的锈蚀形态和锈蚀机理以及混凝土内钢筋锈蚀过程控制因素,得出了混凝土内钢筋的锈蚀过程受阴阳极反应混合控制的结论,并在此基础上建立了钢筋锈蚀速率的基本预计模型,然后通过模型中有关参数的分析,研究锈蚀层的形成和发展以及环境温湿度变化对钢筋锈蚀速率的影响规律,提出了混凝土内钢筋锈蚀速率的时变预计模型。主要研究成果如下:

(1)分析了混凝土中钢筋锈蚀的宏观腐蚀电池和微观腐蚀电池的腐蚀机理。在面向混凝土保护层一侧钢筋的活化区内发生微电池腐蚀,在钢筋的内外表面之间形成宏观腐蚀电流 I_g,钢筋的锈蚀由钢筋活化区的微电池腐蚀和钢筋内外表面间的宏电池腐蚀共同组成。I_g 的存在不仅加速了钢筋外表面的锈蚀,而且对钢筋内表面形成了阴极保护,抑制了钢筋内表面的锈蚀。

(2)分析了混凝土中钢筋锈蚀过程控制因素,并通过试验测定了钢筋锈蚀电流随环境相对湿度 RH(或混凝土孔隙饱和度 PS)的变化规律,从而证明在一般大气环境下混凝土中钢筋锈蚀过程并非由氧扩散的阴极反应所控制,而是由阴阳极反应共同控制。并通过腐蚀极化曲线图对混凝土中钢筋锈蚀过程控制因素进行了机理分析,为建立合理的理论模型奠定了基础。

(3)分析了恒定气候环境条件下混凝土内钢筋锈蚀速率的时变过程。研究表明,钢筋锈蚀速率的时变过程阶段可划分为锈蚀初期的上升阶段;下降阶段;开裂前的平稳发展阶段;混凝土锈胀开裂初期的再上升阶段;开裂后的平稳发展阶段。钢筋表面锈蚀层(混凝土与铁锈物混合层)的形成与发展是钢筋锈蚀速率发生变化的主要原因。

(4)根据电化学基本原理,建立了考虑时变效应和环境温湿度影响的阴阳极反应共同控制的钢筋锈蚀速率预计模型。

混凝土内钢筋锈蚀速率的时变性使原本复杂的钢筋锈蚀问题变得更加复杂,本章对恒定气候环境条件下混凝土内钢筋锈蚀速率时变过程的几个阶段进行了定性分析,钢筋锈蚀全过程时变模式关键时间点及对应的相关参数的定量计算还有待于进一步研究。

第7章　加速试验方法对钢筋混凝土退化过程的影响

研究钢筋锈蚀造成的钢筋混凝土耐久性退化是基于全寿命钢筋混凝土设计理论的基础问题。钢筋混凝土老化是一个长期缓慢的过程,对实际环境下钢筋混凝土老化过程的研究存在试验周期长、环境条件变化不定等问题。钢筋混凝土加速老化试验方法一直是钢筋混凝土耐久性研究的主要方法,虽然混凝土结构的耐久性研究已经开展了近半个世纪,但至今关于耐久性试验方法的研究仍没有取得重大的突破,以致目前还没有混凝土耐久性试验方法的统一标准。不同国家和单位采取不同或不尽相同的耐久性试验条件和方法,从而使试验结果不具备可比性,阻碍了混凝土结构耐久性研究的进一步发展。

人工气候环境试验法可以模拟大气环境对钢筋混凝土耐久性的劣化作用,其模拟效果比其他方法更接近工程实际,已成为混凝土结构耐久性试验的重要技术手段。但是由于人工气候与自然气候环境下钢筋混凝土老化速率和老化所经历的时间差别很大,两种气候环境下混凝土碳化、氯离子传输及钢筋腐蚀过程的差别及其相关性是人们普遍关心的问题。

本章以金属腐蚀电化学基本理论和混凝土材料学为基础,利用人工气候环境实验室模拟自然气候环境,采取微观和宏观相结合的研究手段,研究人工气候环境与实际大气使用环境下,钢筋混凝土微观变化过程差异,研究两种环境下混凝土碳化、氯离子传输以及混凝土中钢筋腐蚀过程的相关性。尤其通过外通直流电、人工气候环境等加速试验条件和实际自然环境条件下,混凝土中钢筋表面锈蚀特征与分布规律、锈蚀层的细观结构、物相组成及体积膨胀倍数、锈蚀钢筋力学性能的对比分析,进行人工气候环境加速与实际自然环境条件下混凝土内钢筋锈胀效应的相关性研究。

利用人工气候环境实验室模拟自然气候环境,采取微观和宏观相结合的研究手段,研究人工气候环境与实际大气使用环境下,钢筋混凝土微观变化过程差异,研究两种环境下混凝土碳化、氯离子传输以及混凝土中钢筋腐蚀过程的相关性。尤其通过外通直流电、人工气候环境等加速试验条件和实际自然环境条件下,混凝土中钢筋表面锈蚀特征与分布规律、锈蚀层的细观结构、物相组成及体积膨胀倍数、锈蚀钢筋力学性能的对比分析,进行人工气候环境加速与实际自然环境条件下混凝土内钢筋锈胀效应的相关性研究。

7.1　研究混凝土内钢筋加速锈蚀的目的与途径

7.1.1　混凝土内钢筋加速锈蚀试验方法的重要性

由于钢筋混凝土耐久性能的退化而造成巨大的经济损失正在引起各国的高度重

视,钢筋混凝土耐久性问题目前已成为混凝土研究领域的一个重点研究方向。钢筋混凝土耐久性试验是研究混凝土结构耐久性的主要手段,如何在模拟实验中获得理想的锈蚀效果,对于实验数据的可靠性是一个必须解决的首要问题。在其他条件相对稳定的前提下,实验结果的可信度直接取决于钢筋锈蚀的真实程度,因此寻求行之有效的加速锈蚀方法是获得正确试验结果的关键。

目前,钢筋混凝土耐久性退化试验方法大体可分为真实试验法和模拟试验法两大类。真实试验法一般是将试件置于结构构件真实工作的自然气候环境中进行自然退化发展[241,242],或采用真实结构中的耐久性已退化的构件[243,244],从而试验测量钢筋混凝土的耐久性能。由于在自然气候环境中混凝土中钢筋锈蚀所造成的钢筋混凝土结构耐久性退化是一个比较缓慢的过程,往往需要几年、几十年甚至上百年的时间,钢筋的加速锈蚀试验方法一直是混凝土中钢筋锈蚀研究的主要方法,进行钢筋混凝土耐久性加速试验方法的研究对于缩短钢筋混凝土结构耐久性试验周期、降低试验成本、提高试验数据的可靠性等方面具有重要意义。

7.1.2 混凝土内钢筋加速锈蚀试验方法

"试验室加速锈蚀法"是采取各种人工的方法对钢筋混凝土构件进行耐久性性能的加速退化,当达到所需的退化程度后,即可进行耐久性实验。

该方法的优点是:试验的可控制程度高,可以人为控制主要影响因素,剔除次要影响因素,同时构件的劣化发展程度也可以很方便地控制;试验的周期可以较大缩短,试验的成本、难度与复杂程度可以不同程度地降低;同时试验的可重复性高,可以反复进行。所以试验室加速锈蚀试验被多数科研工作者所采用。

缺点是:选择恰当合适的模拟方法很重要,如果方法选择不当,则会导致钢筋混凝土构件在模拟试验条件中与在真实使用环境中的劣化发展机理可能有很大差异,同时模拟环境与实际环境存在一个相似关系,如何通过模拟环境的试验结果来推理实际环境的使用情况还有待进一步研究,需要对模拟试验的结果与真实试验的结果建立一个正确的对应关系。

目前,在锈蚀钢筋混凝土结构力学性能的研究中,大多通过内掺氯盐[245,246]、外通直流电[247~250]、人工气候加速环境[251,252]等加速试验方法,来研究实际环境中钢筋混凝土结构的力学退化性能。由于不同条件下混凝土中钢筋的锈蚀过程和锈蚀机理不同,钢筋的锈蚀特征也有差别,而不同的锈蚀特征必将影响锈蚀钢筋混凝土结构力学性能和混凝土中钢筋的锈蚀速率。因此,加速试验模拟实际构件中钢筋锈蚀的可行性一直是人们普遍关心的问题。选择恰当合理的实验方法对于获得正确合理的实验结果、降低试验成本、缩短试验周期具有重要的意义。

1)传统的混凝土内钢筋加速锈蚀试验方法——通电法

国内外在混凝土内钢筋加速锈蚀模拟试验中,长期以来大多采用直流电通电方法作为混凝土内钢筋锈蚀的主要技术手段。"通电法"也称恒电流法,是利用盐溶液作为锈蚀介质，根据电化学基本原理，将待锈蚀构件放入一定浓度的盐溶液中。待锈蚀钢筋作阳极，另取一根金属杆作阴极，然后通入恒定的直流电，使钢筋产生锈蚀的方法。

其优点是方法简单，钢筋锈蚀速率快，实验时间可以大大缩短，曾被一些研究者所采用。但此种方法存在的问题也非常明显：由钢筋锈蚀的电化学原理可知，通电法锈蚀时整根待锈蚀钢筋完全作阳极，钢筋的锈蚀较为均匀，与实际结构中的锈蚀情况有较大差异，所得实验结果不能令人满意；而且两电极之间存在一定的距离，另取的一个金属杆位于试件的外部，这样在锈蚀发生时，由于电荷的吸引作用，必然引起铁锈向阴极的移动，故引起铁锈快速的、大量的外渗，这与真实情况不符。而在自然情况下钢筋的锈蚀为微电池腐蚀和宏电池腐蚀并存，二者所占的比重在不同的条件下有所不同，无论是微电池腐蚀和宏电池腐蚀，腐蚀的发生均是在钢筋表面，这样铁锈的生成也积聚在钢筋的表面，随着铁锈生成的增多，产生膨胀应力，导致混凝土保护层开裂，进而铁锈渗出。由于通电法导致的混凝土内钢筋锈蚀与真实锈蚀的差异较大。

中国矿业大学通过人工气候环境、自然气候环境和直流电通电方法导致混凝土内钢筋锈蚀的电化学过程和钢筋锈蚀特征的比较研究[253]，验证了人工气候环境与自然气候环境下，混凝土内钢筋锈蚀的电化学过程、钢筋锈蚀特征和分布规律相同，也就是通过人工气候环境可以模拟自然气候环境下混凝土结构由于钢筋锈蚀引起的结构性能退化过程；同时也证明了直流电通电方法与气候环境下钢筋锈蚀的电化学过程具有明显差异，从而产生了结构抗力退化的明显差异。

2)混凝土内钢筋加速锈蚀试验方法的新趋向——人工气候方法

人工气候环境模拟试验法是模拟多种人气环境（自然、工业、海洋等）对结构耐久性的劣化作用，根据不同的气候条件加速材料的腐蚀破坏，比如通过提高温度、湿度以及通入腐蚀性的气体或喷洒腐蚀性液体等把钢筋混凝土结构在实际大气环境中的较长的寿命压缩在较短的时间内老化，以达到实验室试验的要求。在此基础上测定钢筋的锈蚀速率，建立锈蚀速率、锈蚀量及结构性能退化模型。这种模拟效果与实际情况比较接近，因此人工气候环境作为混凝土结构耐久性试验的一个重要技术手段，以逐渐被学术界认同[254,255]。很多研究者及单位（中国矿业大学、浙江大学、河海大学、深圳大学等）认识到了人工气候室在耐久性研究方面的适用性和模拟环境的优越性，都投入大量资金建立或改善了人工气候室，并在此基础上开展了广泛的试验研究，取得了丰硕的成果。

人工气候环境加速模拟试验具有试验周期短；试验条件可以严格控制；试验的重现性较好；试验的成本、复杂程度低；试验结果的可靠性较高的优点，成为目前混凝土结构耐久性研究的主要手段。但是只有将人工气候环境模拟试验同自然气候环境试验建立起关系即相关性，那么人工气候环境模拟试验才能真正发挥作用。所谓“相关性”是指通过人工气候环境强化某些气候因素，进行加速老化试验所得的结果和自然气候环境试验的结果之间的相互关系，这种相关关系能反映使用某种人工气候环境方法得出的结果与实际环境或使用环境实际效果之间趋同的能力。这种相关关系一旦建立，不仅可以促进人工气候加速退化试验方法及其结果的应用的发展，而且可以通过相关性的研究即可以利用人工气候加速试验的方法去预测自然气候环境条件下钢筋混凝土结构的使用寿命。

目前在橡胶工业、兵器工业、电子产品领域对人工气候与自然气候的相关性的研究已取得了一定的成果[256-258]。但是关于钢筋混凝土人工气候耐久性退化与自然气候耐久性退化的试验研究尚处于起步阶段，国外尚未系统开展对混凝土结构耐久性试验相关性方面的研究。

7.1.3 人工气候环境简介

人工气候环境模拟试验是在人工气候试验室中通过人工方法模拟自然气候环境（日光、雨淋、温度、湿度、CO_2 等），并且同时加强某一种或几种控制性因素的作用来加速试件耐久性退化的试验方法。因此，该方法又称为人工气候加速退化试验方法。此种方法可以用来模拟普通自然大气环境、恶劣工业大气环境、海洋大气环境等对混凝土结构劣化的作用。比如可以模拟不同温度、湿度等辅助因素对混凝土中钢筋锈蚀发展的影响。在应用人工气候加速退化试验方法时，一般不引入实际条件下并不存在的因素，也不能因为引入加速因素而改变原来实际条件下的耐久性退化机理，因此在加速退化试验中常采用如下措施：适当提高介质中重要组成成分的浓度，如提高 CO_2 的浓度、用喷盐雾的方法模拟海洋大气条件等；增大反应几率和反应速率，如适当提高温度和增大相对湿度；增加发生反应过程的频数，如在变温变湿的试验箱中按规定的程序快速模拟自然中凝雾、结露和蒸发过程，实现多次干湿循环；缩短腐蚀过程的诱导期，如掺入氯盐，提高氯离子的含量。

人工气候加速试验具有试验周期短；试验条件可以严格控制；试验的重现性较好；试验的成本、复杂程度低；试验结果的可靠性较高的优点。因此，这种方法在橡胶工业、兵器工业、电子工业、涂料、金属腐蚀、农业育种等研究领域得到较广泛的应用，已制定了相应的试验规范和标准，并建立了一批综合环境实验室。如武汉通讯电源厂人工气候环境实验室、英国皇家陆军科学研究院车辆环境实验室、美国阿伯丁实验场兵器环境试验设备、法国图鲁兹航空研究中心高空模拟设备、日本大和住宅工业公司大型建筑物环境模拟室、加拿大生产的 Conviron 系列人工气候箱等，这些试验设备一般都包括加热、制冷系统、加湿系统、光照系统、加气系统、控制器等部件，能较好的模拟自然环境的光照、雨雾环境，并进行温湿度、气体浓度的控制。但是，我国在钢筋混凝土耐久性研究领域目前大多数人工加速试验都是在 GBJ 83—85 所规定的碳化箱环境中进行的，此环境要求控制温度、湿度和 CO_2 浓度，控制方法一般是人为手动控制，不能实现自动控制，因此这种碳化箱不能称为综合人工气候环境试验室。中国矿业大学是全国高校中较早建立人工气候环境实验室的学校，在国家自然科学基金项目——钢筋混凝土结构耐久性相似理论研究（50078054）的资助下，已基本建成了能实现温度、湿度、气体浓度自动控制，能模拟雨雾干湿循环、构件应力状态的综合人工气候环境试验室（图 7—1 和图 7—2）。

图 7—1　人工气候室内部环境

图 7—2　人工气候电控柜

7.2　高浓度人工加速碳化和自然条件下混凝土碳化规律研究

混凝土部分碳化区的长度及部分碳化区内混凝土 pH 值的变化规律成为影响钢筋锈蚀速率的一个主要因素,其研究对准确预测钢筋脱钝的时间、钢筋锈蚀的速率以及整个钢筋混凝土构件的寿命具有重要意义。国内外学者对混凝土部分碳化区长度的确定进行大量的研究工作,并得到了丰硕的研究成果[19,259-262]。但这些成果主要是建立在实验室中人工加速碳化的基础上取得的。由于空气中 CO_2 的体积分数很低(一般情况下,其体积分数约为 0.03%,在工业区可能稍高),因而,混凝土碳化常常是一个非常漫长的过程。这样在自然碳化和高浓度加速碳化两种不同的条件下,CO_2 浓度和碳化所经历的时间差别很大。两种方法形成的碳化过程的差别及其相关性是人们普遍关心的问题。

7.2.1　自然和高浓环境混凝土碳化的对比试验研究方案

中国矿业大学在实际工程自然碳化试验的基础上,做相对应的人工碳化试验。采用酸度计测定人工和自然碳化条件下混凝土碳化区的 pH 值的变化规律,并结合 DTA、XRD 等微观测试手段,研究混凝土在人工和自然碳化条件下碳化前后物相变化规律的相关性。

现场自然碳化构件来源于江苏徐州中国矿业大学锅炉房,该锅炉房始建于 1980 年,约在 1998 年房屋构件因混凝土碳化而引起混凝土中钢筋锈胀开裂,2004 年停止使用。经回弹测其一层中柱的抗压强度值为 26.8 MPa,为 C20 混凝土。取该柱的新鲜横断面,用浓度 1% 的酚酞指示剂侧其完全碳化深度约在 20 ~ 35 mm 范围。

人工气候加速碳化试验在中国矿业大学碳化室内进行,试样的分组以及试验条件参数设定如表 7—1。为方便和自然环境进行比较,每隔 5 天,取出试件破型用酚酞指示剂测定其完全碳化深度。直至测得混凝土完全碳化区深度为 24 ~ 30 mm,和现场自然碳化构件碳化深度较为接近,此时停止碳化。从新鲜的混凝土断面凿取混凝土粉末试样,进行混凝土碳化层物相组成的热重和 X 射线衍射分析。由于不同部位混凝土碳化深度的离散性较大,为便于比较,其取样部位和自然环境相对应(即酚酞指示剂变色深度均为 28 mm 的位置),取样方式和自然碳化试样相同。

表 7—1　混凝土配合比及试验气候条件

试件编号	强度等级	混凝土配合比	温度(℃)	相对湿度(%)	CO_2 浓度(%)	碳化时间(d)
A1,A2,A3 X&D	C20	$C:S:G:W=$ 1:0.60:1.30:4.50	20 ±2	70 ±5	20	定期检测直至完全碳化深度与自然环境相同

注:X&D 试样用于混凝土碳化层物相的 X 射线衍射分析和碳化混凝土的热重分析。

7.2.2　碳化混凝土横断面 pH 值变化规律

自然环境和高浓度加速人工气候环境中碳化混凝土 pH 值沿混凝土断面的变化规律如图 7—3 所示,两种情况下混凝土部分碳化区域长度的比较分别如图 7—4 和图 7—5 所示。图中 x_c 为完全碳化区深度。

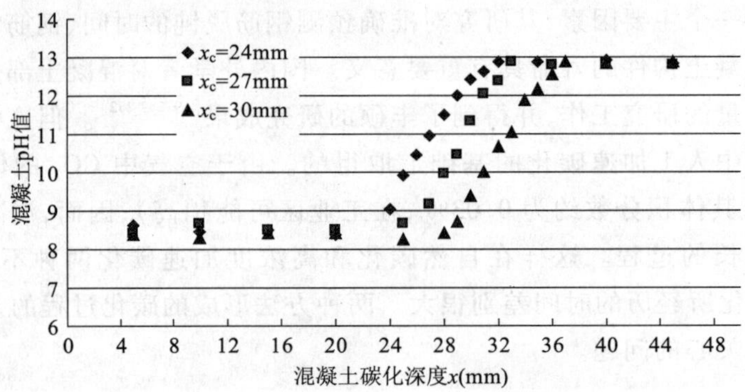

图 7—3　人工加速碳化混凝土 pH 值的分布

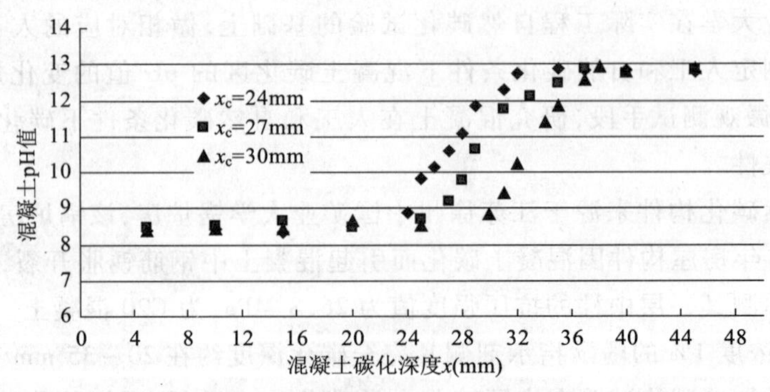

图 7—4　自然碳化混凝土 pH 值的分布

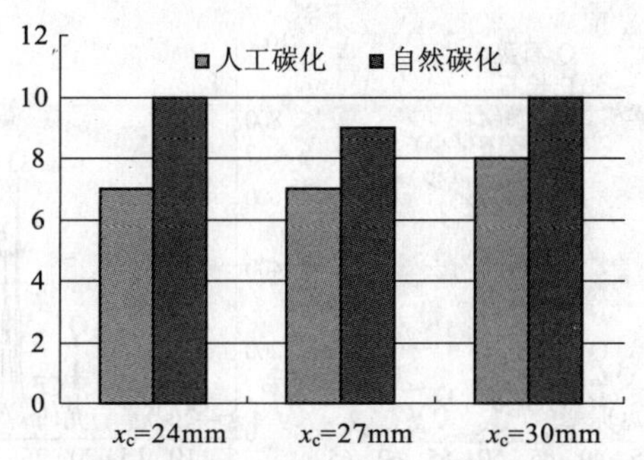

图 7—5　自然碳化和人工加速碳化混凝土中部分碳化区域长度比较

由图 7—3 和图 7—4 可见，自然碳化和人工加速碳化混凝土中，沿混凝土横截面 pH 值的分布都分为完全碳化区、碳化反应区（部分碳化区）和未碳化区三个区域，这和 Parrot[263] 的试验结果是基本一致的。酚酞试剂测定不变色的碳化深度为完全碳化区，pH 值变化的区域为部分碳化区，向内 pH 值较高的稳定区域为未碳化区。在完全碳化区，混凝土的 pH 为 8.3 ~ 8.6，在未碳化区，混凝土的 pH 为 12.8 ~ 13.1。在不同的 CO_2 浓度条件下，pH 值变化曲线的起初阶段都是 pH = 8.3 ~ 8.6 的水平段，而后按近似线性规律逐渐变化到最大值。

对于自然碳化试件，完全碳化深度 x_c 为 24 mm、27 mm 和 30 mm，所对应的部分碳化区域范围分别为 24 ~ 31 mm、27 ~ 35 mm 和 30 ~ 48 mm，部分碳化区的长度基本相同，分别为 7 mm、8 mm 和 8 mm；对于人工加速碳化试件，完全碳化深度 x_c 为 24 mm、27 mm 和 30 mm，所对应的部分碳化区域范围分别为 24 ~ 34 mm、27 ~ 36 mm 和 30 ~ 40 mm，部分碳化区的长度也基本一致，分别为 10 mm、9 mm 和 10 mm。这表明无论是自然碳化还是人工加速碳化，在试件的不同部位，部分碳化区的长度和完全碳化区的长度无关。不同的是，在完全碳化区接近相等的情况下，自然碳化混凝土 pH 值变化的部分碳化区域的范围，略大于高浓度加速碳化范围。

由于自然环境气候条件随白昼、四季的更替及阴晴雨雪的变化而剧烈波动，试验室进行的加速碳化试验和实际自然环境必然存在一定的差异，而且试验室所用的混凝土材料的组成和配比也无法和实际混凝土结构达到完全一致，这些都势必给试验结果带来不利的影响。第三章 3.2 节的研究已经证明，CO_2 浓度对混凝土部分碳化区长度几乎没有影响，而混凝土组成、环境气候条件（大气相对湿度）混凝土部分碳化区长度的影响较大，所以可以断定，人工和自然碳化条件下混凝土部分碳化区长度的差别是环境的温湿度条件的不同以及混凝土材料的差别引起的。

7.2.3　混凝土碳化层物相的 X 射线衍射分析

自然碳化和高浓度加速碳化混凝土不同碳化区域的水泥砂浆试样 X 射线衍射分析的结果如图 7—6 所示。

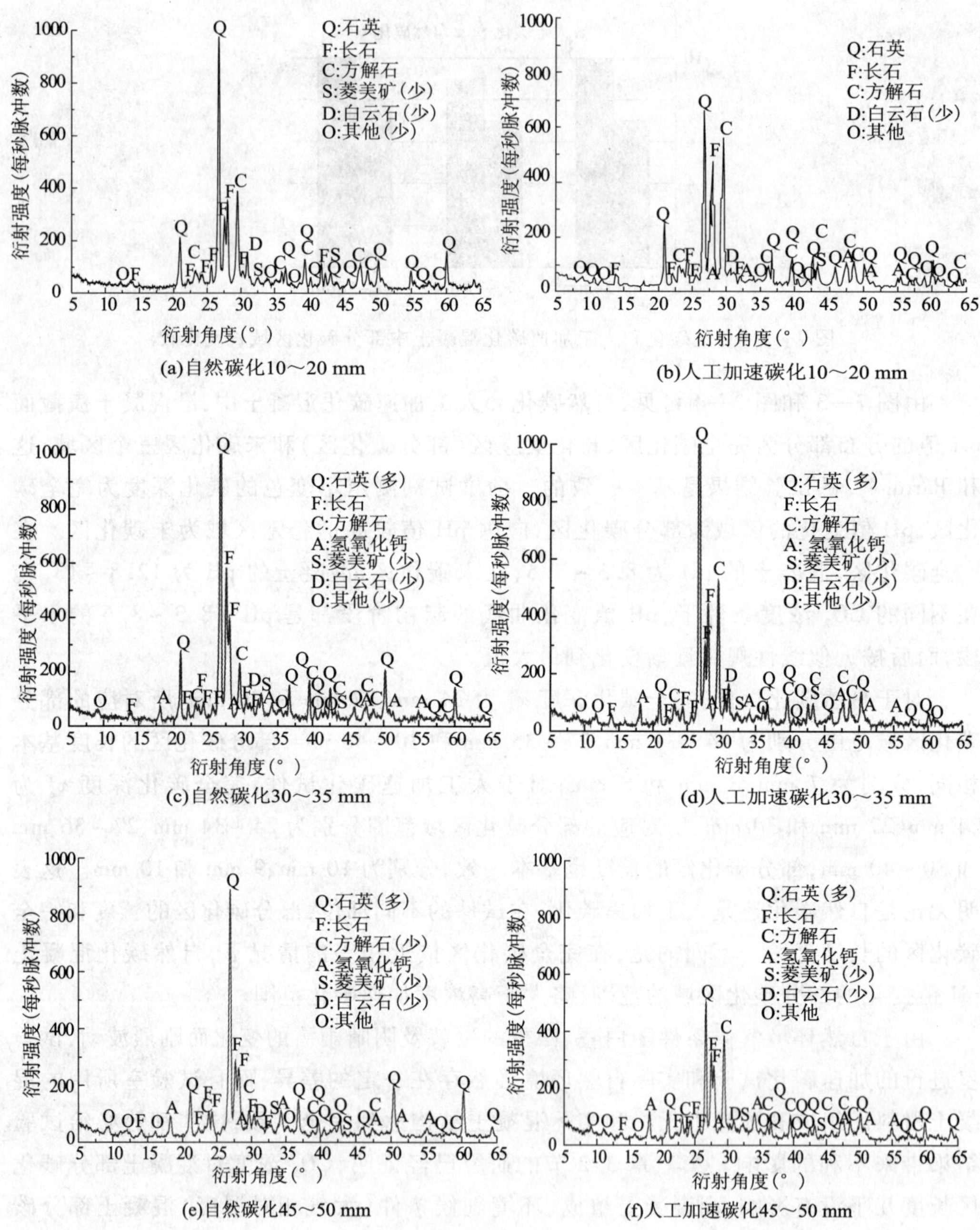

图 7—6　碳化混凝土的 XRD 图

从图 7—6a 和图 7—6b 可以看出，在酚酞指示剂不变色的区域 10 ~ 20 mm，自然碳化和人工加速碳化混凝土碳化层对应区域的物相组成基本相同，其主要物相均为石英(SiO_2)、方解石 $CaCO_3$(3.08、1.926)、长石 $Ca(Al_2Si_2O_8)$(3.250、3.199)和白云石 $MgCa(CO_3)_2$(3.784、2.193)，其中石英(SiO_2)为砂浆中砂子的主要成分，方解石

$CaCO_3$ 和白云石 $MgCa(CO_3)_2$ 是混凝土碳化生成的主要产物,且两种不同条件下碳化产物的 XRD 特征峰强度相似,这表明自然碳化和人工加速碳化混凝土的反应产物相同。另外,两种条件下的该区域均没有碱性成分氢氧化钙 $Ca(OH)_2$(2.643)存在,表明该区域均为碳化反应较为充分的完全碳化区。

从图 7—6c 和图 7—6d 可以看出,在 pH 值变化的区域 30 ~ 35 mm 范围,自然碳化和人工加速碳化混凝土的主要物相也均为石英(SiO_2)、方解石 $CaCO_3$(3.0.8、1.926)、长石 $Ca(Al_2Si_2O_8)$(3.250、3.199)和白云石 $MgCa(CO_3)_2$(3.784、2.193),但是其中尚含有一定的氢氧化钙 $Ca(OH)_2$(2.643)成分,是氢氧化钙 $Ca(OH)_2$ 和方解石 $CaCO_3$ 共存的区域,表明该部分区域为碳化反应正在进行部分碳化区,两种条件下碳化产物的 XRD 特征峰强度相似,这表明自然碳化和人工加速碳化混凝土的碳化反应程度相近。

从图 7—6e 和图 7—6f 可以看出,在向内 pH 值稳定的区域 45 ~ 50 mm 范围,自然碳化和人工加速碳化混凝土的主要物相都为砂子的主成分石英(SiO_2)、水泥的水化产物长石 $Ca(Al_2Si_2O_8)$(3.250、3.199)、白云石 $MgCa(CO_3)_2$(3.784、2.193)和氢氧化钙 $Ca(OH)_2$(2.643)成分。另外,从图 7—15e 和图 7—15f 比较,两种条件下碳化混凝土的物相组成相同,物相的 XRD 特征峰强度相似,这表明在这一区域自然碳化和人工加速碳化混凝土的碳化过程相近。值得注意的是,无论是自然碳化和人工加速碳化,在和部分碳化区紧连的 pH 值较高的稳定区域(45 ~ 50 mm 范围),仍含有一定的碳化产物——方解石 $CaCO_3$(3.0.8、1.926)成分,该区域也是氢氧化钙 $Ca(OH)_2$和方解石 $CaCO_3$ 共存,和 pH 值变化的部分碳化区域不同的是,该部分区域氢氧化钙 $Ca(OH)_2$ 含量高于 pH 值变化的区域,而方解石 $CaCO_3$ 的含量低于 pH 值变化的区域,这部分区域也是碳化反应正在进行的部分碳化区,这和第三章的研究结果是一致的。

从以上分析可以看出,混凝土碳化是由表及里进行的,在酚酞指示剂不变色的区域,没有碱性物质氢氧化钙 $Ca(OH)_2$ 存在,该部分区域为反应充分的完全碳化区;pH 值变化的区域,氢氧化钙 $Ca(OH)_2$ 和方解石 $CaCO_3$ 共存,是碳化反应正在进行部分碳化区;在向内 pH 值稳定的区域,也有方解石 $CaCO_3$ 存在,这部分区域是否也是碳化反应正在进行的部分碳化区。无论是在酚酞指示剂不变色的区域、pH 值变化的区域还是向内 pH 值稳定的区域,自然碳化和人工加速碳化两种不同条件下碳化混凝土的物相组成相同,物相的 XRD 特征峰强度相似,自然碳化和人工加速碳化混凝土的碳化过程是等效的。

7.2.4 碳化混凝土的热重分析

自然碳化和人工加速碳化混凝土的热重曲线和微分热重曲线如图 7—7 所示。以微分热重曲线的峰值确定失重的物质以及失重的起止点,以热重曲线计算失重的百分比,由此可分别按失重比例推出对应的 $CaCO_3$ 和 $Ca(OH)_2$ 的相对含量如表 7—2。

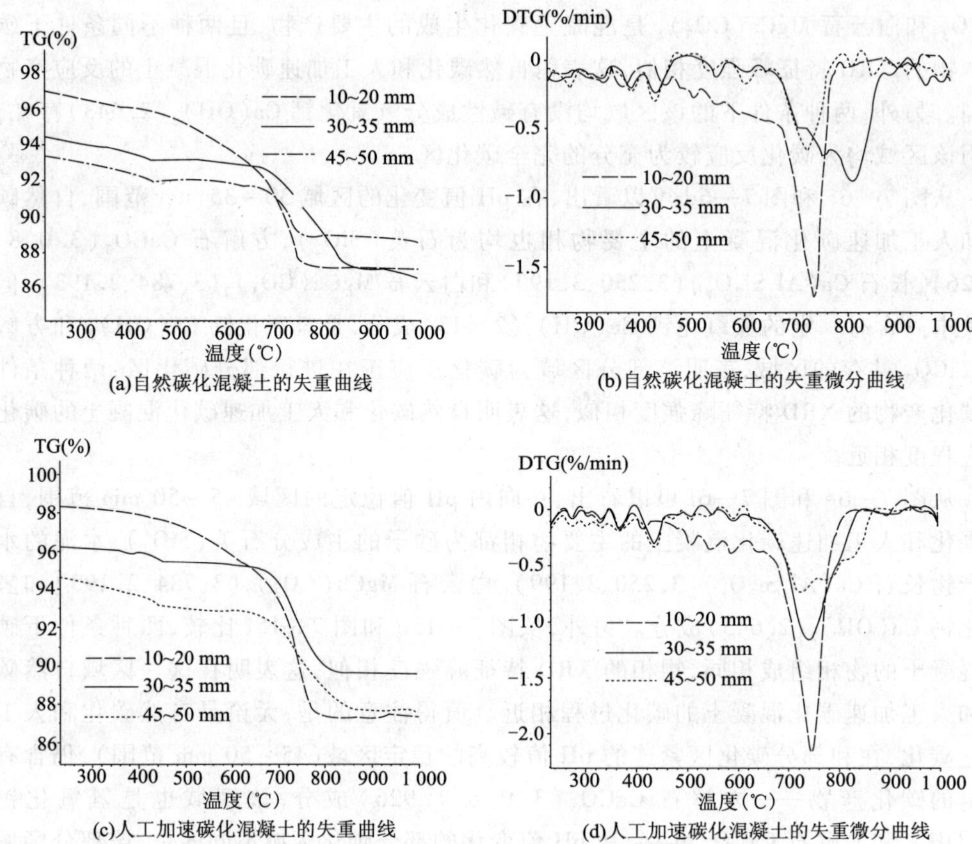

(a)自然碳化混凝土的失重曲线

(b)自然碳化混凝土的失重微分曲线

(c)人工加速碳化混凝土的失重曲线

(d)人工加速碳化混凝土的失重微分曲线

图7—7　碳化混凝土的失重曲线

表7—2　碳化混凝土中 $Ca(OH)_2$ 和 $CaCO_3$ 的相对含量(%)

试　件	成　分	取样范围		
		10~20 mm	30~35 mm	45~50 mm
自然碳化	$Ca(OH)_2$	0	6.8	23.5
	$CaCO_3$	100	93.2	76.5
人工碳化	$Ca(OH)_2$	0	12.5	28.1
	$CaCO_3$	100	87.5	71.9

从图7—7和表7—2可以看出,未变色区(10~20 mm)的混凝土碳化区域没有氢氧化钙 $Ca(OH)_2$ 存在,这和前面X射线衍射的分析结果是一致的,表明该部分区域为反应充分的完全碳化区。在pH值变化的区域30~35 mm范围,也是氢氧化钙 $Ca(OH)_2$ 和方解石 $CaCO_3$ 共存的区域,表明该部分区域为碳化反应正在进行部分碳化区。由于取样精度的限制,自然碳化和人工加速碳化混凝土中 $Ca(OH)_2$ 和 $CaCO_3$ 的相对比例略有差别。在向内pH值稳定的区域(45~50 mm),自然碳化和人工加速碳化混凝土中也都有 $CaCO_3$ 成分存在,这进一步证明这部分区域也是碳化反应正

在进行的部分碳化区。

综合以上分析,自然碳化和人工加速碳化混凝土碳化层的 pH 值变化规律、物相组成及其变化规律和自然碳化相同,这说明自然碳化和人工加速碳化两种方法形成的碳化发展过程是一致的。唯一不同的是,自然碳化混凝土 pH 值变化的部分碳化区域的长度,略大于高浓度加速部分碳化区域的长度。这种差别是环境的温湿度条件以及混凝土材料的不同引起的。利用试验室高浓度人工加速碳化技术研究实际自然环境中钢筋混凝土结构的碳化过程是完全可行的。

7.3 海洋环境混凝土结构氯离子侵蚀过程的试验室模拟方法

Cl^- 在混凝土中传输机理,特别是 Cl^- 在混凝土中的扩散系数,已成为各国学者普遍研究的方向[264-269],并提出了众多的研究成果。但目前的研究主要集中在试验室全浸泡条件下的饱水混凝土[270-272],而混凝土构件的实际工作情况并不都是在全浸泡条件下,干湿交替的工作情况普遍存在[273-275],钢筋的锈蚀也更为严重[276-278]。另一方面,全浸泡条件下的饱水混凝土中,即使氯化物能渗透到钢筋表面,钢筋也因缺氧而难以锈蚀,所以研究上部结构非饱水混凝土中 Cl^- 的传输机理有更实际的工程意义。

混凝土中氯离子的传输过程是一个非常缓慢而又漫长的过程。加速模拟试验可以达到加速氯离子传输、缩短试验周期的目的。由于不同环境条件下,氯离子在混凝土中的传输机理不同,所以进行氯离子传输过程的加速试验研究,必须首先分析结构所处的具体环境以及在该环境条件下氯离子的传输机理,采用和实际具体环境条件下氯离子传输机理相对应的试验方法。本节以实际海洋环境为背景,设计实际海洋工程潮差区氯离子传输过程相一致的模拟试验方法,并进行了自然环境与人工加速模拟试验环境氯离子传输过程的相关性研究。

7.3.1 氯离子在混凝土中传输性能试验方法的研究概况

虽然在氯离子传输机理的定性认识上,普遍认为氯化物在混凝土中的传输是扩散与毛细管吸收等多种机理不同组合的综合结果。但国内外学者在建立氯离子侵入速率模型时,都普遍把扩散作为氯离子在混凝土中传输的主要方式,从而假定氯离子在混凝土中传输近似遵循费克定律[12,13,54],在进行混凝土配合比设计和使用寿命计算时,也都是建立在氯离子在饱和混凝土中以扩散为主要机制渗入混凝土内部并逐渐达到钢筋表面使钢筋锈蚀的假设之上的,通常采用 Fick 定律或修正的 Fick 定律来描述钢筋混凝土的损伤失效过程,所以目前的试验研究大多集中在确定氯离子扩散系数 D 的方法上。通常的做法是将混凝土试件浸泡在氯化钠溶液中一定时间后测定其不同深度的氯离子浓度分布,再应用 Fick 第二定律计算非稳态条件下的扩散系数。该方法对于确定氯离子扩散系数 D 较为准确、直观,但时间长的缺点显而易见，为解决试验周期长的缺点，人们试图采用了多种快速方法测试氯离子扩散系数。

自20世纪80年代以来，许多学者就采用电加速试验方法对混凝土中氯离了扩散系数进行快速评价，其原理是利用外加电场加快离子的运动速度，然后按电迁移参数与扩散性间的理论关系推算氯离子在混凝土中的扩散能力。电加速试验方法分为电迁移和电导率两大类，根据加速的机理又分为稳态电迁移和非稳态电迁移，而电导率又分为库仑电量法、饱盐电导率和初始电流法。文献[279]根据氯离子在混凝土中的传输性能对测试方法的分类见表7—3。

表7—3 混凝土氯离子传输性能试验方法分类

试验方法	离子传输与测试原理	标准或作者	试件厚度	测量参数	测试时间	评价方法与测试指标	准确性
自然扩散	扩散池稳态扩散	Gorton, Nage 等	砂浆薄片 2~5mm	扩散池氯离子浓度	几天到几十天	Fick 第一定律测扩散系数	准确
	自然浸泡非稳态扩散	AASHTOT259	2倍骨料最大粒径以上	混凝土氯离子渗透分布	90 d	Fick 第二定律测扩散系数	较准确
电迁移试验	稳态电迁移	Dhir R. K. Zhang	直径100 mm 厚50 mm	阳极电池氯离了浓度	几天到几十天	氯离子扩散系数	准确
	非稳态电迁移	Tang, Nilsson	直径100 mm 厚50 mm	混凝土氯离子渗透分布	几小时到几天	Nerst - Planck 方程扩散系数	较准确
电导试验	总电量与渗透性关系	ASTM C1202 AASHTOT227	直径100 mm 厚50 mm	通过混凝土电流电荷	6 h	库仑电量	不准确
	电导率与渗透性关系	Streicher, Alexander	2倍骨料最大粒径以上	混凝土的饱盐电导	几分钟	Nerst - Planck 方程扩散系数	一般
	初始电流与渗透性关系	Feldman AASHTOT227	直径100 mm 厚50 mm	流过混凝土初始电流	几十秒	Nerst - Planck 方程扩散系数	一般

这些快速测定氯离子在混凝土中渗透性能方法中，国际上较有影响的主要有以下几种：

1）直流电量法

直流电量法也称库仑法，早在20世纪80年代初由美国Whiting[280]提出的，并很快被采纳为美国标准AASHTO T277，后来为ASTM C 1202－91采用，是当前国际上应用最广泛的混凝土渗透性试验方法。该方法采用直径104 mm、厚50 mm的混凝土试件，试件试验前先在真空下饱水，再经侧面密封，并密封安装到试验箱上，其试验示意图见图7—8。在有机玻璃注液池的两端分别注入0.3M的NaOH和0.3%的NaCl溶液，试件经真空饱水后两端加60 V的直流电压，在电场力的作用下Cl^-加速迁移，记录电流—时间变化曲线，测量6 h内通过混凝土试件的总电量（C），用于作为抗氯离子渗透能力的指数。总电量大小跟 Cl^- 的渗透性有关,单位时间内通过试件的电量越大,混凝土的渗透性就越大。评定标准见表7—4。

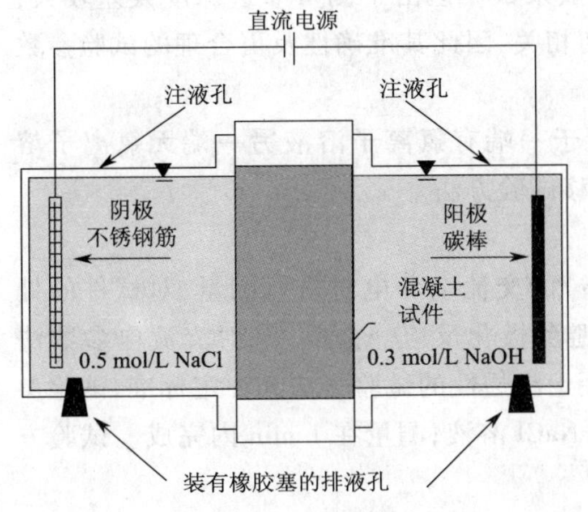

图7—8 直流电量法渗透性试验

表7—4 混凝土通过的电量与氯离子的渗透性

通过的电量(C)	氯离子的渗透性
>4 000	高
2 000~4 000	中
1 000~2 000	低
100~1 000	非常低
<100	可忽略

这种方法因简单经济而一度成为应用最普遍的方法,但该方法仅把通过试件的总电量作为评判水泥混凝土氯离子渗透性高低的标准,由于总电量只代表混凝土中的总离子迁移量,而累计电荷量与氯离子迁移量之间不一定呈线性相关关系,事实上不用氯盐溶液而用其他溶液按该方法测试照样可得相似的库仑值结果。通过试件的累计电荷量不仅与混凝土孔结构有关而且与孔溶液组成及离子浓度密切相关,外加剂、掺和料等都会对混凝土孔溶液产生较大影响,因此,该方法测试的其实是混凝土的导电性,并非氯离子的传输性能。离子在混凝土中的传输能力取决于混凝土孔结构。此外拟合得到的库仑电量与扩散系数之间的经验模型也没有建立在一定的理论基础之上,因而该方法日益受到众多学者的批评。

2)稳态电迁移法

稳态电迁移法是挪威学者 Dhir R. K.[281] 等提出的,后被定为北欧标准(NT BUILD 355)。该方法采用与库仑法类似的装置,试件直径100 mm,厚50 mm。不同的是该方法施加12 V的直流电压,检测流过试件的氯离子浓度,直到浓度增长率达到稳态。该方法的测试周期取决于混凝土的质量,混凝土越密实,则测试周期越长,通常为数周或数月。

3)非稳态电迁移法

非稳态电迁移法是瑞典的唐路平提出的,又称CTH快速法,后被定为北欧标准(NT BUILD 492)[282,283]。该方法采用试件直径100 mm,厚50mm,施加10~60 V直流电压。经24 h加电试验后,将试件轴向劈成两半,在其中较规整的一半试件的新劈面上喷洒0.1当量浓度的硝酸银溶液以使氯盐渗入的部分显示白色硝酸银沉淀,然后测量氯离子渗入深度。通过测定氯离子浓度—距离—时间曲线,利用 Nernst -

Plank 方程来确定氯离子扩散系数。这种方法避开了孔溶液离子及其浓度变化问题，运用电化学理论在一定初始和边界条件下得到了 Nernst－Planck 方程的解析解，然后通过测量氯离子渗透深度计算氯离子扩散系数。但由于测量渗透深度误差较大，且混凝土的渗透深度与通电时间、电压密切相关，因此其准确性及更合理的试验参数尚待深入研究。

前面这三种试验都是将混凝土试件置于一端有氯离子溶液另一端无氯离子溶液，电位差使氯离子通过混凝土，称为电迁移试验方法。

4）交流电参数法

交流电参数法采用一定频率（>1 kHz）的交流电和电桥进行测量，对试件的处理类似于直流电量法，采用交流电是为了避免极化反应。文献[284]对交流电参数法进行了深入研究，建立了用交流电测量混凝土渗透性的试验方法和评定标准，试验参数为电压 1 V，频率 1 kHz，两端都为 3% 的 NaCl 溶液；测量在 1 min 内完成。试验方法及电路见图 7—9。

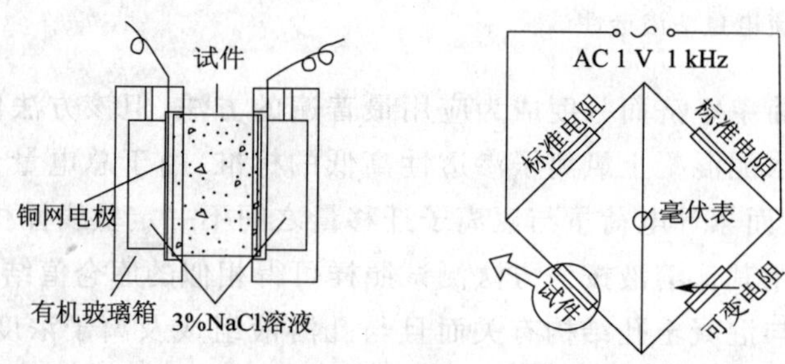

图 7—9　交流电阻法混凝土渗透性试验

试验时调节电桥右下臂的可变电阻使电桥平衡，则可变电阻的读数即为混凝土试件的电阻。该法端部溶液中的 Cl^- 仅相当于导体，试验所测电阻反映了混凝土的整体导电性，包括孔溶液中所有离子的贡献之和。文献[285]证明用这种方法测量的高性能混凝土的渗透性与国际通用权威的 ASTM C 1202 直流电量法相关性很好，相关系数为 0.986 7。

5）Streicher and Alexander 饱盐电阻率法[286]

Streicher and Alexander 饱盐电阻率法的测试原理与前四种有所不同，但因其测试时间大幅缩短而受到欢迎，具有很好的应用前景。国内一些科研院及高等院校[287-289]也都在此基础上做过研究，但其中饱盐电阻率法建立在浓度高达 5M 的氯化钠溶液在孔溶液中的离子迁移数等于 1 和离子活度等于 1 的假设上，事实上前一假定误差较小而后一假定有很大偏差。当氯盐浓度高达 30% 时不考虑离子活度对试验结果的影响必然会带来很大误差，而采用饱水电阻率法又存在孔溶液其他离子对离子迁移数的影响及非稳态条件下应用方程的适用性问题，这些问题不解决必然对试验结果的准确性产生较大影响。

从目前情况看，由不同试验方法得到的氯离子扩散系数有很大差别，用各种方法测得的氯离子扩散系数计算混凝土使用寿命有时相差几十年,而且对不同试验方法测得的扩散系数进行比较,因而实际上也就在较大程度上失去了研究的意义。许多学者对其差别的原因进行了研究,也提出了一些改进的办法。但是值得注意的是,即使这些方法测得的氯离子扩散系数相同,这些计算得到的扩散系数也只能用于不同混凝土抗渗性的比较而不能用于计算混凝土使用寿命。这是因为这些试验方法的测定结果反映的只是混凝土的渗透性,而渗透性是混凝土本身内在的性能,与外界因素无关,与氯离子在混凝土内的传输机理无关。由于这些扩散系数都是在饱水的情况下测得的,所以其只适用于水饱和的条件。与其相对应的氯离子传输机理是扩散作用,相对应的氯离子传输速率模型是Fick扩散定律。

我们知道,在上部结构的非饱和混凝土中,由于环境条件的不断变化,尤其是混凝土表层的干湿交替,氯离子在混凝土中传输机理十分复杂。以海工工程为例,海工混凝土结构往往是一个整体,它既有水下部分也有水上部分,结构耐久性与使用寿命的关键取决于最薄弱环节,如果以氯离子在饱和混凝土中单纯发生Fick扩散机制的研究结果应用到同时存在多种劣化机制的潮差区、浪溅区以及大气区等不饱和混凝土中,其风险可能会大大提高,这是由于潮汐及浪溅区混凝土主要遭受干湿交替、盐分结晶、海浪冲刷、磨蚀以及寒冷地区冻融循环等多种破坏机制共同作用,使混凝土性能劣化并导致钢筋锈蚀速率要比单纯氯离子扩散机制导致钢筋锈蚀速率快得多。

因此沿用过去的饱海水氯离子侵蚀过程的试验方法,在很大程度上可能不符合海洋大气环境混凝土、海洋潮差区及浪溅区环境混凝土的损伤失效规律,与其相对应的寿命预测模型(Fick定律或修正的Fick定律)也不可能真实反映这些环境混凝土的实际状况,客观上要求海工混凝土耐久性的研究必须建立在与使用环境相适应的混凝土加速试验方法及其损伤失效模式基础上,才有可能接近真实环境的实际状况,对混凝土使用寿命预测才有可能准确有效,按照指定使用寿命对混凝土结构进行耐久性设计才可能实现。

7.3.2 海洋潮差区混凝土结构氯离子侵蚀过程的试验室模拟方法

氯离子在潮差区混凝土中的传输表现为在表层湿传输影响深度范围内以非饱和渗流作用为主,在超过湿传输影响深度的区域则表现为纯扩散作用。影响潮差区氯离子传输的主要因素有环境温度、相对湿度、干湿循环比例和溶液浓度等。

在对潮差区环境进行人工气候加速模拟时,可将现场实际潮差区环境的各月温度、湿度和干湿循环的平均值为依据进行,对环境参数相近的月份可合并考虑以简化模拟结果并方便试验操作。

模拟过程采用提高溶液浓度和温度的方式,湿的过程可采用氯盐溶液喷淋实现,干的过程采用红外线灯照射或空调机烘干来实现,相对湿度的大小可以采用人工气候模拟试验室来调节实现。图7—10为中国矿业大学通过盐水喷淋—风干—喷淋的干湿循环试验模拟实际海洋工程潮差区混凝土中氯离子传输过程。

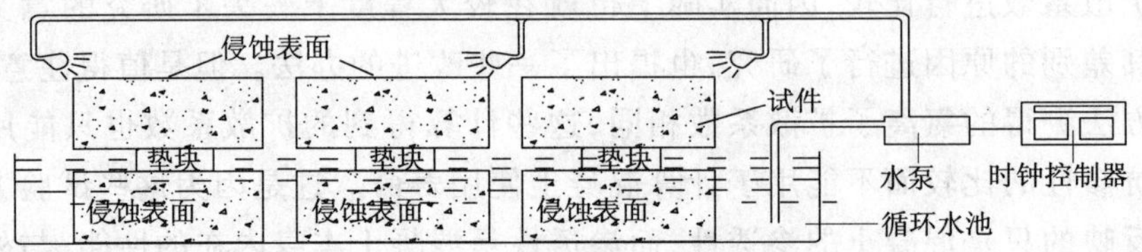

图 7—10　氯离子周期变化传输试验装置

7.3.3　海洋环境潮差区与试验室干湿循环条件下氯离子传输过程的相关性分析

1)氯离子传输过程的相关性判定条件

(1)基本假定

为了使问题简化,我们做以下假定:

①混凝土表面外部侵蚀介质(海水)的氯离子浓度为一常数;

②受氯离子侵蚀前的混凝土中氯离子含量为0;

③钢筋钝化膜破坏的氯离子临界浓度为常数(取有关标准规定的酸溶法氯离子临界浓度为水泥质量的0.4%[10])。

(2)相关性判定条件的建立

海洋环境潮差区氯离子向混凝土内部的渗透问题可看成半无限平面内的传质问题,其传质过程的数学模型为

$$C(x)=ntC_s\Delta\theta \tag{7—1}$$

式中　$C(x)$——x 深度处的氯离子含量,以占混凝土重量百分比计(%);

n——一昼夜的干湿循环次数;

t——试验天数,(d);

C_s——外部侵蚀介质的氯离子浓度,(%);

$\Delta\theta$——湿润过程结束时与风干过程结束时的湿含量差,以占混凝土重量百分比计(%)。

如用不加“′”的符号表示实际环境,加“′”的符号表示模拟环境,则与(7—1)式相似的模型为

$$C(x)'=n't C'_s\Delta\theta' \tag{7—2}$$

式中符号意义同式(7—1)。

写出单值条件的相似常数式:

$$C_{C(x)}=\frac{C(x)}{C(x)'};C_n=\frac{n}{n'};C_t=\frac{t}{t'};C_{C_s}=\frac{C_s}{C'_s};C_{\Delta\theta}=\frac{\Delta\theta}{\Delta\theta'} \tag{7—3}$$

式中 $C_{C(x)}$、C_n、C_{C_s}、$C_{\Delta\theta}$ 分别为 x 深度处的氯离子含量、干湿循环次数、外部侵蚀介质的氯离子浓度湿润过程结束时与风干过程结束时的湿含量差的相似常数;

将式(7—3)代入式(7—2)得：

$$\frac{C(x)}{C_{C(x)}}=\frac{ntC_s\Delta\theta}{C_nC_tC_{C_s}C_{\Delta\theta}} \tag{7—4}$$

比较式(7—4)和式(7—1)得：

$$\frac{C_{C(x)}}{C_nC_tC_{C_s}C_{\Delta\theta}}=1 \tag{7—5}$$

2)海洋环境潮差区与试验室干湿循环条件下氯离子传输过程相关性的算例分析

(1)工程概况

本算例的工程背景为连云港某船闸，该船闸始建于1998年，2002年建成投入使用，为钢筋混凝土结构，位于连云港黄海海域，海水中氯离子浓度为19 000 ppm，合$C_s=1.9\%$。分析部位位于海洋潮差区，该部位年平均海水浸没时间为每天3 h，由于涨落潮每24 h为一循环，所以每昼夜的干湿循环次数$n=1$。该船闸混凝土强度等级为C30，混凝土中钢筋的保护层厚度为40 mm。经测定落潮过程该部位刚刚露出水面时和涨潮过程即将为海水浸没时，混凝土中靠近钢筋表面处的湿含量分别为0.004 5%和0.003 3%，则其湿度差$\Delta\theta=0.001\ 2\%$。由基本假定，钢筋钝化膜破坏的氯离子临界浓度$C(x)=0.4\%C$，C为水泥用量。

(2)模拟试验方案

因Cl^-在混凝土中的扩散过程可认为是无限平面传质问题，而无限平面传质问题为一维问题，则可从无限平面中取出300 mm×300 mm×300 mm的混凝土柱作为原型。依物理相似原则，浇注300 mm×300 mm×300 mm立方体配筋混凝土试块，其几何缩比为1。混凝土中钢筋的保护层厚度为40 mm。混凝土原材料、混凝土强度等级和原型相同，通过第7.2节的试验方案进行氯离子加速侵蚀模拟试验。

试验条件：室温20℃±2℃、NaCl溶液浓度15%，合氯离子浓度$C_s'=9.15\%$。每周更换溶液一次。

喷淋制度：0:00－1:00、8:00－9:00、16:00－17:00每24 h喷淋3次。每天干湿循环次数$n'=3$。

于第90次循环的喷淋开始前和喷淋结束后，用混凝土切割机截取深度38～43 mm范围约5 mm大小的立方体小块，用失重法测量混凝土试件在喷淋和风干后的湿含量分别为0.004 3%和0.003 4%，其湿度差为$\Delta\theta'=0.000\ 9\%$。并用RCT氯离子快速测定仪测定试样中的氯离子含量为0.005%（以占混凝土质量的百分比计），合占混凝土中水泥质量C的0.035%，即$C(x)'=0.035\%C$。

(3)相关性分析

由公式(7—3)，得

$$C_{C(x)}=\frac{C(x)}{C(x)'}=\frac{0.4\%}{0.035\%}=11.43$$

$$C_{\mathrm{n}}=\frac{n}{n'}=\frac{1}{3}$$

$$C_{C_{\mathrm{s}}}=\frac{C_{\mathrm{s}}}{C'_{\mathrm{s}}}=\frac{1.9}{9.15}=0.208$$

$$C_{\Delta\theta}=\frac{\Delta\theta}{\Delta\theta'}=\frac{0.0012}{0.0009}=1.33$$

$$t'=60\ \mathrm{d}$$

将以上数值代入公式(7—5)可算得,船闸该部位钢筋表面氯离子浓度达到临界浓度的时间为 $t=7\,437$ d,合 20.38 年。

7.4 不同条件下混凝土内钢筋的锈蚀机理

7.4.1 混凝土中钢筋的表观锈蚀形态

本书作者将试验室自 1998 年以来积存的 110 个锈蚀钢筋混凝土试件破型,用数码相机记录钢筋的锈蚀表观形貌,并将钢筋除锈观察表面锈蚀坑的分布形态。试验检测结果如下。

1)自然环境条件下的氯盐外侵试件

自然环境条件下的氯盐外侵试件,在锈胀开裂前,钢筋的锈蚀状态靠近混凝土保护层的一面锈蚀比较严重,而背向保护层的一面则几乎没有发生锈蚀。锈层沿钢筋外表面周边的分布近似呈椭圆形,混凝土保护层一侧的锈蚀量最大,向内逐渐递减,变化较为均匀连续,没有大而明显的蚀坑出现;将钢筋表面除锈后可以看到(图7—11c),氯盐外侵试件中钢筋的外表面有较多的锈蚀凹坑和密集的锈蚀麻点,这说明氯盐外侵引起的钢筋锈蚀应该近似看成由大面积的均匀锈蚀与稀疏的局部点蚀共同组成的全面锈蚀。

在锈胀开裂后,钢筋的锈蚀面积逐渐向内延伸,但仍然是靠近混凝土保护层的一侧锈蚀比较严重,而背向保护层的一面则锈蚀较轻,其最内侧甚至没有发生锈蚀;锈层沿钢筋表面周边的分布和开裂前近似,呈椭圆形,只是锈层沿钢筋表面周边的分布范围略大,对应点的锈蚀层略厚;将钢筋表面除锈后可以看到(图 7—11f),钢筋外表面的锈蚀凹坑数量和深度均大于开裂前试件,但总的来看,仍可近似看成由大面积的均匀锈蚀与稀疏的局部点蚀共同组成的全面锈蚀。

2)人工加速气候环境氯盐外侵试件

人工加速气候环境下氯盐外侵试件中钢筋的表观锈蚀形态如图 7—12 所示。在试件发生锈胀开裂前后,从试件的纵剖面、横断面以及除锈后钢筋表面的锈蚀凹坑分布可以看到,人工气候环境下混凝土中钢筋的表观锈蚀形态和在自然气候环境下没有明显的区别。这说明人工气候环境钢筋的加速锈蚀和自然环境钢筋的锈蚀过程基本相同。不同的是人工加速气候环境湿度较大,由于锈蚀产物向混凝土中的渗透,和试件的潮湿程度有关,试件愈潮湿,锈蚀产物向混凝土中渗透愈多,所以人工加速气候环境所形成的钢筋的锈蚀产物向混凝土中渗透略大于实际自然环境下情况。

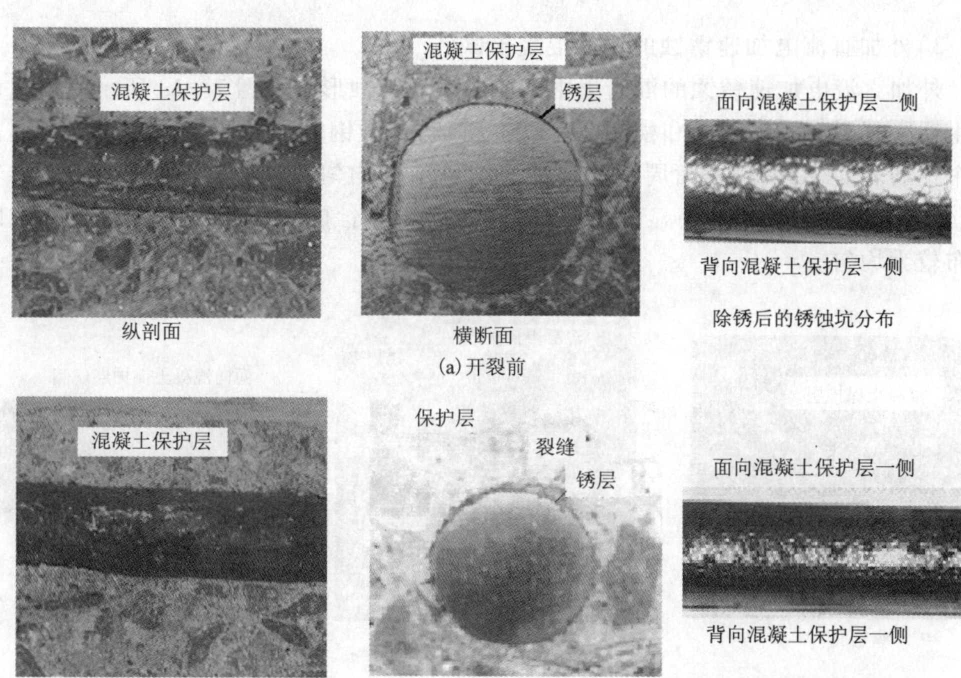

(a)开裂前

(b)开裂后

图 7—11 实际自然环境条件下氯盐外侵试件中钢筋的表观锈蚀形态

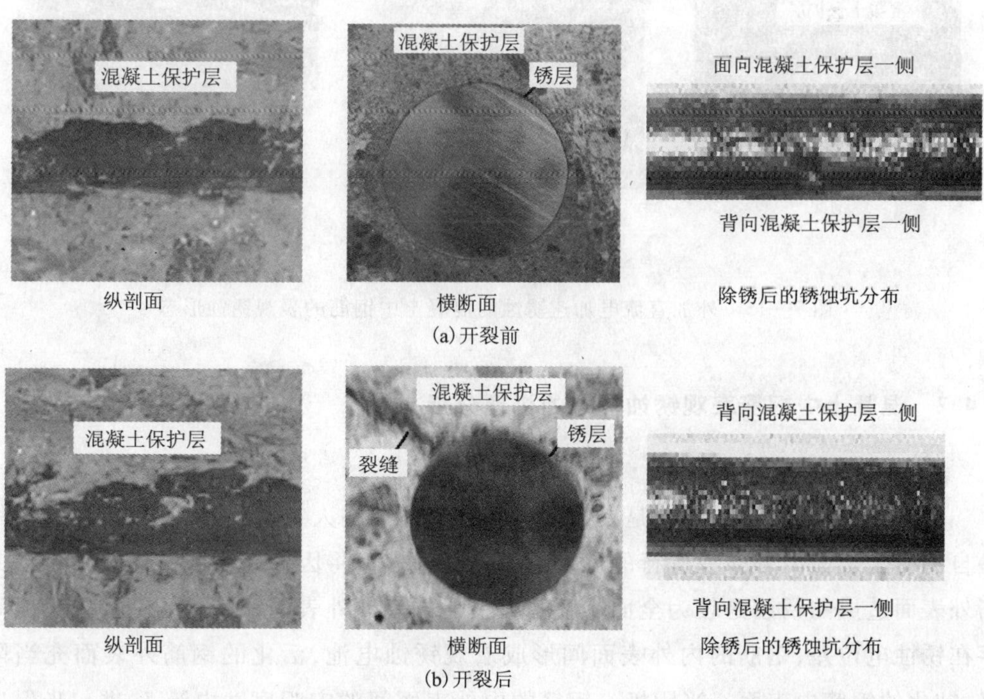

(a)开裂前

(b)开裂后

图 7—12 人工加速气候环境下氯盐外侵试件中钢筋的表观锈蚀形态

3)外加直流电加速锈蚀的钢筋混凝土试件

外加直流电加速锈蚀的混凝土中钢筋的表观锈蚀形态如图 7—13 所示。从试件发生锈胀开裂前的纵剖面和横断面可以看到,锈层沿钢筋表面周边的分布范围覆盖整个钢筋表面,沿钢筋表面周边的锈蚀程度也十分均匀;将钢筋表面除锈后可以看到,钢筋的内外表面均有明显的锈蚀凹坑和密集的锈蚀麻点,锈蚀程度沿钢筋周边的分布较为均匀。

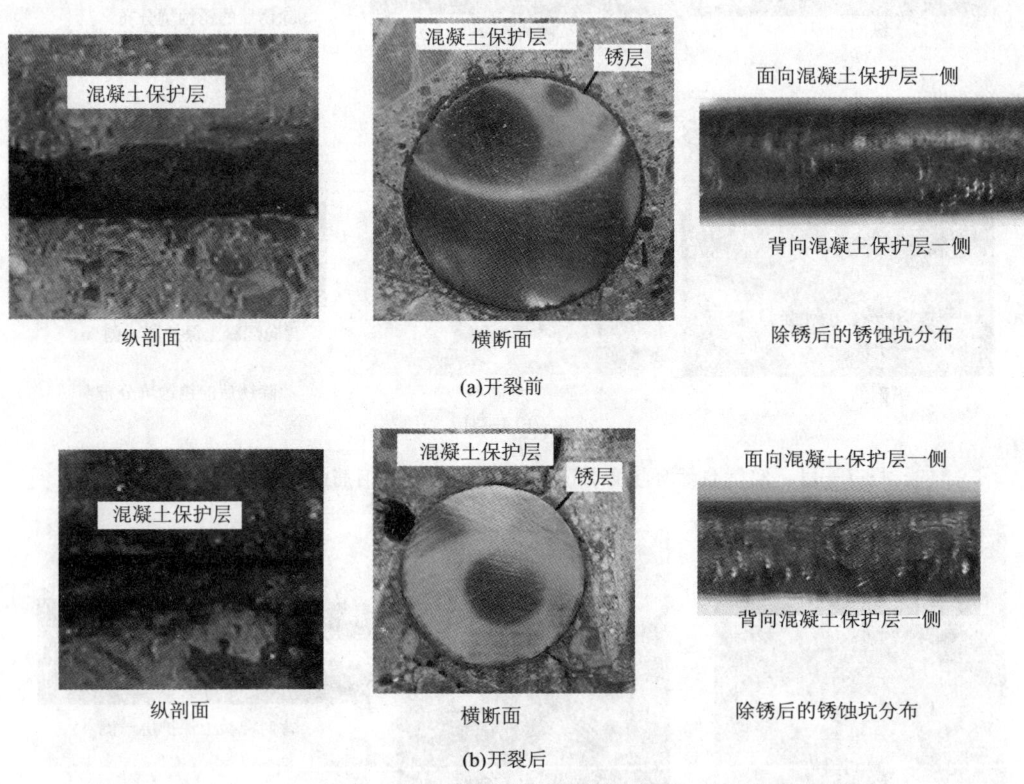

图 7—13　外加直流电加速锈蚀的混凝土中钢筋的表观锈蚀形态

7.4.2　混凝土中钢筋表观锈蚀形态的机理分析

1)氯盐外侵试件

对于氯盐外侵试件,无论是在户外自然环境还是在人工气候环境中,氯盐侵入都是自混凝土表面由外向里进行的,这样,钢筋的外表面将因为率先脱钝而锈蚀。在钢筋外表面造成的锈蚀是较为全面的。由于活化的钢筋外表面和钝化的钢筋内表面间存在锈蚀电位差,钢筋的内外表面间形成宏观锈蚀电池,活化的钢筋外表面充当阳极,钝化的钢筋内表面充当阴极。钢筋的内外表面间的宏观腐蚀电流 I_g 进一步促进了钢筋的外表面锈蚀的发展。其锈蚀过程电化学示意如图 6—33 所示,钢筋的锈蚀为微电池锈蚀和宏电池锈蚀并存，铁锈的生成在钢筋的外表面积聚，随着铁锈生成的增多，产生膨胀应力，导致混凝土保护层开裂。

这种情况的锈蚀机理可进一步通过钢筋锈蚀的极化曲线图说明。由图7—14，A_1、A_2 分别为钢筋内表面和钢筋外表面处钢筋的阳极极化曲线，C_1、C_2 分别为钢筋内表面和钢筋外表面处钢筋的阴极极化曲线。I_B 和 I_A 分别为钢筋内表面和钢筋外表面处钢筋的微观腐蚀电流。从图 7—14 可以看出，I_A 比 I_B 大得多。另外，外表面活化钢筋的锈蚀电位 E_A 较内表面钝化钢筋的锈蚀电位 $E_{B'}$ 为负，所以，在锈蚀电位差作用下，钢筋的内、外表面形成总的宏观锈蚀电池，外表面钢筋充当宏阳极，内表面钢筋充当宏阴极，其锈蚀行为可用图中的粗实线表示，在钢筋的外表面产生宏观腐蚀电流 I_g。并且钢筋外表面的锈蚀电位 E_A 被极化到较正的电位 E_A'，而钢筋外表面的锈蚀电位 E_B 被极化到较负的电位 E_B'。这样，I_g 可表示为

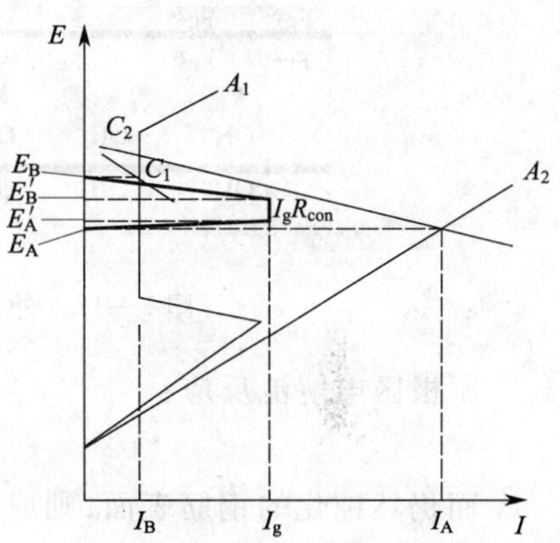

图 7—14　氯盐外侵试件中钢筋锈蚀的极化曲线图

$$I_g = (E_B' - E_A')/R_{con} \tag{7—6}$$

式中　R_{con}——混凝土电阻。

对于宏观锈蚀电池，混凝土电阻起控制作用，可忽略阴阳极极化对宏观腐蚀电流 I_g 的影响，这样，I_g 可近似表示为

$$I_g = (E_B - E_A)/R_{con} \tag{7—7}$$

此时内表面处钢筋的锈蚀被抑制。由于钢筋内表面处于钝化，宏观腐蚀电流 I_g 大于内表面钢筋微观腐蚀电流 I_B，钢筋内表面锈蚀速率为 0。外表面处钢筋的锈蚀速率则被加快，其腐蚀电流 I_A'等于混凝土中钢筋的总腐蚀电流 I_i，为宏观腐蚀电流 I_g 和微观腐蚀电流 I_A 之和，即

$$I_A' = I_i = I_A + I_g \tag{7—8}$$

2）外加直流电加速锈蚀试件

外加直流电引起的钢筋锈蚀是一个电解池反应过程，其锈蚀机理可以通过图7—15 来说明。外加直流电加速锈蚀试验方法是以外加直流电源的正极接通混凝土中的待锈蚀钢筋，使其充当锈蚀电解池的阳极，以电源的负极接通混凝土中的辅助钢筋，使其充当锈蚀电解池的阴极，而阳极与阴极均处于连续性的电解质（混凝土孔隙液）中，电源的正极通过充当阳极的钢筋棒发射出腐蚀电流，使暴露于混凝土中的阳极钢筋能充分而均匀地释放电子，从而加速钢筋锈蚀。

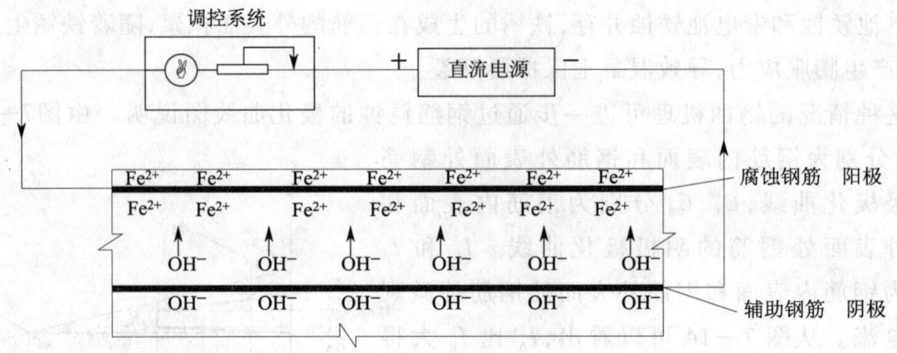

图 7—15　外加电流加速锈蚀试验装置示意图

阳极区电解池反应：

$$Fe - 2e \rightarrow Fe^{2+} \tag{7—9}$$

而仍然钝化的钢筋表面，则成为阴极区，阴极区电解池反应：

$$2H_2O + 2e \rightarrow H_2 + 2OH^- \tag{7—10}$$

根据钢筋锈蚀的电化学机理，抓住阳极反应必须同时放出电子的电化学本质，通过调节阴阳极间的电压差，让钢筋表面的自由电子加快释放进程，同时加快氯离子向钢筋附近表面迁移，从而达到加速钢筋锈蚀的目的。

$$I_g = \Delta U / R_{con} \tag{7—11}$$

由于该方法简单，实验时间可以大大缩短，曾被一些研究者所采用，但此种方法存在的问题也非常明显：由钢筋锈蚀的电化学原理可知，混凝土中通电加速锈蚀钢筋的阴阳极是截然分开的，和外加直流电源的正极接通的整个钢筋充当阳极，和负极相连的金属杆充当阴极，形成均匀的电解池锈蚀，锈蚀比较均匀地分布在整个阳极钢筋表面。且通电法锈蚀时两电极之间存在一定的距离，在锈蚀发生时，由于电荷的吸引作用，必然引起铁锈向阴极的移动，故引起铁锈的快速、大量外渗，这与真实情况不符，目前已应用较少。

7.5　恒电流、人工气候（氯盐外侵）的钢筋加速锈蚀比较

很多学者在分析钢筋锈胀效应时，假定钢筋表面的锈蚀与锈胀力沿圆周均匀分布[290-295]，而对混凝土内钢筋锈蚀量和锈胀力实际分布情况缺少深入的研究；从试验方法上来讲，为了加速钢筋锈蚀，很多学者采用通恒定直流电的方法加速混凝土内钢筋锈蚀[296-298]；甚至采用机械扩胀方法模拟钢筋的锈胀效应[299,300]；其试验方法的理论依据均来自于钢筋表面均匀锈蚀分布的基本假定。但是，本书作者通过大量的试验观察发现，人工气候加速环境以及实际自然环境条件下钢筋表面的锈蚀特征与恒电流通电加速锈蚀方法的钢筋表面均匀锈蚀分布具有根本区别。

混凝土中钢筋的锈胀效应不仅与钢筋锈蚀程度相关，而且与钢筋锈蚀层的分

布状况、微细观结构以及混凝土中钢筋的锈蚀体积膨胀倍数等因素相关。本节通过钢筋锈蚀层的分布状况、微细观结构以及混凝土中钢筋的锈蚀体积膨胀倍数等各方面的比较,揭示恒电流通电与人工气候环境下各方面的差异,并分析差异引起的机理。

7.5.1 钢筋环向锈蚀分布比较

1)钢筋环向锈蚀分布的测定

本书作者将人工气候环境和通电两种加速试验条件下的锈蚀试件破型,观测锈蚀层沿钢筋表面的环向分布。观测方法为在锈胀开裂前后用切割机沿试件横断面切开,保留完整的钢筋与混凝土的界面,作为试验观察的对象。显微观测实验用的观测仪器为 KH - 3000V/KH - 3000VD HI - SCOPE Advanced 数字式视频显微测量系统。

2)钢筋表面锈蚀层厚度分布特征

(1)锈胀开裂前钢筋表面锈蚀层厚度分布

①人工气候环境

人工气候加速环境下氯盐外侵试件锈胀开裂前钢筋锈蚀层轮廓曲线如图 7—16 所示。由图可见,钢筋锈蚀主要在靠近保护层一侧的半个表面,远离保护层的半个表面几乎没有锈蚀,锈蚀层分布近似呈半椭圆形,如图 7—16 中虚线表示。其锈蚀层分布形态和本书 5.4 节自然气候环境下钢筋的锈蚀层分布基本相同。文献[106]将其理论轮廓模型描述如图 5—13a 所示。

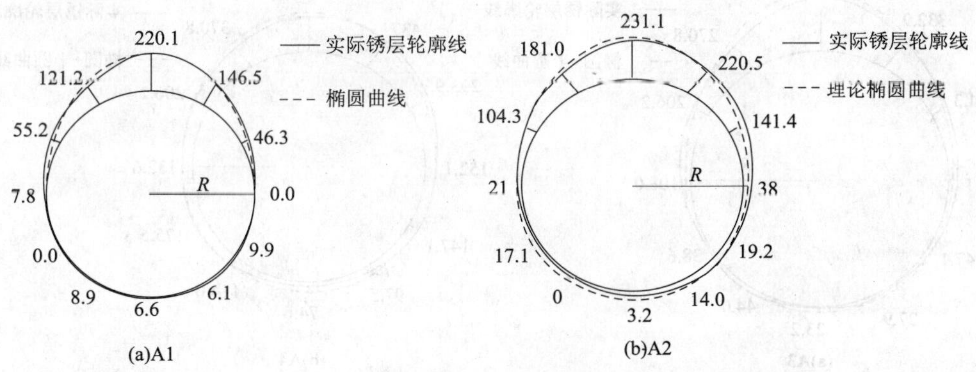

图 7—16 氯盐外侵试件锈胀开裂前钢筋锈蚀层厚度轮廓曲线

②通电试件

外加直流电加速锈蚀试件锈胀开裂前钢筋锈蚀层轮廓曲线如图 7—17 所示。由图可见,锈层沿钢筋表面周边的分布范围覆盖整个钢筋表面,锈蚀程度沿钢筋周边的分布较为均匀。如果以钢筋圆心为圆心、钢筋半径加上锈蚀层厚度作为理论半径做圆曲线,如图 7—17 中虚线表示。可见,圆曲线与实际锈蚀层轮廓曲线吻合得很好。

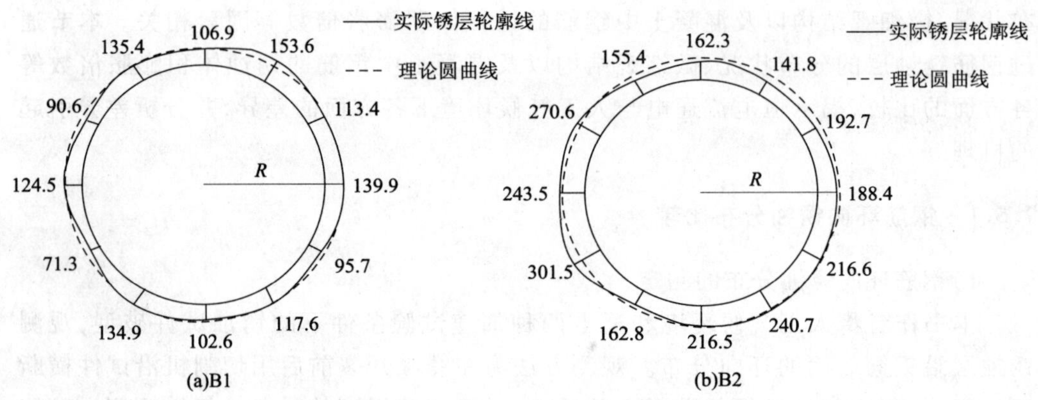

图 7—17　外加直流电加速锈蚀试件锈胀开裂前钢筋锈蚀层厚度分布轮廓曲线

(2)锈胀开裂后钢筋表面锈蚀层厚度分布

①人工气候环境

氯盐外侵试件锈胀开裂后钢筋锈蚀层轮廓曲线如图 7—18 所示。由图可见,在人工气候加速环境下,氯盐外侵试件中钢筋锈蚀也是集中在近保护层一侧,但是与锈胀开裂前不同的是,钢筋表面的锈蚀范围较大,向远离保护层一侧扩展;在远离保护层一侧也有很轻微的局部或全面锈蚀,但锈蚀程度要比近保护层一侧小得多,其锈蚀层厚度是近保护层一侧锈蚀层最大厚度的 1/10 左右。其理论轮廓模型可简化为半椭圆曲线 + 半圆形曲线(如图 5—15b 所示)。

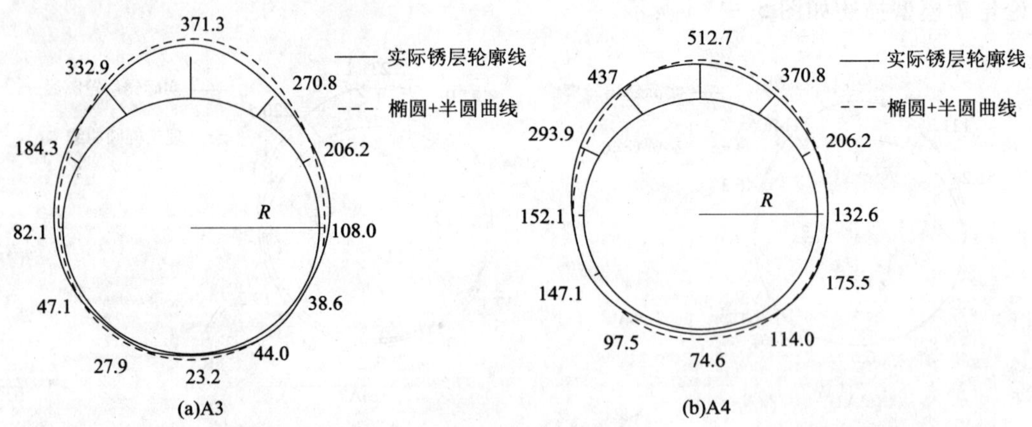

图 7—18　氯盐外侵试件锈胀开裂后钢筋锈蚀层厚度分布轮廓曲线

②通电试件

外加直流电加速锈蚀试件锈胀开裂前钢筋锈蚀层轮廓曲线如图 7—19 所示。由图可见,和锈胀开裂前相同,锈层的沿钢筋表面周边的分布范围覆盖整个钢筋表面,锈蚀程度沿钢筋周边的分布较为均匀,不同的是锈蚀层的厚度锈胀开裂前更大。如果以钢筋圆心为圆心、钢筋半径加上锈蚀层厚度作为理论半径,作圆曲线,如图7—19

中虚线表示。可见,圆曲线与实际锈蚀层轮廓曲线依然吻合得很好。

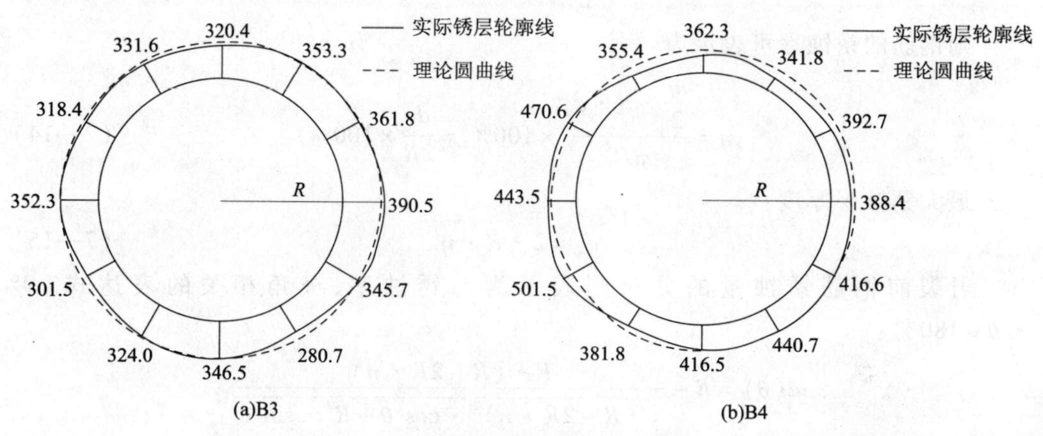

图 7—19　外加直流电加速锈蚀试件锈胀开裂后钢筋锈蚀层厚度分布轮廓曲线

从上述分析可以看出,混凝土中钢筋的锈蚀层理想轮廓曲线分为三种:氯盐外侵试件锈胀开裂前钢筋锈蚀层轮廓呈半椭圆形;氯盐外侵试件锈胀开裂后钢筋锈蚀层轮廓呈半椭圆+半圆形;外加直流电加速锈蚀试件锈胀开裂前后钢筋锈蚀层轮廓呈较为均匀的圆形。

7.5.2　混凝土内钢筋锈蚀量分布模型

根据锈蚀层形成与发展的细观构造与机理分析,钢筋锈蚀程度与锈蚀层厚度发展是密切相关的;锈蚀程度越大,相应的锈蚀层厚度越大。所以,本节在确定混凝土内钢筋锈蚀量分布模型时,假定钢筋锈蚀量分布规律与钢筋锈蚀层厚度分布规律相同。

1)半椭圆形曲线锈蚀量分布模型

根据锈蚀量与钢筋锈蚀层厚度分布规律相同的假定,半椭圆形曲线钢筋锈蚀量分布模型及其参数如图 7—20 所示。但是,其半椭圆形曲线参数与锈蚀层厚度分布曲线不同;在锈蚀量分布曲线中,半椭圆的长轴半径等于钢筋初始半径,短轴半径等于钢筋初始半径减去最大半径损失值 d_a。

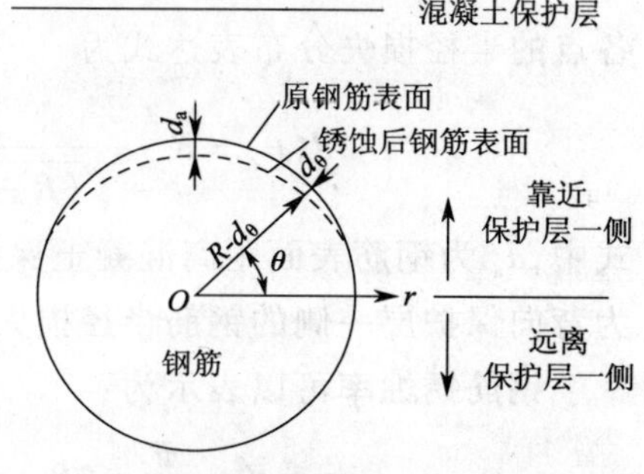

图 7—20　半椭圆形曲线锈蚀量分布模型

如图 7—20 所示,在极坐标系下,钢筋表面各点的锈蚀量用半径损失表示,与极角相关的半径损失表达式为(0°≤θ≤180°):

$$d(\theta) = R - \frac{R \cdot (R - d_a)}{\sqrt{(R - d_a)^2 \cdot \cos^2\theta + R^2 \cdot \sin^2\theta}} \tag{7—12}$$

由图可知,半圆面积与半椭圆面积之差即单位长度钢筋的锈蚀量为

$$\Delta Q=\frac{\pi}{2}R^2-\frac{\pi}{2}(R-d_a)R=\frac{\pi}{2}\cdot R\cdot d_a \tag{7—13}$$

则钢筋的锈蚀率可表示为

$$\eta=\frac{\frac{\pi}{2}\cdot R\cdot d_a}{\pi R^2}\times 100\% =\frac{d_a}{2R}\times 100\% \tag{7—14}$$

最大锈蚀层厚度：

$$d_a=2\cdot R\cdot \eta \tag{7—15}$$

开裂前钢筋锈蚀量的分布则表示为与锈蚀率、极角相关的表达式（$0°\leqslant\theta\leqslant 180°$）：

$$\begin{aligned}d(\theta)&=R-\frac{R\cdot(R-2R\cdot\eta)}{\sqrt{(R-2R\cdot\eta)^2\cdot\cos^2\theta+R^2\cdot\sin^2\theta}}\\&=R-\frac{R\cdot(1-2\cdot\eta)}{\sqrt{(1-2\cdot\eta)^2\cdot\cos^2\theta+\sin^2\theta}}\end{aligned} \tag{7—16}$$

式中 R——钢筋初始半径；

d_a——钢筋表面距离混凝土保护层最近的一点（即极角 $\theta=90°$ 处）的半径损失；

d_θ——钢筋表面极角为 θ 处的半径损失；

η——钢筋锈蚀率，以重量损失表示。

2）半椭圆＋半圆形曲线锈蚀量分布模型

根据锈蚀层厚度的理论分布模型，半椭圆＋半圆形曲线钢筋锈蚀量分布曲线及其参数如图7—21所示。面向混凝土保护层一侧的钢筋表面各点的半径损失分布表达式为

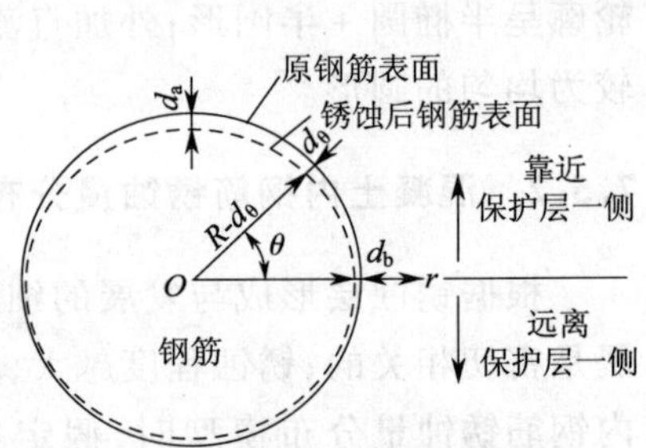

图7—21 半椭圆＋半圆形曲线锈蚀量分布模型

$$d(\theta)=R-\frac{R\cdot(R-d_a+d_b)}{\sqrt{(R-d_a+d_b)^2\cdot\cos^2\theta+R^2\cdot\sin^2\theta}}+d_b \tag{7—17}$$

式中，d_a 为钢筋表面距离混凝土保护层最近一点的半径损失，即最大半径损失值；d_b 为背向保护层一侧的钢筋半径损失的平均值。

钢筋锈蚀率可以表示为：

$$\begin{aligned}\eta&=\frac{\pi\cdot R^2-\frac{\pi}{2}\cdot(R-d_b)^2-\frac{\pi}{2}\cdot(R-d_b)\cdot(R-d_a)}{\pi R^2}\times 100\%\\&=\frac{d_a+3d_b}{2R}-\frac{d_b\cdot(d_a+d_b)}{2R^2}\approx\frac{d_a+3d_b}{2R}\end{aligned} \tag{7—18}$$

假定背向保护层一侧的钢筋半径损失 d_b 为最大半径损失 d_a 的 $\frac{1}{k}$，则有

$$d_b = \frac{2 \cdot \eta \cdot R}{3+k} \tag{7—19}$$

钢筋锈蚀量分布表达式(锈胀开裂,裂缝宽度≤0.2 mm)表示为

$$d(\theta) = \begin{cases} R - \dfrac{R \cdot (3+k-2k\eta+2\eta)}{\sqrt{(3+k-2k\eta+2\eta)^2 \cdot \cos^2\theta + (3+k)^2 \sin^2\theta}} + \dfrac{2\eta R}{3+k} \\ \cdots\cdots\cdots\cdots\cdots\cdots\cdots\cdots (0° \leqslant \theta \leqslant 180°) \\ d_b = \dfrac{2 \cdot \eta \cdot R}{3+k} \cdots\cdots\cdots\cdots (180° \leqslant \theta < 360°) \end{cases} \tag{7—20}$$

3)圆形曲线锈蚀量分布模型

圆形曲线钢筋锈蚀量分布曲线及其参数如图7—22所示。钢筋表面任一点的半径损失取决于平均锈蚀深度 d_b,而和所处的位置 θ 无关,其分布表达式为

$$d(\theta) = d_a \tag{7—21}$$

钢筋锈蚀率可以表示为

$$\eta = \frac{\pi \cdot R^2 - \pi \cdot (R-d_a)^2}{\pi R^2} \times 100\% = \frac{2Rd_a - d_a^2}{R^2} \tag{7—22}$$

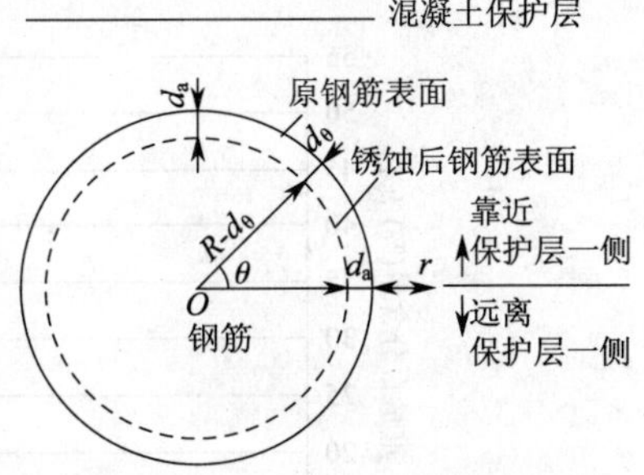

图7—22 圆形曲线锈蚀量分布模型

7.5.3 钢筋锈胀性能比较

由于不同条件下混凝土中钢筋的锈蚀产物的成分不同,因而即使在钢筋锈蚀程度相同的情况下,钢筋锈蚀产物膨胀倍数不同,混凝土中钢筋锈胀力也不相同。研究不同条件下混凝土中钢筋的锈蚀层体积膨胀倍数,对于选择恰当合理的加速实验方法,缩短实验周期,预测钢筋混凝土结构的使用寿命具有重要的意义。

1)试验方案设计

将人工气候环境和通电两种加速试验条件下的锈蚀试件破型,用锉刀刮取钢筋表面的锈蚀产物。为避免锈蚀物在空气中氧化,将其收集于密封的塑料袋中,并迅速送往中国矿业大学测试中心,进行X射线衍射分析,测定锈层中锈蚀产物的物相组成和相对含量。从取样到测试结束在6 h内完成。

2)试验结果及分析

(1)混凝土中钢筋锈蚀产物组成成分的相对含量

由各锈蚀粉末试样的X射线衍射图谱可以证明,两批试件中钢筋锈蚀层的物相组成基本相同,均由赤铁矿 α-Fe_2O_3、磁赤铁矿 γ-Fe_2O_3、磁铁矿 Fe_3O_4、针铁矿 α-FeOOH、纤铁矿 γ-FeOOH、四方纤铁矿 β-FeOOH、FeO 等相组成,同时含有部分石英、长石和少量方解石等矿物,这是过渡区周围水泥浆体的渗入造成的。

在各锈蚀层粉末试样X射线图谱分析的基础上，进行钢筋锈蚀产物的定量分析，测得各试样锈蚀产物的成分质量含量如表7—5和图7—23所示。

表7—5　开裂前钢筋混凝土样品中铁锈物质成分的重量百分含量

试　件	气候环境	侵蚀方式	α-Fe_2O_3	γ-Fe_2O_3	Fe_3O_4	β-FeOOH	γ-FeOOH	α-FeOOH	FeO
第一批	人工气候	氯盐外侵	5.17	8.64	48.2	24.93	5.94	5.17	0
	通电		4.08	5.78	32.2	18.64	4.08	5.78	22.03
第二批	人工气候	氯盐外侵	6.49	11.63	35.05	10.47	5.98	20.93	6.49
	通电		5.35	39.13	28.26	5.35	2.17	8.7	10.87

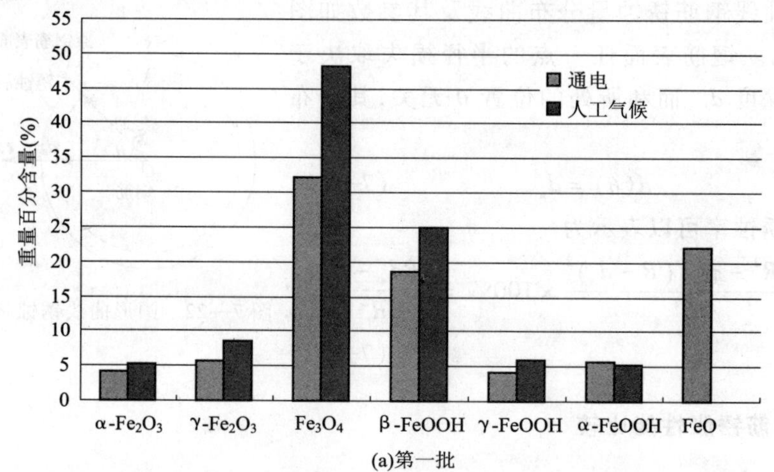

(a)第一批

(b)第二批

图7—23　开裂前锈蚀粉末试样中铁锈物质成分的重量百分含量

从以上的试验结果可以看出：

①在人工加速气候环境中的试件，在开裂前，其锈蚀产物的相对含量由高到低的顺序均为磁铁矿Fe_3O_4、磁赤铁矿γ-Fe_2O_3、针铁矿α-FeOOH、纤铁矿γ-FeOOH、四方

纤铁矿 β-FeOOH、赤铁矿 α-Fe_2O_3 和铁黑 FeO,这说明环境条件的变化对锈蚀产物的比例影响不大。

②通电加速锈蚀试件和其他几种情况最明显的不同是铁黑 FeO 含量较高,其他成分含量的顺序和前几种大致相同,这说明通电加速锈蚀生成的锈蚀产物氧化没有其他情况充分。

(2)不同条件下钢筋锈蚀产物的体积膨胀倍数

将表 7—5 锈蚀粉末样品中铁锈物质成分的重量百分含量分别代入公式(5—14)可计算出不同条件下混凝土中钢筋锈蚀产物的体积膨胀倍数,见表 7—6。

表 7—6 混凝土中钢筋锈蚀产物的体积膨胀倍数

气候条件		人工气候	通电
膨胀倍数	第一批	2.47	2.31
	第二批	2.34	2.21
	平均值	2.405	2.26

由计算结果可以看出:

①总的来看,不同条件下生成的锈蚀产物膨胀倍数较为接近,在 2.20 ~ 2.45 之间,这是因为不仅各锈蚀产物中不同锈蚀成分的膨胀倍数较为接近,体积膨胀倍数最大的 β-FeOOH 为 6.719,体积膨胀倍数最小的 FeO 为 1.693,而且不同条件下生成的锈蚀产物中不同锈蚀成分的比例分配也较为接近。

②通电加速锈蚀试样中钢筋锈蚀产物的体积膨胀倍数略小于其他条件下钢筋锈蚀产物的体积膨胀倍数,这是由于通电加速锈蚀生成的锈蚀产物中氧化最不充分、体积膨胀倍数最低的铁黑 FeO 的含量较大,而氧化最为充分、体积膨胀倍数较大的针铁矿 α-FeOOH 含量较低引起的。

③气候条件对锈蚀产物的体积膨胀倍数没有明显的影响,人工气候加速锈蚀试样中钢筋锈蚀产物的体积膨胀倍数和自然环境条件下钢筋锈蚀产物的体积膨胀倍数基本相同。

7.5.4 锈蚀钢筋力学性能比较

混凝土结构由于各种原因出现钢筋锈蚀情况,导致钢筋的强度和延性都有所降低,从而引起混凝土结构承载能力和耐久性能降低。因而研究钢筋混凝土结构在不同的环境条件下,特别是氯离子环境中的钢筋锈蚀程度对钢筋力学性能的影响,对钢筋混凝土工程的耐久性有重要意义。

对于钢筋锈蚀后的力学性能,国内外已有较多的研究[301-304],发现锈蚀后钢筋的强度降低和延性减弱;但是也有少数学者认为[305,306],钢筋锈蚀对钢筋的强度没有明显影响。而且国内外的学者所做的试验研究中,锈蚀钢筋混凝土试件大多是通过外加电流加速模拟的[307-310],但是该方法与自然气候环境中的实际锈蚀情况不同。

本节将从混凝土内钢筋锈蚀特征出发,研究人工气候环境和恒电流加速对锈蚀钢筋力学性能的影响,分析比较不同锈蚀程度下钢筋的各项力学性能指标的变化,比如屈服强度、极限抗拉强度、延伸率及弹性模量等随不同锈蚀率的变化规律,并在此基础上建立锈蚀钢筋力学性能退化模型。

1)锈蚀钢筋力学性能试验

(1)试件来源

本试验试样来自采用加速环境下的锈蚀钢筋混凝土构件破型所得的锈蚀钢筋。比如受弯构件和偏心受压构件,在加载完成后,对锈蚀构件进行破型后,取出受拉主筋,打磨清洗干燥并计算其锈蚀率。由于在加载过程中构件端部的钢筋受力最小,一般情况下此处的钢筋没有达到屈服,对钢筋的力学性能影响最小,因此,在主筋的两端部各截取一定长度的钢筋作为试验试样。

选择表面裂缝沿钢筋长度方向较为均匀的试件进行破型,取出钢筋,另外各选用两根未锈蚀的不同类型的钢筋作为对比试样,取其平均值以与锈蚀钢筋对比。具体分组见表 7—7。

表 7—7　钢筋拉伸试件分组

试件编号	加速锈蚀方法	Cl^- 侵入方式	钢筋种类	钢筋直径(mm)	表面锈蚀特征	根　数
SD	人工气候环境	氯离子外侵	HRB335	12		36
SG	通电环境	氯离子外侵	HRB335	12		6

(2)试验结果及分析

①两类试样在不同锈蚀程度的钢筋应力—应变曲线

当钢筋锈蚀后,相应的应力—应变曲线会发生变化,但是从试验结果看来,其曲线形状保持良好。图 7—24 和图 7—25 分别表示了钢筋在不同加速锈蚀方法下对应不同锈损率的几个比较典型的钢筋应力—应变曲线。

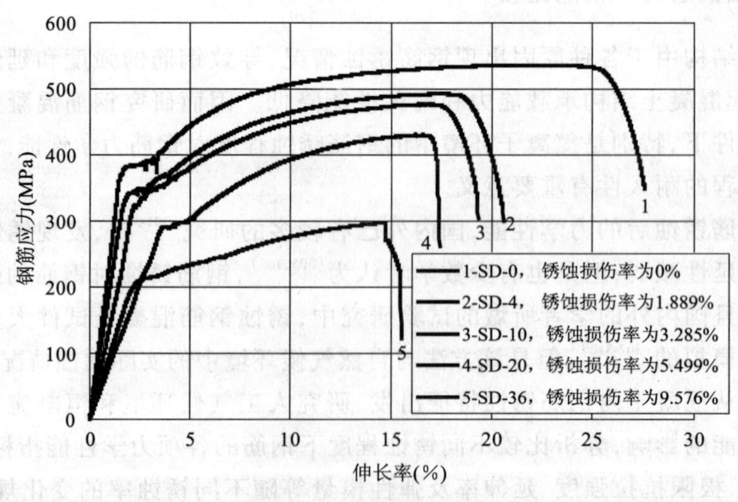

图 7—24　人工气候环境加速锈蚀的变形钢筋应力—应变曲线

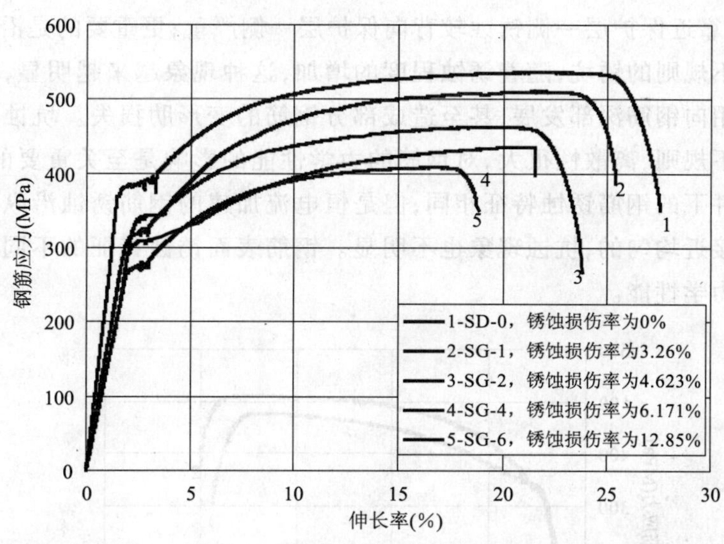

图 7—25　恒电流加速锈蚀的变形钢筋应力—应变曲线

从图 7—24 和图 7—25 可以看出，钢筋在两种不同加速锈蚀方法下都表现出如下特征（共同点）：

(a)随着锈蚀程度的逐渐增加，锈蚀的不均匀性和离散性增大，应力—应变曲线将发生明显变化，表现出钢筋的屈服点降低，从未锈蚀时的 376.3 MPa 下降到 210 ~ 270 MPa，且屈服点变得越来越不明显，也就意味着结构计算时的抗拉强度降低；应力峰值也从 536.1 MPa 下降到 260 MPa 左右，通电试件减低到 405.1 MPa，而且应力峰值对应的应变也随锈损率的增加而减小；

(b)屈服平台逐渐变短且不太明显，屈服后强度增长不多，即强屈比变小；

(c)极限延伸率减小，且减小程度远大于截面锈蚀率的降低程度，由未锈蚀时的 27.5% 下降到 16.6% ~19.75%。

②两类试样对应相同锈蚀程度的钢筋应力—应变曲线对比

尽管两类试样表现出一些相同的特征，但是它们之间还是存在一些区别，如图 7—26 所示。相近锈蚀程度下，通电方法加速锈蚀的混凝土构件中的钢筋力学性能略大于人工气候环境下的钢筋，随着锈蚀程度的增加，这种差别越来越大。原因是恒电流加速使得钢筋锈蚀沿圆周和纵向表现为均匀，而人工气候环境下的钢筋锈蚀沿圆周不均匀，更主要的是该环境下坑蚀现象突出，容易使钢筋发生应力集中，从而造成力学性能的差别，当锈蚀程度增大时这种差别会表现得更为明显。另外，两种加速方法下相同锈蚀损伤率对应的失重率是不同的，如果加上这个因素，两种加速方法之间的区别会更大。

不同的试验室加速锈蚀方法所得到的锈蚀钢筋的表面锈蚀特征有明显的差异（如图 7—27 所示）。人工气候环境下混凝土内钢筋表面锈蚀分布沿圆周方向锈蚀是不均匀的，靠近保护层一侧锈蚀较背向保护层一侧严重；更重要的是沿钢筋纵向表面出现很多不规则的锈坑，随着锈蚀程度的增加，这种现象越来越明显，锈蚀严重的部位锈蚀作用向钢筋深部发展，甚至造成部分钢筋的变形肋损失。坑蚀沿钢筋纵向的分布及其不规则，离散性很大，对钢筋的力学性能的影响是至关重要的，这与自然气候环境条件下的钢筋锈蚀特征相同；但是恒电流加速的钢筋锈蚀沿纵向和圆周方向都是比较接近均匀的，坑蚀现象也不明显。钢筋表面锈蚀特征的不同会显著影响锈蚀钢筋的力学性能。

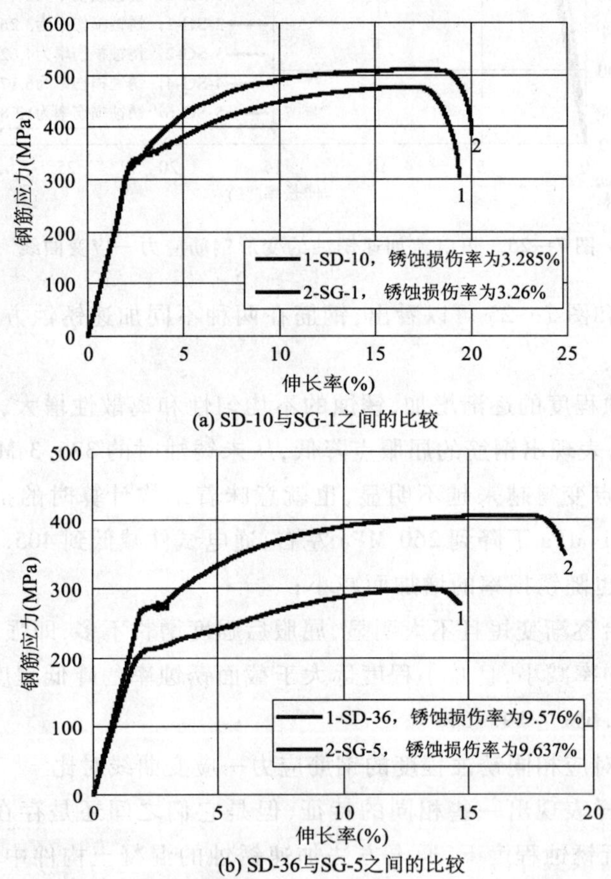

图7—26　相近锈损率对应人工气候环境(SD)和通电加速(SG)锈蚀试件之间的比较

2)锈蚀钢筋力学性能退化模型

钢筋锈蚀后其物理力学性能将会变化，其中钢筋的本构关系模型也会随之变化。尽管目前国内外学者对锈蚀钢筋力学性能问题进行了大量的研究，但是，总体来说并没有形成统一的认识，特别是锈蚀钢筋的本构模型尚未确立，因此有必要研究其退化规律，建立锈蚀钢筋的本构关系模型，为锈蚀钢筋混凝土结构的计算奠定一定的基础。

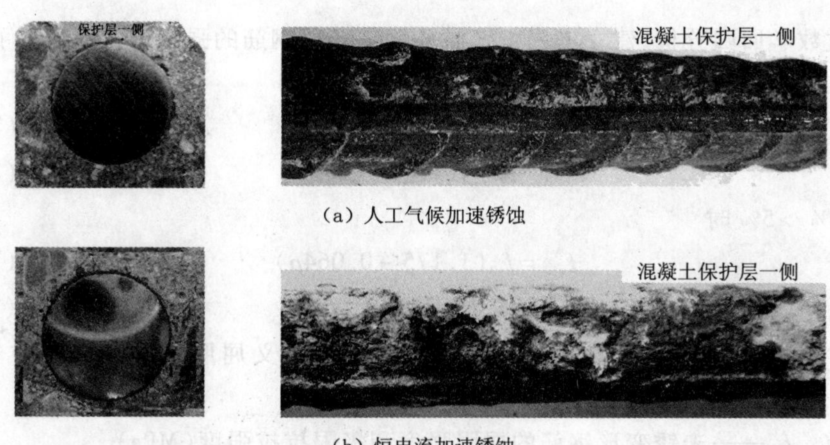

（a）人工气候加速锈蚀

（b）恒电流加速锈蚀

图 7—27　不同加速条件下钢筋内外侧锈蚀对比

(1)锈蚀钢筋屈服强度和极限抗拉强度模型

为了直观起见,分别以锈蚀钢筋的屈服强度和极限抗拉强度与未锈蚀构件相应值之比(即屈服强度相对值和极限抗拉强度相对值)为纵坐标,以锈蚀损伤率为横坐标,将人工气候环境氯离子外侵条件下变形钢筋的试验点与通电加速情况分别放在一个坐标系中进行对比,见图 7—28 所示,从中找出锈蚀钢筋强度随锈蚀损伤率的变化规律,并对比相互之间的不同。

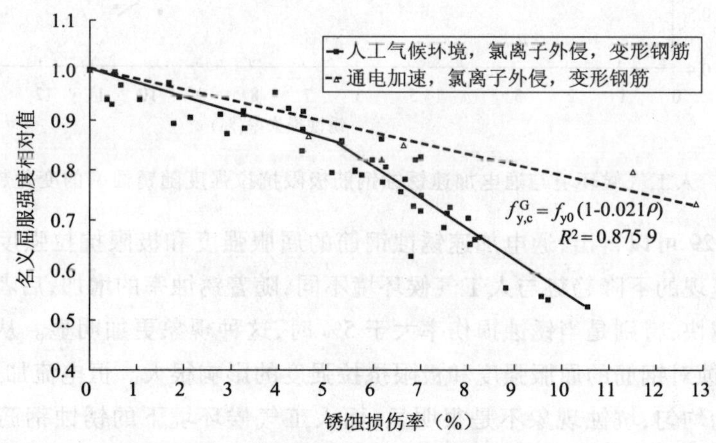

图 7—28　人工气候环境与通电加速锈蚀钢筋屈服强度随锈蚀率的变化趋势比较

由图 7—28 可以得出,随着锈蚀率增加而钢筋的屈服强度和极限抗拉强度呈现下降趋势,而且在锈蚀损伤率为 5% 左右,试验点的变化趋势发生改变,即钢筋锈蚀损伤率为 5% 附近时锈坑使钢筋的截面损失严重,使得钢筋强度发生突变,表现在曲线上就是拐点。因此,将锈蚀损伤率为 5% 作为分界点,建立人工气候环境下变形钢筋的预计屈服强度和极限抗拉强度模型统计公式。

通过数学回归分析，建立出人工气候环境下变形钢筋的强度退化模型如下：

当 $0 < \rho\% \leqslant 5\%$ 时

$$f_{y,c}^{A} = f_{y0}(1 - 0.029\rho) \tag{7—23}$$

$$f_{u,c}^{A} = f_{u0}(1 - 0.026\rho) \tag{7—24}$$

当 $\rho\% > 5\%$ 时

$$f_{y,c}^{A} = f_{y0}(1.175 - 0.064\rho) \tag{7—25}$$

$$f_{u,c}^{A} = f_{u0}(1.18 - 0.062\rho) \tag{7—26}$$

式中 $f_{y,c}^{A}$、$f_{u,c}^{A}$——人工气候环境下锈蚀变形钢筋名义屈服强度和极限抗拉强度（MPa）；

f_{y0}、f_{u0}——未锈变形钢筋的屈服强度和极限抗拉强度（MPa）。

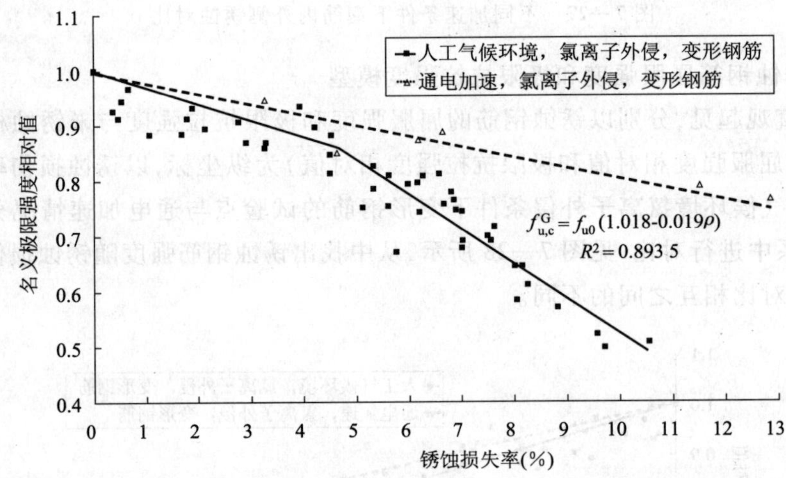

图 7—29　人工气候环境与通电加速锈蚀钢筋极限抗拉强度随锈蚀率的变化趋势比较

从图 7—29 可以得出，通电加速锈蚀钢筋的屈服强度和极限抗拉强度随着锈蚀损伤率增加而呈现的下降趋势与人工气候环境不同，随着锈蚀率的增加，后者的退化速率比前者越来越快，特别是当锈蚀损伤率大于 5% 时，这种现象更加明显。从钢筋的锈蚀特征分析，坑蚀对钢筋的屈服强度和极限抗拉强度的影响很大。恒电流加速情况下，钢筋的锈蚀较为均匀，坑蚀现象不是很明显，而人工气候环境下的锈蚀钢筋坑蚀更为严重，从而使得锈蚀钢筋的屈服强度和极限抗拉强度相对于人工气候环境下要高。

基于通电加速锈蚀钢筋的试验结果，建立出钢筋的强度退化模型如下：

$$f_{y,c}^{G} = f_{y0}(1 - 0.021\rho) \tag{7—27}$$

$$f_{u,c}^{G} = f_{u0}(1.018 - 0.019\rho) \tag{7—28}$$

式中 $f_{y,c}^{G}$、$f_{u,c}^{G}$——通电加速下锈蚀变形钢筋名义屈服强度和极限抗拉强度（MPa）。

(2)锈蚀钢筋伸长率模型

同样地，以锈蚀钢筋的伸长率与未锈蚀构件相应值之比（即相对伸长率）为纵坐标，以锈蚀率为横坐标，将人工气候环境下氯离子外侵条件下变形钢筋的试验点与通电加速情况放在一个坐标系中进行对比，见图 7—30 所示，从中找出锈蚀钢筋伸长率随锈蚀率的变化规律，并对比相互之间的不同。

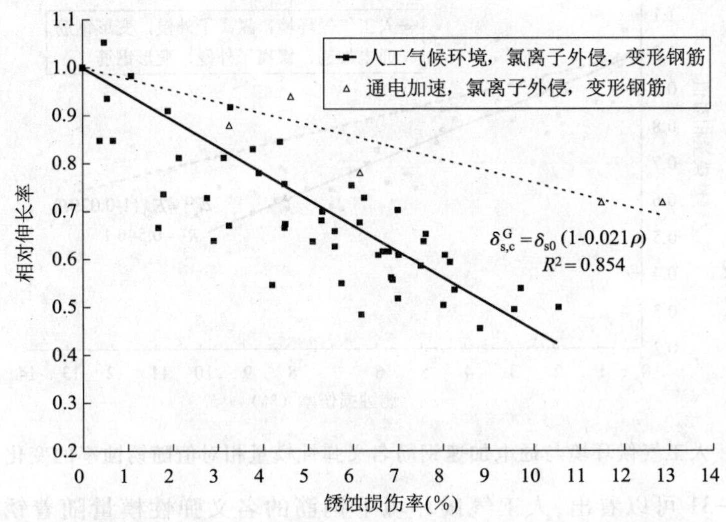

图 7—30 人工气候环境与通电加速钢筋相对伸长率随锈蚀率的变化趋势比较

由图 7—30 可以看出，随着锈蚀率增加，钢筋的伸长率呈现下降趋势，这说明人工气候环境下钢筋表面有明显的坑蚀现象，对钢筋的力学性能影响显著。

将人工气候环境氯离子外侵条件下变形钢筋的试验点通过数学回归分析，建立出人工气候环境下变形钢筋的伸长率模型：

$$\delta_{s,c}^{A}=\delta_{s0}(1-0.0575\rho) \tag{7—29}$$

式中 $\delta_{s,c}^{A}$——人工气候环境下锈蚀变形钢筋相对伸长率（%）；

δ_{s0}——未锈变形钢筋的相对伸长率（%）。

观察图 7—27 中的试验点，可以发现通电加速锈蚀钢筋的相对伸长率随着锈蚀率增加而呈现的下降趋势明显比人工气候环境下的慢，此现象与钢筋强度的变化相近，导致此现象的原因也与其相同，主要是人工气候环境下的锈蚀钢筋坑蚀对钢筋的伸长率的影响也很大，从而使得锈蚀钢筋的伸长率相对于人工气候环境下要高。

基于通电加速锈蚀钢筋的试验结果，建立出通电加速方法下钢筋的伸长率退化模型：

$$\delta_{s,c}^{G}=\delta_{s0}(1-0.021\rho) \tag{7—30}$$

式中 $\delta_{s,c}^{G}$——通电加速锈蚀变形钢筋相对伸长率（%）。

(3)锈蚀钢筋弹性模量模型

以锈蚀钢筋的名义弹性模量与未锈蚀构件相应值之比（即弹性模量相对值）为纵坐标，以锈蚀率为横坐标，将人工气候环境下氯离子外侵条件下变形钢筋的试验点分别通电加速情况放在一个坐标系中进行对比，见图 7—31 所示，从中找出锈蚀钢筋弹性模量随锈蚀率的变化规律。

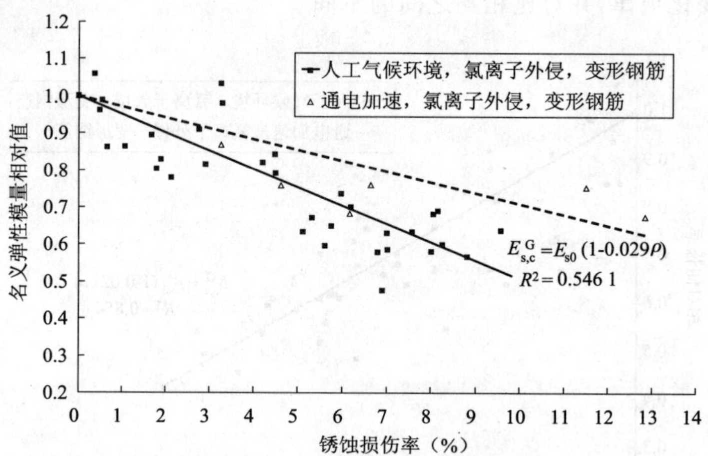

图 7—31　人工气候环境与通电加速钢筋名义弹性模量相对值随锈蚀率的变化趋势比较

由图 7—31 可以看出，人工气候环境下钢筋的名义弹性模量随着锈蚀率增加也呈现下降趋势，原因是钢筋锈蚀对钢筋应力的影响比对应变(这里以钢筋屈服时的伸长率表示)的影响更为显著，从而引起弹性模量的变小。图中曲线在锈蚀率为 5% 时发生转折，进而弹性模量的下降变得较为平缓。分析其原因可能是，当锈蚀超过一定程度(这里为 5%)后，坑蚀对钢筋性质起的作用逐渐明显，使得钢筋的脆性增加，其应变的下降速率减缓，从而造成弹性模量下降率变小。

与其他情况相似，建立出人工气候环境下变形钢筋的名义弹性模量的衰退模型如下：

当 $0<\rho\%\leqslant5\%$ 时

$$E_{s,c}^{A}=E_{s0}(1-0.052\rho) \tag{7—31}$$

当 $\rho\%>5\%$ 时

$$E_{s,c}^{A}=E_{s0}(0.895-0.031\rho) \tag{7—32}$$

式中　$E_{s,c}^{A}$——人工气候环境下锈蚀钢筋名义弹性模量(N/mm^2)；

E_{s0}——未锈变形钢筋弹性模量(N/mm^2)。

观察图 7—31 中的试验点，可以发现通电加速锈蚀钢筋的名义弹性模量相对值随着锈损率增加而呈现的下降趋势明显比人工气候环境下的慢，此现象与钢筋强度和伸长率的变化相近，导致此现象的原因也是由于锈蚀钢筋坑蚀的影响，也就是通电加速锈蚀的钢筋接近均匀锈蚀，应力集中现象不太明显。

基于通电加速锈蚀钢筋的试验结果，建立出通电加速方法下钢筋的名义弹性模量退化模型如下：

$$E_{s,c}^{G}=E_{s0}(1-0.029\rho) \tag{7—33}$$

式中 $E_{s,c}^{C}$——通电加速锈蚀钢筋名义弹性模量(N/mm^2)。

3)人工气候环境和通电加速锈蚀钢筋本构关系模型的对比

针对上面得到的本构关系模型,选用不同的锈损率,绘制出人工气候气候条件下变形钢筋的应力—应变曲线族,同样地,将通电加速条件下锈蚀钢筋的特征值代入 Park and Paulay 模型函数,就可以得到通电加速锈蚀钢筋的本构关系模型,并绘制出它们的应力—应变曲线族,与人工气候环境情况对比,如图 7—32 所示。

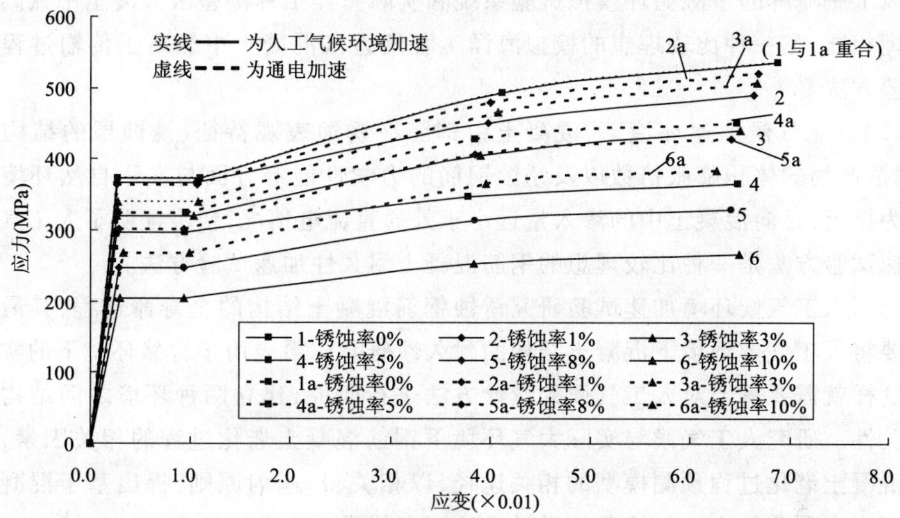

图 7—32 人工气候环境和通电加速下不同锈蚀程度钢筋的本构关系模型曲线族

对比可以看出,通电加速锈蚀钢筋的力学性能随着锈损率增加而呈现的下降趋势明显比人工气候环境下的慢,此现象与试验结果相似,主要是人工气候环境下的锈蚀钢筋坑蚀对钢筋的力学性能影响也很大。

综上所述,由于截面减小和坑蚀的原因,使得锈蚀钢筋的强度降低,屈服点变得越来越不明显,强屈比变小和伸长率减小。且发现相同锈蚀程度时,人工气候环境下锈蚀钢筋的力学性能比通电条件下退化更多,其原因主要是由于恒电流加速锈蚀的钢筋更接近均匀锈蚀。

7.6 小　　结

目前关于锈蚀钢筋混凝土结构全寿命过程的研究多数都是在试验室中一定的人工加速气候条件下得出的,由此所取得的研究成果能否适用于自然环境中的真实结构上不能完全定论。本章在加速试验方法对混凝土碳化、氯离子传输及钢筋腐蚀过程的影响方面进行了初步的探索。研究结果表明:

(1)自然碳化和人工加速碳化混凝土碳化层的 pH 值变化规律、物相组成及其变化规律和自然碳化相同，在混凝土材料和环境温湿度相同的条件下，CO_2 浓度和碳化时间对混凝土 pH 值变化区域长度没有明显影响，利用实验室高浓度人工加速碳化技术研究实际自然环境中钢筋混凝土结构的碳化过程是完全可行的。

(2)不同环境条件下，氯离子在混凝土中的传输机理不同，进行氯离子传输过程的加速试验研究，必须首先分析结构所处的具体环境以及在该环境条件下氯离子的传输机理，采用和实际具体环境条件下氯离子传输机理相对应的试验方法。盐水喷淋—风干—喷淋的干湿循环模拟试验系统和实际海洋工程潮差区混凝土中氯离子传输机理相同，是一种比较理想的模拟海洋工程潮差区混凝土中氯离子传输过程的加速试验方法。

(3)人工气候加速环境下，混凝土中钢筋在锈蚀表观特征、锈蚀层的结构和组成、锈蚀产物的体积膨胀倍数以及锈蚀钢筋的力学性能等方面与实际自然环境下情况较为接近，且向混凝土中的渗入量远小于外通直流电情况，初步证明了人工气候环境加速试验方法是一种比较理想的钢筋混凝土耐久性加速试验方法。

运用人工气候环境加速试验研究锈蚀钢筋混凝土结构的全寿命过程，其最终目的是要将人工气候环境下混凝土结构的耐久性研究成果应用于自然环境下的实际结构。这样就需要需要对人工气候的设计方法进行研究，建立两种环境之间结构老化的相关性。研究人工气候与实际大气环境下钢筋混凝土老化过程的相关因素，建立钢筋混凝土老化过程预测模型的相关途径，以相关、加速为原则，提出基于混凝土结构使用寿命预测的人工气候环境设计方法还有待进一步深入研究。

参考文献

[1] 欧洲混凝土协会.周燕，邸小坛，韩维云，蔡鲁生，译. CEB 耐久混凝土结构设计指南(第二版)[M]. 北京:中国建筑科学出版社，1989.

[2] Luca Bertolin, Bernhard Elsener, Pietro Pedeferri, etc. Corrosion of steel in concrete Prevention, Diagnosis, Repair[M]. 2004.

[3] 罗福午.建筑结构缺陷事故的分析及防止[M].北京:清华大学出版社，1996.

[4] Mehta, P. K. Durability-Critical Issues for the Future [J]. Concrete International, Vol. 19, 1997: 27-33.

[5] 卢木. 混凝土耐久性研究现状和研究方向[J]. 工业建筑，1997，27(5):1-6.

[6] Report card for American's infrastructure. http://www.asce.org/reportcard/2005/index.

[7] 葛燕. 混凝土中钢筋的锈蚀与阴极保护[M]. 北京:化学工业出版社，2007.

[8] 王德志，张金喜，张建华. 沿海公路钢筋混凝土桥梁氯盐侵蚀的调研与分析[J]. 北京工业大学学报，2006，32(2):187-192.

[9] 柯伟. 中国腐蚀调查报告[M]. 北京:化学工业出版社，2003.

[10] 洪定海. 混凝土中钢筋的锈蚀与保护[M].北京:中国铁道出版社，1998(9).

[11] Emmanuel Roziere, Ahmed Loukili, Francois Cussigh. A performance based approach for durability of concrete exposed to carbonation[J]. Construction and Building Materials, 2008.

[12] O. Burkan Isgor, A. Ghani Razaqpur. Finite element modeling of coupled heat transfer, moisture transport and carbonation processes in concrete structures [J]. Cement & Concrete Composites, 2002 (26):57-73.

[13] Alexander Steffens, Dieter Dinkler, Hermann Ahrens. Modeling carbonation for corrosion risk prediction of concrete structures[J]. Cement and Concrete Research, 2002(32):935-941.

[14] 颜承越. 混凝土的碳化腐蚀与验评[J]. 粉煤灰综合利用，1996(3):69-74.

[15] 王小平，彭少民等. 高压输电线路塔基础混凝土开裂检测及分析[J]. 混凝土，2001(7):41-44.

[16] 邢林生. 坝工混凝土工程碳化机理及实例分析[J]. 大坝与安全，2003(2):11-15.

[17] 陈立亭. 混凝土碳化模型及其参数研究[D]. 西安建筑科技大学，硕士学位论文，2007.

[18] Claus Pade, Miria Guimaraes. The CO_2 uptake of concrete in a 100 year perspective [J]. Cement and Concrete Research, 2007(37):1348-1356.

[19] S. Chatterji, K. A. Snyder, J. Marchand. Depth profiles of carbonates formed during natural carbonation[J]. Cement and Concrete Research, 2002, 32 (12): 1923-1930.

[20] A. Muntean, M. Bohm. A moving-boundary problem for concrete carbonation: Global existence and uniqueness of weak solutions[J]. Journal of Mathematical Analysis and Applications, 2009, 350 (1): 234-251.

[21] Xiao-Yong Wang, Han-Seung Lee. A model for predicting the carbonation depth of concrete

containing low-calcium fly ash[J]. Construction and Building Materials, 2009, 23(2):725-733.
[22] 蒋利学，张誉. 混凝土部分碳化区长度的分析与计算[J]. 工业建筑，1999，29(1):4-7.
[23] 陈志源，李启令. 土木工程材料[M]. 武汉:武汉理工大学出版社，2003.6.
[24] 林玮. 钢筋表面状态及混凝土孔溶液 pH、[Cl⁻] 对钢筋锈蚀的影响. 硕士学位论文，清华大学，2002.5.
[25] 范宏. 混凝土结构中氯离子侵入与寿命预测[D]. 博士学位论文，西安建筑科技大学，2009. 6.
[26] 张奕. 氯离子在混凝土中的输运机理研究[D]. 博士学位论文，浙江大学，2008. 1.
[27] E. J. Hansen, V. E. Saouma. Numerical simulation of reinforced concrete deterioration-Part I: Chloride diffusion[J]. ACI Materials Journal, 1999, 96(2):173-180.
[28] Yan-wei Zeng. Modeling of chloride diffusion in hetero-structured concretes by finite element method[J], Cement and Concrete Composites, 2007, 29(7):559-565.
[29] T. Saeki, K. Sasaki, K. Shinada. Estimation of chloride diffusion coefficient of concrete using mineral admixtures[J]. Journal of Advanced Concrete Technology, 2006, 4(3):385-394.
[30] J. J. Zheng, X. Z. Zhou. Prediction of the chloride diffusion coefficient of concrete[J]. Materials and Structures, 2007, 40(7): 693-701.
[31] 姬永生，袁迎曙. 干湿循环作用下氯离子在混凝土中的侵蚀过程研究[J]. 工业建筑，2006，36(12): 16-19.
[32] Yong-sheng Ji(姬永生), Zhong-chao Tan, Ying-shu Yuan. Chloride ion ingress in concrete exposed to a cyclic wetting and drying environment[J]. Transactions of the ASABE (American Society of Agricultural and Biological Engineers), 2009, 52(1):239-245.
[33] Ke-fei Li , Chun-qiu Li, Zhao-yuan Chen. Influential depth of moisture transport in concrete subject to drying-wetting cycles[J]. Cement & Concrete Composites, 2009, 31 (10): 693-698.
[34] T. M. Chrisp, W. J. McCarter, G. Starrs, P. A. M. Basheer, J. Blewett. Depth-related variation in conductivity to study cover-zone concrete during wetting and drying [J]. Cement & Concrete Composites, 2002, 24 (5):415-426.
[35] 刘西拉，苗澍柯. 混凝土结构中的钢筋锈蚀及其耐久性计算 [J]. 土木工程学报，1990，23(4): 69-78.
[36] Z. P. Bazant. Physical model for steel corrosion in concrete sea structures: theory[J]. ASCE Journal of Structural Division, 1979, 105(6):1137-1154.
[37] 耿欧. 混凝土构件中钢筋锈蚀速率预计模型研究[D]. 博士学位论文，中国矿业大学，2008.6.
[38] 姬永生. 自然与人工气候环境下钢筋混凝土退化过程的相关性研究[D]. 博士学位论文，中国矿业大学，2007.12.
[39] G. K. Glass, C. L. Page and N. R. Short. Factors affecting the corrosion rate of steel in carbonated mortars[J]. Corrosion Science, 1991, 32(12): 1283-1294.
[40] Wei Feng-I. Atmospheric corrosion of carbon steels and weathering steels in Taiwan[J]. British Corrosion Journal, 1991, 26(3): 209-214.
[41] 徐永祥，严川伟，高延敏，等. 大气环境中涂层下金属的腐蚀和涂层的失效[J]. 中国腐蚀与

防护学报，2002，22(4)：249.

[42] Ying-shu Yuan, Yong-sheng Ji（姬永生）. Modeling corroded section configuration of steel bar in concrete structure[J]. Construction and Building Materials, 2009, 23(6)：2461-2466.

[43] 金伟良等. 钢筋混凝土构件的均匀钢筋锈胀力及其影响因素[J]. 工业建筑,2001,31(5).

[44] Williamson S J, Clark L A. Pressure Required to Cause Cover Cracking of Concrete due to Reinforcement Corrosion [J]. Magazine of Concrete Research, 2000, 52(6)：455-467.

[45] Cabera J G. Deterioration of Concrete Due to Reinforcement Steel Corrosion [J]. Cement and Concrete Composites, 1996, 18：47-59.

[46] 袁迎曙，章鑫森，姬永生. 人工气候与恒电流法加速锈蚀钢筋混凝土梁的结构性能比较研究[J]. 土木工程学报，2006，39(3)：42-46.

[47] 屈文俊，张誉，张伟平. 混凝土胀裂时钢筋锈蚀量的确定[J]. 工程力学(增刊)，1997.

[48] 赵羽习，金伟良. 混凝土构件锈蚀胀裂时的钢筋锈蚀率[J]. 水利学报,2004,11.

[49] Molina, F. J., Alonso, C., Andrade, C., Cover Cracking as a Function of Rebar Corrosion：Part 2- Numerical Model [J], Materials and Structures, 1993, 26(163)：532-548.

[50] Peter Schiebl Laboratory Studies and Calculations on the Influence of Crack Width on Steel in Concrete, ACI Materials Journal/January-February.

[51] 董荣珍，卫军，徐港，黄玉盈. 锈蚀产物在钢筋混凝土界面处的分布状态分析[J]. 华中科技大学学报，2008，36(6)：100-102.

[52] V. Zivica, L. Krajci, L. Bagel and M. Vargova. Significance of the ambient temperature and the steel material in the process of concrete reinforcement corrosion[J]. Construction and Building Materials, 1997, 11(2)：99-103.

[53] 惠云玲，李荣，林志伸，等. 混凝土基本构件钢筋锈蚀前后性能的实验研究[J]. 工业建筑，1997，27(6)：14-18.

[54] Abdullah, A. Almusallam. Effect of degree of corrosion on the properties of reinforcing steel bars [J]. Construction and Building Materials, 2001, 15 (8)：361-368.

[55] 史庆轩，李小健，牛荻涛. 钢筋锈蚀前后混凝土偏心受压构件承载力试验研究[J]. 西安建筑科技大学学报，1999，31(3)：218-221.

[56] 张喜德，蓝文武，等. 钢筋混凝土受弯构件受压区钢筋锈蚀影响的试验研究[J]. 工业建筑，2005，35(7)：46-49.

[57] L. Chunga, S. H. Choa, J. H. J. Kimb, S. T. Yic. Correction factor suggestion for ACI development length provisions based on flexural testing of RC slabs with various levels of corroded reinforcing bars[J]. Engineering Structures, 2004, 26 (8)：1013-1026.

[58] 蒋德稳. 钢筋混凝土人工综合侵蚀效应的研究[D]. 硕士学位论文，中国矿业大学，2002.5.

[59] 李果. 钢筋混凝土耐久性的环境行为与基本退化模型研究[D]. 博士学位论文，中国矿业大学，2004.6.

[60] Ying-shu Yuan, Yong-sheng Ji（姬永生）, and P. S. Surendra. Comparison of two accelerated corrosion techniques for concrete structures[J]. ACI Structural Journal, 2007, 104(3)：344-347.

[61] R. E. Melchers, Chun-qing Li. Phenomenological modeling of reinforcement corrosion in marine environments[J]. ACI Materials Journal, 2006, 103(1)：25-32.

[62] Chun-qing Li. Corrosion initiation of reinforcing steel in concrete under natural salt spray and service loading - results and analysis[J]. ACI Materials Journal, 2000, 97(6):690-697.
[63] 张凯，黄渝鸿，马艳，周德惠. 橡胶材料加速老化试验及其寿命预测方法[J]. 化学推进剂与高分子材料, 2004, 2(6): 44-48.
[64] 王清辉，龚章群. 人工气候环境实验室[J]. 通信电源技术, 1993(4) : 6-11.
[65] 朱坚莺. 化学建材的自然老化与人工气候老化及其相关性[J]. 化学建材, 2001, 17(5) : 23-25.
[66] 陈志源，李启令. 土木工程材料[M]. 武汉:武汉理工大学出版社, 2006.
[67] P. Kumar Mehta & Paulo J. M. Monteiro. CONCRETE Microstructure, Properties, and Materials [M]. 2001.
[68] 王新友，蒋正武，高相东，孙振平. 混凝土内水分迁移机理与模型研究评述[J]. 建筑材料学报, 2002, 5(1): 66-70.
[69] C. Andrade, J. Sarría, C. Alonso. Relative humidity in the interior of concrete exposed to natural and artificial weathering[J]. Cement and Concrete Research 29 (1999): 1249-1259.
[70] Bazant Z. P., Najjar L. J., Nonlinear Water Diffusion in Non-saturated Concrete [J]. Materials and Structures, 1972,5(25):3-20.
[71] Parrott L. J., Factors Influencing Relative Humidity in Concrete [J]. Magazine of Concrete Research, 1991,43(154):45-52.
[72] Terrill J. M., Richardson M, Sekby A. R. Non-linear Moisture Profiles and Shrinkage in Concrete Members [J]. Magazine of Concrete Research, 1986, 38(137):220 ~ 225.
[73] 李启云. 热工基础及设备[M]. 南京:南京工学院出版社, 1988, 8:223-228.
[74] 谢依金 A E. 著，胡春芝译. 水泥混凝土的结构与性能[M]. 北京:中国建筑工业出版社, 1984.
[75] 姬永生，董亚男，袁迎曙，吴晓峰. 混凝土孔隙水饱和度的机理分析[J]. 四川建筑科学研究. 2010(2):215-218.
[76] V. G. Papadakis, C. G. Vagenas, and M. N. Fardis. Physical and chemical characteristics affecting the durability of concrete [J]. ACI Materials Journal, 1991, 88(2): 186-196.
[77] BabushkinV I, Matveyev G M, Mehedlov-Petrosyan O P. Thermodynamics of Silieates [M]. SPringer-Verlag, 1985:276-281.
[78] 张誉. 混凝土结构耐久性概论[M]. 上海:上海科学技术出版社, 2003(12).
[79] 朱安民. 混凝土碳化与钢筋混凝土耐久性[J]. 混凝土, 1992, 4(6): 18-22.
[80] V. G. Papadakis, C. G. Vagenas, and M. N. Fardis. Physical and chemical characteristics affecting the durability of concrete[J]. ACI Materials Journal, 1991, 88(2): 186-196.
[81] 龚洛书,柳春圃. 混凝土的耐久性及其防护修补[M]. 北京:中国建筑工业出版社, 1990. 10.
[82] M. D. A, Thomas, and J. D, Matthews. Carbonation of fly ash concrete[J]. Magazine of Concrete Research, 1992, 44(160): 217-228.
[83] 周新刚. 混凝土结构耐久性与损伤防治[M]. 北京:中国建材工业出版社, 1999.
[84] 肖从真. 混凝土中钢筋锈蚀的机理研究及数论模拟方法[D]. 清华大学, 1995(5).
[85] 刘欣. 与混凝土微环境相关的碳化速率预计模型[D]. 中国矿业大学, 2010.
[86] 杨静. 混凝土的碳化机理及其影响因素[J]. 混凝土, 1995(6).

[87] 金伟良，赵羽习著. 混凝土结构耐久性[M]. 北京:科学出版社，2002(9).
[88] 肖从真. 混凝土中钢筋锈蚀的机理研究及数论模拟方法[D]. 博士学位论文，清华大学，1995(5).
[89] 樊云昌. 混凝土中钢筋锈蚀防护与修复[M]. 北京:中国铁道出版社，2001.
[90] 周君亮，刘农，许冠绍. 混凝土抗吸化侵蚀安全使用年数快速测定法[J]. 江苏水利，2000(3)：18-20.
[91] 牛荻涛,等. 混凝土碳化的概率模型及碳化可靠性分析[J]. 西安建筑科技大学学报，1995，27(3)：253-256.
[92] 鄂飞,等. 碳化反应区对混凝土碳化规律的影响[J]. 工业建筑，1999，29(1):12-16.
[93] 蒋利学. 混凝土碳化区物质含量变化规律的数值分析[J]. 工业建筑，1999，29(1).
[94] 姬永生. 自然与人工气候环境下钢筋混凝土退化过程的相关性研究[D]. 徐州:中国矿业大学，2007.
[95] 徐善华，牛荻涛，王庆霖. 大气环境条件下混凝土中钢筋的锈蚀[J]. 建筑技术，2003(4)：267-269.
[96] 杉田英明,等. 钢筋の发锈に及す盐化物と中性化の影响[J]. セメント.クリト,1989(513):29-39.
[97] Li L F, Sagues A A. METALLURGICAL EFFECTS ON CHLORIDE ION CORROSION THRESHOLD OF STEEL IN CONCRETE [R], Department of Civil and Environmental Engineering, Universiy of South Florida, November 30, 2001.
[98] 柳俊哲. 混凝土碳化研究与进展(1)-碳化机理及碳化程度评价[J]. 混凝土，2005，(11)：10-13.
[99] 周新刚. 混凝土结构耐久性与损伤防治[M]. 北京:中国建材工业出版社，1999.
[100] Anna V. Saetta, Renato V. Vitaliani. Experimental investigation and numerical modeling of carbonation process in reinforced concrete structures Part Ⅱ. Practical applications[J]. Cement and Concrete Research 35 (2005): 958-967.
[101] 洪乃丰. 混凝土中钢筋锈蚀与防护技术(3)—氯盐与钢筋锈蚀破坏[J]. 工业建筑 1999(10).
[102] Morris W, Vazquez, M.. Corrosion of reinforced concrete exposed to marine environment[J]. Corrosion Reviews, 2002, 20(6): 469-508.
[103] Martin F J, Olek J. Experimental procedure for fundamental studies of reinforcing steel corrosion processes [J]. Review of Scientific Instruments, 2003, 74(4): 2512-2516.
[104] Saremi M, Mahallati E. A study on chloride-induced depassivation of mild steel in simulated concrete pore solution[J]. Cement and Concrete Research, 2002 (32):1915-1921.
[105] 樊云昌. 混凝土中钢筋锈蚀防护与修复[M]. 北京:中国铁道出版社，2001.
[106] 牟艳君. 混凝土内钢筋锈胀效应和预测模型研究[D]. 徐州:中国矿业大学，2006.
[107] 洪乃丰. 混凝土中氯盐与钢筋锈蚀的几个相关问题[J]. 工业建筑，2003.
[108] 刘秉京. 混凝土结构耐久性设计[M]. 北京:人民交通出版社，2007.
[109] Standard Test Method for Determining Atmospheric Chloride Deposition Rate by Wet Candle Method. ASTM G140.
[110] 张伟敬，孙晓明，柳富田，张卫，方成. 曹妃甸地区地下水水化学特征及影响因素的R型因子分析[J]. 安全与环境工程，2010(1).

[111] M. A. Climent, G. de Vera and E. Viqueira. Bit shape geometric considerations when sampling by dry drilling for obtaining chloride profiles in concrete[J]. Materials and Structures, Vol. 34, April 2001, pp 150-154.
[112] B. Barya, A. Sellier, Coupled moisture carbon dioxide-calcium transfer model for carbonation of concrete[J]. Cement and Concrete Research 34 (2004) 1859-1872.
[113] 谢祥明，莫海鸿.大掺量矿渣微粉提高混凝土抗氯离子渗透性的研究[J]. 水利学报,2005, 36(6):737-741.
[114] 王永明. 离子色谱分析方法的原理及其应用[J]. 环保科技情报.
[115] 毛禹平，杨谅孚. 极谱法测定氯离子新体系的研究[J]. 分析化学，1991，6：663-665.
[116] 王宝暄，冯清茂，滕娇琴，等. 离子电极法测定饲料中水溶性氯化物[J]，化学工程师，2003，2：34-35.
[117] P. S. Mangat, B. T. Mollo. Prediction of long term chloride concentration in concrete [J]. Materials and Structure ,1994,27.
[118] Maage M., etal. Setvice life prediction of existing concrete structures exposed to marine environment[J]. ACI Materials Journal. Nov.-Dec. 1996.
[119] James R. Clifton. Prediction the service life of concrete [J]. ACI Materials Journal, Nov.-Dec. 1993.
[120] Mili Funahashi. Predicting corrosion-free service life of a concrete structure in a chloride environntenl[J]. ACI Materials Journal, Nov.-Dec. 1990.
[121] Eric J. Numerical simulation of reinforced concrete deterioration :chloride diffusion [J]. ACI Materials Journal, 1999,96.
[122] Maage M., Helland S., Poulsen E. et al. Service fife prediction of existing concrete structures exposed to marine environment [J]. ACT Materials Journal, 1996, 93(6).
[123] Tumidajski P. J, Boltzmann-Matauo. Analysis of chloride diffusion into blended cement concrete [J]. Journal of materials in civil engineering NOv. 1996/195.
[124] M. D. A. Thomas, J. D. Matthews, C. A. Haynes. Chloride diffusion and reinforcement corrosion in marine exposed concretes containing PFA, Corrosion of Reinforcement in Concrete, Elsevier, Warwickshire, UK,1990, p. 198-212.
[125] Vladimir Pavlik, Water extraction of chloride, hydroxide and other ions from hardened cement pastes[J]. Cement and Concrete Research 30 (2000) 895-906.
[126] Modelling of Degradation, The European Union-Brite Euram ,Dec. 1998.
[127] Salil K. Roy Liam Kok Chye, and Derek O. Northwood. Chloride ingress in concrete as measured by field exposure tests in the atmospheric , tidal, and submerged zones of a tropical marine environment[J]. Cement and Concrete Research, 1993, 23:1289-1306.
[128] 苑莲菊. 工程渗流力学与应用[J]. 2001，7(1)：45-55.
[129] Tang L. P, Nilsson L. O. Rapid Determination of the Chloride Diffusivity in Concrete by Applying an Electrical Field [J]. ACI Materials Journal, 1992;49-53.
[130] 刘芳. 混凝土中氯离子浓度确定及掺合料的作用[D]. 硕士学位论文，浙江大学，2006.
[131] 国家海洋信息中心海洋环境评价预报部中华人民共和国港口潮汐预报(2006)：天津

乍浦，2006.

[132] 方国洪，郑文振，陈振墉，等. 潮汐和潮流的分析和预报[M]. 北京:海洋出版社，1986.

[133] B. Assouli, F. Simescu, G. Debicki and H. Idrissi. Detection and identification of concrete cracking during corrosion of reinforced concrete by acoustic emission coupled to the electrochemical techniques [J]. NDT&E International. 2005(38): 682-689.

[134] T. Yonezawa, V. Ashworth, R. P. M. Procter. Pore solution composition and chloride effects on the corrosion of steel in concrete[J]. Corrosion Engineering ,44(7),489-499.

[135] 刘志勇. 基于环境的海洋混凝土耐久性试验与寿命预测方法研究[D]. 东南大学. 2006.

[136] Ki Yong Ann, Ha-Won Song. Chloride threshold level for corrosion of steel in concrete[J]. Corrosion Science. 2007(49):4113-4133.

[137] Helland S. Assessment and Prediction of Service Life of Marine Structures. A Tool for Performance-Based Requirements? CEN TC104/Duranet Workshop, Design of Durability of Concrete, Berlin, 1999:64-75.

[138] Amey S L, Johnson D A, Miltenberger M A, etal. Predicting the service life of concrete marine structure: an environmental methodology[J]. ACI Materials Structural Joumal, 1998, 95(2): 205-214.

[139] Bamforth P Definition of Exposure Classes for Chloride Contaminated Environments. In: Page C L, Bamforth P, Figg J WProceedings, Fourth SCI Conference on Corrosion of Reinforcement in Concrete Construction, 1996:176-190.

[140] Bamforth, P B. The derivation of input data for modeling chloride ingress from eight -year U K coastal exposure trials[J]. Magazine of Concrete Research, 1999, 51(2):87-96.

[141] 中国土木工程学会标准. 混凝土结构耐久性设计与施工指南(CCES01—2004)[M]. 北京：中国建筑工业出版社，2005.

[142] 张宝兰，卫淑珊. 华南海港钢筋混凝土暴露十年试验[J]. 水运工程，1999(3)，6-13.

[143] DuraCrete. General Guidelines for Durability Design and Redesign[S]. The European Union-Brite Euram Ⅲ. Document BE95-1347/R15, 2000.

[144] Vu K A T, Stewart M G. Structural reliability of concrete bridges including improved chloride-induced corrosion models[J]. Structural Safety, 2000, 22(4): 313-333.

[145] Val. D. V., stewart M. G. Life-cycle cost analysis of reinforced concrete structures in marine environments[J]. Structural Safety, 2003, 25(4):343-362.

[146] 工程结构安全性与耐久性研究咨询项目组. 混凝土结构耐久性设计与施工指南[M]. 北京：中国建筑工业出版社，2004.

[147] McGee R. Modeling of durability performance of tasmanian bridges. ICASP8 Applications of Atatistics and Probability in Civil Engineering, 1999(1), 297 ~ 306.

[148] vu K. A. T., stewart M. G. Structural reliability of Concrete bridges in eluding improved chloride—induced corrosion models[J]. Structural Safety, 2000, 22(4):313-333.

[149] K. A. T. Vu, M. G Stewart. Structural Reliability of Concrete Bridges Including Improved Chloride-induced Corrosion Models[J]. Structural Safety. 2002, 22:313-333.

[150] LE. C. Bentz and M. D. A. Thomas. Life-365 Manual, 2001.

[151] Stephen L, Amey, Dwayne A. Johnson, Predicting the service life of concrete marine structures: an environmental methodology[J]. ACI Structural Journal, 1998, March-April, 205-214.

[152] Liu Y, Weyers R E. Modeling the dynamic corrosion process in chloride contaminated concrete stmctures[J]. Cement and Concrete Research, 1998,28(3):365-379.

[153] 余红发. 盐湖地区高性能混凝土的耐久性、机理与使用寿命预测方法[D]. 博士学位论文, 南京:东南大学, 2004.

[154] 朱志伟. 氯离子侵蚀下带裂缝钢筋混凝土结构耐久性分析方法研究[D]. 硕士学位论文, 天津大学, 2007.

[155] 罗刚. 氯离子侵蚀环境下钢筋混凝土构件的耐久寿命预测[D]. 硕士学位论文, 华侨大学, 2003.

[156] LE. C. Bentz and M. D. A. Thomas. Life-365 Manual, 2001.

[157] General Guidelines for Durability Design and Redesign[M]. DuraCrete, Feb, 2000.

[158] LIFECON. Service Life Models: Instructions on methodology and application of models for the Prediction of the residual service life for classified environmental loads and types of structures in Europe[R]. Life Cycle Management of Concrete Infrastructures for improved Sustainability. 2003.

[159] 陈伟, 许宏发. 考虑干湿交替影响的氯离子侵入混凝土模型[J]. 哈尔滨工业大学学报, 2006, 38(12):2191-2193.

[160] O. T. de Rincon, P. Castro, E. I. Moreno, et. al. Chloride profiles in two marine structure — meaning and some Predictions[J]. Building and Environment, 2004, 39(9):1065-1070.

[161] General Guidelines for Durability Design and Redesign [M]. DuraCrete, Feb, 2000.

[162] 牟艳君, 袁迎曙, 姬永生. 基于钢筋锈蚀膨胀的混凝土应力分析方法 [J]. 淮海工学院学报, 2006,15(1):66-70.

[163] Yuan Ying-shu, Ji Yong-sheng(姬永生). Modeling corroded section configuration of steel bar in concrete structure [J]. Construction and Building Materials, 2009, 23(6): 2461-2466.

[164] Dagher H J, Kulendran S. Finite Element Modeling of Corrosion Damage in Concrete Structures [J]. ACI Structural Journal, 1995, 89(6):1179-1190.

[165] Youping liu, Richard E. Weyers. Modeling the time-to-corrosion cracking in chloride contaminated reinforced concrete structures[J]. ACI Materials Journal. 1998,95(6).

[166] Molina, F. J., Alonso, C., Andrade, C., Cover Cracking as a Function of Rebar Corrosion: Part 2- Numerical Model [J]. Materials and Structures, 1993, 26(163):532-548.

[167] 金伟良, 赵羽习, 鄢飞. 钢筋混凝土构件的均匀钢筋锈胀力的机理研究[J]. 水利学报. 2001(7).

[168] Alonso C, Andrade C, Rodrigurz J, et al. Factors Controlling Cracking of Concrete Affected Reinforcement Corrosion [J]. Materials and Structures, 1998, 31(211):435-441.

[169] Cabera J G. Deterioration of Concrete Due to Reinforcement Steel Corrosion [J]. Cement and Concrete Composites, 1996, 18:47-59.

[170] Williamson S J, Clark L A. Pressure Required to Cause Cover Cracking of Concrete due to Reinforcement Corrosion [J]. Magazine of Concrete Research, 2000, 52(6):455-467.

[171] Allan M I. Probability of Corrosion Induced Cracking in Reinforced Concrete [J]. Cement and

Concrete Research, 1995, 25(6):1179-1190.

[172] 袁迎曙，章鑫森，姬永生. 人工气候与恒电流法加速锈蚀钢筋混凝土梁的结构性能比较研究[J]. 土木工程学报, 2006, 39(3):42-46.

[173] T. Liu, R. W. Weyers. Modeling the dynamic corrosion process in chloride contaminated concrete structures. Cement and Concrete Research, 1998, 28(3): 365-379.

[174] C. Andrade, C. Alonso, J. Sarria. Corrosion rate evolution in concrete structures to the atmosphere, Cement & Concrete Composites, 2002, 24: 55-64.

[175] 袁迎曙，李果. 锈蚀钢筋混凝土柱的结构性能退化特征[J]. 建筑结构, 2002, (10):18-20.

[176] 吴庆，袁迎曙，李洁勇. 人工气候环境下锈蚀混凝土梁的结构性能退化研究[J]. 中国矿业大学学报, 2007, 36 (4) :442-445.

[177] 袁迎曙，章鑫森，姬永生. 人工气候与恒电流通电法加速锈蚀钢筋混凝土梁的结构性能比较[J]. 土木工程学报, 2006, 39(3):42-46.

[178] 姬永生，袁迎曙，李富民，鲁彩凤. 混凝土内钢筋锈胀力发展及钢筋锈蚀速率的时变性[J]. 河海大学学报, 2009, 37(4):430-436.

[179] A. V. Ramesh Kumar, R. Balasubramanian, Corrosion Science. 40 (1998):1169-1178.

[180] T. Kamimura, T. Doi, T. Tazaki, K. Kuzushita, S. Morimoto, S. Nasu, Investigation of rust formed in steels exposed in an industrial environment, in: Second International Conference on Environment Sensitive Cracking and Corrosion Damage, Hiroshima, Japan, 2001:190-196.

[181] 林 翠，李晓刚，刘晓东. 碳钢和耐候钢在北京城市大气环境中初期腐蚀行为[J]. 中国腐蚀与防护学报, 2005, 25(4): 193-199.

[182] T. Misawa, T. Kyuno, W. Suëtaka, S. Shimodaira. The mechanism of atmospheric rusting and the effect of Cu and P on the rust formation of low alloy steels[J]. Corrosion Science. 11 (1971): 35-48.

[183] T. Misawa, K. Hashimoto, S. Shimodaira, Corrosion Science. 14 (1974): 131-149.

[184] T. Misawa, K. Asami, K. Hashimoto, S. Shimodaira, Corrosion Science. 14 (1974): 279-289.

[185] 姬永生，司维，宋萌，袁迎曙，颜於滕. 混凝土中钢筋锈蚀层发展和细观结构分析[J]. 建筑结构学报(增刊), 2010, 5.

[186] 中国科学院贵阳地球化学研究所编著组. 矿物 X 衍射粉晶鉴定手册[M]. 北京:科学出版社,1978.

[187] Genin J M R, P Refait, et al. Green rusts, intermediate corrosion products formed on rebars in concrete in the presence of carbonation or chloride ingress. Understanding corrosion mechanisms in concrete: A key to improving infrastructure durability, M. I. T., Cambridge MA. 1997.

[188] Refait P, J M R Genin. The oxidation of ferrous hydroxide in chloride-containing aqueous media and Pourbaix diagrams of green rust one. Corrosion Scoence, 1993, 34(5):797-819.

[189] Misawa T, Hashimoto K, Shimodaira S. The mechanism of formation of iron oxide and oxyhydroxides in aqueous solutions at room temperature. Corrosion Science. 1974, 14 (2): 131-149.

[190] Misawa T, Asami K, Hashimoto K, Shimodaira S. The mechanism of atmospheric rusting and the protective amorphous rust on low alloy steel . Corrosion Science. 1974, 14 (4): 279-289.

[191] Legrand L, G Sagon, et al. A raman and infared study of a new carbonate green rust obtained by electrochemical way. Corrosion Scoence, 2001, 43(9):1739-1749.
[192] 牟艳君. 混凝土内钢筋锈胀效应和预测模型研究[D]. 学位论文,中国矿业大学, 2006.
[193] 徐芝纶. 弹性力学简明教程(第3版)[M]. 北京:高等教育出版社, 2002.
[194] P. Castro, E. I. Moreno, J. Genesca. Influence of marine micro-climates on carbonation of reinforced concrete buildings [J]. Cement and Concrete Research, 2000, 30: 1565-1571.
[195] P. Castro, M. A. Sanjuan, J. Genesca. Carbonation of concretes in the Mexican gulf [J]. Building and Environment, 2000, 35: 145-149.
[196] H. Al-Khaiat and M. N. Haque. Carbonation of some coastal concrete structures in Kuwait [J]. ACI Materials Journal, 1997, 95(6): 602-607.
[197] D. W. Hobbs. Carbonation of concrete containing PFA [J]. Magazine of Concrete Research, 1994, 46(166):35-38.
[198] M. D. A, Thomas, and J. D, Matthews. Carbonation of fly ash concrete [J]. Magazine of Concrete Research, 1992, 44(160): 217-228.
[199] A. M. Dunster, D. J. Bigland and I. R. Holton. Rates of carbonation and reinforcement corrosion in high alumina cement concrete [J]. Magazine of Concrete Research, 2000, 52(6): 433-441.
[200] S. K. Roy, K. B. Poh, D. O. Northwood. Durability of concrete-accelerated carbonation and weathering studies [J]. Building and Environment, 1999, 34: 597-606.
[201] 梁成浩. 金属腐蚀学导论[M]. 北京:机械工业出版社, 1999.
[202] Marcel Pourbaix. Applications of electrochemistry in corrosion science and in practice [J]. Corrosion Science, Volume 14, Issue 1, 1974:25-82.
[203] Popovies J S. NDE techniques for concrete and masonry structures [J]. Prog. Struc. Engng Mater. 2003, 5(1):49-59.
[204] Idrissia H, Limamb. A Study and characterization by acoustic emission and electrochemical measurements of concrete deterioration caused by reinforcement steel corrosion [J]. NDT&E International 2003, 36:563-569.
[205] Liang M T, Su P J. Detection of the corrosion damage of rebar in concrete using impact-echo method [J]. Cement and Concrete Research 2001, 31:1427-1436.
[206] Makar J, Desnoyers R. Magnetic field techniques for the inspection of steel under concrete cover [J]. NDT&E International 2001, 34:445-456.
[207] Oltra R, Gabrielli C, Huet F, Keddam M. Electrochemical investigation of locally depassivated iron: a comparison of various techniques [J]. Electrochim. Aeta. 1986, 32: 1501.
[208] 张伟平, 张誉, 刘亚芹. 混凝土中钢筋锈蚀的电化学检测方法[J]. 工业建筑, 1998, 28(12):21-32.
[209] W. John McCarter, Oystein Vennesland. Sensor systems for use in reinforced concrete structures [J]. Construction and Building Materials 2004 (18):351-358.
[210] 常保全, 孙百林, 白常举. 混凝土中钢筋锈蚀的检测技术[J]. 建筑技术开发, 2001, 28(3).
[211] John DG, Searson PC. Brit Corros J, 1981, 16:102.
[212] Gonzalez JA, Molina A, Escudero ML, Andrade C. Corros Sci, 1985, 25:519.

[213] Macdonald DD, McKubre MCH, Urquidi-Macdonald M. Corrosion. 1988, 44:2.
[214] Wenger F, Galland J. Mater Sci Forum. 1989, 44&45:375.
[215] M. A. Pech-Canul, P. Castro. Corrosion measurements of steel reinforcement in concrete exposed to a tropical marine atmosphere [J]. Cement and Concrete Research 32 (2002) 491-498.
[216] 郑伟希，邱富荣.钢筋在混凝土试块中的电化学行为探讨[J]. 腐蚀与防护. 1999,Vol. 20 (8) :357-358.
[217] 储炜，史苑芗，魏宝明. 钢筋在混凝土模拟孔溶液及水泥净浆中的腐蚀电化学行为[J]. 南京化工学院学报,1995, Vol. 17 (3) :14-19.
[218] 刘晓敏，史志明. 钢筋在混凝土中腐蚀行为的电化学阻抗特征[J]. 腐蚀科学与防护技术. 1999,Vol. 11, No. 3,p161-164.
[219] 姬永生，袁迎曙. 混凝土中钢筋钝化区与活化区间的腐蚀宏电流研究[J]. 工业建筑，2003, 33(3):15-17.
[220] 姬永生，袁迎曙. 氯离子诱发钢筋混凝土结构局部修复的电化学不相容机理研究 [J]. 混凝土，2004(8): 11-14.
[221] 刘永辉，张佩芬. 金属腐蚀学原理 [M]. 北京：航空工业出版社，1993.
[222] 姬永生,袁迎曙，耿欧，蒋建华. 氯盐外侵混凝土内钢筋的锈蚀特征及机理分析[J]. 中国矿业大学学报，2009, 38(3):309-315.
[223] J. A. Gonzalez, W. Lopez, and P. Rodriguez. Effects of moisture availability on corrosion kinetics of steel embedded in concrete [J]. Corrosion, 1993, (12): 1004-1010.
[224] J. N. Enevoldsen, C. M. Hansson, B. B. Hope. The influence of internal relative humidity on the rate of corrosion of steel embedded in concrete and morta [J]. Cement and Concrete Research, 1994, 24: 1373-1382.
[225] 肖从真. 混凝上中钢筋锈蚀的机理研究及数论模拟方法[D]. 博士学位论文，清华大学，1995(5).
[226] Hans Bohni. Corrosion in reinforced concrete structures[M]. Woodhead Publishing Ltd and CRC Press LLC, 2005.
[227] G. K. Glass, C. L. Page and N. R. Short. Factors affecting the corrosion rate of steel in carbonated mortars [J]. Corrosion Science, 1991, 32(12): 1283-1294.
[228] 阎培渝,游轶. 含氯混凝土中钢筋宏电池腐蚀的研究[J]. 材料科学与工程，2000, 18(2): 46-48.
[229] 李果. 钢筋混凝土耐久性的环境行为与基本退化模型研究[D]. 博士学位论文,中国矿业大学，2004.
[230] 宋晓冰. 钢筋混凝土结构中钢筋锈蚀[D]. 博士学位论文，清华大学，1999.10.
[231] BAZANT Z P. Physical model for steel corrosion in concrete sea structures: theory[J]. ASCE Journal of Structural Division, 1979, 105(6):1137-1154.
[232] LIU T, WEYERS R W. Modeling the dynamic corrosion process in chloride contaminated concrete structures[J]. Cement and Concrete Research, 1998, 28(3):356-379.
[233] Z. P. Bazant, Physical model for steel corrosion in cconcrete sea structures—application[J]. ASCE Journal of Structural Division, 1979,105(ST6):1155 ~ 1166.

[234] Armstrong rd, Johnsonbw, Wrightjd. An Investingation into the Cathodic Delamination of Epoxy-polyamine Protective Coatings[J]. Electrochemica Acta, 1991, 36(13):1915.
[235] 曹长娥. 日本耐大气腐蚀钢板表面处理技术[J]. 材料保护, 1999, 32(11): 9.
[236] Feng-I Wei. Atmospheric Corrosion of Carbon Steels and Weathering Steel in Taiwan[J]. Br. Corros. J., 1991, 26(3): 209.
[237] 耿欧, 袁迎曙, 李富民, 等. 混凝土中变形与光圆钢筋腐蚀速率试验研究[J], 中国矿业大学学报, 2006, 35(4):488-491.
[238] 彭涛. 混凝土内钢筋锈蚀速率时变规律与机理分析[D]. 硕士学位论文, 中国矿业大学, 2009.
[239] 高妍. 混凝土内钢筋锈蚀初期行为研究[D]. 硕士学位论文, 中国矿业大学, 2010.
[240] L. Kriksunov, Electrochim. Acta 40 (1995) 2553-2555.
[241] 金立兵, 金伟良, 等. 沿海混凝土结构的现场暴露试验站设计[J]. 水运工程, 2008(2): 14-18.
[242] C. Andrade, C. Alonso, J. Sarria. Corrosion rate evolution in concrete structures to the atmosphere [J]. Cement & Concrete Composites, 2002, 24(1): 55-64.
[243] 范颖芳, 周晶, 黄振国. 受氯化物腐蚀钢筋混凝土构件承载力研究[J]. 工业建筑, 2001, 31(5):3-5.
[244] 陶峰, 王林科, 王庆霖, 等. 服役钢筋混凝土构件承载力的试验研究工业建筑[J]. 工业建筑, 1996, 26(4): 17-20.
[245] V. Zivica, L. Krajci, L. Bagel and M. Vargova. Significance of the ambient temperature and the steel material in the process of concrete reinforcement corrosion[J]. Construction and Building Materials, 1997, 11(2): 99-103.
[246] 惠云玲, 李荣, 林志伸, 等. 混凝土基本构件钢筋锈蚀前后性能的实验研究[J]. 工业建筑, 1997, 27(6): 14-18.
[247] Abdullah, A. Almusallam. Effect of degree of corrosion on the properties of reinforcing steel bars [J]. Construction and Building Materials, 2001, 15(8): 361-368.
[248] 史庆轩, 李小健, 牛荻涛. 钢筋锈蚀前后混凝土偏心受压构件承载力试验研究[J]. 西安建筑科技大学学报, 1999, 31(3):218-221.
[249] 张喜德, 蓝文武, 等. 钢筋混凝土受弯构件受压区钢筋锈蚀影响的试验研究[J]. 工业建筑, 2005, 35(7): 46-49.
[250] L. Chunga, S. H. Choa, J. H. J. Kimb, S. T. Yic. Correction factor suggestion for ACI development length provisions based on flexural testing of RC slabs with various levels of corroded reinforcing bars[J]. Engineering Structures, 2004, 26(8):1013-1026.
[251] 蒋德稳. 钢筋混凝土人工综合侵蚀效应的研究[D]. 硕士学位论文, 中国矿业大学, 2002.5.
[252] 李果. 钢筋混凝土耐久性的环境行为与基本退化模型研究[D]. 博士学位论文, 中国矿业大学, 2004.6.
[253] Ying-shu Yuan, Yong-sheng Ji(姬永生), and P. S. Surendra. Comparison of two accelerated corrosion techniques for concrete structures[J]. ACI Structural Journal, 2007, 104(3):344-347.
[254] R. E. Melchers, Chun-qing Li. Phenomenological modeling of reinforcement corrosion in marine

environments[J]. ACI Materials Journal, 2006, 103(1):25-32.

[255] Chun-qing Li. Corrosion initiation of reinforcing steel in concrete under natural salt spray and service loading - results and analysis[J]. ACI Materials Journal, 2000, 97(6):690-697.

[256] 张凯，黄渝鸿，马艳，周德惠. 橡胶材料加速老化试验及其寿命预测方法[J]. 化学推进剂与高分子材料，2004，2(6)：44-48.

[257] 王清辉，龚章群. 人工气候环境实验室[J]. 通信电源技术，1993(4)：6-11.

[258] 朱坚莺. 化学建材的自然老化与人工气候老化及其相关性[J]. 化学建材，2001，17(5)：23-25.

[259] 张誉. 混凝土结构耐久性概论[M]. 上海：上海科学技术出版社，2003(12).

[260] 蒋利学. 混凝土碳化区物质含量变化规律的数值分析[J]. 工业建筑，1999，29(1).

[261] 牛荻涛. 混凝土结构耐久性与寿命预测[M]. 北京：科学出版社，2003(2).

[262] 蒋利学，等. 混凝土部分碳化区长度的分析与计算[J]，工业建筑，1999，29(1).

[263] 樊云昌. 混凝土中钢筋锈蚀防护与修复[M]. 北京：中国铁道出版社，2001.

[264] Hansen, Eric J.; Saouma, Victor E. Numerical simulation of reinforced concrete deterioration-Part Ⅰ: Chloride diffusion[J]. ACI Materials Journal, 1999, 96(2):173-180.

[265] Stanish, Kyle; Thomas, Michael. The use of bulk diffusion tests to establish time-dependent concrete chloride diffusion coefficients[J]. Cement and Concrete Research, 2003, 33(1): 55-62.

[266] Yanwei Zeng. Modeling of chloride diffusion in hetero-structured concretes by finite element method[J]. Cement and Concrete Composites, 2007, 29(7):559-565.

[267] Saeki, Tatsuhiko; Sasaki, Kenji; Shinada, Kenta. Estimation of chloride diffusion coefficent of concrete using mineral admixtures[J]. Journal of Advanced Concrete Technology, 2006, 4(3): 385-394.

[268] Zheng, J. J.; Zhou, X. Z. Prediction of the chloride diffusion coefficient of concrete[J]. Materials and Structures /Materiaux et Constructions, 2007,40(7): 693-701.

[269] Yu Wang, Long-yuan Li, C. L. Page. Modeling of chloride ingress into concrete from a saline environment[J]. Building and Environment, 2005 (40): 1573-1582.

[270] Aye Aye Kyi. An electrical conductive method for measuring the effects of additive on effective diffusivities in Portland cement paste [J]. Cement and Concrete research, 1994, 24(4): 752-764.

[271] P. E. Streicher, M. G. Alexander. A chloride conduction test for concrete [J]. Cement and Concrete research, 1995, 25(6):1284-1294.

[272] 王昌义，赵翠华. 测定混凝土抵抗氯离子渗透性能的试验方法[J]. 水利水运科学研究，1990，(3):317-321.

[273] Rob B. Polder, Willy H. A. Peelen. Characterization of chloride transport and reinforcement corrosion in concrete under cyclic wetting and drying by electrical resistivity [J]. Cement & Concrete Composites, 2002(24):427-435.

[274] G.R. Meira, C. Andrade, I.J. Padaratz, et al. Chloride penetration into concrete structures in the marine atmosphere zone - Relationship between deposition of chlorides on the wet candle and

chlorides accumulated into concrete[J]. Cement & Concrete Composites, 2007 (29): 667-676.
[275] Salil K. Roy, Liam Kok Chye, and Derek O. Northwood. Chloride ingress in concrete as measures by field exposure test in the atmospheric, tidal and submerged zones of a tropical marine environment[J]. Cement and Concrete Research, 1993(23):1289-1306.
[276] A. A. Sagüés, M. A. Pech-Canul, A. K. M. Shahid Al-Mansur. Corrosion macrocell behavior of reinforcing steel in partially submerged concrete columns [J]. Corrosion Science, 2003 (45): 7-32.
[277] Presuel-Moreno F. J.; Kranc S. C.; Sagüés A. A.. Cathodic Prevention Distribution in Partially Submerged Reinforced Concrete[J]. Corrosion; Jun 2005; 61(6): 548-558.
[278] LARS-OLOF NILSSON. A Numerical model for combined diffusion and convection of chloride in non-saturated concrete [J], Sweden: Department of Building Materials, Chalmers University of Technology, 1996.
[279] Caijun Shi, Effect of mixing proportions of concrete on its electrical conductivity and the rapid chloride permeability test (ASTM C1202 or ASSHTO T277) results [J]. Cement and Concrete Research 34 (2004) 537-545.
[280] D. Whiting. Rapid Measurement of the Chloride Permeability of Concrete[J]. Public Roads, Dec. 1981, V. 45, N. 3. pp1410-1415.
[281] A. Delagrave, J. March, E. Samson. Prediction of Diffusion Coefficients in Cement-Based Materials on the Basis of Migration Experiments[J]. Cement and Concrete Research, 1996, Vol. 24: 541-548.
[282] Tang LuPing, Nilsson L O. Rapid Determination of the chloride diffusivity in concrete by applying an electric field[J]. ACI Materials journal, 1992, 89(L): 49-53.
[283] NTBuild 492, Concrete, Mortar and Cement Based Repair Materials: Chloride Diffusion Coefficient from Migration Cell Experiments[S], 1997-11.
[284] 赵铁军，邵化刚，周宗辉. 交流电阻与抗渗标号之间的关系[J]. 青岛建筑工程学院学报，2000 (1), Vol. 21: 1-5.
[285] 万小梅. 用交流电测量混凝土的渗透性[D]. 青岛. 青岛建筑工程学院硕士学位论文，2002.3.
[286] Streicher P. E. Streicher and Alexander M. G., A chloride conduction test for concrete [J]. Cement and Concrete Research, 1995, 25(6): 1284-1294.
[287] 刘志勇，孙伟. 基于饱海水电阻率的海工混凝土氯离子扩散系数测试方法的试验研究[J]. 混凝土，2005(4): 26-28.
[288] 刘志勇，孙伟. 基于饱海水电阻率的海工混凝土氯离子扩散系数测试方法试验研究[J]. 混凝土，2006(3): 25-28.
[289] 魏小胜，夏玉英，王延伟. 用电阻率法评定混凝土的氯离子渗透[J]. 华中科技大学学报（城市科学版），2008, 25(2): 19-22.
[290] Dagher H J, Kulendran S. Finite Element Modeling of Corrosion Damage in Concrete Structures [J]. ACI Structural Journal, 1995, 89(6): 1179-1190.
[291] Youping liu, Richard E. Weyers. Modeling the time-to-corrosion cracking in chloride contaminated reinforced concrete structures[J]. ACI Materials Journal, 1998, 95(6).

[292] Molina, F. J., Alonso, C., Andrade, C., Cover Cracking as a Function of Rebar Corrosion: Part 2- Numerical Model [J]. Materials and Structures, 1993, 26(163):532-548.

[293] R. Piltner, Paulo J. M. Monteiro. Stress analysis of expansive reactions in concrete[J]. Cement and Concrete Research. 2000,30:843-848.

[294] 王军强. 钢筋锈蚀产物膨胀在混凝土中产生的应力分析[J]. 建筑技术开发. 2002, 29(1).

[295] 金伟良，赵羽习，鄢飞. 钢筋混凝土构件的均匀钢筋锈胀力的机理研究[J]. 水利学报，2001.7.

[296] Alonso C, Andrade C, Rodrigurz J, et al. Factors Controlling Cracking of Concrete Affected Reinforcement Corrosion [J]. Materials and Structures, 1998, 31(211):435-441.

[297] Cabera J G. Deterioration of Concrete Due to Reinforcement Steel Corrosion [J]. Cement and Concrete Composites, 1996, 18:47-59.

[298] Williamson S J, Clark L A. Pressure Required to Cause Cover Cracking of Concrete due to Reinforcement Corrosion [J]. Magazine of Concrete Research, 2000, 52(6):455-467.

[299] Allan M I. Probability of Corrosion Induced Cracking in Reinforced Concrete [J]. Cement and Concrete Research, 1995, 25(6):1179-1190.

[300] 袁迎曙，章鑫森，姬永生. 人工气候与恒电流法加速锈蚀钢筋混凝土梁的结构性能比较研究[J]. 土木工程学报，2006, 39(3):42-46.

[301] 张平生，卢梅，李晓燕. 锈损钢筋的力学性能[J]. 工业建筑，1995, 25(9):41-44.

[302] 牛荻涛，卢梅，王庆霖. 锈蚀钢筋混凝土梁正截面受弯承载力计算方法研究[J]. 建筑结构，2002,32(10):14-17.

[303] 范颖芳，周晶. 考虑蚀坑影响的锈蚀钢筋力学性能研究[J]. 建筑材料学报，2003, 6(3):248-252.

[304] 蒋建华，袁迎曙，李富民，王波，姬永生. 混凝土中不同等级钢筋锈蚀行为的比较[J]. 建筑材料学报，2009, 12(5): 523-527.

[305] 孙维章，梁宋湘，等. 锈损钢筋剩余承载力的研究[J]. 水利水运科学研究，1993(2).

[306] Maslehuddin M, Ibrahim IM, Al-Sulainmani GJ, AL-mana AI. Effect of rusting of reinforcing steel on its mechanical properties and bond with concrete[J]. ACI Material Journal, 1990, 87(6):496-502.

[307] 袁迎曙，贾福萍，蔡跃. 锈蚀钢筋的力学性能退化研究[J]. 工业建筑，2000, 30(1):43-46.

[308] 惠云玲，林志伸，李荣. 锈蚀钢筋性能试验研究分析[J]. 工业建筑，1997, 27(6):10-13.

[309] 惠云玲，郭永重，李小瑞. 混凝土中钢筋锈蚀机理、特征及检测评定方法[J]. 工业建筑，2002, 32(2):5-7.

[310] 马良喆，陈慧娟，白常举. 钢筋锈蚀后力学性能的试验研究[J]. 施工技术，2000, 29(12):43-44.

[311] 赵铁军. 混凝土渗透性[M]. 北京：科学出版社，2006.

后记

钢筋混凝土结构的耐久性是目前混凝土结构研究领域的一个重要课题，它涉及混凝土及钢筋原材料的基本性能理论、环境因素作用与腐蚀理论、构件力学性能理论和建筑结构可靠度设计准则等方面的知识。本书针对混凝土中钢筋的锈蚀问题，从混凝土内钢筋锈蚀的电化学基本原理出发，分别介绍了硅酸盐水泥基混凝土的材料特征、混凝土碳化、氯离子在混凝土中的传输、混凝土内钢筋的锈胀发展、混凝土内钢筋锈蚀速率的时变预计模型以及加速试验方法对钢筋混凝土退化过程的影响等问题的最新研究成果。得到了以下主要结论：

(1)只要混凝土孔隙中有液态水存在，混凝土孔隙中气体的水蒸气分压 p_v 就等于孔隙水液面的饱和水蒸气压 p_{s1}，混凝土孔隙中水蒸气将始终处于饱和状态。

(2)环境温度恒定的条件下，混凝土中水和大气中的水蒸气相互转化取决于环境大气的水蒸气分压 p_v 的大小，即取决于周围大气的绝对湿度。对应一恒定的环境温湿度，当混凝土孔隙和外界大气环境达到平衡时，混凝土孔隙中直径小于开尔文直径 d_k 的区域被水所充满，而大于开尔文直径 d_k 的区域表面将被覆盖一层厚度 w 的水膜。

(3)碳化混凝土从表向里可分为完全碳化区、pH 值变化的部分碳化区、向内的 pH 值稳定的部分碳化区和未碳化区四个区域。混凝土碳化反应区远大于 pH 值变化区段的长度，而混凝土碳化反应区的长度则直接决定了混凝土碳化的进程。

(4)混凝土碳化进程的发展可以分成从开始碳化到混凝土表面的 pH 值开始下降($0 \leqslant t \leqslant t_a$)、从混凝土表面的 pH 值开始下降到混凝土表面的碱性物质刚刚被耗尽时间($t_a \leqslant t \leqslant t_a + t_b$)、从混凝土表层的碱性物质刚刚被耗尽开始到任一时间 t($t > t_a + t_b$)三个阶段。

(5)双水池双水泵互抽水潮汐模拟试验系统可以实现对海洋环境不同区位(浸泡区、潮差区、浪溅区、大气区)氯离子侵蚀过程的模拟，氯离子传输机理和实际海洋环境相同，是模拟海洋环境混凝土中氯离子传输过程的有效方法。

(6)海洋环境的大气区，湿分布影响深度为 0，稳定湿含量等于平衡湿含量；水下浸泡区，湿分布影响深度为 0，其稳定湿含量等于饱和湿含量。浪溅区混凝土表层存在一定的湿分布影响深度，其内部的稳定湿含量等于与大气相平衡的湿含量；潮差区的稳定湿含量介于饱和湿含量和平衡湿含量之间，随高程的增大而降低，其湿传输影响深度随着外界环境条件和干湿时间比的不同而变化，随着高程的增长，湿传输影响深度随之增大，当达到某一高程，湿传输影响深度达到最大值，随着高程的进一步提高，湿传输影响深度转而下降。

(7)海洋环境水下浸泡区，氯离子传输机制主要是饱水混凝土里外氯离子浓差引起的扩散作用；潮差区和浪溅区，在湿含量影响深度范围存在湿度梯度，氯离子的传输为非饱和渗流机理，超过湿含量影响深度范围的混凝土中的氯离子传输为扩散作用机理。湿传输影响深度随着高程和环境条件的不同而变化，在不利的环境条件下，其最大影响深度可能接近、达到甚至超过钢筋的混凝土保护层厚度；大气区不存在湿度梯度，其氯离子传输机制以扩散为主，但其扩散速率远小于浸泡区。

(8)水下浸泡区混凝土表层氯离子含量为常数；浪溅区、潮差区和大气区混凝土表层氯离子有累积现象，其中浪溅区氯离子在混凝土表面的累积程度最大，表面有明显的结晶现象；潮差区混凝土试件随着高程的升高，表层氯离子含量逐渐增大；大气区混凝土表层氯离子含量最低，累积速率远低于潮差区和浪溅区。

(9)氯盐外侵试件靠近混凝土保护层的一面锈蚀比较严重，而背向保护层的一面则锈蚀较轻，甚至几乎没有发生锈蚀。试件开裂前锈蚀层的理论分布模型为以钢筋圆心为椭圆圆心、钢筋半径为椭圆短轴半径、钢筋半径加上锈蚀层厚度的最大值为椭圆长轴半径的半椭圆曲线模型，开裂后锈蚀层的理论分布模型为面向混凝土保护层一侧的半椭圆曲线+背向保护层一侧的半圆形曲线模型。

(10)混凝土中钢筋的锈层结构分为内外两层，外锈层结构疏松，形成容易剥落的附着层，而内层结构致密，与基体附着性较好。锈蚀层的物相组成为赤铁矿 α-Fe_2O_3、磁赤铁矿 γ-Fe_2O_3、磁铁矿 Fe_3O_4、针铁矿 α-FeOOH、纤铁矿 γ-FeOOH、四方纤铁矿 β-FeOOH、FeO。

(11)混凝土中钢筋的锈蚀特征为宏观电池腐蚀和微观电池腐蚀共存，在面向混凝土保护层一侧的活化区内发生微电池腐蚀，在钢筋的内外表面之间形成宏观腐蚀电流 I_g。I_g 的存在不仅加速了钢筋外表面的锈蚀，而且对钢筋内表面形成了阴极保护，抑制了钢筋内表面的锈蚀。

(12)混凝土中钢筋锈蚀过程控制因素可以通过腐蚀极化曲线图进行分析，在一般大气环境下混凝土中钢筋锈蚀过程并非由氧扩散的阴极反应所控制，而是由阴阳极反应共同控制。

(13)恒定气候环境条件下混凝土内钢筋锈蚀速率的时变过程阶段可划分为锈蚀初期的上升阶段；下降阶段；开裂前的平稳发展阶段；混凝土锈胀开裂初期的再上升阶段；开裂后的平稳发展阶段。钢筋表面锈蚀层(混凝土与铁锈物混合层)的形成与发展是钢筋锈蚀速率发生时变的主要原因。

(14)自然碳化和人工加速碳化混凝土碳化层的 pH 值变化规律、物相组成及其变化规律和自然碳化相同，在混凝土材料和环境温湿度相同的条件下，CO_2 浓度和碳化时间对混凝土 pH 值变化区域长度没有明显影响，利用试验室高浓度人工加速碳化技术研究实际自然环境中钢筋混凝土结构的碳化过程是完全可行的。

(15)人工气候加速环境下,混凝土中钢筋在锈蚀表观特征、锈蚀层的结构和组成、锈蚀产物的体积膨胀倍数以及锈蚀钢筋的力学性能等方面与实际自然环境下情况较为接近,且向混凝土中的渗入量远小于外通直流电情况,初步证明了人工气候环境加速试验方法是一种比较理想的钢筋混凝土耐久性加速试验方法。

回顾本书有关研究工作,作者认为以下几个问题迫切需要开展更进一步的研究工作:

(1)基于碳化发展进程的混凝土碳化速率模型还有待于进一步研究。

(2)第四章的研究成果为海洋环境下混凝土结构的耐久性设计和使用寿命预测奠定了基础。但对于海洋环境混凝土中水分输运机制的研究尚不够深入,对于除冰盐、盐湖环境氯离子传输机理和速率预测模型也有待于进一步的深入研究。

(3)对钢筋不均匀锈胀力分布的研究还不成熟,理论计算的假定较多,锈胀力不均匀的分布试验方法还有待于进一步研究。

(4)锈蚀产物体积膨胀倍数和锈蚀物变形模量的试验检测手段尚不完善。

(5)钢筋锈蚀全过程时变模式关键时间点及对应的相关参数的定量计算还有待于进一步研究。

(6)人工气候与实际大气环境下钢筋混凝土老化过程的相关因素以及钢筋混凝土老化过程预测模型的相关途径还有待进一步深入研究。

由于混凝土中钢筋锈蚀的复杂性,本书中所介绍研究成果在某些方面可能还存在一定的欠缺和不足,但希望和混凝土耐久性研究领域的专家、同行们共同研讨、交流,以期共同促进混凝土结构耐久性研究的深入开展。